Ladislaus Leon Lesser

Die chirurgischen Hilfsleistungen bei dringender Lebensgefahr

Ladislaus Leon Lesser

Die chirurgischen Hilfsleistungen bei dringender Lebensgefahr

ISBN/EAN: 9783743621312

Hergestellt in Europa, USA, Kanada, Australien, Japan

Cover: Foto ©berggeist007 / pixelio.de

Manufactured and distributed by brebook publishing software (www.brebook.com)

Ladislaus Leon Lesser

Die chirurgischen Hilfsleistungen bei dringender Lebensgefahr

ÜBER

SCHUSSWUNDEN.

EXPERIMENTELLE UNTERSUCHUNGEN

ÜBER

DIE WIRKUNGSWEISE

DER

MODERNEN KLEIN-GEWEHR-GESCHOSSE

VON

Prof. Dr. TH. KOCHER,

DIREKTOR DER CHIRURGISCHEN KLINIK IN BERN.

LEIPZIG,

VERLAG VON F. C. W. VOGEL.

1880.

EINLEITUNG.

Mit der Umänderung der Schusswaffen im Laufe der Zeit hat die Theorie der Schussverletzungen wesentliche Abänderungen erfahren. Und doch werden auch in den neuesten Publicationen noch die älteren Theorien jeweilen zu Ehren gezogen. Wie man s. Z. die Wirkung eines Geschosses einer abgestumpften Lanze parallel gestellt hat, so fasst noch jetzt Bornhaupt[1]) in einer neuesten Mittheilung einen Theil der Knochenläsionen durch Geschosse als Keilwirkung auf. Wie A. Cooper so betrachtete nach seinen Experimenten Simon[2]) die Schusswunden wesentlich als kanalförmige Schnittwunden. Nach dieser Auffassung, wonach das Geschoss die getroffenen Gewebe vor sich hertreibt, könnte von einer Keilwirkung nach den Seiten hin nicht mehr die Rede sein. Immerhin könnte das Mitreissen der getroffenen, vor dem Geschoss sich aufstauenden Gewebe zur Erklärung dienen für die Erweiterung des Schusskanals nach dem Ausschuss hin, die schon nach Dupuytren und Pirogoff's Nachweisen den Durchmesser des Geschosses weit übertraf. Die neuesten Kriege haben aber Zerstörungen der Gewebe durch Schuss kennen gelehrt, deren Ausdehnung durch die Annahme einer Keilwirkung, sowie des Defectes durch Herausreissen und einer Vergrösserung desselben durch die mitgerissenen Theile keine Erklärung fand, vielmehr eine explosive Wirkung des Geschosses zu verlangen schien.

1) Bornhaupt, Ueber den Mechanismus der Schussfracturen der gr. Röhrenknochen. Langenbeck's Arch. 25. S. 617. 1880.

2) Simon, Ueber Schusswunden. Giessen. 1851.

Busch[1]) in Bonn hat besonderes Verdienst, durch zahlreiche Experimente diese Verhältnisse illustrirt zu haben und die Erklärung dafür gegeben oder angebahnt zu haben. Nach ihm haben ebenfalls auf experimentellem Wege Küster, dann Heppner und Garfinkel die Details dieser Seitenwirkung studirt und Richter hat in seiner „Chirurgie der Schussverletzungen" 1875 die neueren Ansichten kritisch gesichtet und abgeklärt.

Wir haben seit 1875 fast alljährlich Gelegenheit gehabt, Dank der Verwendung des eidgenössischen Oberfeldarztes Dr. Ziegler (früher Dr. Schnyder) und der Liberalität des eidgenössischen Militärdepartements, Schiessversuche zu machen, über welche wir unter 2 malen[2]) referirt haben.

Um die einzelnen, möglicherweise zur Erklärung der Seitenwirkung moderner Geschosse auf den Körper in Betracht kommenden Faktoren möglichst auseinander halten zu können, haben wir nicht blos, wie schon Dupuytren gethan, die verschiedenartigsten Ziele gewählt, sondern auch Geschosse und Schusswaffen nach allen Richtungen möglichst variirt.

Dadurch glauben wir endlich zu einer einheitlichen Erklärung der Seitenwirkung gekommen zu sein, sowohl für die harten als weichen Gewebe des menschlichen Körpers. Der Körper enthält keine ganz starren Gebilde: auch das sprödeste Gewebe, die Knochencorticalis, schliesst ein gewisses Quantum Flüssigkeit ein, so dass bis zu den weichsten, an Wasser sehr reichen Geweben, wie Gehirn eine Scala angenommen werden kann und dieser Scala von Mischung flüssiger und fester Antheile parallel geht Grad und Form der Seitenwirkung des Geschosses im Körper.

---

1) Busch, Verhandlungen des 2. Chir. Congresses in Berlin 1873. Langenbeck's Archiv. Bd. 17 u. 18.

2) s. Corr.-Blatt f. schweizer Aerzte. Basel 1875 u. 1879.

ERSTES KAPITEL.

Anordnung der Versuche. Schilderung des benutzten Geschossmaterials.

Um über die Wirkung der Geschosse bei verschiedener lebendiger Kraft ins Klare zu kommen, mussten die zwei Faktoren variirt werden, aus welchen sich jene Kraft zusammensetzt, nämlich die Geschwindigkeit und die Masse.

Verschiedene Geschwindigkeiten derselben Geschosse wurden durch Veränderungen der Distanzen erzielt, da uns Gelegenheit gegeben war, von 8 m bis auf 120 m Distanz zu schiessen. Diese Art des Schiessens ist aber der geringen Trefffähigkeit wegen bei kleinen Zielpunkten höchlich unbequem und wurde deshalb wie von Heppner und Garfinkel zum grössten Theil durch Variation der Ladung ersetzt. Während beim Vetterli-Gewehr die Normalladung von 3,7 grm dem Geschoss eine Geschwindigkeit von 435 m mittheilt, resp. auf 8 m Distanz von 425 m, so hat das Geschoss auf letztere Distanz bei 1,36 Ladung eine Geschwindigkeit von 202 m, bei 1,18 Ladung von 176 m. Durch Variirung der Ladung waren wir in den Stand gesetzt, mit einer Geschwindigkeit von 150, 175, 200, 225, 250, 300 und 400—435 m zu schiessen.

Was die Abnahme der Geschwindigkeit mit Zunahme der Distanz anlangt, so hat es grosses Interesse, namentlich für den Vergleich der früheren Geschosswirkungen mit den modernen hierüber competente Angaben zu besitzen.

Nach den Versuchen des Herrn Schenker, Chef der eidgenössischen Munitionscontrole in Thun, lässt sich für das schweizerische Ordonnanzgewehr (Vetterli) die Abnahme der Geschwindigkeit bei zunehmender Distanz durch folgende Tabelle ausdrücken:

Distanz von m	0	Geschwindigkeit	435	m
„ „	25	„	410	„
„ „	50	„	390	„
„ „	100	„	352	„
„ „	150	„	327	„
„ „	200	„	308	„
„ „	400	„	262	„
„ „	600	„	232	„
„ „	800	„	208	„
„ „	1000	„	187	„

Wir legen Werth auf Mittheilung dieser Tabelle, weil noch in neuesten Handbüchern die Rede davon ist, wie wenig auf die üblichen Distanzen bei den gegenwärtig gewaltigen Anfangsgeschwindigkeiten und der Rotation des Geschosses die Abnahme der Geschwindigkeit für die Intensität der Wirkung in Betracht komme. Die Tabelle lehrt das Gegentheil. Nach den Angaben von Oberst Gressly, Chefs der technischen Abtheilung des eidgenössischen Kriegsmaterials, besitzen die Vetterli-Gewehre eine Visireintheilung auf 1200 m, die der deutschen Armee auf 1600 m, die der französischen auf 1800 m. Im Durchschnitt werde auf 300—400 m Distanz geschossen und werde ein Einzelfeuer auf mehr als 600 m nahezu wirkungslos. Ein Massenfeuer aber könne auf 1500 m Distanz noch grossen Erfolg haben. Wenn nun schon bei 1000 m die Geschwindigkeit unter 200 m sinkt, so wird man auf die letzterwähnten Entfernungen Schussverletzungen erzielen, welche in nichts abweichen von den Verletzungen, welche man in früheren Jahrzehnten und Jahrhunderten zu sehen gewohnt war, als unter Verhältnissen geschossen wurde, welche eine viel geringere Geschwindigkeit der auftreffenden Kugel zur Folge haben mussten. Man hat also allen Grund, sehr scharf zwischen Nah- und Fernschüssen zu unterscheiden, sowohl in theoretischem Interesse, als ganz besonders zur Bestimmung von Prognose und Therapie der Schussverletzungen, wie unten des Ausführlicheren gezeigt werden soll.

In verschiedener Weise wurde die lebendige Kraft des Geschosses beeinflusst durch Abänderung der Masse resp. des specifischen Gewichtes und Volumens. Wir verwendeten Geschosse von

Blei, dessen spec. Gewicht = 11,3
Kupfer, „ „ „ = 8,9
Eisen, „ „ „ = 7,7
Zinn, „ „ „ = 7,2
Aluminium . . . . . . = 2,8

Bei derselben Grösse und Form wog das

Ordonnanz-Bleigeschoss . . . . = 20,2 grm
Rosemetall . . . . = 17,7 „
Kupfer . . . . = 15,9 „
Zinnhohlgeschoss mit Holzfüllung = 7,2 „
Aluminium . . . . = 5,9 „

Durch diese bedeutenden Variationen im specifischen Gewicht lässt sich bei gleichbleibender Geschwindigkeit eruiren, welcher Antheil der Schusswirkung letzterer allein zukomme, während die erheblichen Veränderungen der lebendigen Kraft bei Ab- resp. Zunahme der Geschwindigkeit bei den specifisch leichten Metallen den Antheil bestimmen liessen, welcher der Masse und beiden Componenten der lebendigen Kraft zugeschrieben werden musste. Die erwähnten verschiedenen Metallsorten boten auch den Vortheil verschiedener Härte resp. Festigkeit. Während Blei einen Festigkeitscoefficienten von 1,6 hat, ist derselbe bei Zinn 2,5, bei Kupfer 16,3.

Ferner mussten Metalle von verschiedener Schmelztemperatur gewählt werden und da kamen ausser den erwähnten noch die Legirungen in Frage, unter denen namentlich das Rose'sche Metall sehr ergiebig benutzt wurde, da dasselbe schon bei 65⁰ schmilzt.

Zinn dagegen erst bei 228⁰
Blei . . . . . „ 325⁰
Kupfer . . . . „ 1090⁰
Aluminium . . . „ 1300⁰
Eisen . . . . . „ 1600⁰

Endlich wurde durch Anwendung von Geschossen verschiedenen Volumens und Kalibers dafür gesorgt, die Bedeutung des Querschnittes und Querdurchmessers für die Wirkung bestimmen zu können.

Um die Geschosse aufzufangen, betrachten und ihr Gewicht bestimmen zu können, wurden Wergsäcke benutzt, in denen Weichblei
bei der stärksten Geschwindigkeit ohne sich zu deformiren nicht
weiter als 60—100 cm vordringt, je nachdem das Werg fester
oder lockerer gepackt ist. Beiläufig gaben diese Schüsse in Werg
auch einigen Anhaltspunkt über die Rotation des Geschosses in
festen Körpern.

Aus Vetterliordonnanz mit Blei in Werg abgegebene Geschosse
zeigen dasselbe so um das Geschoss gewickelt, dass man letzteres
mit dem Knäuel des ersteren in Zusammenhang herausnehmen
kann. Beim Abwickeln zeigt sich an der Oberfläche des Geschosses eine fest anhaftende Schicht von Werg spiralig und fest
um die Kugel herumgedreht, so dass von der Spitze bis zur Basis
der halbe Umfang des Geschosses umgeben ist und zwar mit einer
Drehung im Sinne des Uhrzeigers bei Richtung der Spitze gegen
den Beobachter. Bei Rundkugeln dagegen ist das Werg allerdings auch fest auf die Kugel angepresst, aber mit ziemlich paralleler Faserung. Die Innenschicht des unmittelbar anliegenden
Werges ist etwas schwärzlich, glatt und glänzend (abgerieben).
Der Spitze des Geschosses sitzt eine Partie Werg als festgepresster
Deckel auf.

Aus diesen Wergschüssen ergibt sich, dass offenbar das Geschoss sich innerhalb des Wergs dreht, so dass die unmittelbar
umgebende Schicht die Oberfläche stark reibt, daher glatt und
geschwärzt erscheint. Dagegen theilt trotz der sehr guten Ad-
häsionsfläche, die das Werg der Oberfläche des Geschosses darbietet, letzteres dem ersteren nur eine höchst unbedeutende Rotation
selber mit, so dass auf eine Länge von 25 mm des Geschosses
das Werg nur eine halbe Spiraldrehung um dasselbe macht. Es
ist daraus zu entnehmen, was man von den „Wirbeln" der vom
Geschoss direct berührten Körpergewebe und der daherigen Seitenwirkung zu halten hat, da z. B. Muskelfleisch dem Einbohren
eines Stabes in dasselbe viel weniger Widerstand leistet als Werg.

Wir haben schon in unserer ersten Publication die Berechnung Forster's mitgetheilt, welche ergibt, dass die Centrifugalkraft, welche einem mitgerissenen Theilchen bei der Rotation des
Geschosses mitgetheilt wird, sehr unbedeutend ist, indem nach

der Formel $C = P \frac{4\pi^2 R}{g + 2}$ ein $\frac{1}{4}$ grm (P) schweres Theilchen blos $= 0{,}933$ sich bestimmen würde.

Wir kommen unten auf die Bedeutung der Rotation eingehender zu sprechen. Um sie zu bestimmen, wurden auch Schüsse mit Rundkugeln aus glattem Rohr in Vergleich gezogen bei den verschiedenen Zielen. Diese Rundkugeln zeigen keine bohrende Rotation, können sich allerdings überwerfen, aber die Differenz gegen cylindro-conische Geschosse bleibt immer eine principielle.

ZWEITES KAPITEL.

Die Bedeutung der Erhitzung und Schmelzung der Geschosse im menschlichen Körper.

In seiner trefflichen Kriegschirurgie zeigt E. Richter[1]), dass ungefähr bis zur Mitte des vorigen Jahrhunderts von einer Difformirung der Bleigeschosse im menschlichen Körper kaum die Rede ist, dass dann Le Dran, Bilguer, Percy schon sehr eingehend mit derselben und mit dem Absprengen von Bleistücken sich beschäftigen, bis in der neuesten Zeit Difformirung hochgradiger Art und Absprengen von Bleistücken geradezu zur Regel geworden ist.

Es scheint mir dabei unverkennbar, dass in den Schilderungen mit der Zunahme der Difformirung auch eine grosse Durchschlagskraft der Geschosse zu Tage tritt, was schon auf die Zunahme der lebendigen Kraft als bedingendes Moment der stärkeren Difformirung hinweisen musste.

Immerhin bestehen noch zur Stunde sehr erhebliche Controversen über die Ursache der erwähnten Erscheinungen. Es gibt noch eine Zahl von Kriegschirurgen, welche in der Difformirung und Zerstückelung nur eine „rein mechanische" Wirkung sehen wollen (so B. Beck), im Gegensatz zu der modernen Auffassung, welche die Ursache in der Erhitzung des Geschosses findet. Beide Anschauungen basiren auf der physikalischen Thatsache, dass bei grösserer Geschwindigkeit des auftreffenden Geschosses derselbe Widerstand eine plötzlichere Hemmung der Bewegung und daherige intensivere Umsetzung der Geschwindigkeit in physikalische Wirkung anderer Art zur Folge hat.

---

1) Chirurgie der Schussverletzungen. Breslau 1874.

In welchem Maasse selbst Flüssigkeiten eine Rückwirkung auf Geschosse auszuüben vermögen, welche mit ausserordentlicher lebendiger Kraft auftreffen, haben wir durch unsere in Kap. 3 zu schildernden Experimente mit den Schüssen in einen Badekasten bei variirender Geschwindigkeit zur Genüge dargethan, nachdem schon Socin und Hagenbach die Bedeutung selbst von Weichtheilen ins Licht gestellt hatten.

Mit Recht betont Richter, dass der Nachweis einer Erhitzung der Geschosse die allereinfachste Erklärung für den früher nicht beobachteten Difformirungsgrad und die Absprengung geben würde. Nun lehrt die Physik nicht nur die Möglichkeit, sondern die Nothwendigkeit einer Wärmeerzeugung bei plötzlich gehemmter Bewegung, aber — nur insofern nicht eine entsprechende mechanische Arbeit bei der Bewegungshemmung geleistet wird.[1] Darin liegt gerade der Haken, um das Gesetz von der Erhaltung der Kraft für die Erhitzung der Geschosse geltend zu machen, dass eine mechanische Arbeit geleistet wird, deren Grad sich sehr schwer bestimmen lässt, so dass man a priori nicht sagen kann, wie viel von der verlorenen Kraft nothwendig noch übrig bleiben muss zur Wärmeerzeugung. Es ist also auch hier die Entscheidung ganz auf das Experiment angewiesen.

Es ist nun sattsam erwiesen worden, dass bei höherer Widerstandskraft des Zieles allerdings hochgradige Erhitzung der Geschosse stattfindet. Richter gibt Mittheilung von Versuchen, die mit Artilleriegeschossen gegen Kalksteinmauern, gegen Panzerplatten ausgeführt wurden und wo durch Zufühlen die Erhitzung der Geschosse noch nach einer Stunde nachgewiesen werden konnte — insofern wenigstens das Geschoss eine Stauchung durch den Widerstand erfahren hatte. In andern Fällen erschien der Kalkstein wie gebrannt, zersprangen eiserne Vollkugeln unter Feuererscheinungen, oxydirten sich die Sprengstücke. Aber auch für Klein-

---

1) Wir lassen bei obigen Betrachtungen die Frage der Erhitzung des Geschosses durch die Pulvergase, durch die Reibung im Laufe und durch die Reibung an der Luft ganz ausser Acht, da nach unseren Versuchen das Fehlen der Erweichung der Geschosse bei herabgesetzter Geschwindigkeit (unter 200 m) zur Genüge und in einfacher Weise die relative Bedeutungslosigkeit obiger Momente darthut.

gewehrgeschosse ist die Erhitzung bei Auftreffen auf Eisenplatten nachgewiesen: Wir konnten in Bestätigung der Experimente von Socin und Hagenbach den Rest der Kugel bei solchen Experimenten noch sehr stark erwärmt vom Boden aufheben.[1]) Die Erfahrung, dass das Geschoss dabei mehr als die Hälfte an Gewicht verliert und dass abgespritztes Blei in Form eines weissen Sterns in grosser Ausdehnung auf der Eisenplatte zurückbleibt, dass man endlich kleinste Bleipartikel (beiläufig auch noch warm) vor der Scheibe aufheben kann, machen wir als Beweis einer Erhitzung noch nicht geltend, da das Alles von den Gegnern der Schmelztheorie gerade noch als rein mechanische Wirkung angesprochen wird. Und zum Theil mit Recht. Wir verweisen auch hier auf unsere Badkastenexperimente. Wenn man mit Vetterli-Ordonnanzgewehr auf kurze Distanz mit 435 m Geschwindigkeit in Wasser schiesst, so findet sich, wie wir zeigen werden, das Geschoss pilzförmig abgeplattet, die breite vordere Fläche schön glatt, kugelförmig und glänzend. Und doch zeigt ein Parallelversuch mit einem Schuss unter denselben Verhältnissen mit Rose-schem Metall, dass wenigstens von Schmelzung ganz und gar keine Rede dabei ist. Demgemäss sind auch die Angaben von Socin über „deutliche Schmelzerscheinungen" an der Spitze von Geschossen, welche in Thiermagen stecken blieben, die mit Flüssigkeit gefüllt waren, zu modificiren. Socin hat einzelnen unserer Badkastenversuche selber beigewohnt und sich von der Richtigkeit unserer Angaben überzeugt.

Ganz ähnlich ist es mit dem „Ueberstülpen" der hintern Geschosshälfte über die vordere, welche auch noch Richter als einen evidenten Beweis einer Erweichung des Bleies hervorhebt. Auch diese Difformirung lässt sich noch durch eine mechanische Auffassung erklären, denn bei Erhitzung ist ja gerade die hintere Parthie die festere, die vordere, welche aufschlägt, der weichere Theil.

Immerhin kann es als völlig sichergestellt betrachtet werden, dass bei Schuss auf Eisenplatten, Steinplatten (Bodynski) Erhitzung bis zur Schmelzung stattfindet. Damit ist nun freilich nicht

---

1) Vgl. unsere Publicationen im Corr.-Bl. f. schweizer Aerzte 1875 u. 1879.

gesagt, dass eine Erhitzung gar bis zur Schmelzung auch im menschlichen Körper vorkomme. Es gibt kein Gewebe in letzterem, welches fest genug wäre, ein modernes Geschoss in vollem Gange aufzuhalten, so dass man ohne Einschaltung eines weiteren Widerstandes hinter dem Körper die Kugel aufzufangen und die Erhitzung durch das Gefühl zu constatiren im Falle wäre. Die Geschosse bleiben, wie anderwärts gezeigt ist, nur stecken, wenn die Geschwindigkeit auf mehr als die Hälfte (unter 200 m) herabgesetzt ist, womit dann auch die Zeichen einer Erweichung des Bleies aufhören deutlich zu sein.

Es muss desshalb zur Erbringung des Nachweises, dass auch im menschlichen Körper Schmelzung vorkomme, ein anderer Weg gewählt werden. Derselbe ist in sehr glücklicher Weise von Busch betreten worden, indem er mittelst einer fallenden Eisenbirne Geschosse verschiedener Temperatur zerschlug. Busch gelangte durch diese Versuche zu der Behauptung, dass erst bei Erhitzung des Bleigeschosses bis nahe zum Schmelzpunkte durch mechanische Einwirkung ein Abspritzen kleinster Partikel zu erzielen sei. Die Wichtigkeit einer solchen Behauptung ist in die Augen springend.

Wenn wirklich Erhitzung bis zur Schmelzung nöthig ist, um ein Abspritzen kleinster Bleipartikel zu erzielen, so ist ja der Nachweis des Vorkommens solcher Spritzlinge bei Schuss auf den menschlichen Körper vollgültiger Beweis für Erhitzung der Geschosse bis zur Schmelzung.

Busch's Experimente haben den Erfolg zur Klärung der Anschauungen nicht gehabt, den sie verdienten. Der Grund hierfür liegt darin, dass Busch keine genauen Temperaturmessungen vornahm, sondern die Temperatur nur ungefähr abschätzte. Dies hat uns veranlasst, diese capitalen Experimente noch einmal in exacterer Weise zu wiederholen.

Wir liessen nach Busch's Vorgang eine Eisenkugel construiren, welche ein Gewicht von 2930 grm besass. Dieselbe fiel mittelst einer Vorrichtung aus einer Höhe von 2,24 m auf einen Ambos, auf welchen das Geschoss stehend sehr exact aufgelegt werden konnte, auf eine durch ein Kreuz bezeichnete Stelle.

Die Geschosse wurden nebenan in Paraffin resp. Oel erwärmt,

dessen Temperatur an einem Thermometer abgelesen wurde. Sobald dieselben die gewünschte Temperatur besassen, wurden sie
mittelst einer sie im Oelbade festhaltenden Zange rasch auf den
Ambos gesetzt und im gleichen Moment die Kugel zum Fallen
gebracht. Natürlich ging stets etwas von der erreichten Temperatur durch den noch so rapiden Transport und Auflegen auf den
nicht erhitzten Ambos verloren.

Die lebendige Kraft, mit welcher auf Grund obiger Zahlen-
angabe die Eisenkugel auf das Geschoss auffallen musste, betrug
laut gütiger Berechnung durch Hrn. Prof. Forster = 6,5632 Kilogrammmeter.

Diese Versuche ergaben 2 bemerkenswerthe Resultate, welche
zwar im Ganzen die Angaben von Busch bestätigen, aber sie
doch in wesentlichen Punkten ergänzend modificiren. Wir konnten nämlich durch unsere genauere Vorrichtung es erreichen, Tem-
peraturunterschiede von wenigen Graden zu controliren.

Wie zu erwarten stand, ergab sich mit zunehmender Temperatur des Geschosses eine stärkere Difformirung, welche allerdings
sehr langsam zunahm, so dass die Zusammenpressung des aufrecht stehenden Geschosses, welche ohne Erwärmung über die
halbe Länge betrug, bei Erhitzung auf 200 nahezu doppelt, bei
Erhitzung auf 300 etwas mehr als doppelt so stark war, als
bei Nichterwärmung. Mit der Verkürzung des Längendurchmessers wurde das Geschoss mehr und mehr in die Breite geschlagen.

Vergleichsweise liessen wir eine stärkere Gewalt in Form
eines kräftig geschwungenen Schmiedehammers einwirken. Auch
hier ergab sich derselbe Unterschied, nur in dem Maasse erheblich grösser, als schon das kalte Geschoss viel stärker breit gequetscht wurde und das erhitzte demgemäss zu einem dünnen Blatt
von 6, 7 cm Durchmesser ausgedehnt werden konnte.

Die Erhitzung wurde nun stets um wenige Grade blos ansteig-
gend, beim Weichblei bis auf 324, einmal sogar 327 getrieben und
dabei constatirt, dass allerdings der Effect in Bezug auf Verkürzung des Längendurchmessers und auf Abplattung des Geschosses
noch um ein Geringes vermehrt wird, dass man aber die Temperatur bis unmittelbar an den Schmelzpunkt heran

erhöhen kann, ohne dass ein einziges Partikelchen des Bleies losgesprengt wird.

Um mit Sicherheit zu constatiren, dass wirklich keine Absprengung stattgefunden habe, wurden die Geschosse gewogen und constatirt, dass die Schwankungen durchaus in den normalen Grenzen zwischen 20,0 und 20,3 sich bewegten. Ein Weichbleigeschoss auf 300° erhitzt und durch die Eisenkugel breit gequetscht, wog beispielsweise 20,27 grm; bei 315°: 20,013; bei 320: 20,21; bei 321°: 20,3 (Normalgewicht = 20,2).

Ganz anders war das Resultat, wenn die Erhitzung über den Schmelzpunkt hinaus fortgesetzt wurde. Dies geschah in der Weise, dass das Geschoss so lange in siedendes Oel eingetaucht erhalten wurde, bis oberflächlich Schmelzerscheinungen sich einstellten. Sobald das Oel in wirkliches Sieden geräth, wird nämlich die Messung unsicher, da dann das Thermometer sehr rapide bis auf 360° (das Ende der Scala bei unserm Thermometer) und darüber ansteigt.

Wenn bei dieser Ueberhitzung das Experiment rasch genug ausgeführt wurde, so fiel die Eisenkugel hell klingend auf den Ambos hinunter, wie wenn nichts auf demselben gelegen hätte. Während bei den früheren Experimenten das Bleigeschoss mit dumpfem Ton zusammengedrückt wurde, spritzten jetzt die Bleipartikel 3 und 4 m weit im Zimmer umher.

Ging bei der Ausführung des Experiments etwas Zeit verloren, so dass sich das Geschoss einigermassen abkühlen konnte, so spritzten nur eine geringere Zahl von Partikeln ab und das Hauptstück blieb auf dem Ambos liegen. Dasselbe zeigte das eigenthümliche Verhalten, wie B. Beck[1]) es beschrieben hat, an Kugeln oder Kugelstücken, welche aus dem menschlichen Körper extrahirt worden waren, nämlich eine parallele Streifung, glänzend mit irisirendem Farbenspiel an der Stelle des Auftreffens der Eisenkugel, namentlich wenn dieselbe etwas schräg aufgefallen war. Seitlich dagegen, wo Partikel abgesprengt worden waren, bestand der Glanz frisch gebrochenen Bleies und hier sowohl

---

1) B. Beck. Ueber Schussfracturen des Oberschenkels u. s. w. Langenbeck's Arch. Bd. 24.

als an den abgesprengten Stücken war von Schmelzungserschei-
nungen gar nichts wahrzunehmen, vielmehr war der Bruch ein
exquisit körniger. Es ist auffällig, dass noch B. Beck wieder
diesen Einwand geltend macht gegen das Abschmelzen von Blei
im menschlichen Körper, dass nämlich die einzelnen Stücke gar
nicht wie geschmolzenes Blei aussähen, während doch schon Busch
in vollständig überzeugender Weise dargethan hat, dass das Aussehen nur von den äusseren Bedingungen abhängig ist, unter welchen die Schmelzung stattfindet. Auch Schädel macht den nämlichen Einwand, dass man nur rauhe Sprengflächen finde. Vollends
zu verlangen, dass schmelzendes Blei Pulver entzünde oder dass
man im menschlichen Körper Spuren von Verbrennung wahrnehmen müsste, ist ganz und gar ungerechtfertigt. Schmelzung findet
ja nur am vordern Ende des Geschosses statt und die Berührung
der erhitzten Partien mit den Geweben ist eine so momentane,
dass Richter's Exemplificirung mit der Möglichkeit, ohne Schaden einen Finger durch eine Flamme zu führen, vollständig zu-
treffend ist. Man konnte auch bei unseren Versuchen, wo wir
das Blei bis zur Schmelzung erhitzt hatten, ganz wohl die ab-
springenden Partikel einen Moment in die Hand nehmen, ohne
eine Verbrennung zu riskiren. Wenn man geschmolzenes Blei
direct auf weisses Papier ausgiesst, so kommt eine stärkere Verbrennung nur vor, wenn das Blei eine Zeit lang auf dem Papier
liegen bleibt. Letzteres wird bräunlich und mürbe. Wo aber das
Blei nur rasch über das Papier gegossen wird, da macht es nur
an Stelle des ersten Auftreffens noch einen gelblichen Fleck, ohne
dass das Papier mürbe wird, dagegen im Weiteren bleibt das Papier intact oder andeutungsweise gelblich gefärbt oder zeigt feine
schwärzliche Streifung.

Wenn einmal das Bleigeschoss überhitzt ist, so dass man
Sorge tragen muss, dass es nicht wirklich zur Schmelzung kommt,
so ist es nun nicht wesentlich, ob eine stärkere oder geringere
Gewalt einwirkt, wenigstens um überhaupt eine Absprengung
kleinster Partikel zu erzielen. Wenn man das überhitzte Geschoss
mit dem nur leicht erhobenen Schmiedehammer zusammenquetscht,
so erhält man ein zierliches Bild einer mehr weniger sternförmigen
Bleiplatte mit zahlreichen kleinen zum Theil ganz abgetrennten,

zum Theil noch in Zusammenhang gebliebenen Bleipartikelchen. Dem gegenüber wog ein nicht erwärmtes Bleigeschoss, welches mit aller Wucht des schweren Schmiedehammers zu einer dünnen Platte zusammengequetscht wurde (so stark wie Abplattungen nie im lebenden Körper vorkommen) immer seine normalen 20,2 grm.

Wir haben ganz dieselbe Reihe von Experimenten mit Hartbleigeschossen, wie sie gegenwärtig aus technischen Gründen in der schweizerischen Armee eingeführt sind, durchgeführt. Dieselben haben einen Zusatz von 0,5 Antimon zum Blei. Das Resultat war vollständig übereinstimmend. Bis zu 318° fand zunehmende Abplattung des Geschosses aber ohne irgend einen Gewichtsverlust statt: Bei 302° wurde das Gewicht auf 20,28 grm, bei 312 : 20,09 und bei 318 : 20,31 bestimmt. Bei höherer Erhitzung spritzte das Geschoss, ohne nennenswerthen Widerstand zu leisten, auseinander; noch viel exquisiter als bei Weichblei zeigten dabei die einzelnen Sprengpartikel einen körnigen Bruch mit reinem Bleiglanz.

Der Fortschritt, den unsere Experimente gegenüber denjenigen von Busch bezeichnen, scheint uns wesentlich darin zu liegen, dass mit Genauigkeit nachgewiesen ist, dass die blosse Erhitzung des Geschosses für das Absprengen einzelner Stücke ganz und gar keine Bedeutung hat, während Busch und nach ihm Richter geneigt sind, in dieser Beziehung gewissermaassen Concessionen zu machen und auch die nicht bis zum Schmelzpunkt gehende Erhitzung als wesentlich hinzustellen. Busch erklärt ausdrücklich, dass es da auf einige Grad mehr oder weniger für den Effekt nicht ankomme.

Küster nimmt eine starke Erwärmung, aber keine Schmelzung an, da er dafür hält, dass die Kugel schon durch mässige Hitzegrade an Cohäsionskraft verliere, was durchaus nicht der Fall ist.

Die Erhitzung hat durchaus nur eine Bedeutung für den Grad der Difformirung der Geschosse. Wenn man sich überzeugt, in welchem Maasse eine Bleikugel durch Plattschlagen mit einem Schmiedehammer erhitzt wird, so dass man sie momentan nicht in die Finger nehmen mag, so wird man ohne irgend einen Zweifel das Recht haben, die bedeutenden

Difformirungen der Geschosse, wie sie in der Neuzeit Regel sind,
zum Theil auf die Erhitzung beim Auftreffen auf resistente Kör-
pertheile zu beziehen, sobald erwiesen ist, dass selbst Schmelzung
im menschlichen Körper beobachtet wird. Dass von einem stärker
difformirten Geschosse leichter durch scharfe Kanten und Ecken
Stücke abgerissen, gleichsam abgeschnitten werden oder sich selbst
an denselben abschneiden, liegt auf der Hand und insofern hat
allerdings auch die blosse Erhitzung ihren Antheil an dem Zustandekommen einer Vervielfältigung der Geschosstheile und an
ausgedehnterer Verwundung.

Aber von Sprengstücken dabei zu reden in dem Sinne, als
sei das Geschoss durch den blossen Anprall in kleinere Stücke
zerfahren, ist ganz und gar nicht erlaubt. Ein solcher Zerfall kommt einzig durch Erhitzung des Geschosses
bis zur Schmelzung (!) und über den Schmelzpunkt
hinaus zu Stande.

Nach diesen Nachweisen ist man genöthigt, den Gewichtsverlust, den ein Geschoss bei Schuss auf eine Eisenplatte erleidet, sowie das Zustandekommen eines weissen Sternes auf der
Eisenplatte und eine Aussaat kleinster, rundlicher Bleipartikel auf
eine Schmelzung des Geschosses, nicht auf eine blosse Erhitzung
unbestimmten Grades zu beziehen. Wenn es sich nachweisen lässt,
dass ähnliche Absprengung kleinster Partikel auch im menschlichen Körper stattfindet, so ist die Frage nach einer Erhitzung
bis zur Schmelzung definitiv erledigt. Der Nachweis ist nun geliefert worden. Busch[1]) hat mit Chassepot auf alte macerirte
Schädel geschossen und gefunden, dass neben dem Anschusse die
Innenwand des Schädels in ziemlich grosser Ausdehnung ganz be-
bestäubt wird mit einem feinen, gräuweissen Anfluge feinster Blei-
tröpfchen. Wir können für das Vetterli-Geschoss seine Angaben
bestätigen und insofern erweitern, als wir das Geschoss hinter dem
Ziele aufgefangen und einer genauen Wägung unterzogen haben.
Das Gewicht betrug in 3 Fällen, wo auf 30 m Distanz auf 2 mit
der Concavität einander zugekehrte und in einem Abstand von

---

1) Busch. Fortsetzung der Mittheilungen über Schussversuche. Langenbeck's Arch. 17.

11 cm befestigte Schädeldächer geschossen wurde, je 19,925, 19,95 und 19,75 grm. Bei einem Schuss auf einen ganzen macerirten Schädel betrug das Gewicht 19,777.

Wir haben vergleichsweise unter analogen Verhältnissen mit Rose'schem Metall auf doppelte Schädeldächer geschossen. Der grauweisse, glänzende Metallbeschlag feinster Metallpartikel auf der Innenseite des abgekehrten Schädeldachs zeigte sich in ungleich grösserer Ausdehnung als bei Blei, auch an den auseinander gesprengten Nähten. Um aber ins Klare zu kommen, für welche andere Knochen und in welchem Maasse eine Schmelzung angenommen werden müsse, haben wir folgende weitere Experimente angestellt:

a) Schüsse durch trockne Knochen. Die Geschosse werden hinter denselben in Wergsäcken aufgefangen. 30 m Distanz. Vetterli-Ordonnanz.

1. Oberschenkeldiaphyse wird in der Mitte gebrochen und gesplittert. Das Geschoss von Hartblei hat eine Länge von 16 mm (statt 25 der normalen), ist nicht so stark zusammengepresst, wie bei Auffallen der Eisenbirne auf ein nicht erhitztes Geschoss (s. oben). Gewicht 19,4.

2. Derselbe Schuss mit Weichblei. Geschoss 19 mm lang, weniger stark pilzförmig als das vorige. Das Werg haftet sehr fest an der Vorderfläche und ebenso eine Menge kleinster Knochensplitter. Die Vorderfläche des Geschosses ist unregelmässig körnig. Gewicht 19,9.

3. Hartblei durch den einen Condylus des Caput tibiae. Gewöhnlicher trichterförmiger Schusskanal. Geschoss am vorderen Ende verdickt, auf 23 mm verkürzt, vorne schön abgerundet. Gewicht 20,17.

4. Derselbe Schuss. Tibia noch feucht. Ausschuss grösser. Länge 23 mm. Difformirung mit Nr. 3 ganz übereinstimmend. Gewicht 20,23.

5. Derselbe Schuss mit Weichblei. Difformirung wie beim vorigen Schuss. Länge 23 mm. Gewicht 20,1.

6. Bei einem Schuss von Rose'schem Metallgeschoss auf trockene Oberschenkeldiaphyse zeigte dasselbe in Werg aufgefangen ein Gewicht von 10,06 gegenüber 17,73 der Normalen, hier war also viel exquisitere Abschmelzung zu Stande gekommen.

7. Vergleichsweise wog ein in ein Blechgefäss mit Kieselsteinen geschossenes Bleigeschoss (Weichblei) 19,83.

b) Schüsse auf feuchte Knochen, von den normalen Weichtheilen bedeckt, auf 8 m Distanz. Ordonnanzgewehr und Normalgeschwindigkeit.

α) Schüsse mit Rose-Metall.

Schuss durch die obere Tibiaepiphyse. Geschoss unverändert. Gewicht 17,07 (Normalgewicht 17,73).

Schuss durch den Humeruskopf. Geschoss unverändert. Gewicht 16,82.

Schuss auf den Kopf. Vorderes Ende defect, unregelmässig, körnig, höckerig. Gewicht 16,71. Länge 22 mm (Normallänge des Geschosses 25 mm).

Schuss auf die linke Femurdiaphyse. Vorderer Theil des Geschosses unregelmässig, abgebrochen. Hinterer Theil unverändert. Gewicht 11,56. Länge 16 mm.

Schuss auf die Vorderarmknochen. Geschoss 17 mm lang, aber auch von diesem Stück nur eine Hälfte vorhanden, ebenfalls unregelmässig, abgebrochen. Gewicht 7,75.

β) Schüsse mit Weichblei.

Schuss durch den rechten Humeruskopf. Vom Geschoss nur 1 cm des hinteren Endes in normaler Form erhalten, sonst pilzförmig abgeplattet und verbreitet. Gewicht 19,85.

Schuss durch die obere Tibiaepiphyse, dem Humeruskopfschuss fast völlig analog. Gewicht 19,96.

Schuss durch die Vorderarmknochen, pilzförmig wie der vorige, aber blos um 3 mm verkürzt. Gewicht 19,76.

Schuss durch das rechte Os ilei, wie der vorige.

Schuss durch die rechte Scapula, ebenso, aber Verkürzung um 12 mm.

Schuss auf die Femurdiaphyse. Gewicht 11,83. Es wird nur noch ein pilzförmiger Rest von der Kugel gefunden.

Schuss durch die Adductorenmasse. Gewicht 20,10. Veränderungen des Geschosses ganz wie bei Epiphysenschüssen.

Schuss durch eine Ochsenleber. Länge 21 mm mit Abplattung vorne. Gewicht 20,16.

Es findet also in Wirklichkeit eine Erhitzung des Bleigeschosses bis zur Schmelzung beim Auftreffen auf den menschlichen Körper statt.

Etwas ganz anderes aber ist die Frage, in wieweit durch diese Abschmelzung die Wirkung des Geschosses verstärkt wird, oder vollends ob durch dieselbe die erheblichen Zerstörungen der modernen Geschosse erklärt werden können?

Die Versuche lehren, dass Abschmelzung nur bei Auftreffen der Geschosse auf Knochen stattfindet und zwar bei feuchten Knochen sowohl bei spongiöser als corticaler Knochensubstanz, bei trockenen dagegen findet bei der Knochenspongiosa schon keine Abschmelzung mehr statt, blos noch eine Difformirung. Der Grad der Abschmelzung ist aber ein sehr geringer. Bei der frischen Knochenspongiosa beträgt er nur ein bis einige Decigramm. Bei der trockenen Knochencorticalis beträgt der Gewichtsverlust

ebenfalls blos wenige, im Maximum etwa ↘ dgrm, dagegen scheint
er bei feuchter Diaphyse nahe die Hälfte des Gewichtes betragen
zu können. Doch ist das Resultat dieser Versuche mit Vorsicht
aufzunehmen, indem gelegentlich grössere Bleistücke vorgefunden
werden, welche also mechanisch abgerissen sein müssen und demgemäss auch für die Wirkungsweise abgebrochener Partikel in
Staubformen nicht in Betracht fallen dürfen.

Die Abschmelzung beschränkt sich auf die Spitze des Geschosses, an welcher zumal bei Diaphysenschüssen und Schüssen
auf Schädeldächer eine grössere Zahl feinster Knochenpartikel
festhaften zum Beweise (den unsere gleich zu erwähnenden Schä-
delschüsse noch deutlicher illustriren), dass der Knochen an der
Stelle des Auftreffens des Geschosses vollständig zermalmt wird.

Bei Weichtheilen (Muskeln, Leber) findet keine Abschmelzung
von Blei selbst bei den stärksten jetzigen Geschwindigkeiten mehr
statt. Wir haben auch mit Rose'schem Metall durch Weichtheile
geschossen und uns überzeugt, dass selbst hier von einer Erhitzung
bis zur Schmelzung keine Rede ist.

Nach diesen Nachweisen sind die Angaben von Richter
und Busch zu berichtigen. Wenn letzterer Experimentator selbst
bei Weichtheilschüssen abgeschmolzene Bleipartikel nachweisen
zu können glaubt, so liegt dies an der unrichtigen Art des Auffangens der Kugel in einer Lehmwand, was er übrigens selbst
hervorhebt und beklagt. Die Veränderungen, welche ein Bleigeschoss durch eine feuchte Lehmwand erfährt, sind viel zu bedeutend, als dass solche Versuche noch einen Schluss zuliessen
über die in dem vorgehängten Körpertheil zugefügten Difformirungen und Temperaturdifferenzen; und in dieser Hinsicht halten
wir die Methode des Auffangens des Geschosses in Wergsäcken,
wie sie uns von Oberst Gressly mitgetheilt wurde, für einen
reellen Fortschritt. Es lassen sich hier vollständig genaue Mes-
sungen des aufgefangenen Geschosses vornehmen und die Resultate
sind oben mitgetheilt. Man wird nun sicherlich annehmen dürfen,
dass selbst im günstigsten Falle der Abschmelzung, nämlich durch
feste Corticalis, die Masse von etwa $3{,}4$ grm Blei in ihrer Vertheilung auf zahlreiche Partikelchen keine grossartigen Zerstörungen werde hervorbringen können. Am besten lässt sich dies

2*

aber immerhin entscheiden durch Vergleich der Wirkung gar nicht schmelzender mit schwerer oder leichter schmelzenden Geschossmetallen bei Knochencorticalis als Ziel. Wir haben mit Kupfer, Zinn, Blei und Rose-Metall, dann auch mit Blei bei herabgesetzter Geschwindigkeit gegen doppelte Schädeldächer und gegen Ober- und Unterschenkeldiaphysen geschossen und theilen einige exact ausgefallene Versuche hier mit, während andere an anderen Stellen ihre Verwerthung gefunden haben.

a) Schüsse mit Vetterli und Geschwindigkeit 410 m im Momente des Auftreffens auf doppelte Schädeldächer, mit der Concavität gegen einander befestigt und starkes Papier in der Mitte zwischen beiden eingeschoben.

1. Kupfer. Der Ein- und Ausschuss sind beide in der Grösse dem Durchmesser des Geschosses entsprechend, rund, mit radiären Fissuren. Das zwischengeklemmte Papier zeigt einen Defect, von dem aus bis 7 cm lange Risse gehen. Im Durchmesser von bis 12 cm rings um die Durchtrittsstelle des Geschosses finden sich zahlreiche grössere und kleinere Löcher mit abgewandten Rändern — offenbar nur durch die mitgerissenen zermalmten Knochenpartikel entstanden! Zahlreiche Knochenpartikelchen kleinster und etwas stärkerer Ausdehnung und kleine Papierschnitzelchen lassen sich in der Concavität des Schädeldaches sammeln.

Der Einschuss in einem Papier vorne dran entspricht der Kugel; in einem Papier hinten dran dagegen ist der Ausschuss rundlich von 2 cm Durchmesser, mit sehr zerfetzten Rändern, also viel grösser als der Ausschuss im Schädeldach, offenbar wegen der trichterförmigen Erweiterung der letzteren und dem Mitreissen des betreffenden Knochenstücks.

.2. Zinnhohlgeschoss auf doppeltes Schädeldach. Hat etwas seitlich getroffen; es ist ein grosses Stück Knochen herausgesprengt und in den Nähten getrennt. Die Bruchstellen zeigen eine glänzende Metallbestäubung. Der Defect im zwischengeklemmten Papier ist viel grösser als bei Kupfer, doch weniger kleine Löcher rings herum. Das Papier zeigt eine grauliche Metallbestäubung (die bei Kupfer durchaus fehlt).

Am evidentesten ist der Unterschied in dem vor dem Schädel aufgehängten Papier. Dasselbe ist in grosser Ausdehnung unregelmässig zerrissen, zeigt graulichen Beschlag und zahlreiche kleine Löcher. Auch die herausgerissenen kleinen Knochensplitter und Papierstückchen zeigen zum Theil graulich glänzenden Beschlag. Ein abgerissenes, etwas grösseres Stück des Zinngeschosses liegt eingerollt in der Concavität des Schädeldaches; ausserdem mehrere bis hirsekorngrosse unregelmässige Metallpartikel und ein graulicher Sand.

3. Blei. Runder Einschuss von 1 cm Durchmesser, Ausschuss

von 1,3 cm mit trichterförmiger Erweiterung auf 2,4 cm an der äusseren Corticalis. Die Vitrea der Ausschussseite ist in einem Durchmesser von 4 cm schwarz bestäubt. Das zwischen beide Schädeldächer gespannte Papier zeigt einen unregelmässigen Riss von 3 auf 4 cm Durchmesser, mit zackig eingerissenen Rändern. Rings herum in ganz unregelmässiger Weise eine grosse Zahl kleiner Risse mit einzelnen schwarzen Spritzlingen auf der zugekehrten Seite des Papiers. Das in Werg aufgefangene Geschoss zeigt sich vorne etwas abgeplattet (Länge 20 mm); es haften daselbst einige Knochensplitterchen fest an. Gewicht des Geschosses = 19,925.

b) Schüsse auf trockene Oberschenkeldiaphysen.

1. Zinnhohlgeschoss. Geschwindigkeit 410 m. Diaphyse im unteren Drittel getroffen, noch $1/3$ des Umfangs der Diaphyse intact, nach der anderen Seite ein 6 cm langes Stück herausgeschlagen.

Ein vorne angebrachtes Papier zeigt einen dem Durchmesser des Geschosses entsprechenden Defect mit radiären Rissen, auf der nach dem Knochen gerichteten Seite nichts Auffälliges. Ein hinten angebrachtes Papier zeigt einen unregelmässigen Defect von 2,5 auf 3 cm mit bis 7 cm langen radiären Rissen, deren Ränder in einer Breite von 1—2 cm theilweise schwarz bestäubt und von kleinen Löchern durchbohrt sind.

2. Kupfer (410 m) auf die nämliche Stelle macht einen ziemlich genau im Umfang übereinstimmenden Defect im Knochen. Defect im Papier vorne gleich wie bei Zinn, die radiären Risse etwas länger. Im Papier hinten ein sehr unregelmässiger Defect mit Rissen bis 3 cm lang und im Umkreis bis 4 cm Radius zahlreiche kleine Löcher — offenbar durch mitgerissene Knochenpartikel. Das hinterhalb in Werg aufgefangene Geschoss zeigt keine Aufrollung des Wergs wie bei directen Schüssen in solches. Das Geschoss ist bis auf eine ganz geringe Abflachung des vorderen Endes völlig intact.

3. Rose-Metall (410 m). Der Oberschenkel ist ganz fracturirt, der Einschuss nicht mehr zu erkennen, der Defect auf der Ausschussseite viel grösser.

Papier vorne zeigt ungefähr dieselben Verhältnisse wie bei Kupfer und Zinn, nur nach einer Seite sind weithin bis an den Rand des Papierbogens zahlreiche Löcher zu sehen. Papier hinten zeigt dagegen einen viel bedeutenderen Defect (5 auf 10 cm), die Ränder ganz zerfetzt, mit zahlreichen kleinen Löchern bis an den Rand des Papiers und einen grauschwarzen Beschlag im ganzen Bereich der kleinen Löcher.

Das in Werg hinterhalb aufgefangene Geschoss zeigt nur noch die hintersten 4 mm intact, hat noch eine Länge von 18 mm und ist vorne abgeschrägt, aber nicht verbreitert, so dass der grösste Theil des vorderen Endes fehlt. Die abgebrochenen Flächen sind glatt, aber durch scharfe Kanten getrennt. Vor und neben dem Geschoss finden sich hirsekorngrosse und kleinere unregelmässig kantige und eckige

Stückchen Metall im Werg. Letzteres haftet dem Hauptgeschoss sehr fest an.

Es ist nach den mitgetheilten Versuchen nicht zu bestreiten, dass bei leicht schmelzenden Metallen der Schusseffect um ein Bedeutendes vermehrt werden kann durch die auseinanderstäubenden Spritzlinge. Allein es ist nicht zu übersehen, dass nicht allen Spritzlingen eine sehr gewaltige Wucht innewohnt. Nur von etwas grösseren Partikeln wird ein Papier durchrissen, die feinsten Schmelzproducte schlagen sich selbst auf diesem nur als Bestäubung nieder. Von einem stärkeren Hinderniss, wie einer Schädelcorticalis, prallen sämmtliche Schmelzproducte ab und erscheinen als grauliche Bestäubung oder lassen sich als körniges Pulver vor demselben sammeln. Dadurch, dass gelegentlich die gegenüberliegende Schädelwand ganz auseinander gesprengt wird, darf man sich nicht beirren lassen; Controlversuche lehren, dass dieses Vorkommniss vielmehr, wie Bergmann richtig betont hat, von dem schrägen Auffallen des Geschosses abhängig ist und auch ohne jegliche Schmelzwirkung beobachtet wird. Wir haben es selbst bei herabgesetzter Geschwindigkeit (200 m) bei Bleigeschossen beobachtet, wo von Schmelzung ganz und gar keine Rede ist. Wenn man aber für Rose'sches Metall eine erhebliche Verstärkung der Seitenwirkung für wenig widerstandsfähige Gewebe des menschlichen Körpers zugeben muss, sowie noch für Zinn in geringerem Maasse, so ist es beim Blei, wie ersichtlich, schon ganz etwas Anderes. Hier ist der Unterschied zwischen der Wirkung eines Kupfergeschosses und eines Bleigeschosses auf das zwischengespannte oder hinter dem Ziele befestigte Papier viel geringer. Zur Zeit, als wir nur mit Blei schossen, waren wir ohne Weiteres der Ueberzeugung, dass die zahlreichen Löcher, welche ein zwischengeklemmtes Papier rings um die eigentliche Durchschussöffnung darbietet, von nichts anderem als von abgespritzten Bleipartikeln herrühren und also auf eine gewaltige Ausdehnung der Seitenwirkung durch Abschmelzung hinwiesen. Die Versuche mit Kupfergeschoss haben uns eines anderen belehrt. Auch hier findet man kaum weniger zahlreiche kleine Löcher neben der Hauptöffnung. Bei Kupfer kann laut Berechnung von Forster [1]

---

1) s. unsere Mittheilung im Corr.-Bl. f. schweizer Aerzte 1879.

von Schmelzung keine Rede sein. Dies haben wir durch unsere
Schüsse auch direct demonstrirt: durch das Herz, durch das Os
ilii ging ein Kupfergeschoss mit stärkster Geschwindigkeit begabt,
auf ` m Distanz abgefeuert, ganz ohne Veränderung durch. Bei
einem Schusse auf den Humeruskopf zeigte dasselbe am vorderen
Ende einige Unregelmässigkeiten, aber selbst bei einem Schusse
durch die feuchte Oberschenkeldiaphyse zeigte es blos eine Verkürzung von 24 mm durch geringe Abplattung der Spitze. Es
können deshalb bei obigen Schädelschüssen nur mitgerissene Knochenpartikel aus der zermalmten erstgetroffenen Knochenpartie
jene kleinen Oeffnungen bedingt haben.

Wir werden durch unten mitzutheilende vergleichende Schüsse
mit Kupfer und Rose'schem Metall auf Bleiplatten zeigen, dass
durch Schmelzung des Geschosses die Durchschlagskraft desselben
wesentlich vermindert wird. Wenn wir deshalb bei obigen Versuchen eine verstärkte Wirkung bei Schmelzung sehen, so kann
sich dieselbe nur auf die vermehrte Seitenwirkung beziehen. Wir
werden später zu zeigen haben, dass durch Vermehrung der Be-
rührungspunkte zwischen Geschoss und Ziel nothwendig die Durchschlagskraft ab-, die Seitenwirkung zunehmen muss. Warum sollte
dies denn nicht auch bei derjenigen Vermehrung der Berührungs-
punkte der Fall sein, welche das Abspringen geschmolzener Partikel nach sich zieht? Im Gegentheil ist es eine nothwendige
Forderung, dass mit dem Abspringen von Partikeln die Seitenwirkung eines Geschosses auch im Körper zunehme.

Aber im Gegensatz zu Busch können wir diese Vermehrung
der Wirkung durchaus nicht in dem Sinne auffassen, als hätten
die abgesprengten Partikel nun eine besonders intensive Wirkung,
wie Busch sie in der Centrifugalkraft wegen der Rotation des
Geschosses findet. Es soll unten gezeigt werden, dass die Werthe,
welche Busch für diese Centrifugalkraft berechnet, in Wirklichkeit gar nicht so hoch sind. Andere zahlreiche vergleichende Experimente bei verschiedenem Ziele mit Kupfer und Rose-Metall
zeigen ferner, dass man es durchaus nicht nöthig hat, die ab-
spritzenden Metallpartikel mit einer besonderen Wucht ausgestattet
zu denken. Vielmehr wird aus den unten folgenden Erörterungen
hervorgehen, dass bei einer gewissen Geschwindigkeit des Ge-

schosses die getroffenen Theile einen Stoss erhalten, welcher nicht
nur in der Richtung desselben, sondern allseitig sich in dem getroffenen Körper fortpflanzt.

Deshalb üben die kleinen zermalmten Knochenpartikel auf
das zwischengespannte Papier dieselbe Wirkung aus, wie die
paar Schmelzpartikel des Bleigeschosses. Das Geschoss theilt den
Schmelzpartikeln keine andere und keine grössere Kraft mit, als
es auch an die unmittelbar anstossenden Theile des Zieles überträgt, wenn es nicht schmilzt. Was demgemäss an verstärkter
Wirkung bei Zinn und so evident bei Rose-Metall zu Tage tritt,
beruht darauf, dass mit der Schmelzung die Zahl der Berührungs-
punkte zwischen Geschoss und Ziel wächst, dass gleichsam ein
Geschoss von ungleich grösserem Volumen das Ziel trifft und es
wird in Kapitel 6 ausgeführt werden, in welcher Weise mit Zunahme des Volumen die Durchschlagskraft ab-, aber die Seitenwirkung zunimmt.

Es ist sehr wichtig, hier zwischen der Auffassung von Busch
und uns principiell zu unterscheiden, denn eben der Umstand, dass
mit Zunahme der Seitenwirkung bei der Schmelzung eine Abnahme der Durchschlagskraft parallel geht, erklärt es, dass zwischen der Wirkung eines Kupfergeschosses und eines Bleigeschosses
so wenig Unterschied besteht, obschon das Blei schon seines höhern
specifischen Gewichtes und daher grösserer lebendiger Kraft wegen
eine stärkere Wirkung in Aussicht stellt und obschon bei Kupfer
von einer Vermehrung der Wirkung durch Abschmelzung keine
Rede sein kann. Das Kupfergeschoss bewirkt eine stärkere Zermalmung des getroffenen Knochencorticalis und theilt diesen Knochenpartikeln die Kraft mit, welche das Bleigeschoss seinen
Schmelzpartikeln mitgibt.

Wenn deshalb auch für gewisse Ziele und Geschosse eine erhebliche Vermehrung der Seitenwirkung durch Schmelzung sich
nachweisen lässt, wie es die theoretische Forderung verlangt, so
müssen wir doch sagen: Die Schmelzung hat bei den gegenwärtig üblichen Geschossen, also für Blei bei den
gebräuchlichen Geschwindigkeiten keine grosse Bedeutung *für den menschlichen Körper:* sie kommt nur
bei Knochen vor, ist bei Epiphysen sehr gering, bei Diaphysen

stärker, aber was durch dieselbe gerade hier an vermehrter Seitenwirkung gewonnen wird, geht durch die Verminderung der Durchschlagskraft wieder nahezu verloren.

Immerhin ist der Beitrag, welchen die Schmelzung zur Vermehrung der Seitenwirkung leistet, schon wegen des entgegengesetzten Einflusses auf die Durchschlagskraft nicht zu vernachlässigen.
Und deshalb darf auch die blosse Erhitzung des Geschosses und
die daherige stärkere Difformirung nicht ganz übersehen werden.
Richter macht darauf aufmerksam und es muss gegenüber den
Gegnern der Schmelzungstheorie betont werden, dass auch die
blosse Erhitzung ohne Schmelzung ihre eigenartige Bedeutung hat.
Freilich hat man gerade von Seite der Anhänger obiger Theorie
diese beiden Faktoren am meisten vermischt. Nachdem von uns
nachgewiesen ist, dass nur diejenige Temperaturerhöhung des Geschosses, welche den Schmelzpunkt erreicht oder darüber hinaus-
geht, ein Auseinanderfahren des Bleies in kleine Partikel zur
Folge hat, wird hoffentlich insofern mehr Klarheit in die Sache
kommen, dass man der Erhitzung — so nahe sie auch an den
Schmelzpunkt herankommen mag — als allein mögliche Wirkung
die der Difformirung des Geschosses zuweist. Und wenn dabei
Stücke losgerissen werden, so handelt es sich um rein mechanische Wirkung von scharfen Kanten und Ecken auf die weichere
Metallmasse.

Da aber die Thatsache des Vorkommens von Schmelzung
im menschlichen Körper durch Busch's und unsere Versuche nachgewiesen ist, so wird kein Mensch mehr daran zweifeln dürfen,
dass bei geringerer Wucht des Auftreffens eine Erhitzung stattfinden muss. Unsere Fallexperimente zeigen, dass mit der Erhitzung bei gleicher Gewalteinwirkung stärkere Difformirung erfolgt. In dem Maasse also, als die Form des Geschosses für den
Effect von Bedeutung ist, hat auch die Erhitzung des Bleies beim
Durchtritt durch den menschlichen Körper ihre bestimmte Wichtigkeit. Allein wie in Fällen nachgewiesener Schmelzung diese
sich auf den vordersten Theil beschränkt und der übrige Theil
des Geschosses selbst bei der festesten Corticalis des Oberschenkels nichts von Schmelzung zeigt, so wird man auch der Erhitzung
nicht gar zu viel zuschreiben dürfen. Einen bedeutenden Einfluss

auf den Grad der Difformirung haben erst sehr hohe Tempera-
turen, wie bei Besprechung unserer Badkastenexperimente aus-
einandergesetzt ist. Nur beim Knochen also, wo die Schmelzung
nachgewiesen ist, kann auch durch Erhitzung ein nennenswerther
Einfluss auf die Difformirung zu Stande kommen. Für Flüssigkeiten dagegen, bei welchen trotz einer Geschwindigkeit von über
400 m beim Auftreffen selbst bei Rose-Metall keine Schmelzung
stattfindet, hat die Erhitzung so viel wie keine Bedeutung für den
Grad der Formveränderung und es ist durchaus gerechtfertigt, für
Weichtheile der Temperaturerhöhung als Moment zur Erklärung
der Difformirung keine nennenswerthe, für die Knochen nur eine
geringe Bedeutung zu vindiciren.

Damit ist gar nicht ausgeschlossen, dass wir zugeben, ja be-
weisende Versuche beibringen werden (s. Kap. 3 die Badkastenversuche), dass bei den modernen Geschossen selbst bei Weichtheilen und Flüssigkeiten früher nicht gekannte Difformirung zu
Stande kommt. Dieselbe ist aber auf mechanische Momente zurückzuführen.

DRITTES KAPITEL

Die Bedeutung des Flüssigkeitsgehaltes der menschlichen Gewebe für die Geschosswirkung.

Wenn wir entfernt nicht so grosses Gewicht auf die Schmelzung und Erhitzung der Geschosse im menschlichen Körper legen können, wie die neuesten Vertreter der Schmelztheorie, unter denen Richter: Pirogoff, Socin, Busch, Fischer, Billroth, Vogl erwähnt, so finden wir für die explosionsartigen Wirkungen der Nahschüsse, für welche wir Busch's Experimente vollauf bestätigen konnten, eine andere Erklärung in der erst bei der Geschwindigkeit der neuern Gewehrgeschosse zu Tage getretenen hydrostatischen Druckwirkung.

Als einfachster Weg, diese Wirkung zu untersuchen erscheint der des Schiessens in grossere Quantitäten Wasser. Wir haben nach einer Anregung unseres Collegen v. Erlach hierzu einen Badkasten benutzt, dessen vordere Wand mittelst einer Schweinsblase resp. Kalbsfell verschlossen wurde. Die Schüsse wurden auf 30 m Distanz abgegeben und kamen mit einer durch Hrn. Schenker genau bestimmten Geschwindigkeit von 410 m am Ziele an.

Der Badkasten hatte eine Länge von 315 cm, Breite von 56 cm und Höhe von 61 cm. Bei den ersten Versuchen wurden starke Schweinsblasen, welche mittelst eines Eisenringes in der runden ausgesägten Oeffnung eingeklemmt wurden, zum Verschluss der vordern Wand verwendet. Da aber dieselben sehr oft zur Unzeit durch den Druck der Wassermasse einrissen, so wurde in den spätern Versuchen Kalbsfell (Trommelfell) zum Verschluss verwendet, das sich als sehr brauchbar erwies.

Die Schüsse wurden in der Richtung der Längsaxe des Badkastens abgegeben und nur diejenigen als gültig angenommen, bei
denen das Geschoss bis zur Geschwindigkeit = 0 nur im Wasser
vorgedrungen war.

Geschoss	Geschwin-digkeit	Höhe unter Wasser-spiegel	Zurück-gelegter Weg	Lage mit Spitze vor- oder rückwärts	Difformirung (Verkürzung auf:)
	m	cm	cm		mm
Kupfer	410	34	256	schräg Sp. r.	keine
„	410	25	235	„	„
„	410	21	200	gerade	„
„	410	17	164	schräg Sp. v.	„
Weichblei . .	410	32	110	gerade	14
„ . .	410	28	115	„	14
„ . . .	410	17	130	„	14
Hartblei . . .	410	33	285	gerade	22
„ . . .	410	21	230	schräg	20
„ . . .	410	12	160	quer	16
„ . . .	410	7	160	„	16
Rose - Metall . .	410	37	235	gerade	keine
„ „ . .	410	22	182	Sp. r.	„
„ „ . .	410	15	310	gerade	„
Zinnhohlgeschoss	410	34	155	schräg Sp. r.	keine
„ „	410	27	178	quer	„
„ „	110	17	150	„	„
Kupfer	250	41	128	quer	keine
„	250	36	146	schräg Sp. v.	„
„	250	31	198	schräg Sp. r.	„
„	250	17	153	gerade	„
„	250	14	165	schräg Sp. r.	„
Zinnhohlgeschoss	250	33	78	schräg Sp. r.	keine
„ „	250	23	68	„	„
„ „	250	14	17	schräg Sp. v.	„
Weichblei . . .	250	29	230	—	24 1⁄2
„ . .	250	20	230	—	keine
„ . . .	250	19	305	—	„
„ . . .	250	18	289	—	„
Weichblei . .	150	28	140	—	keine
„ . .	150	11	310	—	„

Wenn man die in obiger Tabelle zusammengestellten Ergebnisse würdigen will, so muss man dem Hinweise Rechnung tragen, dass eine Reihe von Unregelmässigkeiten sich bei solchen

trotz aller Sorgfalt nicht physikalisch exacten Experimenten bei-
mischen, welche die Uebersicht stören. Man thut deshalb wohl
daran, nur die mit ganzer Evidenz zu Tage tretenden Ergebnisse
zu verwerthen. Zu diesen gehören drei: die Abhängigkeit des
Vordringens des Geschosses in Flüssigkeiten, d. h. der Durchschlagskraft zunächst von der Geschwindigkeit des Geschosses,
dann von seinem specifischen Gewicht, endlich von seinem Volumen resp. Form und Formveränderung beim Auftreffen.

Man sollte a priori erwarten, dass bei verminderter Geschwindigkeit die Durchschlagskraft abnehme. Dies
bestätigt denn auch die Tabelle im Allgemeinen, zumal für Kupfer-
und Zinnhohlgeschosse ganz deutlich. Nur für Weichblei findet
das gerade Gegentheil statt. Auch das specifische Gewicht
des Geschosses steht in geradem Verhältniss zur Durchschlagskraft in Flüssigkeiten. Das viel leichtere Zinnhohlgeschoss dringt trotz derselben Geschwindigkeit ungleich weniger weit im Wasser vor als Blei und Kupfer. Rose-Metall
dringt abwechselnd weiter und weniger weit vor als Kupfer, dieses
weniger weit als Hartblei. Da demgemäss die Durchschlagskraft
von 2 Factoren, aus welchen die lebendige Kraft des Geschosses
sich zusammensetzt, in gleichem Sinne abhängig ist, so erklärt es
sich, dass mit abnehmender Geschwindigkeit bei leichten Geschossen die Durchschlagskraft so ausserordentlich rapide fällt, wie
beim Zinnhohlgeschoss.

Sehr bemerkenswerth ist nun das Weichblei für die Ausnahms-
stellung, welche dasselbe einnimmt: Bei stärkerer Geschwindigkeit dringt es ganz erheblich weniger weit vor, als bei schwächerer Geschwindigkeit; dies ist aber nicht etwa in dem Sinne
zu verstehen, als ob proportional der Abnahme der Geschwindigkeit das Vordringen des Geschosses sich steigere, vielmehr hängt
der Grund ganz evident mit der Difformirung des Bleigeschosses
über eine gewisse Grenze der Geschwindigkeit hinaus zusammen.
Die Difformirung beginnt bei 250 m Geschwindigkeit und steigt aufwärts bedeutend an. Nach unten dagegen, d. h. mit Verminderung
der Geschwindigkeit von dem Punkte weg, wo keine Difformirung
eintritt, kommt die obenerwähnte Regel wieder zu ihrer Geltung,
dass nämlich das Vordringen proportional der Verminderung der

Geschwindigkeit abnimmt. Da bei allen härteren Metallen die
Difformirung wegfällt, so kann nur die Consistenz des Bleies mass-
gebend sein für letztere, aber zu entscheiden bleibt allerdings die
Frage, ob eine Erweichung des Bleies dabei durch Erhitzung stattfindet oder nicht. Dass von einer Schmelzung keine Rede sein
kann, zeigt ohne Weiteres der Versuch mit R o s e - Metall. Dieses
zeigt gar keine Difformirung. Wenn Erhitzung in Frage kommt,
so muss dieselbe also unter 66° betragen. Unsere Fallexperimente
ergeben nun zur Entscheidung der Frage folgende Anhaltspunkte:

   · Wenn man aus einer Höhe von 2,24 m eine Eisenbirne von
2930 grm, laut früher angegebener Berechnung mit 6,56 Kilogrammmeter lebendiger Kraft auf ein aufrecht stehendes Weichbleigeschoss auffallen lässt, so wird dasselbe auf 9 mm verkürzt,
bei Erwärmung auf 60° auf 9 mm, bei Erwärmung auf 155° auf
8 mm, bei 300° auf 6 mm, bei 315° auf 4 mm. Es ist also bei
einer Erwärmung, welche unter 100° bleibt, die Mehrwirkung desselben durch dieselbe mechanische Gewalt eine sehr minime. Es
kann also gar keine Rede davon sein, dass durch die blosse Erhitzung die hochgradige Difformirung des Weichblei gegenüber
dem Hartblei erklärt wird. Ebensowenig ist aber die Differenz
des Verhaltens zwischen Weichblei einerseits und Hartblei und
den anderen Metallen andererseits einfach aus der verschiedenen
mechanischen Einwirkung auf das Geschoss beim Anprall auf die
Schweinsblase des Badkastens zu erklären. Laut unseren Fallexperimenten beträgt unter den oben geschilderten Verhältnissen
die Verkürzung des Hartbleigeschosses bei Fallhöhe von 2,24 m:
10 mm gegen 9 bei Weichblei. Auch bei Erwärmung nimmt die
Wirkung beiläufig bei Hartblei ebenso allmählich und erst in höheren Temperaturgraden rascher zu, wie beim Weichblei: Hartblei
auf 30° erwärmt, verkürzt sich auf 10 mm, auf 200°: 8 mm, auf
312°: 5 mm. Weichblei auf 82° erwärmt zeigt eine Verkürzung
auf 9½ mm, Hartblei auf 75°: 10½ mm. Bei Schüssen in den
Badkasten blieben nicht nur die Kupfergeschosse, sondern R o s e -
Metall, Aluminium und Zinnhohlgeschosse bei einer Geschwindigkeit von 410 m ebenso vollkommen in ihrer Gestalt intact und
wohl erhalten, als Blei bei einer unter 250 m liegenden Geschwindigkeit.

Lässt man dagegen aus 109 cm Höhe eine Eisenbirne auf
Geschosse verschiedener Metalle fallen, so ergibt sich, dass bei
dieser Gewalt ungefähr dieselbe Verkürzung für Weichblei zu
Stande gebracht wird, wie wir sie für den Badkasten angegeben
haben, nämlich:

für Weichblei .   15 mm Länge

Unter denselben Verhältnissen zeigte:

Hartblei . . . . $15\frac{1}{2}$ mm Länge
Zinnhohlgeschoss .   15   „   „
Aluminium . . .   22   „   „
Kupfer . . . . $23\frac{1}{2}$ „   „

Selbst bei einer Fallhöhe von 58 cm, wo nicht erwärmtes
Weichblei auf blos 17 mm verkürzt wird und Hartblei auf 18 mm,
zeigt ein Kupfergeschoss noch eine sehr deutliche Abplattung (mit
Verkürzung auf 24 mm).

Wenn es also nicht die Erhitzung und nicht die Abplattung im
Momente des Anpralls sein kann, welche das ausnahmsweise Verhalten des Weichbleies erklärt, so bleibt nur übrig, die langsame
Action der Wassersäule auf eine gewisse Strecke hin verantwortlich zu machen. Bei langsamer Action erklärt sich die hochgradige Differenz vollständig. Man ist im Stande durch einen genügenden nachhaltigen Druck eine bedeutende Difformirung des
Bleies herbeizuführen, während ein solcher Druck an Kupfer, Aluminium u. s. w. gar nichts ändert. Damit stimmt die Art der
Formveränderung ganz überein: In allen 3 oben angeführten Schüssen von Weichblei im Badkasten bei 410 m Geschwindigkeit beträgt die Verkürzung 14 mm, d. h. statt der normalen 25 mm hat
das Geschoss noch eine Länge von 14 mm. Dabei ist der vordere Theil pilzförmig und zeigt eine halbkugelige, sehr regel-
mässige glatte Oberfläche. Das hintere Stück zeigt die normale
Cylinderform. Vergleicht man das Verhalten der viel weiter vordringenden Bleigeschosse bei 250 m Geschwindigkeit und darunter, so ergibt sich in einzelnen Fällen bei 250 m noch eine Andeutung einer Abplattung mit Verkürzung auf $24\frac{1}{2}$ mm., bei geringerer Geschwindigkeit dagegen sind die Geschosse vollständig
unverändert in ihrer Form.

Es schafft sich also das Geschoss bei einer gewissen Geschwindigkeit den Widerstand selber, weil es den Wassertheilchen zum Ausweichen keine Zeit lässt und dieser Widerstand, insofern er die Abplattung des Geschosses zu Stande bringt, hindert auch das Vordringen. Dass mit zunehmender Abplattung das Vordringen erschwert wird, ergibt der Vergleich der Weichblei- und Hartbleischlüsse unter sich und mit Kupfergeschossen ohne Weiteres. Wir haben dasselbe auch durch den Vergleich des Verhaltens von Rundkugeln bestätigt gefunden. Eine solche aus glattem Rohr abgeschossen und mit 410 m Geschwindigkeit auftreffend, drang 147 cm weit vor (17 cm unter Wasserspiegel) und plattete sich so stark ab, dass sie nicht viel mehr als eine Halbkugel darstellte. Eine andere dagegen von derselben Dimension, welche erheblich weniger Abplattung erfuhr, drang (27 cm unter Wasserspiegel) 320 cm weit im Wasser vor. Hartblei zeigt ebenfalls eine Formveränderung, welche mit Verkürzung auf 22 bis auf 16 mm verbunden ist, aber dieselbe ist schon ganz anderer Art und viel mehr in Uebereinstimmung mit der Difformirung, wie man sie bei Fallexperimenten durch Einwirkung der Eisenbirne auf die Spitze des Geschosses erzielt. Bei allen bestand am vordern Ende eine einfache Abplattung mit glatter Concavität im Gegensatz zu der kugelförmigen Convexität des Weichblei mit der bedeutenden Verbreiterung und den pilzförmig zurückgekrempten Rändern. Es lässt sich also bei einer Verkürzung auf blos 22 mm wohl die Abplattung durch den Stoss beim Anprall auf die Schweinsblase erklären. Bei stärkerer Verkürzung wirkt der fortgehende Widerstand des Wassers zur Difformirung mit.

Mit dem Momente, wo der Widerstand des Wassers hoch genug ansteigt, um dem Weichblei eine Gestaltveränderung beizubringen, tritt nun ein Faktor deutlich in die Erscheinung, welchen wir bis jetzt ausser Acht gelassen haben, nämlich die hydrostatische Druckwirkung. Dieselbe macht sich in zwei Weisen geltend, einmal durch Zersprengen des Badkastens, dann durch gewaltiges Herausspritzen des Wassers aus dem Kasten. Die Kraft, mit welcher der Kasten auseinandergesprengt wird, ist so gross, dass wir zuletzt denselben mit eisernen Reifen binden lassen mussten, um die ungestörte Fortsetzung der Versuche zu ermöglichen. Bei einem kürzeren Badkasten, den wir früher benutzten (s. unsere Publication Corrbl. f. schweiz. Aerzte) wurde der Kasten an beiden Enden, d. h. in ganzer Länge auseinander getrieben; bei dem längeren Kasten dagegen, dessen Maasse wir oben angegeben haben, beschränkte sich die Sprengung auf den näher liegenden Abschnitt derselben. Bei dem kleineren Badkasten war in Uebereinstimmung damit das Herausspritzen des Wassers in ganzer Länge, am stärksten aber am vorderen und hinteren Ende exquisit, so dass das Wasser als Douche aus einer Höhe von vielleicht 8—10′ wie ein Regen herabfiel. Bei dem längern Badkasten war das Spritzen nicht so stark, namentlich wurde beobachtet, dass es bei tief unter Wasserspiegel eindringenden Schüssen unbedeutend war.

Mit letzterer Bemerkung kommen wir auf einen Punkt, den wir bis jetzt unerörtert gelassen, nämlich auf die Beeinflussung der Länge des Vordringens des Geschosses durch die Höhe des Wasserspiegels, unter welcher das Geschoss eingeschlagen hat. Aus den Versuchen mit Kupfergeschossen scheint auffälligerweise hervorzugehen, dass, je tiefer ein Geschoss aufschlägt, um so weiter dasselbe vordringt — entgegen der Annahme, welche man a priori zu machen geneigt wäre. Denn der Widerstand muss ja in grösserer Tiefe unbedingt proportional der Höhe der Wassersäule zunehmen. Eine Erklärung für dieses eigenthümliche Vorkommniss wäre darin zu suchen, dass bei höherem Einschlag eine viel grössere wirkliche Arbeit durch Herausspritzen des Wassers geleistet und dadurch die Kraft des Geschosses abgeschwächt wird. Diese Auffassung würde das entgegengesetzte Verhalten bei Weichbleigeschossen erklären. Denn mit Abnahme der Kraft des Geschosses nimmt auch der Widerstand ab, welcher jenem eine Difformirung aufzunöthigen vermag; daher kommt bei höherem Einschlagen des Geschosses dieselbe Formveränderung erst nach Durchlaufen einer längeren Strecke zu Stande, als bei tieferem Einschlagen. Bei Hartblei dagegen ist das Verhältniss nicht wie bei Weichblei, vielmehr mit Kupfer übereinstimmend, weil die Difformirung nicht in dem Sinne einer erheblichen Breitezunahme des Geschosses geschieht, welche dem weiteren Vordringen bei Weichblei so hinderlich wird.

Immerhin ist auf die Uebereinstimmung aufmerksam zu machen, welche. wir auch für Rundgeschosse hervorgehoben haben, dass auch diejenigen Hartbleigeschosse unverhältnissmässig weniger tief vordringen, welche die stärkste Difformirung erlitten haben. Es bleibt uns für die unten aufgeführten modificirten Versuche die Beantwortung der Frage übrig, in wie weit die Difformirung, welche der Durchschlagskraft so hinderlich ist, die Seitenwirkung d. h. für Flüssigkeiten die hydrostatische Wirkung verstärkt.

Vorläufig resumiren wir unsere Badkastenexperimente dahin:

1. Die Bleigeschosse der modernen Gewehre werden auch durch blosse Flüssigkeiten aufgehalten und difformirt.

2. Die Difformirung beruht nicht auf Erhitzung, sondern ist rein mechanische Wirkung.

3. Die Durchschlagskraft eines Geschosses in Flüssigkeiten ist proportional:

a) der Geschwindigkeit des Geschosses;

b) dem specifischen Gewicht des Geschosses;

c) umgekehrt proportional dem Querdurchmesser des Geschosses resp. der eine Vermehrung desselben bedingenden Difformirung.

Wir erwähnen anhangsweise, dass bei einem Schuss mit Vetterli-Ordonnanz auf 0,5 m Distanz in einen Seifenstock, unmittelbar nach Beseitigung des Seifenformkastens das Bleigeschoss 8,50 cm weit vordrang, eine exquisite Pilzform zeigte mit blos noch erhaltener Form des hinteren Endes. Die Länge des Geschosses betrug 12 1/2 mm, die Ränder waren etwas mehr umgebogen und abgerundet als bei Schüssen im Wasser. Das Geschoss erhielt ich durch die Güte des Hrn. Oberst Gressly zur Einsicht. Es gehört Hrn. Scherrer an.

Nachdem die Badkastenexperimente über Vorkommniss und Ursache der Difformirung der üblichen Bleigeschosse durch blosse Flüssigkeiten Aufschluss geliefert hatten und zugleich gezeigt, dass eine hydrostatische Druckwirkung eintritt, musste deren Bedeutung auf andere Weise festgestellt werden. Am zweckmässigsten haben sich uns die schon von Busch benutzten Einmachbüchsen aus dünnem Weissblech, mit Wasser gefüllt, herausgestellt. Dieselben sind in beliebigen Grössen leicht zu beschaffen und die hydrostatische Wirkung ist an ihnen sehr gut zu demonstriren.

Um gewisse Fehlerquellen hierbei auszumerzen, wurden auch 2 grosse Blechplatten benutzt, welche in Entfernungen von 5 und 10 cm in einen hölzernen Rahmen mittelst eiserner Schrauben eingespannt wurden, so dass der Zwischenraum ebenfalls mit Wasser gefüllt werden konnte.

a) Schüsse auf cylindrische Blechgefässe von 12 cm Durchmesser und 18 cm Höhe, oben offen, mit Wasser bis oben gefüllt.

Nr. 1. Ordonnanzgewehr, Blei 410 m Geschwindigkeit (beim Auftreffen). Einschuss wie beim leeren Blechgefäss, aber durch denselben hindurch das Gefäss vollständig aufgerissen und aufgeklappt. Ein zweiter Riss gegenüber.

Nr. 2. Glattes Rohr, bleierne Rundkugel: Geschwindigkeit 410. Runder Einschuss, dem Durchmesser der Kugel entsprechend, mit eingekrempten Rändern. Sehr unregelmässiger eckiger Ausschuss von 4 auf 7 cm Durchmesser. Das Gefäss ist durch die Mitte des Einschusses der Länge nach aufgerissen und ganz aufgeklappt, der Boden abgelöst.

Nr. 3. Glattes Rohr, Bleirundkugel, 410 Geschwindigkeit. Runder Einschuss. Ausschuss nicht zu erkennen. Durch den Einschuss hindurch das Gefäss vollkommen auseinandergerissen, in einer Ebene aufgeklappt.

Nr. 4. Glattes Rohr mit Bleirundkugel, 410 Geschwindigkeit. Einschuss direct über dem Boden des Gefässes. Boden abgesprengt, Längsriss bis zur halben Höhe des Gefässes aufwärts. Ausschuss von 9 cm Breite mit starker Umkrempung.

Nr. 5. Kupfer, 410 m Geschwindigkeit. Gefäss etwas unter der Mitte getroffen, deutlicher Einschuss der Grösse des Geschosses entsprechend, durch denselben das Gefäss in ganzer Höhe aufgerissen und aufgeklappt, Boden in halbem Umfang abgerissen. Ausschuss von 2,5 auf 5 cm Durchmesser mit aufgeworfenen Rändern.

Nr. 6. Ein Schuss mit Kupfer, 410 G., der weiter oben (im oberen Drittel) getroffen hat, hat den Boden intact gelassen, das Gefäss durch den Einschuss hindurch blos in etwa ³/₄ der Länge aufgerissen, weniger aufgeklappt.

Nr. 7. Rose; 410 Geschwindigkeit. Einschuss 4 cm unter der oberen Oeffnung. Oeffnung wie beim leeren Blechgefäss aber ein Längsriss bis zum unteren Viertel des Gefässes mit starker Ausbuchtung der Wand nach dem Schützen zu, deren höchster Punkt wiederum die Stelle des Eintritts der Kugel ist. Ausschuss von 3 auf 4 cm mit geringer Ausbuchtung der Wand.

Nr. 8. Zinnhohlgeschoss, 410 m. Gefäss unter der Mitte getroffen. Durch Intensität der Wirkung fast ganz übereinstimmender Effect wie bei Kupfer sowohl an Ein- als Ausschluss.

Nr. 9. Zwei Seitentreffer mit Zinnhohlgeschoss, 410 Ge-

3*

schwindigkeit, haben in ¹/₂ Handtellergrösse die zwischen Ein-
und Ausschuss (in kürzester Entfernung) liegende Wandpartie herausgerissen resp. aufgeklappt.

Nr. 10. Zinnbohlgeschoss mit 410 Geschwindigkeit.
Einschuss 4 cm unter dem oberen Rande des Gefässes, rund, von 13 mm
Durchmesser, nach unten ein 4 cm langer Riss, etwas vorgebuchtet.
Ausschuss 4 auf 7 cm Durchmesser, stark ausgekrempt.

Nr. 11. Zinn mit Holzfüllung, 410 G. Einschuss wie beim
leeren Blechgefäss, 5 cm unter dem oberen Ende des Gefässes. Unregelmässiger Ausschuss von 4 cm Durchmesser. Blosse Andeutung
einer Ausbuchtung der anstossenden Wand am Ein- und Ausschuss.

Nr. 12. Aluminium. Geschwindigkeit 410. Der Schuss
ist 2 cm über dem Boden durchgedrungen. Einschuss vom Umfang
des Geschosses. Durch denselben hindurch in halber Höhe des Gefässes ein Längsriss mit Rückwärtsbauchung der Wand. Ausschuss
3 auf 6 cm, unregelmässig; hier der Boden abgesprengt.

Nr. 13. Aluminium, 410 m Geschwindigkeit. Einschuss
circa 5 cm über dem Boden. Durch denselben ist das Gefäss bis auf
einen kleinen oberen Saum in ganzer Höhe aufgerissen, beim unteren
Theil schon stark gegen den Schützen zu vorgebuchtet. Der gegenüberliegende Ausschuss hat 4 auf 7 Durchmesser, stark ausgekrempte Ränder.

Nr. 14. Aluminium, 410 G. Gefäss seitlich getroffen, in ²/₅
des Umfanges und in einer Höhe von 5 cm aufgerissen, ohne deutlichen Ausschuss mit blosser Andeutung eines Einschusses.

Nr. 15. Ordonnanz, Blei; 250 m Geschwindigkeit. Einschuss von 11 mm Durchmesser, etwas ovaler Ausschuss von 12 auf
20 mm. Keine Andeutung einer Seitenwirkung.

Nr. 16. Ordonnanz, 250 Geschwindigkeit. Ein- und
Ausschuss wie beim leeren Gefäss. Geringe Verlängerung des Blechgefässes in der Richtung des Schusskanals. Der Einschuss findet sich
aber nur 4 cm unter der oberen Oeffnung des Geschosses.

Nr. 17. Ordonnanz, Blei 150 m Geschwindigkeit. Einschuss etwas dreieckiger als bei Nr. 16. Das Blech mehr abgebogen
als herausgerissen. Ausschuss nicht grösser als Einschuss.

Nr. 18. Kupfer. Normalgeschwindigkeit. Einschuss wie
beim leeren Blechgefäss. Durch denselben hindurch ein Längsriss in
³/₄ der Höhe des Gefässes mit starker Ausbuchtung der Wand. Der
höchste Punkt der Ausbuchtung entspricht dem Eintritt des Geschosses.
Ausschuss von 3 auf 4 cm Durchmesser mit starker Auskrempung
der Wand.

b) Schüsse auf zwei parallele grosse Blechplatten,
mit wassererfülltem Zwischenraum.

α. bei 10 cm Abstand der Blechplatten.

Nr. 19. Kupfer, 410 m Geschwindigkeit. Einschuss genau
der Grösse der Kugel entsprechend. Ausschuss mit ganz kleiner
Ausbauchung der Wand, gerissen, etwa auf 2 cm Durchmesser.

Nr. 20. Rose, 410 m Geschwindigkeit. Einschuss dem Geschoss entsprechend, Blechwand ganz leicht rückwärts gebaucht. Gerissener Ausschuss von 2 auf 10 cm Durchmesser. Vorbauchung der Blechwand am Ausschuss stärker als bei Kupfer.

Nr. 21. Rose, Geschwindigkeit 410 m. Einschuss dem Umfang des Geschosses entsprechend. Unregelmässiger Ausschuss von $2^1/_2$ auf 7 cm Durchmesser. Wand in Ausdehnung einer Männerhand um den Ausschuss herum vorgebaucht.

Nr. 22. Aluminium, Geschwindigkeit 410. Etwas ovaler Einschuss, dem Querdurchmesser der Kugel entsprechend in kleinerem Durchmesser, mit unbedeutender Vorbauchung der anstossenden Wand. Ausschuss von $2^1/_2$ auf 9 cm mit ausgedehnterer Vorbauchung der Wand.

Nr. 23. Derselbe Schuss wie Nr. 21. Etwas ovaler Einschuss dem Durchmesser der Kugel entsprechend; ziemlich starke Vorbauchung der ganzen Wand rückwärts. Ausschuss von 3 auf 4 cm Durchmesser mit starker Ausbauchung der Wand in grosser Ausdehnung.

Nr. 24. Glattes Rohr, Blei, stärkste Geschwindigkeit. Grosser, runder Einschuss. Durchmesser denjenigen der Kugel um etwa 8 mm übertreffend. Die Blechwand im Bereich des Einschusses rückwärts ausgebaucht. Ausschuss ein Querriss, wie alle anderen, von circa 4 auf 15 cm Durchmesser, mit starker Ausbauchung der Wand ringsum. (Also offenbar ebenso grosse hydrostatische Wirkung wie bei gezogenem Rohr.)

Nr. 25. Blei, 200 m Geschwindigkeit. Einfacher Ein- und Ausschuss, letzterer etwas grösser als der Durchmesser der Kugel.

Nr. 26. Ordonnanz und Blei. Einschuss der Kugel entsprechend. Wand in ganzer Ausdehnung vorgebaucht. (Wirkung auf Wand ziemlich stärker, weil dieselbe ziemlich genau in der Mitte getroffen ist und nicht wie die anderen in der Nähe des festgehaltenen Randes.) Ausschuss circa $2^1/_2$ auf 5 cm Durchmesser, mit ausgedehnt radiären Rissen bis zum Rande der Blechplatten.

Nr. 27. Blei, glattes Rohr, 200 m Geschwindigkeit. Schön runder Einschuss, 4 mm grösser als Durchmesser der Kugel; Ausschuss unregelmässig, wenig grösser als der Einschuss. Unbedeutende Vorbauchung der Wand.

Nr. 28. Blei, Ordonnanz, 410 m Geschwindigkeit. Runder Einschuss von circa 15 mm Durchmesser; zwei lange davon ausstrahlende Querrisse bis zum Rand der Platte. Sehr starke Hervorbauchung der ganzen Wand nach Art eines Ofenthürchens. Ausschuss von 12—20 cm mit starker Vorbuchtung der ganzen Wand und erheblicher Umkrempung der Ränder.

Nr. 29. Kupfer, 410 Geschwindigkeit. Einschuss von circa 1 cm Durchmesser, mit zwei ganz kurzen Rissen, 1,5 cm nach den Seiten hin, mässiger Vorbauchung der ganzen Wand. Ausschuss von 4 auf 2 cm mit vier radiär ausstrahlenden Rissen, bis 5 cm lang und geringer Ausbuchtung der Wand.

β. Bei 5 cm Abstand der Blechplatten.

Nr. 30. Glattes Rohr, Blei-Rundkugel, 410 Geschwindigkeit. Runder Einschuss; Blechplatte durch denselben hindurch
bis zu 10 cm weit nach den Seiten eingerissen, sehr stark rückwärts
vorgebuchtet; ebenso die gegenüberliegende Wand, an der sich ein
handgrosser Ausschuss mit Rissen bis an den Rand der Platte befindet.

Nr. 31. Aluminium, 410 Geschwindigkeit. Runder Einschuss von 13 mm Durchmesser, einzelnen Rissen bis 6 cm lang nach
den Seiten hin, eine geringe Vorbuchtung der ganzen Wand. Halb-
handtellergrosser Ausschuss, unregelmässig, mit drei kurzen Rissen
nach den Seiten und ebenfalls geringer Ausbuchtung der ganzen
Wand.

Nr. 32. Aluminium, 300 m Geschwindigkeit. Etwas unregelmässiger, im Ganzen runder Einschuss von 13 mm Durchmesser.
Auf der Höhe eine ganz geringe Ausbuchtung der Wand. Ausschuss
mit zwei unregelmässigen bis 5 cm langen Querrissen, ebenfalls eine
Andeutung von Ausbuchtung.

Nr. 33. Blei, 200 m Geschwindigkeit. Runder Einschuss
mit Defect von 1 cm Durchmesser. Unregelmässiger dreieckiger Ausschuss ohne weitergehende Risse, mit Umkrempung. Andeutungen einer
Ausbuchtung nur in unmittelbarer Nähe.

Nr. 34. Glattes Rohr, Blei-Rundkugel, 200 m Geschwindigkeit. Einschuss von 2 cm Querdurchmesser, geringe Ausbuchtung um den Einschuss herum und andeutungsweise der ganzen
Wand. Ausschuss mit zwei 8 cm langen Querrissen, blos Andeutungen
der Ausbuchtung der Wand.

Nr. 35. Aluminium, 250 m Geschwindigkeit. Quereinschlag des Geschosses, entsprechende Form des Einschusses, etwas
verbreitert. Etwas kleiner, gleichgeformter Ausschuss mit Umkrempung. Geringe Ausbuchtung der anstossenden Wand in einem Drittel
ihrer Ausdehnung.

Nr. 36. Aluminium, 200 Geschwindigkeit. Exquisiter
Quereinschlag der Kugel mit entsprechender Oeffnung in die Bleiplatte,
zum grössten Theil durch Umkrempung entstanden. Unregelmässiger
Ausschuss von 3 cm Durchmesser. In geringer Ausdehnung Andeutung
einer Ausbuchtung.

Nr. 37. Blei, 175 m Geschwindigkeit. Unregelmässiger
Einschuss, durch Umkrempung entstanden; nicht grösserer Ausschuss
mit zwei kleinen Querrissen von 1 und 2 cm. Nur in einem Durchmesser von etwa 6 cm eine leichte Vorbuchtung der Wand am Ein-
und Ausschuss.

Die Versuche mit wassergefüllten Blechgefässen lassen mehrere
Schlüsse über die Wirkungsweise der modernen Geschosse zu. Zunächst ist ersichtlich die Abhängigkeit eines höheren Grades hydrostatischer Wirkung von der Geschwindigkeit, mit welcher das Geschoss einschlägt. Noch bei 200, ja

250⁰ m Geschwindigkeit ist die Art der Durchbohrung der beiden Wände des Blechgefässes nicht wesentlich abweichend von dem Verhalten eines leeren Gefässes. Ein- und Ausschuss entsprechen ungefähr dem Durchmesser der Kugel; der Ausschuss ist aber grösser und etwas unregelmässiger in Folge der Miteinwirkung des erstgetroffenen und herausgerissenen Blechstückes und der Formveränderung des Geschosses an seinem vorderen Ende. Von 250 ab bis zu der stärksten Geschwindigkeit von 410 m in unserem Versuche zunehmend zeigt sich dann die hydrostatische Wirkung und zwar zunächst in der erheblichen Vergrösserung der Ausschussöffnung. Die Wassertheilchen vermögen dem zu plötzlichen heftigen Stoss nicht mehr auszuweichen und werden zunächst noch in der Schussrichtung am intensivsten in Form eines gegen die Ausschussöffnung zu sich erweiternden Kegels mitgerissen. Wird der Stoss noch heftiger, so tritt die Richtung in den Hintergrund und es macht sich die Wirkung desselben allseitig geltend: das Absprengen des Bodens, das Herausspritzen des Wassers in Meterhöhe und mehr zeigen die allseitige Mittheilung des Stosses an. Am exquisitesten aber wird dieselbe dargethan durch die Rückwirkung auf die erstgetroffene Wand. Diese wird durch den runden Einschuss hindurch mehr weniger weit aufgerissen und in toto rückwärts ausgebaucht. In den exquisitesten Fällen klappt das Gefäss so vollständig auseinander, dass seine Wände in eine Ebene zu liegen kommen.

Ein zweiter Nachweis zu Handen der Ursache dieser hydrostatischen Druckwirkung ist damit geliefert, dass wir dieselbe bei Rundkugeln aus glattem Rohr mit den rotirenden cylindro-konischen Geschossen der gezogenen Rohre verglichen haben. Es ergibt sich mit völliger Klarheit, dass die Wirkung der Rundkugel eine ebenso starke, ja entsprechend dem stärkeren Querdurchmesser der Kugel eine stärkere ist als bei der Spitzkugel. Auch für die Rundkugel tritt die hydrostatische Wirkung von ungefähr demselben Zeitpunkt an ein, wie bei der Spitzkugel, d. h. von 200 resp. 250 m Geschwindigkeit ab. Es ist also diese Wirkung von der Rotation der Geschosse unabhängig.

Eine dritte Beziehung, die des hydrostatischen Druckes zu dem specifischen Gewicht und damit zur lebendigen Kraft wird

durch unsere Experimente ins Licht gestellt. Specifisch sehr leichte
Metalle, wie Aluminium, mit Holzstoff gefüllte Zinnhohlgeschosse
haben keine wesentlich geringere Wirkung als die schwereren Metalle, d. h. der hydrostatische Druck ist von dem specifischen Gewicht, also von der Masse des Geschosses
bei gleichem Volumen unabhängig. Es schwanken in dieser Hinsicht freilich die Ergebnisse; allein dieses Schwanken ist,
wie ein genauer Vergleich lehrt, abhängig von der Höhe des Ein-
schlagens des Geschosses in das Wassergefäss, so dass bei einzelnen Schüssen mit Aluminium und Zinn die Wirkung stärker
ist, als bei Rose-Metall und Kupfer, in anderen Fällen umgekehrt.
Nur bei Bleigeschossen ist die Wirkung durchweg eine etwas stärkere, bei cylindro-konischem Geschoss sowohl als bei Rundkugel.
Wenn diese Nachwirkung laut Vergleich von Kupfer und Aluminium nicht abhängt von dem specifischen Gewicht, so muss sie in
Beziehung gebracht werden zu der Difformirung des Geschosses. Hierfür spricht schon der Umstand, dass durchweg
unter gleichen Umständen einschlagende Rundkugeln eine noch
merklich grössere Zerreissung und Ausbauchung des Blechgefässes
bewirken, als die Spitzkugeln — weil sie mit grösserem Querschnitt auftreffen, daher grösseren Widerstand finden und der daherige Mehrverlust an Geschwindigkeit sich in verstärkte Seitenwirkung umsetzt. Geschosse grösseren Volumens, resp.
mit grösserem Querdurchmesser haben eine stärkere
hydrostatische Wirkung. Die Versuche an festen Körpern
müssen uns lehren, inwiefern auch bei solchen sich eine analoge
Differenz zwischen weicheren und härteren Metallen findet.

Wenn für Gefässe von dünnem Blech von 250 m Geschwindigkeit ab eine Seitenwirkung im Sinne des hydrostatischen Druckes
eintritt, unabhängig von Rotation und specifischem Gewicht des
Geschosses, aber abhängig von der Form und insofern Consistenz
und direct proportional der Geschwindigkeit derselben, so muss
nunmehr gefragt werden: Was hat diese hydrostatische
Wirkung für eine Bedeutung für den menschlichen
Körper? Busch hat das Verdienst, auf diese Bedeutung zuerst
hingewiesen und dieselbe durch sehr hübsche Versuche illustrirt
zu haben. Allein Busch hat dem hydrostatischen Druck noch

einen viel zu geringen Werth vindicirt, indem er denselben nur anerkennt für Flüssigkeiten und flüssigkeitsreiche Gewebe, welche in Höhlen eingeschlossen sind, so für Gehirn und Knochenmark. Wir haben dagegen in unseren beiden früheren Publicationen den Beweis anzutreten versucht, dass bei sämmtlichen Weich-theilen des Körpers, mögen sie nun in feste Hülsen eingeschlossen sein oder nicht, die ausgedehnte Sei-tenwirkung der modernen Geschosse in dem hydro-statischen Druck ihre ausreichende Erklärung findet. Welch' gewaltigen Einfluss die Befeuchtung trockener Gewebe für Verstärkung der Wirkung hat, haben wir durch den Vergleich von Schüssen dargethan, welche auf Blechgefässe abgeschossen wur-den, die bald mit trockner Watte, trocknem Sand, trocknem Säge-mehl, fester Gelatinegallerte gefüllt waren, während bei der näch-sten Serie die Watte, Sand, Sägemehl befeuchtet, frisches Pferde-fleisch und eine dünne Gallerte zur Füllung benutzt wurden. Bei trocknem Material schlugen die Geschosse durch, machten einen ihrer Grösse entsprechenden Einschuss und etwas grösseren Aus-schuss, entsprechend der Mitwirkung des mitgerissenen Ausfüllungs-materials. Bei Befeuchtung dagegen wurde der Ausschuss sofort ganz bedeutend grösser, bis handtellergross; es traten Risse durch die Einschussöffnung auf; in den exquisiten Fällen wurde das Blechgefäss auseinander gerissen. Der feuchte Inhalt wurde her-aus- und weit umhergeschleudert. Diese gewaltige Differenz der Wirkung bei trockner und feuchter Einfüllung trat aber auch hier nicht mehr ein, sobald die Geschwindigkeit des Geschosses auf 200 m und darunter verringert wurde.

Wir durften aus diesen Versuchen den Schluss ziehen, dass wie für reine Flüssigkeiten, so auch für flüssigkeitshaltige Gewebe, wie sie sich in den Weichtheilen des mensch-lichen Körpers finden, bei den jetzigen Geschossen eine hochgradige hydrostatische Druckwirkung zu Stande kommt. Diese Wirkung thut sich kund in Sprengung einschliessender starrer und fester Hülsen, ist daher — wie be-reits Busch gezeigt hat — exquisit am Schädel und an den mark-haltigen Knochen. Während der macerirte Schädel lochförmige Durchbohrungen mit Erweiterung nach der Ausschussseite zu zeigt, wird der volle Schädel durch Chassepot- und Vetterli-Gewehr vollständig gesprengt, theils in den Nähten, theils in unregelmässiger Weise. Auch hier haben wir dargethan, dass diese Sprengwirkung von Schmelzung und von Rotation des Geschosses unabhängig ist.[1]) Wenn man den macerirten Schädel mit einer zugebundenen, wassererfüllten Schweinsblase auskleidet, oder mit Wasser füllt, während die Oeffnungen mit Gips verschlossen werden, so mag man eine Rundkugel aus glattem Rohr oder ein Kupfergeschoss oder das gewöhnliche Bleigeschoss aus gezogenem Rohr aus der Nähe darauf abfeuern: der Schädel springt in Stücke auseinander und die Sprengstücke werden in weitem Zerstreuungskreise in die Luft gejagt und auf den Boden umhergestreut, vorausgesetzt immer, dass mit der normalen Geschwindigkeit der modernen Geschosse gefeuert wird. Dasselbe gilt für die markhaltigen Diaphysen. Dieselben werden bei einer gewissen Geschwindigkeitshöhe der Geschosse auseinandergejagt in zahlreiche Stücke, die zum Theil mit zurückfliegen gegen den Schützen zu, während bei Entleerung der Markhöhle gar nicht selten ein wirklich reiner Lochschuss zu Stande kommt — immer mit viel weiterem Ausschuss als Einschuss — oder eine Fractur entsteht mit fortlaufenden Sprüngen in der Corticalis und dieser entsprechender geringerer Absplitterung (vgl. hierüber das Kapitel über Schüsse auf feste Körper).

Ganz andere Deutung hat das Verhalten der Weichtheile und auch der Knochenspongiosa selber gegenüber Geschossen stärkster Geschwindigkeit von Busch erfahren. Da auch hier eine gewaltig zerstörende Seitenwirkung unverkennbar ist, so glaubte Busch vorzüglich die Rotation der Geschosse verantwortlich machen zu sollen. Dagegen sind andere Autoren geneigt, selbst für die Weichtheile die Schmelzwirkung nicht gering anzuschlagen. So hält Richter[2]) auch diesen letzten wünschenswerthen Beweis für die Schmelzwirkung (durch Socin) geliefert, dass nämlich auch bei Weichtheilen dieselbe eintrete. Wir haben dem gegen-

---

1) Es ist anderorts hervorgehoben, dass der Grad der Sprengwirkung allerdings durch die Schmelzung eine Beeinflussung erfährt.

2) Chirurgie der Schussverletzungen I, 1. S. 105.

über den Beweis erbracht, dass jene Wirkung auf Weichtheile und Knochenspongiosa unabhängig von Schmelzung und von Rotation der Geschosse eintritt, da sie bei Kugeln aus glattem Rohr und bei Kupfergeschossen ebenso sich geltend macht, wie bei Blei und Rose-Metall. Gut gezielte Schüsse rissen frische Epiphysen der Tibia auseinander, klappten die dünne Corticalis auf oder, wenn Ein- und Ausschuss noch zu sehen war, zermalmten sie doch die zwischenliegende Spongiosa. Bei getrockneten Tibiae dagegen entstand ein trichterförmig sich erweiternder Lochschuss. Es sei nur darauf zurückgewiesen, dass eine Verstärkung der hydrostatischen Wirkung durch Erhitzung resp. Schmelzung insofern früher von uns zugegeben und erwiesen ist, als die Form des Geschosses dadurch beeinflusst wird.

Namentlich die Versuche, bei denen das Zersprengen der dünnen Corticalis der Epiphyse kein hochgradiges war, die Spongiosa dagegen zermalmt war, illustriren in sehr exquisiter Weise die hydrostatische Wirkung auf die Weichtheile selber, welche durch ihren Druck starre Hülsen zu sprengen vermögen. Es stimmte deshalb ganz mit unseren Erwartungen, auch an Muskel- und Leberschüssen die kolossalen Zerstörungen zu sehen. Ein besonders geeignetes Object war wegen ihres gleichmässigen körnigen Gefüges frische Ochsenleber. Hier zwei Versuche:

Nr. 38. Vetterli-Ordonnanz; Blei; 200 m Geschwindigkeit, macht in der Leber einen runden Schusskanal, dessen Durchmesser etwa doppelt so gross erscheint als der Durchmesser des Geschosses. Ausschuss etwas kleiner als Einschuss. Bei der flach auf den Tisch gelegten Leber erscheint der Einschluss in Form eines einfachen 5 cm langen Risses. Ausschuss ebenfalls gerissen in einer Länge von 3 1/2 cm. Die anstossende Lebersubstanz unregelmässig eingerissen, aber nicht zermalmt.

Nr. 39. Vetterli-Ordonnanz; Blei; 410 m Geschwindigkeit, ergibt einen Einschuss so gross, dass man die Faust hineinlegen kann. Bei flach hingelegter Leber erscheint derselbe in Form eines unregelmässigen, sternförmigen Risses, dessen einzelne Risse eine Länge von 13 bis 16 cm besitzen. Der Ausschuss erscheint nicht in Form von Rissen, sondern hier ist in Grösse zweier Hände die Leber vollständig zermalmt. Grösse des Ausschusses 13 auf 20 cm. Die Lebersubstanz wird weit hinaus geschleudert, die Wände des Schusskanals sind breiig zermalmt und zwar in unregelmässige Buchten der Nachbarsubstanz herein.

Das aufgefangene Geschoss bot folgende Verhältnisse dar: Abplattung des vorderen Endes mit Länge des ganzen Geschosses von 21 mm, Gewicht 20,16.

Wenn bei einer höheren Geschwindigkeit der Geschosse auch für diejenigen Flüssigkeiten respective flüssigkeitsreichen Gewebe, welche nicht in starre Hülsen eingeschlossen sind, eine gewaltige Seitenwirkung sich erweisen lässt, so werden wir — da ja die meisten Körpergewebe mehr weniger reich an Flüssigkeit sind, schon durch die enthaltenen Blutgefässe — die Berechtigung haben zu dem Ausspruch, dass die ausgedehnten Zerstörungen der modernen Projectile zu einem sehr grossen Theile auf hydrostatische Druckwirkung resp. hydraulische Pressung sich zurückführen lassen.

VIERTES KAPITEL

Das Verhalten fester Gewebe zu der hochgradigen Vermehrung der lebendigen Kraft bei den modernen Geschossen.

Wir haben dargethan, dass bei Flüssigkeiten von einer gewissen Grenze der Geschwindigkeit aufwärts ein neuer Faktor in die Erscheinung tritt, nämlich der hydrostatische Seitendruck. Nicht als ob derselbe plötzlich bei Zunahme von 1 m Geschwindigkeit aufträte, während er vorher gar nicht bestand; vielmehr kommen palpable Folgen desselben für die uns beschäftigenden Ziele erst von einer gewissen Geschwindigkeitshöhe ab zu unserer Anschauung. Es fragt sich nun, ob für feste Körper wenigstens die Annahme zu Recht bestehen bleibt, dass mit Zunahme der Geschwindigkeit eines Geschosses sich der Effect um so mehr auf den getroffenen Theil concentrirt? Auch dieses ist nicht der Fall. Sicher aber lässt sich wie für die Flüssigkeiten, so für solide Körper darthun, dass die Zunahme der Geschwindigkeit der Geschosse von einem gewissen Punkte ab eine vermehrte Seitenwirkung zur Folge hat. Diesem Umstande ist bis jetzt noch weniger Beachtung geschenkt worden, als dem hydrostatischen Druck, obwohl schon mehrere Autoren, u. A. Busch die Aufmerksamkeit darauf gelenkt haben. Nach Busch hat schon Melsens einschlagende Experimente gemacht und eine Erklärung dafür gesucht. Es gibt kein Object, an welchem sich dieser Faktor so schön ad oculos demonstriren lässt, wie die Glasscheiben. Dieselben müssen aus zähem Glase gefertigt sein und werden behufs leichterer Handhabung eingerahmt. Wir wählten sie von einer

Grösse von 30 cm im Quadrat. Das Glas 3 mm dick, der Holzrahmen 3 cm breit.

Bis zur Stunde steht man noch allgemein unter der Vorstel-
lung, dass ein Schuss à bout portant in einer Glasscheibe ein reines
Loch ausschlägt und zwar um so reiner und der Geschossgrösse
entsprechender, je stärker die Ladung. Diese Experimente sind
nun allerdings leicht nachzumachen und sind namentlich bei altem
Scheibenglas exquisit. Während bei matter Kugel, wie bei Steinwurf die Scheibe splittert und weitgehende Sprünge bekommt,
reisst eine Pistolenkugel auf kurze Distanz gefeuert, ein schönes
rundes Loch heraus. Ganz anders sind die Resultate der Schüsse
auf Glasplatten mit Vetterli-Gewehr auf 30 m Distanz.

1. *Schüsse auf Glasscheiben.*

Nr. 1. Vetterli-Ordonnanz. Blei. Normalgeschwindigkeit (410 auf 30 m Distanz). Im vorgehängten Papier ein runder
Defect. In der Glasscheibe ein Loch von 1 1/2 cm Durchmesser, nach
dem Ausschuss durch concentrische Sprünge auf 3 1/2 cm trichterförmig
erweitert. Zahlreiche kurze radiäre Sprünge sonnenartig rings herum
und multiple zackige Sprünge bis an den Rand der Scheibe, durch
viele Quersprünge verbunden.

Nr. 2. Ordonnanz. Kupfer. Normalgeschwindigkeit.
Ein 1 cm im Durchmesser haltender Defect im Papier. Auf der Vor-
derseite kleiner, circa ebenso grosser Einschuss in der Glasscheibe.
Zahlreiche radiär, unmittelbar umgebende und weiter ausstrahlende
Sprünge wie bei Nr. 3, immerhin nicht so zahlreich und mit spärliche-
ren Querverbindungen.

Nr. 3. Ordonnanz. Rose. Normalgeschwindigkeit.
Erzielt einen runden, wenig gezackten Defect von 2 cm Durchmesser
am Einschuss. Trichterförmige Erweiterung am Ausschuss bis auf
4 cm. Diese Erweiterung des Schusskanals macht sich in Form concentrischer, ringförmiger Sprünge. Vom Defect aus gehen radienförmig
kleine, 2—3 cm lange Sprünge nach allen Seiten hin und unregelmässige, zackige Sprünge durch ebenfalls zackige Quersprünge verbunden bis zum Rande der Scheibe. — Ein vorgehängtes Papier zeigt
einen runden Defect von 1 cm Durchmesser. Keine Metallbestäubung
in der Umgebung.

Nr. 4. Ordonnanz. Rose. Normalgeschwindigkeit.
Einschuss dem Durchmesser des Geschosses entsprechend (11 mm) auf
3 cm treppenförmig concentrisch in Trichter erweitert, zahlreiche
radiäre Strahlen; Sprünge bis an den Rand der Scheibe. Am vorgehängten Papier auf der der Glasscheibe zugewandten Seite ein
schwarzer Anflug mit sternförmigen Ausläufern.

Nr. 5. Ordonnanz. Blei. 225 m Geschwindigkeit. Im vorgehängten Papier ein 1 cm im Durchmesser haltender Defect mit einem grösseren schwarzen Kreis um denselben, aus schwarzen Streifen gebildet, die bis an den Rand des Papieres hingehen. Im Glas ein unregelmässiger Defect von 1 ½ cm im kleinsten Durchmesser, trichterförmiger Erweiterung allseitig bis auf 5 cm und einem halben Dutzend langen, zackigen Sprüngen bis zum Rand der Scheibe, nur an wenigen Stellen durch Quersprünge verbunden, ohne die Strahlensonne zahlreicher kurzer radiärer Sprünge.

Nr. 6. Ordonnanz. Blei. 200 m Geschwindigkeit. Im vorgehängten Papier ein runder Defect von 1 cm Durchmesser. Im Glas ein solcher von 15 mm, mit trichterförmiger Erweiterung nach dem Ausschuss, durch concentrische Absprengungen bis auf 33 mm. Zahlreiche, etwa 2 cm lange, radiäre Sprünge, vereinzelte etwas länger, der längste 8 cm.

Nr. 7. Ordonnanz. Blei. 150 m Geschwindigkeit. Im vorgehängten Papier ein runder Defect von 1 cm Durchmesser. Im Glas ein grosses rundes Loch von 5 cm Durchmesser, durch wenige concentrische Sprünge nach dem Ausschuss auf 7 cm sich erweiternd; nichts von den zahlreichen kurzen, sonnenartigen Sprüngen ringsherum, aber unregelmässig abstehend längere, zum Theil bis an den Rand der Scheibe gehende Sprünge ohne quere Verbindungen.

Nr. 8. Ordonnanz. Blei. 175 m Geschwindigkeit. Verhältnisse ähnlich wie bei Nr. 7. Etwas ovaler Defect von 4 auf 3,7 cm im Glas mit Erweiterung durch concentrische Sprünge auf 5 ½ und 6 cm: einige unregelmässige lange Ausläufer.

Nr. 9. Ordonnanz. Aluminium. 250 m Geschwindigkeit. Verhältnisse analog wie bei Nr. 7; nur etwas zahlreichere Quersprünge, die zackigen Längssprünge verbindend. Die kleinen radiären Sprünge sonnenartig um das grosse Loch fehlen vollständig.

Nr. 10. Ordonnanz. Aluminium. 200 m Geschwindigkeit. Im Papier deutlich querer Einschlag, der Profilform der Kugel entsprechend. Nicht gar gut conservirt. Ovales Loch in der Glasplatte von ca. 3 ½ auf 6 cm mit concentrischer, trichterförmiger Erweiterung und nicht sehr zahlreichen radiären Ausläufern. — Das Geschoss ist am vorderen Ende auf einer Seite mit Rinnen versehen, mit deutlichen Längsstreifungen.

Nr. 11. Ordonnanz. Aluminium. 150 m Geschwindigkeit. Das vorgelegte Papier zeigt exquisit den queren Einschlag des Geschosses. Das Glas zeigt ein grosses Loch, ca. 4 cm Durchmesser. Nur vereinzelte, aber lange Sprünge strahlen von demselben aus. Der Effect im Glas stimmt ziemlich genau überein mit Blei bei gleicher Geschwindigkeit, nur sind die Sprünge weniger zahlreich. Das Geschoss zeigt auf einer Seite am vorderen Ende eine Abflachung von 3 mm Durchmesser und rings concentrischen Streifen.

Aus unseren Schüssen auf Glasscheiben erhellt die Thatsache, dass auch für feste Körper bei einer gewissen höheren Geschwin-

digkeit des Geschosses eine intensivere Seitenwirkung auftritt. Bei
stärkster Geschwindigkeit gehen von dem runden kleinen (der Geschossgrösse entsprechenden) Defect in der Scheibe zunächst sonnenartig dicht aneinander liegend sehr zahlreiche radiäre Sprünge
aus von mehreren Centimeter Länge; ausserdem ziehen sich lange
zackige Sprünge bis an den Rand der Scheibe und diese sind
wieder durch zahlreiche quere Sprünge von ebenfalls sehr zacki-
gem Verlaufe verbunden.

Bei Abnahme der Geschwindigkeit fallen zunächst dahin die
kurzen radiären Ausläufer und die reichlichen zackigen Querverbindungen, während bis zu dem niedrigsten Grade wenig zackig
verlaufende Sprünge bis gegen den Rand der Scheibe hinziehen.

In zweiter Linie wird mit Zunahme der Geschwindigkeit die
Form des Defectes in der Glasscheibe eine andere. So ausgedehnt
die Zerspaltung der Scheibe bis zum Rande sein mag bei stärkster
Geschwindigkeit, so ist doch stets ein Defect in der Mitte vorhanden, dem Durchtritt des Geschosses entsprechend und bis auf
1 oder wenige mm dem Durchmesser desselben conform. Interessant ist die stark trichterförmige Erweiterung in der 3 mm dicken
Glasplatte gegen den Ausschuss zu, welche in treppenartig concentrischen Absätzen sich macht und zwar sehr stark, so dass
der Ausschuss auf den zwei- und dreifachen Durchmesser ansteigt.

Bei abnehmender Geschwindigkeit wird der Defect grösser
und unregelmässiger, in seiner Form also von Form und Durchmesser des Geschosses unabhängiger. Gleichzeitig hört diese ele-
gante Abstufung durch zahlreiche concentrische Sprünge nach dem
Ausschuss zu auf und letzterer zeigt nicht die bedeutende Zunahme gegenüber dem Einschuss wie bei starker Geschwindigkeit.

Es bestätigt sich also die Annahme, dass mit zunehmender Geschwindigkeit ein um so schärferer und
den Umfang des Geschosses conformerer Defect erzielt wird, aber es kommt als neues hinzu, dass trotzdem die Seitenwirkung proportional der Geschwindigkeit an Intensität wächst.

Wovon hängt nun diese verstärkte Seitenwirkung bei den
festen Körpern ab? Es ist interessant zu sehen, wie bei einem
Schuss gegen eine hängende Scheibe dieselbe oft gar keine wahr-

nehmbare Bewegung macht, so dass man meint, es sei fehlge-
schossen, während ein Steinwurf sie sofort in Pendelbewegungen
versetzt. Es geht daraus hervor, dass ein Steinwurf der Scheibe
im Ganzen viel mehr von seiner Bewegung mittheilt, als ein Vetterli-Geschoss. Es wird dies daraus erklärt, dass die von der
Kugel getroffenen Theilchen so rasch aus ihrem Zusammenhange
herausgerissen werden, dass keine Zeit bleibt, ihre Bewegung den
anstossenden Theilchen mitzutheilen. Die Form der mitgetheilten
Bewegung, welche darauf beruht, dass die einwirkende Kraft den
Festigkeitscoeffizienten des Ziels nicht oder nicht völlig zu überwinden vermag, bezeichnet man als Erschütterung, die also
bei einem scharfen Schuss ausbleibt. Wenn in Folge solcher mitgetheilten Bewegung Sprünge entstehen, so werden dieselben als
Commotionsfissuren unterschieden. Bei einem Pistolenschuss à bout
portant, der ein fast reines Loch aus der Scheibe herausschlägt,
fehlt also eine weitergehende Erschütterung. Aber warum splittert nun eine Scheibe in so ausgedehnter Weise bei einem Vetterli-
Schuss in grösster Nähe, obschon hier die Geschwindigkeit des
Durchtretens durch die Scheibe noch um ein hochgradiges vermehrt ist? Es tritt da offenbar wieder eine Art Erschütterung
ein. Wir wagen es nicht zu entscheiden, ob diese Art Erschütterung mehr diesen Namen verdiene oder die erstere. Der Unterschied besteht darin, dass z. B. bei einem Steinwurfe die vom
Stein getroffenen Theilchen in der Richtung des Wurfes weiter
bewegt werden und auch die anstossenden Theilchen mit sich zer-
ren. Es ist also mitgetheilte Bewegung in der Richtung des bewegten Körpers, welche schliesslich ein Zerbrechen der Scheibe
in der Richtung grösserer Spaltbarkeit oder in den Linien, wo
stärkere und schwächere Bewegung zusammenstossen, zur Folge
hat. Bei dem Vetterli-Schuss dagegen ist eine Mitbewegung in
der Richtung des durchtretenden Geschosses nicht zu beobachten.
Es handelt sich vielmehr um eine von der Richtung der
Kugel und des mitgerissenen Stücks der Scheibe un-
abhängige Wirkung nach den Seiten hin. Dieselbe kommt
unter ganz analogen Verhältnissen zur Geltung, wie die hydraulische Pressung, nämlich bei enorm gesteigerter Geschwindigkeit,
welche ein Ausweichen der getroffenen Theilchen nicht rasch genug

gestattet, die in der gegebenen gegenseitigen Stellung gleichsam überrascht werden. Wir halten es deshalb für angezeigt, ihr einen eigenen Namen beizulegen und sie damit vorläufig von der einfachen Erschütterung zu unterscheiden. Wir fassen diese Seitenwirkung bei festen Körpern unter dem Ausdruck der Sprengung zusammen mit der hydraulischen Pressung, wie sie bei Flüssigkeiten vorkommt. Unsere Experimente beweisen die Analogie des Vorkommens. Dass die Geschwindigkeit das Zustandekommen, und wesentlich, wenn auch nicht ausschliesslich, den Grad dieser Sprengung bewirkt, geht daraus hervor, dass dieselbe bei specifisch leichten Metallen ebenso wohl eintritt, wie bei schwereren.

Ganz wie bei Flüssigkeiten machen Geschosse von grösserem Querdurchmesser etwas stärkere Wirkung, so die grösseren Rundkugeln aus Blei, so Blei und Rose-Metall gegenüber Kupfer wegen ihrer Formveränderung, resp. Schmelzung. Busch erklärt, dass er mit Sicherheit den Grund für dieses merkwürdige Phänomen (einer vermehrten Seitenwirkung bei stärkerer Geschwindigkeit) nicht angeben könne. Die von Melsens gegebene Erklärung nämlich, dass es die vor der Kugel hergetriebene Luft sei, welche die Seitenwirkung veranlasse, weist er durch ingeniöse Versuche zurück, welche darthun, dass vorgetriebene Luft ganz wie ein fester Körper durchschlage. Obschon er aber nicht nachgewiesen, dass Abschmelzung von Blei hier vorkomme, glaubt er doch, dass die Erwärmung an der Spitze der Kugel und das daherige Abspritzen von Partikeln nach der Seite hin die eine Ursache der vermehrten Wirkung sei. Als Hauptursache erklärt er die gewaltige Rotation, für welche er kolossale Wirkungen berechnet. Nach seiner Rechnung hat 1 grm Blei, das losgeschleudert wird von dem rotirenden Geschoss, eine Stosswirkung auf die Gewebe zur Folge, welche gleich ist 11,5 kgrm auf 1 qcm oder einer Bleisäule von 10 m Höhe. Allein Busch macht einmal den Fehler vorauszusetzen, dass das Geschoss den Gewehrlauf durchsetzt mit einer Geschwindigkeit, die es an der Mündung des Laufes zeigt, da es doch von 0-Geschwindigkeit auf diese Höhe steigt und es demnach richtiger ist, den Mittelwerth, also bei Busch statt 400 blos 200 m anzunehmen. Dadurch kommt statt obiger 11,5 kgrm blos 2,8 kgrm bei seiner Rechnung heraus.

Dann ist es eine Maximalannahme, dass Stücke von 1 grm. losgeschleudert wurden. Handelt es sich ja doch nach unseren Experimenten meist blos um wenige Decigramm und werden diese in einer grossen Zahl von Stücken losgeschleudert. Nimmt man daher in der Busch'schen Rechnung statt eines abgesprengten Bleistückchens von 1 qcm und $^1/_{11}$ cm Höhe ein solches von blos 1 qmm, so wird dieses 1 cgrm wiegen und nach Busch'scher Rechnung einen Druck von 115, nach unserer von 28 grm auf den Quadratcentimeter Gewebe ausüben, also einer Bleisäule von 0,1 m resp. 0,028 = 28 mm Höhe entsprechen, was ein ganz geringer Werth ist, dem kolossale Effecte nicht zukommen.

Dass weder die Schmelzung und das daherige Wirbeln abgesprengter Partikel im Sinne Busch's, noch die Rotation des Geschossmantels selber und die daherige Einwirkung auf die unmittelbar anstossenden Glastheilchen bei dem Vorgange eine nennenswerthe Rolle spielt, haben wir durch Anwendung von Kupfergeschossen und von Rundkugeln aus glattem Laufe wohl definitiv erwiesen. Kupfer hat nahe dieselbe gewaltige Splitterung bei vermehrter Geschwindigkeit im Gefolge wie Blei. Ein Schuss mit Rundkugel aus glattem Laufe hat bei derselben Geschwindigkeit wie das Vetterli-Geschoss eine ganz ähnliche Zersplitterung zur Folge, nur dem grösseren Querdurchmesser des Geschosses entsprechend etwas stärker; der Defect in der Mitte ist ebenfalls rund, die Splitterung der Scheibe allseitig ebenso gleichmässig vertheilt und von übereinstimmenden Figuren wie bei Vetterli. Gerade damit, dass wir den Nachweis geführt haben, dass eine der Hauptsache nach von der vermehrten Geschwindigkeit der Geschosse abhängige Seitenwirkung auch für feste Körper stattfindet, glauben wir dem Verständniss der hydraulischen Pressung bei flüssigen und flüssigkeitshaltigen Körpern die beste Förderung haben angedeihen zu lassen. Dass hydraulische Pressung vorkommt, hat Busch in ausgiebiger Weise nachgewiesen, nachdem nach seiner Angabe schon Longmore für das Gehirn dieselbe angenommen hatte, aber die zutreffende Erklärung glauben wir erst durch unsere Experimente geleistet.

Die Erklärung für die Sprengwirkung liegt nun darin, wie wir in Kap. 6 ausführlicher auseinandersetzen, dass bei einer ge-

4*

wissen Geschwindigkeit des Geschosses die unmittelbar getroffenen Theilchen nicht rasch genug ausweichen können, so dass der gewaltige Stoss Zeit hat, seine Wirkung durch Mittheilung an die Umgebung auf grössere Distanzen hin in dem getroffenen Ziele fortzupflanzen.

2. *Schüsse auf kieselerfüllte Gefässe.*

Nr. 1. Gefäss mit Kiesel, Schuss mit Ordonnanz. Einschuss rund mit Defect nicht grösser als beim leeren Gefäss. Ringsherum zeigt das Gefäss ziemlich gleichmässig vertheilt, in Abständen von theilweise etwa 1 cm, ausserordentlich zahlreiche Kieseleindrücke.

Nr. 2. Gefäss mit Kiesel. Ordonnanz. Normalgeschwindigkeit. Ein Stück der Kugel sehr stark deformirt in den Kieseln aufgehoben. Vergl. Nr. 1.

Nr. 3. Gefäss mit Kiesel. Rose. Normalgeschwindigkeit. Einschuss etwas grösser als bei Blei, merklich grösser und unregelmässiger als bei Kupfer. In einem Durchmesser von $1\frac{1}{2}$ cm Kieseleindrücke ringsherum, doch weniger zahlreich als bei Blei.

Nr. 4. Ordonnanz und Rose. Ergibt einen die Kugel etwa um 3 mm im Durchmesser übertreffenden Einschuss. Nach oben und rechts hin sehr zahlreiche Ausbuchtungen der Wand durch angepresste Kieselsteine, aber nur etwa in der Ausdehnung eines doppelten Handtellers. Auf der linken Seite und auf dem Boden fehlen sie ganz.

Nr. 5. Gefäss mit Kiesel. Kupfer. Normalgeschwindigkeit. Einschuss wie beim leeren Blechgefäss, nur ganz vereinzelte Kieseleindrücke daneben. Viel grösserer Ausschuss mit starker Umkrempung, unregelmässig, $2\frac{1}{2}$ auf 5 cm. Zu beiden Seiten desselben in einer Breite von je 4 cm zahlreiche Eindrücke von Kieseln, immerhin ungleich spärlicher als bei Rose und Blei, wo das Geschoss nicht durchgeschlagen hat.

Nr. 6. Gefäss mit Kiesel. Glattes Rohr. Bleirundkugel. Normalgeschwindigkeit. Runder Einschuss von 2 cm Durchmesser, kein Ausschuss. Gefäss etwas schräg getroffen, auf der näheren Seite in einer Höhenausdehnung von 9 cm sehr zahlreiche Ausbuchtungen der Wand von angepressten Kieselsteinen. Das Geschoss ausserordentlich deform, in einer Weise umgestülpt, dass es hutförmig aussieht, scharfkantig und höckerig.

Nr. 7. Gefäss mit Kiesel. Zinn mit Holzfüllung. Normalgeschwindigkeit. Runder Einschuss von $1\frac{1}{2}$ cm Durchmesser, nur auf einer Seite des Einschusses etwa ein Dutzend Eindrücke von Kieselsteinen. Vom Geschoss einige abgesprengte Fetzen des Mantels aufgefunden.

Nr. 8. Gefäss mit Marmeln. Ordonnanz. Einschuss wie beim leeren Bleigefäss. Die Wand ringsherum in sehr regelmässigen Abständen mit Ausbuchtungen wie ein Bierhumpen versehen. Diese

Ausbuchtungen sind runder, etwas stärker vorragend und regelmässiger wie bei Kieselsteinen.

Nr. 9. Gefäss mit Marmeln. Kupfer. Normalgeschwindigkeit. Das Geschoss am vorderen Ende stark deformirt, zum Theil mit anhängendem Kieselstaub, zum Theil mit Kupfertheilchen. Einschuss etwas kleiner als beim gleichen Schuss wie Blei. Kein Ausschuss. Ausbuchtungen der Wand ziemlich gleich wie bei Blei, eher etwas stärker.

Nr. 10. Gefäss mit Kiesel. Blei. 250 m Geschwindigkeit. Einschuss wie beim leeren Blechgefäss, geringe Zahl von Ausbuchtungen an der gegenüberliegenden Wand. — Das Geschoss zeigt sich mit Ausnahme des wohlerhaltenen hintersten Theiles von 1 cm Länge sehr stark und unregelmässig difformirt, im Ganzen pilzförmig.

Nr. 11. Gefäss mit Kiesel. Blei. 200 m Geschwindigkeit. Kugel in der vorderen Hälfte stark deformirt. Einschuss etwas grösser und unregelmässiger mit stärkerer Umkrempung als bei Normalgeschwindigkeit. Am ganzen Gefäss zwei Eindrücke von Kieseln zu sehen neben dem Einschuss.

Schüsse auf ein rechteckiges Gefäss, vorn und hinten von einer festen Blechplatte gebildet, auf der Seite aus zusammengepresstem Holz mit Eisenrahmen.

Nr. 12. Gefäss mit Kiesel gefüllt. Abstand 10 cm. Aluminium. Normalgeschwindigkeit. Ergibt einen oblongen Einschuss, vier kleine Ausbuchtungen an der Hinterwand von andrängenden Kieselsteinen. Keine weiteren Veränderungen.

Nr. 13. Gefäss mit Kiesel gefüllt. Abstand 10 cm. Ordonnanz. Ergibt einen runden Einschuss der Grösse der Kugel entsprechend. Rückwand vorgebaucht in ziemlicher Ausdehnung. Auf der Höhe der Ausbauchung Eindrücke von Kieselsteinen.

Nr. 14. Gefässs mit Kiesel gefüllt. Abstand 10 cm. Kupfer. Normalgeschwindigkeit. Runder Einschuss dem Geschoss entsprechend. Gerissener Ausschuss von 2 auf 6 cm. Vereinzelte Kieseleindrücke in der Nähe.

Nr. 15. Gefäss mit Kiesel. Abstand 5 cm. Ordonnanz. Runder Einschuss der Kugel entsprechend. Unregelmässig gerissener Ausschuss von 6 auf 9 cm Durchmesser. Keine Kieseleindrücke.

Nr. 16. Gefäss mit Kiesel. Abstand 10 cm. Glattes Rohr; runde Bleikugel. Einschuss den Durchmesser der Kugel etwa um 6 mm. übertreffend, rund. Kein Ausschuss. An dessen Stelle Blechwand unregelmässig vorgetrieben.

Die Schüsse in Gefässe, welche mit Kiesel gefüllt sind, sind geeignet, die Analogie der Sprengung bei Glasscheiben mit der hydraulischen Pressung bei Flüssigkeiten ins rechte Licht zu setzen. Auch bei Kieselgefässen wird die

Sprengwirkung an der Wand durch Bildung von Ausbuchtungen erst bei circa 250 m Geschwindigkeit des Geschosses ersichtlich. Die Kieselmasse ist darin dem Wasser analog, dass sie mehr als die Theilchen der Glasscheibe eine gegenseitige Verschieblichkeit derselben darbietet. Während desshalb die einzelnen Kiesel bei geringerer Geschwindigkeit des Geschosses einfach wie das Wasser nach der Oeffnung des Gefässes zu ausweichen, lässt ihnen das rascher eindringende Geschoss dazu keine Zeit, sondern ganz analog wie bei der hydraulischen Pressung pflanzt sich der Stoss allseitig fort, es entstehen nach allen Seiten hin Ausbuchtungen der Blechwand durch die angepressten Kiesel. Es ist zu notiren, dass bei den glatteren, gleich grossen Marmeln diese Wirkung stärker ist und eine höchst gleichmässige und zierliche, so dass das exquisite Bild eines Bierhumpens entsteht.

Es ist ferner deutlich, dass dieselben Faktoren, welche die Durchschlagskraft vermehren, die Sprengwirkung vermindern und umgekehrt. In dem Falle, wo das Kupfergeschoss durchschlägt, sind die Kieseleindrücke zwar auch vorhanden, aber weniger zahlreich als da, wo es stecken bleibt. So ist beim Kupfer die Seitenwirkung geringer als bei Rose, bei diesem geringer als bei dem sehr stark sich deformirenden Blei. Vermehrung des Querschnittes desGeschosses vermehrt also die Sprengung.

Während so die Analogie mit dem Wasser eine vollständige ist bezüglich der Vermehrung der Seitenwirkung durch Zunahme der Geschwindigkeit und durch Zunahme des Querschnittes, veranlassen dagegen entschieden die specifisch leichteren Metalle weniger zahlreiche Ausbuchtungen der Wand, während beim Wasser wie bei der Glasscheibe die Geschwindigkeit fast ausschliesslich ohne erheblichen Einfluss des specifischen Gewichtes in Betracht kommt für den Grad der Sprengung. Ob die grössere Festigkeit des Zieles diesen Unterschied erklärt, werden die folgenden Versuche lehren.

3. Schüsse auf Sandsteinplatten.

Schüsse auf Sandsteinplatten in Holzrahmen von 6 cm Dicke, 30 cm im Quadrat.

Nr. 1. Ordonnanz. Blei. Normalgeschwindigkeit. Im vorgehängten Papier ein der Kugel entsprechender Defect, mit zahlreichen radiären Einrissen bis 5 cm Länge. Kein Abspritzen des Bleies auf dem Papier constatirbar. In der Sandsteinplatte eine Delle von 6—7 cm Durchmesser und 12 mm Tiefe. Auf der Rückseite ein viel grösserer Defect, flach trichterförmig von 13 cm Durchmesser, etwas unregelmässig. Rings mehrere radiäre, ziemlich weit gehende und einige quer verlaufende Sprünge. Effect erscheint stärker wie bei Kupfer.

Nr. 2. Ordonnanz, Kupfer, Normalgeschwindigkeit. An der Stelle des Auftreffens ein 1 cm tiefer, 5 cm im Durchmesser haltender Defect mit einigen kurzen Sprüngen ringsherum. Auf der Rückseite der Platte, ohne dass die Kugel durchgedrungen wäre, auf der entgegengesetzten Stelle ein Defect von $2^1/_2$ cm Tiefe und 14 auf 13 cm Durchmesser — wie der Einschussdefect flach trichterförmig. In einem vorgehängten Papiere ein der Kugel entsprechendes Loch, mehrere bis 5 cm lange, radiäre Einrisse.

Nr. 3. Ordonnanz. Rose. Normalgeschwindigkeit. Am Einschuss ein Defect von 7 cm Querdurchmesser, $1^1/_2$ cm Tiefe mit vier nach allen Richtungen gehenden Sprüngen bis an den Rand der Platte. Auf der Rückseite ein flach trichterförmiger Defect von 15 bis 16 cm und $2^1/_2$ cm Tiefe.

Nr. 4. Ordonnanz. Zinn mit Holzfüllung. Normalgeschwindigkeit. Defect und Risse im Papier wie bei Blei. Delle in der Sandsteinplatte von $1/_2$ cm Tiefe, 3 cm Durchmesser. Keine Veränderung auf der Rückseite.

Nr. 5. Ordonnanz. Blei. 250 m Geschwindigkeit. In dem Papier ein Defect mit radiären Rissen, aus denen zum Theil das Papier ganz abgerissen ist. In der Sandsteinplatte eine Delle ungefähr wie bei Zinn und Normalgeschwindigkeit; $1/_2$ cm tief, $3^1/_2$ cm Durchmesser. Keine Wirkung auf der Rückseite.

Nr. 6. Ordonnanz. Aluminium. Geschwindigkeit 250 m. Im vorgehängten Papier ein Defect, dem Kugelprofil entsprechend. Sehr deutlicher Quereinschlag. In der Sandsteinplatte ein circa 8 mm tiefer, dem Loch im Papier an Umfang entsprechender Defect. Auf der Rückseite keine Veränderung.

Nr. 7. Ordonnanz. Blei. 200 m Geschwindigkeit. In dem Papier ein Defect mit vier nach allen vier Richtungen gehenden Einrissen, aus denen lange Papierstreifen ganz herausgerissen sind. Nur eine sehr unbedeutende Vertiefung im Sand etwa 1 mm tief, 1 cm Durchmesser mit einem schmalen schwarzen radiär gestreiften Rand. Wirkung auf das vorgehängte Papier erscheint viel stärker als bei grösserer Geschwindigkeit.

Theile des Geschosses werden, ganz platt geschlagen, vor dem Schiessstande aufgehoben. Dieselben sind ebenso platt wie bei Schuss auf Eisenplatte, aber viel mehr auseinander gefahren.

Nr. 8. Ordonnanz. Aluminium. Geschwindigkeit 200 m. Das Geschoss hat quer eingeschlagen und das Papier nicht einmal ganz durchgeschlagen.   In der Steinplatte nur eine andeutungsweise oberflächliche Abbröckelung von Sand.

Die Schüsse auf Sandsteinplatten zeigen gemäss der grösseren Festigkeit des Ziels eine raschere Erschöpfung der Seitenwirkung wie auch der Durchschlagskraft.   Und im Gegensatz zu flüssigen und spröden Körpern, wo ein Stoss sich so sehr leicht fortpflanzt, treten die Differenzen der lebendigen Kraft bei gleichbleibender Geschwindigkeit, also speciell des specifischen Gewichts noch mehr in den Vordergrund als bei Kiesel: Blei und Rose haben stärkere Wirkung als Kupfer, dieses erheblich stärker als die Zinngeschosse mit Holzfüllung. In sehr hübscher Weise aber zeigen diese Versuche die Fortpflanzung des Stosses auf Distanz, ohne dass die zwischenliegenden Theile eine palpable Veränderung erleiden.   Obschon die Sandsteinplatte nicht bricht, ist doch bei Einwirkung grösserer Kraft an der Rückfläche ein flach kegelförmiges Stück mit abgewendeter Basis herausgesprengt.   Wie bei Flüssigkeiten bei Zunahme der lebendigen Kraft des Geschosses ein Stadium eintritt, wo noch keine allseitige hydraulische Pressung ersichtlich ist, sondern blos noch in trichterförmiger Erweiterung die Flüssigkeitstheilchen nach dem Ausschuss zu mitgerissen werden, so findet hier in Kegelmantelform eine Fortleitung des stärksten Stosses statt und vermag an der Rückfläche, weil hier eine Unterstützung von hinten fehlt, ein Stück herauszusprengen.   Die Form des herausgesprengten Stückes ist ganz analog den von der Tabula vitrea abgesprengten Stücken, wenn ein Geschoss den Schädel nicht perforirt.   Die Analogie mit einem auf der convexen Seite zuerst brechenden Stabe wird man sicherlich nicht auf eine Sandsteinplatte von 6 cm Dicke, welche in der Mitte ganz bleibt, in Anwendung bringen wollen.   Die Fortleitung des Stosses in kegelförmiger Verbreiterung und die mangelnde Unterstützung von hinten her erklären das Vorkommniss völlig befriedigend.

4. Schüsse auf Eisenplatten.

Schiessversuche vom 25. April 1879 (in Thun angestellt).   Schussweite 30 m.

Schüsse auf Eisenplatten, 1 cm dick.

Nr. 1. Schuss mit Ordonnanz und Blei, ergibt eine Delle, die derjenigen des Kupfergeschosses an Tiefe und Breite ziemlich genau entspricht. Um die Delle herum findet sich in der Breite von 3 — 5 cm ein weisser Stern. Eine bei einem ähnlichen Schusse aufgefangene Kugel ist ganz breit gequetscht, stellt eine Scheibe von circa 5 cm Durchmesser dar mit radiären Einrissen und nur circa ¹⁄₂ cm. des hintern Endes ist noch in seiner Form erhalten.

Nr. 2. Ordonnanzgewehr mit Kupfergeschoss. Stärkste Geschwindigkeit, ergibt eine dellenförmige Vertiefung, ziemlich genau dem Durchmesser der Kugel entsprechend, aber von erheblich grösserem Durchmesser als das vordere Ende eines normalen Geschosses. Das Geschoss ist bis auf 1 cm des hinteren Endes breit gequetscht; der mittlere Theil bildet eine Erhöhung, die ziemlich genau in die Delle der Platte hineinpasst. Die Seitenpartien radiär aufgerissen, zum Theil abgesprungen und zeigen eine feine, radiäre Streifung. Der letzteren entsprechend findet sich um die Delle herum auf der Eisenplatte ein circa 4 mm breiter Kupferbeschlag.

Nr. 3. Derselbe Schuss mit Rose'schem Metall ergibt eine merklich kleinere Delle, sowohl der Breite wie der Tiefe nach, ziemlich genau dem vorderen Ende eines normal geformten Geschosses entsprechend. Um die Delle herum ein stark 1 cm breiter, weissglänzender Metallbeschlag und rings in einem Durchmesser von circa 25 cm ein ganz fein radiär gestreifter Anflug. Ein vorgehängtes Papier ist ganz zerrissen.

Nr. 4. Schuss wie Nr. 1, aber nur 200 m Geschwindigkeit, ergibt gar keine Delle, sondern nur einen weisslichen Beschlag in der Ausdehnung vom doppelten Querdurchmesser der Kugel. Da wo die Spitze der Kugel angeschlagen, fehlt der Belag in einer Breite von etwa ¹⁄₂ cm.

Nr. 5. Ordonnanz, Aluminium, Normalgeschwindigkeit. Auf der Eisenplatte ein weisser Beschlag von circa 1¹⁄₂ cm Durchmesser. Ohne Stern; keine Delle.

Nr. 6. Schuss auf dieselbe Platte. Zinngeschoss mit Holzfüllung. Eine ganz unbedeutende Delle dem vorderen Ende des Geschosses ungefähr entsprechend, mit weissem Belag und einem weissen Stern ringsherum von circa 3 cm. Durchmesser. — Ein vorgehängtes Papier zeigt einen bis an die Ränder desselben gehenden Stern, zum Theil von grauen Spritzlingen herrührend und mit stellenweise ganz deutlich feinkörnigem Metallanflug, zum grössten Theil von radiären Einrissen gebildet.

Nr. 7. Schuss mit Ordonnanz und Aluminium, ergibt einen weisslichen Belag wie bei Bleischuss von 200 m Geschwindigkeit, keine dellenförmige Vertiefung. — Der hintere Theil des Geschosses ist in einer Länge von ⁵⁄₄ cm intact erhalten. Vorn ist das Geschoss flach abgeplattet, ohne Erhabenheit wie beim Blei, mit radienförmigen Einrissen von den Rändern her und radiärer Streifung wie bei den übrigen auf Eisenplatten gerichteten Geschossen.

Die Schüsse auf Eisenplatten zeigen eine nach den Seiten
gehende Wirkung gar nicht mehr. Hier kommt daher derjenige
Theil rein zur Wirkung und Beobachtung, welchen man als Durchschlagskraft bezeichnet im Gegensatz zu der von uns früher
premirten Sprengkraft. Die Versuche ergeben nun die Abhängigkeit der Durchschlagskraft von dem specifischen Gewicht des Geschosses. Trotz der nämlichen Geschwindigkeit
macht Aluminium gar keine Delle, Zinn mit Holzfüllung nur eine
ganz unbedeutende gegenüber Blei, Rose-Metall, Kupfer. Dass
die Geschwindigkeit aber ebenfalls von wesentlichem
Einfluss ist, zeigt die Differenz der Wirkung zwischen Bleigeschoss von 200 m und 435 m Geschwindigkeit. Letztere machen
eine erhebliche Delle, jene noch keine Delle auf einer Eisenplatte.
Es ist also bei sehr festen Körpern, wo eine Sprengwirkung gar
nicht in Frage kommt, bei einmaligem Auftreffen des Geschosses
die Wirkung des letzteren direct proportional den zwei Componenten der lebendigen Kraft.

Bei Rose-Metall ist die Wirkung auf die Platte geringer als
bei Blei und Kupfer. Da dasselbe ein höheres specifisches Gewicht hat als Kupfer, so kann dieser Unterschied nur auf der
Differenz in der Consistenz und der daherigen Vergrösserung der
Berührungsfläche von Geschoss und Ziel beruhen, indem nämlich
Rose-Metall eine ausgedehnte Schmelzung erfährt, wie das vorgehängte Papier in exquisiter Weise darthut. Dass das Blei keine
stärkere Wirkung macht als Kupfer trotz des erheblich höheren
specifischen Gewichts mag ebenfalls auf der theilweisen Schmelzung und daherigen Consistenzveränderung beruhen. Denn dass
auch bei Blei Schmelzung vorkommt, haben wir früher bereits als
eine jetzt wohl von Niemand mehr bezweifelte Thatsache hervorgehoben.

Bemerkenswerth ist der Kupferbeschlag auf der Eisenplatte,
welcher zeigt, dass nicht jeder weisse Stern bei Blei ohne weiteres
als Schmelzproduct zu deuten ist, denn offenbar kommt derselbe
durch mechanische Reibung zu Stande, wie auch die radiäre Streifung des vorderen Endes der Kupfergeschosse darthut. Wir finden also bei den Schüssen auf Eisenplatten als Resultat, dass die
Durchschlagskraft eines Geschosses abhängig ist von der

lebendigen Kraft des Geschosses und zwar zweier Componenten derselben in gleichem Sinne, dagegen in umgekehrtem Sinne abhängig von der dritten Componenten, dem Volumen, soweit dasselbe den Querschnitt des Geschosses beeinflusst. Jede Consistenzverminderung, welche zur Difformirung des Geschosses führt, hat auch verminderte Durchschlagskraft zur Folge.

5. Schüsse auf Bleiplatten.

Schüsse in 35 mm dicke gegossene und gehämmerte Bleiplatten von 30 cm im Quadrat; auf 30 m Distanz.

Nr. 1. Ordannanz. Blei. Normalgeschwindigkeit. Ein vorgeklebtes Papier zeigt einen rissförmigen Einschnitt und der aufgeworfene Wall von Blei hat dasselbe unter sich eingeklemmt. — Der Einschuss in der Bleiplatte ganz rund von 3 cm Durchmesser, mit einem circa 2½ mm hohen aufgeworfenen Bleiwall mit sternförmig eingerissenen Rändern. Ein blinder Schusskanal erstreckt sich 33 mm in die Tiefe, sich allmählich verjüngend. In der Tiefe steckt das umgestülpte, abgeplattete Geschoss. — Auf der Rückseite ist das Blei etwas vorgewölbt.

Nr. 2. Glattes Rohr. Bleirundkugel (16 mm Durchmesser); Normalgeschwindigkeit. Vollständig runder Einschuss von 4 cm Durchmesser, mit aufgeworfenen, sternförmig eingerissenen, 5 mm hohen Rändern, in der Form wie bei Schuss Nr. 1. — Der blinde Schusskanal hat eine Tiefe von 2½ cm, ist schön rund ausgehöhlt; auf der entgegengesetzten Seite ist die Bleiplatte nur unbedeutend vorgewölbt. — Die hutförmig eingestülpte Kugel im Grund des Kanals vollkommen abgeplattet.

Nr. 3. Ordonnanz. Kupfer. Normalgeschwindigkeit. Bei gerade gestellter Platte. Dieselbe vollständig durchgeschossen. Einschuss 22 mm im Durchmesser, rund, mit 4 mm hohen aufgeworfenen Rändern, sternförmig eingerissen. Der Ausschluss auf einem vorgestülpten Kegel von etwa 3—4 mm Höhe, etwas unregelmässig; 12 und 13 mm Durchmesser.

Nr. 4. Bei schräg gestellter Platte findet sich ein schräger Schusskanal ähnlich wie der beim vorigen Schuss, der aufgeworfene Wall am Einschuss ist viel stärker nach der Seite zu, nach der die Kugel hingerichtet war. Auf der entgegengesetzten Seite findet sich in einer Tiefe von 1 cm von der Oberfläche entfernt ein sehr deutlicher Abdruck des Umfanges der Kugel, mit Längsstreifen, wo dieselbe offenbar sich an der sichtbaren Bleifläche gerieben haben muss, so dass die Ausweitung des Schusskanales nur nach der entgegengesetzten Seiten und nach rechts und links stattbaben konnte. —

Eine Andeutung einer ähnlichen Mulde findet sich in viel grösserer Tiefe auch bei dem gerade durchgehenden Schuss. Nr. 5. Zinngeschoss mit Holzfüllung. Ordonnanz. Runder Einschuss von 22 mm Durchmesser; Tiefe 2 cm. Aufgeworfene Ränder von 3 mm Höhe. Im Uebrigen wie bei den anderen Bleiplatten. In der Tiefe des blinden trichterförmigen Schusskanals ist das Geschoss zu sehen, abgeplattet mit zurückgebogenen Rändern. Durch die Mitte des vorderen Endes desselben hindurch kommt ein kegelförmiger Zapfen des Bleies der Platte rückwärts heraus. Nr. 6. Ordonnanz. Aluminium. Normalgeschwindigkeit. Runder Einschuss von 2 cm Durchmesser; 12 mm Tiefe mit einem 1$\frac{1}{2}$ mm. hohen, sternförmig aufgerissenem Wall. Nr. 7. Ordonnanz. Blei. 200 m Geschwindigkeit. Vollständig runder Einschuss von 18 mm Durchmesser, 5 mm Tiefe von dem Geschoss ausgefüllt, dessen hinterstes Ende als ein circa 1 mm hoher Rand in dem blinden Ende noch wohlerhalten zu sehen ist, während die abgeplatteten Ränder stark umgestülpt sind. Nr. 8. Kupfergeschoss. 200 m Geschwindigkeit. Einschuss von 11 mm Durchmesser, also ziemlich genau dem Durchmesser der Kugel entsprechend. Rückseite ist 1$\frac{1}{2}$ cm weit vorgebaucht. Kugel steckt. Um den Einschuss ein aufgeworfener Wall. Nr. 9. Gefülltes Zinngeschoss. 200 m Geschwindigkeit. Einschuss von 14 mm Durchmesser, mit aufgeworfenem Wall. Delle in der Platte von 6 mm Tiefe. Geschoss vorn abgeplattet mit abgerundeten Rändern (Geschoss vorn 13 mm breit, statt 10 mm). Holzfüllung zurückgestossen.

Bei einem zweiten gleichen Schuss ist die Holzfüllung herausgeworfen, das Geschoss steckt fest. Es ist etwas schräg eingedrungen, berührt auf der einen Seite die Wand des Schusskanals, auf der anderen ist es 6 Mm. von derselben entfernt und nach dieser Seite ist es stark abgeplattet. Einschuss leicht oval. Nr. 10. Ordonnanz. Aluminium. 200 m Geschwindigkeit. Ein querer Einschlag des Geschosses und eine flache Delle, an der Stelle des vorderen Endes etwas tiefer als hinten, circa 4 mm tief, in der Breite dem Geschoss ganz genau entsprechend. Nr. 11. Blei. 150 m Geschwindigkeit. Einschuss von 17 mm Durchmesser mit Wall. Geschoss steckt, stark abgeplattet in der Delle; nur der hinterste Theil von 2 mm Länge des Geschosses ist noch normal und ragt bis in das Niveau der vorderen Fläche der Bleiplatte: das Geschoss ist also viel weniger weit vorgedrungen als Kupfer.

Schon Dupuytren hat Bleiplatten als Zielobject benutzt und uns haben sich dieselben als ganz besonders nützlich erwiesen zur bleibenden Demonstration der zwei Wirkungsweisen der modernen Geschosse im Sinne der Durchschlagskraft und der Sprengkraft. Was zunächst die Durchschlagskraft betrifft, so ergibt sich dieselbe drei Faktoren proportional, nämlich sie ist um so grösser, je stärker die Geschwindigkeit, je grösser das specifische Gewicht und je grösser die Härte des Metalls. Das Kupfer- und Bleigeschoss mit 200 m Geschwindigkeit ist so erheblich weniger weit vorgedrungen als Kupfer und Blei bei 400 m, dass an der Bedeutung der Geschwindigkeit für die Durchschlagskraft nicht gezweifelt werden kann.

Was das specifische Gewicht anlangt, so dringt das sich kaum deformirende Aluminium gegenüber dem ebenfalls wenig veränderten Kupfer so ungleich weniger tief vor bei der nämlichen Geschwindigkeit, dass gar kein Zweifel an der Bedeutung des specifischen Gewichtes aufkommen kann. Dagegen muss die Härte des Geschosses sehr wesentlich dabei ins Gewicht fallen. Blei und Rose-Metall haben beide höheres specifisches Gewicht als Kupfer und doch dringen sie, wie besonders unsere früher schon mitgetheilten Versuche[1] schön demonstriren, viel weniger weit vor als letzteres. Die Differenz findet ihre Erklärung darin, dass das Blei zu einer breiten umgestülpten Kappe sich deformirt, wodurch der Querdurchmesser des Geschosses bedeutend erhöht und die Widerstände für das Durchdringen entsprechend vermehrt werden. Bei Rose-Metall vollends kommt es zu einer ergiebigen Schmelzung des Metalles, wie vorgehängtes Papier und die Austapezierung des Schusskanals mit Rose'schem Metall lehren. Dadurch büsst das Geschoss entsprechend an Masse und somit nach dem oben Gesagten an Durchschlagskraft ein. Gerade für die Aufklärung der Bedeutung der Consistenz des Geschosses für die Durchschlagskraft scheinen diese Versuche mit Bleiplatten ganz besonders geeignet.

Im Gegensatz zu den Angaben von Dupuytren haben wir gefunden, dass das Bleigeschoss nicht in so vollständiger Weise mit der Bleiplatte verschmilzt, dass man dasselbe nicht unterscheiden könnte. Vielmehr konnten wir die dem Geschoss entsprechende, stark abgeplattete und tulpenartig umgestülpte Bleiplatte aus dem blinden Schusskanal mit dem Messer herausheben. Sehr schön wird durch die Versuche mit Bleiplatten die Sei-

---

[1] s. Corr.-Bl. f. schweizer Aerzte 1879.

tenwirkung illustrirt. Es ergibt sich nämlich zu voller Evidenz durch Benutzung von Kupfergeschossen, welche nur eine sehr geringe Abplattung des vorderen Endes zeigen, dann durch Benutzung von glatten Rohren und Rundkugeln, endlich durch das Verhalten vorgehängten Papiers und durch den Gewichtsverlust, den die Platte erleidet, dass beim Auftreffen eines Geschosses stärkster Geschwindigkeit das Blei der Platte geschmolzen wird und aus dem Schusskanal zurückspritzt resp. wie eine Flüssigkeit nach den Seiten hin verdrängt wird. Da diese Verflüssigung nur einen beschränkten Theil der Platte betrifft, so wird wegen des Starrbleibens der Umgebung der Schusseffect gleichsam im Abguss dargestellt. Vergleicht man die Präparate, so lässt sich darthun, dass Difformirung des Geschosses, wie ersichtlich, die Seitenwirkung überhaupt vermehrt. So nimmt bei Vermehrung des Querdurchmessers des Geschosses, bei Anwendung grösserer Rundkugeln der Querdurchmesser des Schusskanals entsprechend zu. Wie also nach Obigem der von Anfang an grössere oder durch Difformirung grösser werdende Querdurchmesser die Durchschlagskraft herabsetzt, so steigert er die Seitenwirkung. Es ergibt sich aber auch bei Geschossen, welche weder rotiren noch sich deformiren, eine exquisite Seitenwirkung, wie bei Schüssen mit Kupfer und Aluminium zu Tage tritt. Obschon Kupfer nur eine sehr geringe Verbreiterung des vorderen Endes auf 13 mm zeigt, bedingt es doch einen Schusskanal von 22 mm, in anderen Versuchen 24 mm Durchmesser, aber dies ist durchaus nur der Fall bei stärkerer Geschwindigkeit. Bei 200 m z. B. entspricht der Durchmesser des Schusskanals noch ziemlich genau dem Durchmesser des Geschosses.

Sehr bemerkenswerth ist es, dass bei allen Geschossen von gleichem Durchmesser — wodurch Blei, welches sich im Momente des Auftreffens difformirt, vom Vergleiche ausgeschlossen ist — bei der nämlichen Geschwindigkeit diese Seitenwirkung fast gleich stark ausgesprochen ist. Sie erscheint also von dem specifischen Gewicht nicht in dem Maasse direct abhängig, wie bei Schüssen auf andere feste Körper, vielmehr überwiegt hier ganz bedeutend der Einfluss der Geschwindigkeit, ganz in derselben Weise, wie wir es bei Wasser constatirt haben. Es hängt dies einfach damit zusammen, dass auch bei Bleiplatten als Ziel das Geschoss wirklich auf eine flüssige Masse wirkt, indem im Momente des Auftreffens das Blei der Platte schmilzt, gerade wie die Bleikugel auf einer Eisenplatte. Die ausgedehnte Durchlöcherung eines vorgehängten Papiers von den Bleispritzlingen belehrt darüber auf das Evidenteste, sowie die Ablagerung dieser Spritzlinge auf der zugewandten Papierseite. Und zwar findet dieses Spritzen in ganz analoger Weise auch bei Schuss mit einem Kupfergeschoss statt, kann also durchaus nur von dem geschmolzenen Blei der Platte herrühren. Dass die Rotation für das Zustandekommen der gewaltigen Erweiterung des Schusskanals keine Bedeutung hat, geht daraus hervor, dass auch bei einer aus glattem Rohr abgeschossenen Rundkugel, wo die Rotation fehlt, ein ebenso schön gleichmässig konischer oder cylindrischer Schusskanal zu Stande kommt mit kreisrundem Einschuss. Die Bleiplattenexperimente haben also den grossen Vortheil, gewisse Eigenthümlichkeiten der festen und flüssigen Körper als Zielobject so zu vereinigen, dass man sowohl die Durchschlagskraft als die Sprengkraft an denselben gleichzeitig studiren kann. Wir sehen hier wie bei den Flüssigkeiten eine höchst ausgesprochene Abhängigkeit der Seiten- resp. Srengwirkung von der Geschwindigkeit des Geschosses. Erst bei einer gewissen Höhe derselben (über 200 m) tritt sie überhaupt zu Tage, um dann entsprechend der Zunahme derselben zu steigen. Bei 200 m entspricht der Durchmesser des Schusskanals noch dem Durchmesser des Geschosses ziemlich genau, um bei höchster Geschwindigkeit (über 400 m) die dreifache Höhe desselben zu erreichen. Wie bei Flüssigkeiten tritt gegenüber der Geschwindigkeit der Einfluss des specifischen Gewichtes sehr in den Hintergrund. Viel wichtiger erscheint der Querdurchmesser des Geschosses und daher auch die Consistenz des verwendeten Geschossmetalles. Die grössere Bleirundkugel zeigt einen weiteren Schusskanal als das konische Bleigeschoss, dieses einen weiteren Schusskanal als das Kupfergeschoss.

Bezüglich der Durchschlagskraft schliesst sich das Bleiziel den festen Körpern an. Nicht nur nimmt mit zunehmender Geschwindigkeit die Tiefe des Schusskanals entsprechend zu, sondern auch mit Zunahme des specifischen Gewichts. Bei derselben Geschwindigkeit dringt das Kupfergeschoss durch die Bleiplatte

hindurch, bei welcher das Aluminiumgeschoss in derselben stecken
bleibt. Das Volumen resp. der Querschnitt und daher auch die
Härte des Geschosses wirkt auf die Durchschlagskraft in entgegengesetzter Weise ein wie auf die Sprengkraft. Das härtere Kupfergeschoss, welches nur minimale Verbreitung zeigt, schlägt noch
durch, wo das Bleigeschoss schon stecken bleibt.

Bei den Kupferschüssen stärkster Geschwindigkeit zeigt das
aufgefangene Geschoss eine Bleikappe, welche in Form einer
Halbkugel von 12 mm Durchmesser und 6 mm Höhe das vordere
Ende ganz bedeckt. Das vordere Ende des Kupfergeschosses ist
etwas breit geschlagen und nach der Seite umgebogen, nach der
die Spitze des Geschosses hingerichtet war. — Die Längeabnahme
des Geschosses selbst beträgt 5 mm, das vordere abgeflachte Ende
zeigt einen Bleibeschlag, das Gewicht ist um 8,0 grm gegen das
Normale vermehrt. Bei dem zweiten Schuss von Kupfer auf
Blei sitzt die Bleikappe in der Weise dem kolbenartig verbreiteten vorderen Ende des Kupfergeschosses auf, dass sie allseitig
etwas über dasselbe herabhängt. Das Blei ist vollkommen fest
angeschmolzen.

Die dem Kupfergeschoss aufsitzende Bleikappe beweist, dass
der Theil des schmelzenden Bleies, welcher nicht herausspritzen
und dem vordringenden Geschoss nicht ausweichen konnte, vor
demselben hergetrieben wurde gegen die hinteren Theile der Platte
und so hutförmig auf jenes angeschmolzen werden musste.

FÜNFTES KAPITEL.

Die Sprengwirkung bei den Knochen und Weichtheilen des menschlichen Körpers.

Wenn wir nun die Resultate unserer Versuche anwenden auf den normalen menschlichen Körper, so haben wir bezüglich der Umwandlung der lebendigen Kraft des Geschosses in Wärme bereits hervorgehoben, dass bei der Anwendung von Bleigeschossen noch bei der gegenwärtigen Gewehrconstruction diesem Faktor keine erhebliche Bedeutung zukommt. Nur bei der festesten Knochencorticalis kommt er in Betracht und zwar in diesem Sinne, dass durch das Absprengen von Bleipartikeln die Berührungsfläche des Geschosses mit den Körpertheilchen erheblich vermehrt, und dadurch die Sprengkraft des Geschosses um ebensoviel vermehrt, als die Durchschlagskraft vermindert wird. Die beiden anderen Kräfte aber, in welche die lebendige Kraft des Geschosses beim Auftreffen auf den Körper zerlegt wird, bedürfen für verschiedene Gewebe der Demonstration. Wenn wir bei einer Eisenplatte gar nichts von einer Seitenwirkung sehen, während bei einer Glasscheibe je nach der Geschwindigkeit des Geschosses die Seitenwirkung diejenige in der Richtung des Geschosses weit überwiegt, so wird es sich fragen: welche Stellung in der Serie fester Körper als Zielobject nehmen die festen Gebilde des menschlichen Körpers, die Knochen ein?

Der Vergleich von Schüssen mit verschiedener Ladung lehrt, dass bei trockenen Knochen geringere Geschwindigkeit denselben Effect hat, wie ein sehr mattes Geschoss auf eine Glasscheibe: Der Knochen splittert in unregelmässiger Weise, ein Defect kommt

nicht zu Stande, das Geschoss vermag den Festigkeitscoefficienten
der zunächst getroffenen Theile nicht zu überwinden, es erschüttert
die Scheibe durch mitgetheilte Bewegung, es entstehen Commotionsfissuren. Vermehren wir durch Zunahme der Ladung die Durchschlagskraft, so kommt bei den höchsten zur Anwendung kommenden Geschwindigkeiten ein Zeitpunkt, wo wir mittelst des
Geschosses im Knochen, an den langen Diaphysen sowohl als am
Schädel ein Loch resp. Kanal herausschlagen, fast ebenso rein,
wie durch einen Pistolenschuss oder einen Vetterli-Schuss mittlerer Geschwindigkeit aus der Glasscheibe. Die Sprengwirkung,
wie wir sie bei letzterer bei Normalladung des Vetterli-Gewehres
erhalten, kommt also für die soliden Gewebe des Körpers gar
nicht in Frage. Alle Splitterung am Knochen, wenigstens ausgedehnter Art, muss entweder darauf bezogen werden, dass das
Geschoss nicht die Kraft hatte, das zunächst getroffene Knochenstück herauszuschlagen und daher durch mitgetheilte Bewegung,
wenn man will, Keilwirkung, Commotionsfissuren veranlasste, oder
falls ein lochförmiger Defect bei gleichzeitiger Splitterung vorhanden ist, muss die Ursache der Splitterung in dem
Flüssigkeitsgehalte eingeschlossener Gewebe einzig
und allein gesucht werden.

Wir anerkennen also die Resultate der höchst interessanten
Versuche und Untersuchungen von Bornhaupt[1]), mit denen er
die Gesetze zu ermitteln sucht, nach denen trockene Knochen bei
Einwirkung einer dem Geschosse ähnlichen Gewalt splittern, in-
soweit an, als es sich um Verletzung der Knochen durch Geschosse geringerer Geschwindigkeit (unter 250 m), resp. also auch
um Schüsse auf grössere Distanzen (über 400 m) handelt. Grade
in den exquisitesten Präparaten Bornhaupt's, wo eine Quer-
fractur und wo mehrere parallele Längsfracturen zu Stande kamen,
ist ausdrücklich hervorgehoben, dass diese Verletzungen die Folge
matter Geschosse waren: die Kugel hatte blos eine Delle gemacht
oder war blos durch die eine Knochenwand hineingedrungen. Auch
bei den Spiralfracturen, welche durch Torsion des Knochens erklärt

---

1) Bornhaupt, Ueber den Mechanismus der Schussfracturen. Langenbeck's Archiv. 25. S. 647.

werden, sind es vorzüglich auf Apophysen einwirkende matte Kugeln, welche der Verletzung zu Grunde liegen. So ist ferner von Bornhaupt auch bei dem „schraubenlinienförmigen Längsbruch" ausdrücklich hervorgehoben, dass derselbe zu Stande komme, auch wo die Kugel gar nicht einmal bis in die Markhöhle vorgedrungen war. Mit Recht hebt Bornhaupt hervor, dass da offenbar der hydraulische Druck ohne Bedeutung sei, sondern die Sprödigkeit und Spaltbarkeit der Knochen das einzig maassgebende. Aber ganz etwas anderes ist es bei Schüssen mit grösserer Geschossgeschwindigkeit. Unsere Versuche mit den Blechgefässen belehren uns, dass von einer gewissen Grenze der Geschwindigkeit ab nothwendig eine hydrostatische Wirkung eintritt. Diese kann nun freilich durch die Festigkeit der Knochen unwirksam gemacht werden, ist aber doch nicht ohne Bedeutung für den Verlauf.

Wir halten es für sehr bezeichnend, dass Bornhaupt ausdrücklich hervorhebt, dass die oben erwähnte schraubenlinienförmige Fractur selber am Femur zur Ausheilung gelangen kann. Er habe 8—9 solche Präparate gesehen. Es steht das ganz im Einklang damit, dass hier die hydraulische Pressung nicht in Frage kommt, da es sich um matte Geschosse handelt. Die Prognose und Therapie der Splitterfracturen dagegen, bei denen eine hydraulische Pressung mitwirkt, ist eine ganz andere, die Prognose viel schlimmer, die Therapie daher viel mehr auf actives Vorgehen angewiesen. Denn eine hydraulische Wirkung durch das Mark kann nur zu Stande kommen unter Voraussetzung heftigster Quetschung des Markes selber.

Natürlich wird auch bei der Wirkung der hydraulischen Pressung für die Form der Zersplitterung die Sprödigkeit und Spaltbarkeit der Knochen bis zu einem gewissen Grade maassgebend sein, allein diese Gesetze sind noch experimentell zu erforschen. Gegenwärtig kann ich nur das aussagen über die Knochensplitterung bei Nahschüssen, bei der nicht blos die Commotion, sondern die hydraulische Wirkung in Frage kommt, dass die Splitter ausserordentlich zahlreich, oft sehr klein sind und öfter sehr weit in den Weichtheilen hingestreut werden. Bei den Epiphysen kann die Verletzung oft nicht besser als durch den Ausdruck des „Platzens" bezeichnet werden. Bornhaupt glaubt allerdings

auch dieses Platzen an den Epiphysen aus der „Keilwirkung"
der modernen Geschosse erklären zu können. Dagegen müssen
wir nun ganz entschieden protestiren. Unsere Experimente beweisen bestimmt, dass für Geschwindigkeiten über 250 bis zu
425 die Sprödigkeit der Epiphysenknochen nicht gross genug ist,
um eine Sprengwirkung als solide Körper, wie die Glasscheiben zu ergeben: was hier nicht einfach Commotionsfissur ist, ist
durchaus und einzig zu erklären durch hydrostatische Druckwirkung; nur diese vermag „die Wände des Schusskanals auseinander zu drängen", wie auch Bornhaupt sich ausdrückt, über den
Durchmesser des Geschosses hinaus; nur diese vermag, wie wir
gezeigt haben, die Spongiosa vollständig zu zermalmen. Bei den
Diaphysen mag es bei gewissen Individuen sehr spröde Knochen
geben, wo nach Art unserer Glasscheibenexperimente eine Sprengwirkung in dem von uns definirten Sinne bei stärkster Geschwindigkeit noch sich geltend macht. Als Regel aber muss man ansehen, dass bei Schüssen unter 250 m Geschwindigkeit bei allen
Knochen die Seitenwirkung als Commotionswirkung aufzufassen
und zu beurtheilen ist, weil das Geschoss die unmittelbar getroffenen Theile gar nicht oder zu langsam aus ihrem Zusammenhange
herauszureissen vermag, dass dagegen bei Schüssen über 250 m
stets hydraulische Wirkung durch das Mark in Frage kommt, sei
es in der Form, dass dieselbe die Splitterung vermehrt, sei es, dass
sie durch blosse Markquetschung auf die Prognose Einfluss übt.

Denn zunächst haben wir allerdings nur das Recht, diejenigen
Fissuren ganz oder wesentlich als Wirkung des hydrostatischen
Druckes anzusprechen, welche mit lochförmigen Defecten des Knochens verbunden sind. Aber auch wo sich die Wirkung auf den
weichflüssigen Inhalt der Knochen nicht in Vermehrung der Splitterung geltend macht, muss der Chirurg — und das ist bei allen
Nahschüssen der Fall — im Auge behalten, dass nothwendig eine
Markquetschung dabei ist. Das macht die Schüsse so unbedingt
gefährlicher, wenigstens wo die Folgen der Quetschung eines so
wichtigen und tief gelegenen Gewebes nicht durch correcte Antisepsis paralysirt werden können. Wo dagegen bei geringerer Geschwindigkeit resp. grösserer Distanz Schussverletzungen stattgefunden haben, dürfen selbst ausgedehnte Fissuren die Prognose

der Chirurgen nicht zu sehr beeinflussen, da die Sprödigkeit des getroffenen Knochens die weitgehende Wirkung erklärt.

Wenn wir von dem hydrostatischen Druck beim Knochensystem noch so erhebliche Wirkung sehen, dass Zermalmung der Epiphysen und besondere Formen und Grade der Diaphysensplitterung darauf zurückgeführt werden müssen, so spielt dieselbe für alle Weichtheile mit ihrem reichen Flüssigkeitsgehalte für die Erklärung der Seitenwirkung geradezu die Hauptrolle. Den Beweis dafür geben die vergleichenden Versuche mit Schüssen auf trockene und feuchte Gewebe aufs Schlagendste.

a) Schüsse auf trockene und feuchte Tibiae.

1. Trockene Tibia. Ordonnanz. Blei. 8 cm unter der Gelenklinie schöner runder Einschuss genau der Grösse des Geschosses entsprechend. Durch Absplitterung der Corticalis etwa aufs Doppelte vergrösserter Ausschuss. Keine Fissuren.

2. Trockene Tibia. Ordonnanz und Rose. Rinnschuss ohne Splitterung in der Mitte zwischen Gelenklinie und Spin. tibiae. Seitenfläche des Geschosses in Rinne hereinpassend, letztere schwarz verfärbt.

3. Trockene Tibia in Tuch. Ordonnanz und Kupfer. Runder Einschuss dem Geschoss entsprechend, ganz gleich grosser Ausschuss nur mit geringer Absplitterung des Corticalisrings. Vom Ein- und Ausschuss laufen zwei Fissuren abwärts.

4. Trockene Tibia. Ordonnanz. Blei. 200 m Geschwindigkeit. Zeigt einen Schrägbruch der Tibia im oberen Drittel ohne deutlich markirten Ein- oder Ausschuss mit Absplitterung einzelner grosser Splitter.

5. Feuchte Tibia. Ordonnanz. Blei. Condyl. ext. getroffen, in grösster Ausdehnung gerissen, mit starker Absplitterung der Corticalis. Von Ein- und Ausschuss nichts zu sehen.

6. Feuchte Tibia in Tuch. Ordonnanz und Kupfer. Das Tuch zeigt einen rundlichen Einschuss der Grösse der Kugel entsprechend mit zerfetzten Rändern. Einschuss im Knochen hat die Grösse von circa 3—4 cm, ist unregelmässig und mehrere Stücke der Corticalwand sind rückwärts herausgebrochen. Der Ausschuss ist grösser und unregelmässiger, noch viel zahlreichere Absplitterungen der Corticalis. Die Spongiosa in der Breite des Durchmessers des Ausschusses zerstört.

7. Feuchte Tibia. Ordonnanz und Rose. Die Diaphyse im Bereiche des oberen Drittels völlig zersplittert und gebrochen, so dass weder von Ein- noch Ausschuss etwas zu sehen ist.

b) Schüsse auf macerirte Schädeldächer, mit der Concavität in Abstand von 20 cm einander zugekehrt und befestigt.

8. Ordonnanz und Blei, ergibt einen oblongen Einschuss;
im kleineren Durchmesser dem Durchmesser der Kugel entsprechend.
auf der Seite nach der die Spitze des Geschosses hingewendet war.
Zwei weithin verlaufende, divergirende Fissuren und eine Absprengung eines starken Stückes. Durchmesser des Ausschusses ebenfalls
längsoval; der kleinere von demselben Durchmesser wie die Rose'sche
Kugel. Ränder unregelmässig zackig, nach einer Seite in eine Fissur
auslaufend, die in eine losgesprengte Naht hereingeht.

9. Ordonnanz und Rose, ergiebt einen Einschuss wie beim
Kupfer, leicht oval, im Durchmesser genau dem der Kugel entsprechend. Sehr unbedeutende Absplitterung der Ränder, keine radiären
Fissuren. Ausschuss etwa 3 mm grösser als der Durchmesser der
Kugel, etwas unregelmässig, mit zackigen Rändern. An der Vorderseite des zweiten Schädeldaches im Durchmesser von 6 cm ein graulicher, feiner Metallbeschlag.

10. Ordonnanz. Rose. Einschuss gegen den Rand des einen
Schädeldaches hin von gewöhnlicher Form und Ausdehnung. Das
gegenüberliegende Schädeldach auseinandergesprengt, in seinen Nähten
mit einem exquisiten, grauweissen, glänzenden, aus feinsten und etwas
gröberen Metallplättchen bestehenden Beschlag. Auch die Sprungränder der Nähte zeigen denselben Beschlag.

11. Ordonnanz. Blei. 200 m Geschwindigkeit auf
trockenen Schädel. Einschuss im rechten Scheitelbein oval 1 bis
1,5 cm offenbar wegen schrägen Auftreffens. Am Ausschuss das ganze
Os parietale aus seinen Nahtverbindungen herausgerissen. Ein zwischengespanntes Papier zeigt einen unregelmässigen Riss mit einem
Defect von unregelmässiger Gestalt von 2 auf 3 cm. Durchmesser.
aber ohne die Spritzlinge und die unabhängigen kleinen Risse nebenan.
Nur ein einziger grösserer Riss befindet sich in einer Distanz von
2 cm offenbar ein mitgerissener Fremdkörper.

c) Schüsse auf Schädel mit normaler Weichtheilfüllung und Bedeckung. 8 m Distanz. Geschwindigkeit 425 m
im Momente des Auftreffens.

12. Kupfer. Kleiner Einschuss wie gewöhnlich, Ausschuss
etwa doppelt so gross mit sternförmigen Rissen. Bei Bloslegung des
Schädeldaches zeigt dasselbe zahlreiche Fissuren mit vollständiger Loslösung einzelner Fragmente so dass dieselben herausfallen. Die Fissuren laufen in der Sagittalnaht quer über die Stirne und beide Scheitelbeine. Vom Einschuss aus gehen 4 Fissuren quer rück- und abwärts.
Am Ausschuss sind mehrere kleinere Stücke ganz aus dem Zusammenhang ausgelöst. Die Fissuren ebenso zahlreich.

13. Rose. Am Einschuss die Haut in einer Ausdehnung von
etwa 6 cm zerrissen, Hirn in grosser Intensität heraushängend. Ausschuss stellt einen Längsriss dar von 8,5 cm Länge, 5,5 cm Breite
mit sternförmig eingerissenen Rändern. Das blossgelegte Schädeldach
zeigt unregelmässigere Fissuren als beim Kupferschuss. Es kann ohne

Mühe in seine Fragmente auseinandergenommen werden. Die Fragmente sind viel zahlreicher als beim Kupfer. Das rechte Orbitaldach zersplittert. Das linke Schläfenbein und das ganze Hinterhauptbein in zahlreich grössere und kleinere Fragmente zerfallen.

d) Schüsse auf den Larynx mit normaler Weichtheilbedeckung.[1] Distanz 3 m.

14. Vetterli, stärkste Geschwindigkeit, Blei. Einschuss 20 mm auf 13 mm, unregelmässig, oval, (rechterseits). Ausschuss

---

[1] Die Schüsse in den Larynx sind s. Z. hauptsächlich mit Rücksicht auf die lebhaften Discussionen vorgenommen worden, zu denen der Stabio-Process in Tessin verschiedenen italienischen chirurgischen Autoritäten Anlass geboten hatte. Namentlich werden dadurch die mit grosser Beredsamkeit und sehr bedeutendem Erfolg vorgetragenen Behauptungen Albertini's illustrirt. Dieser Chirurg behauptete, gestützt auf eine grosse Zahl von Experimenten, dass bei den neueren konischen Geschossen der Einschuss stets dem Durchmesser des letzteren entspreche, mit Ausnahme der Fälle, wo durch sehr schräges Auffallen oder Ricochettiren oder durch die Kleider das Geschoss eine Formveränderung erlitten habe. Er wies deshalb die Annahme ganz bestimmt zurück, dass eine 2½ cm grosse Einschussöffnung sich auf einen Schuss aus dem schweizerischen Ordonnanzgewehr (Vetterli) aus grosser Nähe zurückführen lasse. Unsere paar Experimente ergeben ein den Albertini'schen Behauptungen genau entgegengesetztes Resultat. Die Distanz wurde auf 3 m gewählt, der Schuss direct auf eine genau markirte Stelle der rechten Larynxseite abgegeben, so dass das Geschoss den Larynx von einer Seite zur andern durchbohren musste. Von einem schrägen Auftreffen, vom Ricochettiren oder Difformirung des Geschosses konnte hier keine Rede sein. Und gerade die aus dem Vetterli-Gewehr abgegebenen Schüsse bewirkten eine Zerstörung des Kehlkopfs, welche recht genau auf die Schilderung passte, wie sie im Stabio-Process von den erstuntersuchenden Aerzten abgegeben worden ist. Der Pistolenschuss dagegen ergab eine ungleich geringere Zerstörung, vollständig abweichend von obiger Schilderung.

Die Behauptung Albertini's, dass die modernen cylindrokonischen Geschosse eine Einschussöffnung bei senkrechtem Einfallen bedingen, welche genau dem Querdurchmesser des Geschosses entspricht, wird durch unsere zahlreichen Experimente zur Genüge bestätigt für alle diejenigen Körperstellen, wo nicht unmittelbar unter der Haut ein fester Widerstand aufliegt. Schiesst man dagegen aus grosser Nähe auf die Vorderfläche des Unterschenkels oder auf den Thorax, wo die Rippen vorragen, so erhält man eine sehr erhebliche Vergrösserung des Einschusses. An der Tibia fand sich bei einem Experiment ein langer ½ handtellergrosser Einschuss der Haut: am Thorax bei Fracturirung zweier anstossender Rippen ein Hauteinschuss von 2 auf 3 cm. Diese Vergrösserung erklärt sich aus der Difformirung des Bleigeschosses beim Auf-

4 auf 2,5 cm, ebenfalls unregelmässig, mit zerrissenen Rändern. Cartilago thyreoidea vollständig zerrissen. Stücke des Knorpels von mehr als 1 cm Durchmesser sind nach der Ausgangsöffnung mit gerissen. Von der rechten Platte ungefähr die obere Hälfte erhalten, von der linken ein in mehrere Stücke gebrochener Theil, von ca. 1 qcm an der Vereinigungsstelle; ein doppelt so grosses Stück am hinteren Rand. Hinten sind die Aryknorpel deutlich zu sehen; Ringknorpel intact. Am vorderen Umfang ist die Verbindung mit dem Zungenbein und Cartilago cricoidea nur in Form einer Fascienbrücke erhalten.

15. Schuss wie der vorige. Einschuss rechts queroval, von 2 auf 1 cm, etwas unregelmässig rundlich. Ausschuss von 4 cm. Zwischen beiden eine Hautbrücke von 1 cm Breite. Larynx vollständig auseinandergefahren, nur noch in einzelnen Splittern vorhanden. Auch die Cartilago cricoidea am vorderen Umfange fracturirt. Das Zungenbein in seinem Körper gebrochen, die anstossende Musculatur zerfetzt.

16. Schuss mit Ordonnanzpistole 18 mm Durchmesser, Distanz des Einschusses und Ausschusses 4 cm. Einschuss 6 mm, Ausschuss gleichgross; beide von unregelmässigen Rändern. Auf der rechten Platte der Cartilago thyreoidea findet sich ein Einschuss kleiner als der Hauteinschuss, dreieckig. An der linken Platte ein Ausschuss ohne Defect in Form eines H förmigen Risses mit auswärts gekrümmten Rändern des zerrissenen Knorpels.

e) Schüsse auf die obere Extremität mit normalen Weichtheilen. Distanz 5 m.

17. Vetterli-Ordonnanz. Rechter Vorderarmschuss oben. Beide Knochen fracturirt. Die obere Ulnaepiphyse ausgedehnt gesplittert, zahlreiche Splitter auch rückwärts aufgeklappt, Fissuren auf der Knorpelfläche der Ulna; die Splitterung geht etwa 4 cm abwärts.

18. Vetterli-Ordonnanz. Oberarmkopf rechts. Die obere Epiphyse des Humerus vollständig zertrümmert. Der Knorpelüberzug des Kopfes ist in kleine Stücke zerrissen. Die Zerstörung

---

treffen auf den festen Widerstand, zum Theil auch durch das Zurückfahren von Trümmern des unterliegenden Knochens. Unsere Experimente beweisen, dass schon der Widerstand einer Schildknorpelplatte bedeutend genug ist, um ähnliche Vergrösserung des Einschusses zu bewirken bei Nahschuss mit dem schweizerischen Ordonnanzgewehr. Die abweichenden Resultate Albertini's können wir uns bis auf weitere Belehrung nicht anders erklären als dadurch, dass er nicht die richtigen Ordonnanzgeschosse oder -gewehre bei seinen Versuchen zur Verfügung hatte.

Man wolle aus unseren Badkastenexperimenten ersehen, dass selbst reine Flüssigkeiten, durch eine gespannte Membran zusammengehalten, ein Bleigeschoss stärkster Geschwindigkeit pilzförmig breitzuquetschen vermögen durch den plötzlichen Widerstand, während die Difformirung bei geringerer Geschwindigkeit fehlt.

geht his zum chirurg. Hals hinunter; der Kopf zeigt sich in ganzer Dicke zertrümmert. Der Knorpel der Pfanne ist intact.

19. **Vetterli. Geschwindigkeit** 150 m. **Linker Vorderarmschuss.** Sehr kleiner Einschuss, kleiner als der Geschossdurchmesser, noch kleinerer sternförmiger Ausschuss. Fleischschusskanal ziemlich cylindrisch.

20. **Vetterli.** 150 m **Geschwindigkeit. In den linken Oberarmkopf.** Kleiner Einschuss, noch kleinerer sternförmiger Ausschuss. Am vorderen Umfange des Humeruskopfes ein dem Durchmesser der Kugel entsprechender Einschuss. Auf der Rückfläche des Kopfes am anatom. Halse ein Riss von stark 1 cm Länge mit kurzen Sprüngen nach den Seiten und herausgewälzten Rändern. Beim Durchsägen zeigt sich, dass die Spongiosa nur wenig über den Durchmesser der Kugel hinaus zertrümmert ist und dass der Schusskanal fast cylindrisch verläuft.

21. **Kupfer. Normalgeschwindigkeit. In den Vorderarm rechts.** Sternförmiger, gerissener Einschuss von 3 cm. Ausschuss von 8 cm in Längsrichtung, mit heraushängender Musculatur. Vorderarmknochen etwa 4 cm unterhalb des Gelenkes ausgedehnt zersplittert, Splitter sehr klein. Fractur betrifft nur den Radius, Ulna intact.

22. **Rosemetall. Normalgeschwindigkeit. Vorderarmschuss.** Einschuss dem Geschoss entsprechend, unregelmässig. Colossaler Ausschuss von 17 cm Länge, mit ausgedehntester Zerreissung der Musculatur. Radius und Ulna in zahlreiche Splitter zersprengt, in der Ausdehnung des oberen Viertels ihrer Länge.

23. **Rose, Normalgeschwindigkeit. Linker Oberarmkopf.** Einschuss dem Durchmesser der Kugel entsprechend, ebenso der Ausschuss. An der Vorderfläche des Humeruskopfes ein dem Hautausschuss entsprechender Einschuss. Humeruskopf ist vollständig auseinander gesprengt, immerhin nicht so vollständig zertrümmert, wie bei Bleigeschoss von derselben Geschwindigkeit. Man sieht noch den Ausschuss mit sternförmigen Rissen. Die Splitterung geht bis zum chirurg. Hals herunter.

24. **Kupfer. Normalgeschwindigkeit. Humerusdiaphyse, rechts.** Einschuss der Kugel entsprechend, Ausschuss ein 4 cm langer Längsriss. Die Diaphyse ist unmittelbar unter dem chirurg. Halse gesplittert. Die Splitterung geht nicht in den Kopf hinein. Die Markhöhle erscheint vollkommen leer an der betreffenden Stelle. Fissuren abwärts sind keine vorhanden. Ausdehnung der Zersplitterung ungefähr 5—6 cm.

f) Schüsse auf die untere Extremität mit normaler Weichtheilbedeckung.

25. **Vetterli-Ordonnanz. Tibiakopf.** Am Einschuss fällt die Rückwärtsbiegung der Tibiasplitter sehr in die Augen. Die Tibiaepiphyse bis etwa 8 cm unterhalb der Spina tibiae zeigt sich ausgedehnt zertrümmert. — Sehr zahlreiche Trümmer sind nach dem Aus-

schuss zu mit zerfetzter Musculatur mitgerissen. An der Knorpelfläche
des Condylus intern. zahlreiche Sprünge. Kopf der Tibia abgebrochen.
Das Innere des Tibiakopfes ist vollständig ausgehöhlt.

26. **Vetterli, 150 Geschwindigkeit. Linker Tibia-
kopf.** Sehr kleiner Einschuss, dem Durchmesser des Geschosses nicht
einmal entsprechend. Auf der Innenfläche des Tibiakopfes ein dem
Geschoss entsprechender runder Einschuss. Keine Fissuren. An der
Rückfläche unterhalb des Cond. int. ein etwas grösserer Ausschuss als
der Einschuss, gerissen, von etwa 2 cm Länge. Der Schuss durch
den Knochen bildet einen genau abgegrenzten Kanal.

27. **Kupfer. Tibiakopf. Rechts.** Einschuss ein Riss von
3 cm Länge. Ausschuss ebenfalls ein unregelmässiger Riss von derselben Länge, unregelmässiger als der Einschuss. Oberflächlicher **Streif-
schuss** des Tibiakopfes auf der Aussenseite. Fractur des Tibiakopfes
mit starker Splitterung. — Keine Splitterung der Tibiadiaphyse.

28. **Rose. Tibiakopf. Links.** Einschuss in der Haut dem
Geschoss entsprechend; Ausschuss 5 auf 3 cm, unregelmässig, zerrissen.
Man sieht im Tibiakopf einen deutlichen Kanal. Ausschuss etwa doppelt
so weit als Einschuss. Eine Längsfissur zwischen beiden Condylen geht
bis in das Gelenk herein. Im Uebrigen die Knorpel intact. Schräge
Fissuren gehen beiderseits abwärts, so dass die Condylen für sich beweglich sind. Auch die Fibula ist fracturirt, durch seitliche Berührung
der Kugel.

29. **Vetterli, stärkste Geschwindigkeit. In die Diaphyse des rechten Oberschenkels.** Einschuss der Grösse der
Kugel entsprechend, Ausschuss 19 cm lang, vertical, Musculatur her-
ausquellend. Oberschenkel im oberen Drittel zersplittert. Zahlreiche
Corticalsplitter zum grössten Theil am Periost hängend. Ausdehnung
der Splitterung ca. 18 cm, auf der Rückfläche ungleich stärker als auf
der Vorderfläche.

30. **Vetterli, 150 m Geschwindigkeit. Linke Oberschenkeldiaphyse.** Einschuss klein, ohne Defect, gar kein Ausschuss. Oberschenkeldiaphyse oberhalb der Mitte fracturirt. Stücke
des Geschosses sehr stark deformirt und abgeplattet an der vorderen
Fläche des Femur, bis unter die Haut der Rückfläche gedrungen.
Mehrere sehr grosse Splitter. Ausdehnung der Splitterung etwa 11 cm.
Splitterung weniger ausgedehnt, als beim Schuss mit starker Geschwindigkeit; die einzelnen Splitter grösser, namentlich länger.

31. **Kupfer. Normalgeschwindigkeit. Oberschenkeldiaphyse. Rechts.** Einschuss der Kugelgrösse entsprechend. Riss-
förmiger Ausschuss von 9 cm Länge, etwas schräg. Femur in der
Mitte fracturirt mit sehr zahlreichen kleinen Splittern. Markhöhle leer.
Ausdehnung der Splitterung 9 cm; geringer als beim Blei.

32. **Rose. Normalgeschwindigkeit. Oberschenkeldiaphyse. Links.** Einschuss der Kugelgrösse entsprechend. Ausschuss
von 20 cm Länge in Form eines Längsrisses mit stark zerrissener
Musculatur. Fractur des unteren Femurdrittels mit Zersplitterung.

Kleine Splitter weniger zahlreich als bei Kupfer. Länge der Splitterung etwa 8 cm. Einschuss an der Vorderfläche des Knochens zu sehen. Ausserordentlich viel stärkere Splitterung nach der Ausschussseite des Knochens.

g) Herzschuss.

33. Kupferschuss. Normalgeschwindigkeit. An der Vorderfläche des Herzens findet sich ein unregelmässiger zerrissener Einschuss von 5 cm mit Zerreissung des Septums und Oeffnung des linken Ventrikels. Ein Ausschuss von 3 auf 3 cm sternförmig gerissen, an der linken Wand des rechten Ventrikels.

h) Fleischschüsse (Adductoren am Oberschenkel).

34. Vetterli-Ordonnanz. Einschuss dem Geschoss entsprechend. Ein gewaltiger Ausschuss von 10 auf 10 cm, quer gerissen, mit heraushängender Musculatur. Adductorenmuskeln in grösserer Ausdehnung zertrümmert.

35. Vetterli, 150 m. Adductoren, links. Kleiner Einnicht grösserer sternförmiger Ausschuss. Enger Kanal zwischen beiden.

36. Rose. Normalgeschwindigkeit. Links. Kleiner Einschuss, Ausschuss im Gesäss, nicht grösser als der Einschuss. Musculaturzertrümmerung in geringer Ausdehnung.

i) Schüsse auf feuchte Knochen mit den normalen Weichtheilen bekleidet.

Blei. Geringe Ladung 1,18 = 150 m Geschwindigkeit 8 m Distanz.

37. Schuss durch die Adductorenmasse, Geschoss vorne schräg abgeplattet. Länge 22 mm.

38. Schuss durch das Os ilei. Geschoss vorne unregelmässig mit Knochenpartikeln. Länge 24 mm.

39. Schuss durch die Scapula. Analog dem vorigen, nur das Blei am vorderen Ende etwas stärker zerrissen.

40. Schuss durch die obere Tibiaepiphyse. Geschoss vorne unregelmässig mit Knochenpartikeln. Länge 24 mm. Fast ganz wie bei Os ilei.

41. Schuss durch den Humeruskopf. Geschoss am vorderen Ende unregelmässig. Länge normal.

42. Schuss auf die Femurdiaphyse. Geschoss in mehrere Fragmente zerrissen im Femur steckend.

k) Schuss mit Kupfer. Distanz 8 m. Stärkste Geschwindigkeit.

43. Durch das Herz geht das Geschoss unverändert hindurch.

44. Ebenso durch das Os ilei.

45. Bei Schuss auf den Humeruskopf einige Vertiefungen am vorderen Ende des Geschosses.

46. Bei Schuss auf die Oberschenkeldiaphyse stärkere Vertiefungen am vorderen Ende. Verkürzung auf 24 mm.

47. Bei analogen auf trockene Femurdiaphyse ist das Geschoss völlig intact.

SECHSTES KAPITEL.

Theoretische Ergebnisse.

———

Wenn ein mit einer bestimmten lebendigen Kraft begabtes Geschoss in seinem Fluge durch ein Ziel aufgehalten wird, so verliert es je nach der Natur des Zieles einen Antheil seiner Geschwindigkeit. Der damit verbundene Kraftverlust muss gemäss dem Gesetze der Erhaltung der Kraft in anderer Form wieder zum Vorschein kommen. Nehmen wir zwei Extreme, ein Ziel, welches das Geschoss vollständig aufhält ohne eine constatirbare Aenderung zu erleiden und ein Ziel, welches einen äusserst minimen Widerstand bietet, so wird in ersterem Falle die Geschwindigkeit gleich Null und der entsprechende Antheil lebendiger Kraft wird nach gewöhnlicher Annahme ganz in moleculäre Bewegung umgesetzt, welche uns als Wärme sich kundgibt. Dieses kann bei einer Eisenscheibe annähernd der Fall sein. Ist der Widerstand minim wie bei einem Papierbogen, so reisst das Geschoss mit kaum verringerter Geschwindigkeit die getroffenen Theile mit sich, aus dem Zusammenhange mit den anstossenden Theilchen heraus. Diese Zerreissung kommt zu Stande ohne merkliche Wärmeentwicklung und wird letzterer als eigentliche Arbeitsleistung gegenüber gestellt. Bei einem Ziele, dessen Widerstand in der Mitte zwischen beiden liegt, kann ferner eine Arbeitsleistung in der Weise stattfinden, dass die zunächst getroffenen Theile die anliegenden mitziehen eine Strecke weit, und dass Continuitätstrennungen zwischen nicht direct betroffenen Theilchen in Linien geringerer Cohäsion (grösserer Spaltbarkeit) sttatfinden. So bei Glasscheiben.

Allein mit dieser moleculären Bewegung, welche sich in
Erhitzung äussert und mit der Arbeitsleistung in Ueberwindung
der Cohäsion zwischen getroffenen oder mitverschobenen Theilchen und ihren Nachbarn d. h. mit der Mitbewegung ist die Wirkung des Geschosses auf das Ziel nicht erschöpft. Vielmehr wird
ein Antheil der lebendigen Kraft umgesetzt in das, was man als
eine besondere Art von Erschütterung auffassen könnte. Zur
Illustration dieser Wirkung werden die Versuche aufgeführt, wo
ein Ziel bei einem ersten und zweiten Schuss ganz unverändert
erscheint, bei einem dritten plötzlich auseinander fällt. Wie wenig
man aber dieselbe zu würdigen verstanden hat, beweisen die ausserordentlich gesuchten Erklärungen, welche man für die Sprengwirkung der modernen Kleingewehrgeschosse namentlich bei festen
Körpern beigebracht hat. Wir glauben durch unsere Versuche
eine klarere Anschauung dieser Wirkung angebahnt zu haben.
Dieselbe ist durchaus zu trennen von der mitgetheilten Bewegung,
welche die Theilchen durch Verschiebung in der Richtung des
Geschosses auseinander reisst.

Während die Zerreissung auf der fortdauernden oder Nachwirkung der einwirkenden Gewalt in einer bestimmten Richtung
beruht, wird diese „Erschütterung" durch den momentanen Stoss
zu Stande gebracht, welcher auf eine gewisse Zahl gleichzeitig
getroffener Körpertheilchen ausgeübt wird und sich nach allen
Seiten der Umgebung mittheilt, also natürlich auch in der Richtung des Geschosses. Zum Unterschied von der Veränderung,
welche zur Wärmeentwicklung führt, findet bei dieser Erschütterung die Verschiebung zwischen kleinsten Massentheilchen statt.
Sie führt deshalb auch in ihren höheren Graden zu groben Zu-
sammenhangstrennungen, analog der Zerreissung, während die
höheren Grade der Veränderung, auf denen die Wärmeentwicklung beruht, zur Veränderung des Aggregatzustandes des Körpers
führen.

Da nun die Physik den Begriff der Erschütterung enger fasst,
überhaupt diese Bezeichnung, so gut sie hier passen würde, leicht
Anlass zu Missverständnissen geben kann, so haben wir es vor-
gezogen, den Ausdruck der Sprengung zu benutzen.

Es wird also die lebendige Kraft beim Auftreffen auf ein Ziel, soweit Geschwindigkeit dabei verloren geht, in drei Kräfte zerlegt, in Wärme, Sprengkraft und Durchschlagskraft, wie letzterer Antheil, welcher Zieltheile herausreisst, benannt zu werden pflegt.

Ein Geschoss von 20,2 grm Gewicht, begabt mit einer Geschwindigkeit von 410 m nach Durchlaufen von 30 m Distanz, wie es für das schweizerische Ordonnanzgewehr von Hrn. Schenker berechnet ist, besitzt nach der Formel $E = \frac{0,0202 \times 410^2}{2 \times 9.81}$ eine lebendige Kraft von 173,07 Kilogrammmeter, eine kolossale Wirkung, wenn man sich dieselbe etwa dadurch illustrirt, dass man das Geschoss auf eine an einer Schnur hängende Schale einwirkend denkt, welche über eine Rolle am andern Ende der Schnur 173 kgrm Belastung hätte und durch die Wirkung des Geschosses dieses Gewicht 1 m hoch emporheben würde. Wir sind nun freilich nicht im Falle anzugeben, wie sich diese Kraft auf die einzelnen Faktoren, in welche sie sich zerlegt beim Auftreffen vertheilt. Das lässt sich durch Rechnung zeigen, dass bei der für die grosse Mehrzahl der Gewebe so sehr unbedeutenden Abschmelzung der Verlust an lebendiger Kraft durch Wärmeentwicklung nicht erheblich ins Gewicht fällt.

Wenn man bedenkt, dass selten über 0,5 grm Blei abgeschmolzen wird, so bedarf es hierzu bei 15° 0,0077 Wärmeeinheiten entsprechend einer lebendigen Kraft von 3,265 Kilogrammmeter (Forster).

Aber auch die Durchschlagskraft absorbirt von der lebendigen Kraft nur einen relativ geringen Antheil. Wir haben nachgewiesen, dass noch bei einer Geschwindigkeit von 200 m und darunter ein Geschoss, selbst wenn es den Knochen trifft, durchzuschlagen vermag. Bei 200 m Geschwindigkeit hat aber das Vetterli-Geschoss eine lebendige Kraft von blos 41,1 km. Es bleiben also noch ³⁄₄ der lebendigen Kraft (bei stärkster Geschwindigkeit) für die Umsetzung in Sprengkraft disponibel. Es darf ausserdem erwähnt werden, dass die Verkürzung des Bleigeschosses, welche dasselbe im menschlichen Körper durch den Anprall erleidet, schon durch eine Kraft von 6–7 Kilogrammmeter bei Fallexperimenten zu Wege gebracht wird.

Es lohnt sich desshalb wohl, die Einflüsse zu untersuchen,

welche die Sprengkraft zu vermehren geeignet sind. Denn wie
für die Wärmeentwicklung das Gesetz gilt, dass dieselbe um so
geringer ausfällt, je grösser die eigentliche Arbeitsleistung ist in
Erzielung mechanischer Effecte, so ergeben unsere Versuche auch
ein bestimmtes Wechselverhältniss zwischen Sprengkraft und Durchschlagskraft. Dieselben Veränderungen der Geschosse, welche den
einen Faktor vermehren, vermindern den andern, während andere
Momente gleichsinnig auf beide wirken. Zu den letzteren Momenten gehört die Geschwindigkeit.

   Entsprechend dem Quadrat der Geschwindigkeit nimmt die
lebendige Kraft zu und bei grösserer lebendiger Kraft ist Durchschlagskraft sowohl als Sprengkraft unter übrigens gleichen Bedingungen erhöht, allein für die uns bei der Geschosswirkung auf
den menschlichen Körper speciell interessirenden Ziele doch in
wesentlich verschiedener Weise.

   Die Sprengkraft fängt bei gewissen Zielobjecten erst da an
erhebliche mechanische Wirkung zu äussern, wo die Durchschlagskraft schon ihr Maximum längst erreicht hat, also puncto Wirkung auf ein bestimmtes Ziel einer Steigerung nicht mehr fähig
ist. Jene nimmt dann bei höheren Geschwindigkeiten rasch zu,
man braucht nur einmal gesehen zu haben, wie ein Geschoss von
400 m Geschwindigkeit einen Schädel auseinander sprengt, so dass
die einzelnen Stücke weit auseinander fliegen, während es ihn
bei 200 m nur durchbohrte, um eine Schätzung über die Intensität
dieser Sprengkraft zu gewinnen.

   Wenn man von schwacher zur grösstmöglichen Geschwindigkeit der Geschosse ansteigend beispielsweise auf einen trockenen
Röhrenknochen schiesst, so ist die erste sichtbare Wirkung die der
Spaltung in der Richtung geringster Cohäsion durch Mitbewegung
der direct getroffenen Knochentheilchen, dann kommt die Combination der Fissurirung mit Defectbildung, indem die unmittelbar
betroffenen Theile in der Richtung des Geschosses mitgerissen
werden, endlich kommt der Höhepunkt, wo ein fast reines Loch,
der Grösse des Geschosses entsprechend, mit herausgerissen wird.
Damit ist das Maximum der Durchschlagskraft erreicht. Jede
noch so erhebliche Verstärkung der Geschwindigkeit kann nun für
die Durchschlagskraft keinen Gewinn mehr bringen.

Aber jetzt beginnt die Sprengkraft palpable Leistungen zu ergeben. Der Stoss, welchen die Theilchen des Knochens im Momente des Auftreffens des Geschosses erleiden, pflanzt sich mit solcher Kraft fort, dass trotz der sofortigen Zusammenhangstrennung der direct betroffenen Theilchen und ihrer Nachbarn, also trotz jeglichen Fehlens einer zeitlichen Nachwirkung des Stosses derselbe auf weite Distanzen hingelangt und Verschiebung der Theilchen in Form ausgedehnter Zersplitterung und Zerreissung zur Folge hat. Je stärker nun die Geschwindigkeit wächst, desto heftiger und desto weiter nach allen Seiten pflanzt sich der Stoss fort und die Zerreissung wächst deshalb an Intensität und Ausdehnung. Wir meinen damit nur ein mögliches Beispiel zum Besten zu geben, da wir ja früher zeigten, dass für trockne Diaphysen Sprengung nicht vorkommt.

Gerade dieses sehr abweichende Verhalten, bei zunehmender Geschwindigkeit, nämlich der Concentration der Durchschlagskraft je mehr und mehr auf einen Punkt und der Ausdehnung der Sprengkraft auf grössere Distanzen hin, beweist, dass diese Faktoren nicht einfach zusammengeworfen werden dürfen. Ausserdem wie gesagt, hat bei dem gleichen Ziel die eine dieser Kräfte bereits das Maximum ihrer Wirksamkeit erreicht, wo die andere erst anfängt. Zunahme der Geschwindigkeit wirkt also für beide Kräfte fördernd aber von verschiedenen Grenzen an.

Andere Componenten dagegen der lebendigen Kraft wirken in verschiedener, zum Theil geradezu in entgegengesetzter Weise auf jene beiden Kräfte ein. Das specifische Gewicht des Geschosses vermehrt die Durchschlagskraft in evidenter Weise. Dies zeigt sich bei Schüssen, wo die Sprengkraft noch gar nicht oder beschränkt in Frage kommt, also bei geringeren Geschwindigkeiten oder härteren Zielen, so bei den Schüssen auf Sandstein- und Eisenplatten, auf Bleiplatten. Bei der Sprengkraft übt das specifische Gewicht einen ungleich geringeren Einfluss aus, so dass er namentlich bei denjenigen Zielen, wo die Sprengwirkung sich besonders leicht fortpflanzt, wie Flüssigkeiten, Glas, fast vollständig in den Hintergrund tritt. Die Erklärung dafür, dass das specifische Gewicht auf die Sprengkraft so viel weniger Einfluss ausübt, als auf die Durchschlagskraft, liegt ganz einfach darin, dass

erst bei höheren Graden lebendiger Kraft überhaupt die Sprengkraft in deutlicher Weise zu Tage tritt. Da aber die lebendige
Kraft proportional dem Quadrate der Geschwindigkeit und nur
einfach proportional der Masse wächst, so erhält mit Zunahme
der lebendigen Kraft die Geschwindigkeit einen stets stärker über-
wiegenden Einfluss.

Noch evidenter ist der Unterschied des Einflusses des Volumen der Geschosse auf Sprengkraft einer- und Durchschlagskraft anderseits. Die Vermehrung des Volumen kommt hauptsächlich nach Maassgabe der gleichzeitigen Vergrösserung des
Querschnittes oder Querdurchmessers' des Geschosses in Betracht.
Zunahme des Querdurchmessers vermindert die Durchschlagskraft
und vermehrt die Sprengkraft. Der Umfang in welchem Theilchen des Zieles getroffen werden, ist grösser, deshalb müssen
auch mehr Theilchen aus ihrem Zusammenhang mit der Umgebung losgerissen werden und da sich dies von Querschnitt zu
Querschnitt des Zieles wiederholt, so müssen eine grössere Summe
von Cohäsionskräften überwunden werden, daher geringere Durchschlagskraft. Bei der Sprengkraft dagegen kommt die Gewalt
des ersten Anpralles in Frage. Je mehr Theilchen gleichzeitig
diesen ersten Stoss aufnehmen, desto mehr können ihn auch mittheilen, daher ist die Sprengkraft vermehrt.

Es ist nach Obigem klar, dass die Masse des Geschosses,
welche sich aus dem Volumen × specifisches Gewicht zusammensetzt, einen sehr verschiedenen Einfluss ausüben muss auf die
Schusswirkung, je nachdem sie durch Zunahme des specifischen
Gewichtes oder des Volumen vergrössert wird. Bei geringen
Geschwindigkeiten und bei Zielen von grösserer Festigkeit, wo
hauptsächlich die Durchschlagskraft, dagegen die Sprengkraft
noch kaum in Betracht kommt, wird daher Vermehrung der Masse
durch das specifische Gewicht den Effect wesentlich erhöhen, bei
starken Geschwindigkeiten und Zielen geringeren Widerstandes
dagegen, wo das Maximum der Durchschlagskraft schon über-
schritten ist, aber die Sprengkraft noch der Verstärkung zugänglich ist, wird Vermehrung der Masse durch grösseres Volumen
einen Effect ergeben, welcher mehr in die Augen springt.

Wenn Variationen im Volumen, namentlich der Grösse des

Querschnittes unter Umständen von Einfluss sind, so muss nothwendig auch Härte und Schmelzpunkt des Geschossmetalls von Bedeutung sein, soweit ein Widerstand Difformirung und Zerbröckeln des Geschosses herbeizuführen vermag. Sobald ein Ziel härter ist als das auftreffende Geschoss, so ist a priori anzunehmen, dass letzteres eine Abplattung erleiden wird. Die Kieselversuche zeigen unter anderen, dass das stark sich deformirende Blei schon stecken bleibt, wo Kupfer noch durchschlägt und dass in demselben Maasse die Sprengwirkung bei ersterem stärker ist als bei letzterem.

Allein es bedarf gar nicht einmal eines Zieles von grösserer Festigkeit als das Geschoss besitzt. Unsere Badkastenversuche zeigen vielmehr zu aller Evidenz, dass das Geschoss bei einer grösseren Höhe der Geschwindigkeit sich einen Widerstand selber schafft und an demselben Ziele sich deformirt, durch welches es ohne Difformirung durchgeht bei geringerer Geschwindigkeit. Die Kraft ist zwar gross genug, um die zunächst getroffenen Theilchen aus ihrem Zusammenhang herauszureissen, aber das Geschoss dringt so rasch vor, dass diese Zusammenhangstrennung nicht rasch genug zu Stande kommen kann. Es ist dies der höchsten Beachtung werth, da darin wohl die richtige Erklärung für die Sprengwirkung bei höherer Geschwindigkeit gefunden werden kann.

Bei geringster lebendiger Kraft bewegt das Geschoss die getroffenen Theile in seiner Richtung mit durch Mittheilung seiner Geschwindigkeit, hat aber nicht die Kraft, sie herauszureissen. Mit zunehmender Geschwindigkeit bekommt es letztere Kraft und zwar auf einer gewissen Höhe so, dass im Momente des Treffens die Theilchen herausgerissen werden und die Geschwindigkeit des Geschosses sofort annehmen können. Bei noch höherer Steigerung der Geschossgeschwindigkeit aber, wo doch die lebendige Kraft mehr als genug erhöht ist, um die Cohäsionstrennung gegen die Nachbarschaft zu bewirken, kann letzteres nicht rasch genug geschehen, um den Theilchen die Geschwindigkeit in der Richtung des Geschosses ganz zu übertragen. Während dieser, wenn auch noch so minimalen Zeit des Zustandekommens der Zusammenhangstrennung überträgt sich ein grösserer Theil der Geschwindigkeit

resp. lebendiger Kraft an das ganze Ziel und von dieser Grenze
ab beginnt die Sprengwirkung; die Difformirung des Geschosses
ist der rückwirkende Ausdruck dieses Aufenthaltes desselben.

Wir finden ähnliche Verhältnisse wie für die Difformirung
auch für die Schmelzung. Auch für diese hat schon Busch
nachgewiesen, dass bei vermehrter Geschwindigkeit ein geringerer
Widerstand genügt, Erhitzung bis zur Schmelzung zu erzielen, als
bei schwächerer Geschwindigkeit. Da eben trotz aller Vermehrung
der lebendigen Kraft die Arbeit einer Zerreissung eine gewisse
Zeit braucht, so muss natürlich ein Geschoss von 400 m Geschwindigkeit in 1 Secunde in derselben Zeit eine grössere Ein-
busse erleiden, als ein solches mit 50 m Geschwindigkeit in 1 Secunde. Die Geschwindigkeit, welche mehr abgegeben wird, setzt
sich aber in Verschiebung der Theilchen nach den Seiten, in
Sprengkraft und soweit diese ohne Erfolg bleibt oder ihrerseits
zur Ausführung dieses Erfolges wieder zu viel Zeit beansprucht,
in moleculare Bewegung, in Wärme um.

Es ist also damit in die Beurtheilung und Berechnung der
Vertheilung der lebendigen Kraft in andere Kräfte bei der Schusswirkung noch ein neues Princip eingeführt, nämlich: Es genügt
zur Bestimmung, wie viel von der lebendigen Kraft eines Geschosses für ein bestimmtes Ziel in Durchschlagskraft einer-,
Sprengkraft und Wärme anderseits umgesetzt wird, nicht, den
Widerstand resp. die Festigkeit des Zieles mit der lebendigen
Kraft des Geschosses zu vergleichen, sondern es muss noch gefragt werden, wie viel Zeit bei einer bestimmten Geschwindigkeit das Geschoss zur Effectuirung der einen oder anderen dieser
Wirkungen von nöthen hat. Jeder Zeitverlust bei Erreichung der
Durchschlagswirkung kommt der Sprengwirkung und Wärmebil-
dung zu Gute.

Wir haben umgekehrt durch vergleichende Schüsse mit Rose
dargethan, dass Schmelzung des Geschosses die Durchschlagskraft
erheblich beeinträchtigt, die Seitenwirkung erhöht. Man vergleiche
die Schüsse auf Bleiplatten und andere.

SIEBENTES KAPITEL

Praktische Schlussfolgerungen.

—

Die Wirkung der lebendigen Kraft beim Auftreffen eines Geschosses auf den menschlichen Körper, soweit sie überhaupt auf
letzteren unter Abnahme der Geschwindigkeit sich überträgt, vertheilt sich auf einen Antheil, der den Widerstand der Gewebe in
der Richtung des Vordringens des Geschosses überwindet, und einen
zweiten Antheil, welcher zur Ueberwindung des Zusammenhangs
der seitlich anstossenden Gewebe bis auf variable Entfernungen
hin verwerthet wird, endlich einen dritten Antheil, welcher eine
Erwärmung von Ziel und Geschoss zur Folge hat.

, Die Bedeutung der Erwärmung haben wir dahin abgeklärt,
dass sie als Hitzewirkung auf die Gewebe gar nicht in Frage
kommt, dagegen in Folge leichterer Difformirung und selbst Schmelzung des Geschosses den Schusseffect beeinflussen kann und zwar
sowohl durch Verminderung der Durchschlags-, als durch Vermehrung der Sprengkraft. Man kann sie also diesen zwei Hauptwirkungen unterordnen.

Es ist wichtig, für verschiedene Waffen- und Geschossarten
die Grösse des einen und andern der obigen Antheile im menschlichen Körper einigermassen zu bestimmen. Denn es liegt auf der
Hand, dass die beiden Hauptwirkungen für den Zweck, welchen
man beim Schiessen auf den Gegner im Auge hat, durchaus nicht
gleichwerthig sind, noch weniger gleichgültig vom Standpunkte
des internationalen Verbandes des rothen Kreuzes aus.

Alles, was man bei unserer gegenwärtigen humanen Kriegführung unter civilisirten Nationen von der Wirkung eines Klein-

gewehrschusses verlangen kann, ist dies, dass dadurch ein Gegner
momentan kampfunfähig gemacht werde. Jedes Geschoss nun,
welches in eine gewisse Tiefe der Gewebe eindringt, vollends diejenigen, welche durch den Körper ganz hindurchdringen, machen
einen Soldaten kampfunfähig, weil es als grosse Ausnahme betrachtet werden muss, dass eine Schusswunde ohne zweckmässige
ärztliche Besorgung von selbst einen guten Heilungsverlauf durch-
macht. Freilich wird ein Gegner für eine längere Zeitdauer kampfunfähig, wenn zugleich eine Verletzung des Knochens beigebracht
wird. Aber selbst wenn man so weit geht, einem Kriegführenden
das Recht zuzugestehen, einen Gegner für möglichst lange
Zeit kampfunfähig zu machen, so dürfen wir auf unsere Versuche
hinweisen, welche zeigen, in Bestätigung übrigens von längst bekannten Thatsachen, dass ein cylindro-konisches Geschoss mit einer
Geschwindigkeit von 150 m nicht nur durch die meisten Gewebe
des Körpers hindurch schlägt, sondern Dank der exquisiten Spaltbarkeit des Knochens in gewissen Richtungen, selbst dann, wenn
es aufgehalten wird durch die Rindensubstanz der festesten Knochen, diese noch in Folge der Erschütterung, wie ein Steinwurf eine
Glasscheibe, zu brechen und splittern vermag. Da nun andererseits aus der Eingangs mitgetheilten Tabelle hervorgeht, dass bei
den modernen Gewehrconstructionen die Geschwindigkeit der Geschosse auf jede überhaupt für wirksames Gewehrfeuer in Betracht kommende Distanz nicht unter 150 m hinunter geht, so liegt
ganz und gar kein Grund vor, durch irgend eine Nebenwirkung
des Geschosses eine Erschwerung der Verwundung herbeizuführen.
Im Gegentheil: Sobald wir einmal die Sicherheit haben, auf jede
in Betracht kommende Distanz genügende Verwundungen zu erzielen mit der durch moderne Gewehre dem Geschosse mitgetheilten lebendigen Kraft, so ist es unsere Pflicht, darauf bedacht zu
sein, alle diejenigen Faktoren auszumerzen, welche die Grösse
der Verwundung steigern und unnützerweise neben der erwünsch-
ten Kampfunfähigkeit auch eine Lebensgefahr der Verletzten zur
Folge haben.

Eine solche Lebensgefahr erwächst aber aus einer Verwundung
in dem Maasse mehr, als die lebendige Kraft sich statt in blosse
Durchschlagskraft auch in Sprengkraft umsetzt. Dass dieses Maass

sehr verschieden ausfällt, je nach den bei verschiedenen Armeen gebräuchlichen Gewehren und Geschossen, das glauben wir durch unsere Versuche dargethan zu haben.

Zunächst ist gezeigt worden, dass eine Sprengkraft der Geschosse im menschlichen Körper überhaupt nur in Frage kommt von einer gewissen Höhe der Geschwindigkeit an.

Erst von 250 m Geschwindigkeit ab ist der Stoss plötzlich genug, um auch nach den Seiten hin palpable Wirkungen zu üben, zunehmend mit Vermehrung der Geschwindigkeit, allerdings in verschiedenem Grade bei den verschiedenen Weichtheilen. Wo Einschluss in starre Kapseln vorhanden ist, wo die eingeschlossenen Gewebe einen hohen Flüssigkeitsgehalt aufweisen, da ist die Wirkung wesentlich anders als da, wo die Weichtheile fester sind, wo eine elastische Umgebung getroffen wird. Daher die Differenzen zwischen den Sprengschüssen des Schädels und der markhaltigen langen Diaphysen gegenüber den Zerreissungen der Musculatur, der Spongiosa und den Rissen in der Haut.

Der Schädel wird zum Theil in den Nähten, zum Theil unabhängig in verschiedenen Richtungen auseinander gesprengt, die Corticalis der Diaphysen wird in Ausdehnung von 10—20 cm in kleine Splitter zersplittert. Dass dabei die eingeschlossenen halbflüssigen Gewebe wesentlich mitgeschädigt werden, ergibt sich daraus, dass die Markhöhle auf erhebliche Länge ganz geleert ist, das zerfetzte Gehirn zwischen den Sprengstücken heraushängt.

Die Knochenspongiosa wird zu Brei zermalmt, wobei die knorplige Gelenkfläche und die dünne Corticalis, welche sie einschliesst, mit Ausnahme eines kleinen Ein- und Ausschusses intact oder ebenfalls mitzerrissen sind. Die Musculatur ist zerrissen, so dass bis faustgrosse Höhlen entstehen, elastische Fascien zeigen oft nur kleine Oeffnungen und Risse, die Haut ist in Form langer Risse auseinander gerissen. Dass solche Verletzungen auf die Prognose einen bedeutenden Einfluss üben, ist ausser aller Discussion. Wir anerkennen mit der grossen Zahl der Antiseptiker voll und ganz, dass das mechanische Moment bei einer Verletzung vollständig in den Hintergrund tritt gegenüber den septischen Einwirkungen für den Verlauf einer Wunde. Aber gerade die Verhältnisse des Schlachtfeldes sind darnach angethan, die Antisepsis zu

kurz kommen zu lassen und es ist in keiner Weise vorauszusehen,
dass in nächster Zeit Vorkehrungen werden getroffen werden können, um jede Schussverletzung sofort unter den Schutz eines antiseptischen Occlusivverbandes stellen zu können. Ist aber einmal
ein septischer Stoff zugetreten, so ist die Ausbreitung der Sepsis
bei Zermalmung der Gewebe in grösserer Ausdehnung durch den
Bluterguss und die sonstigen mortificirten Gewebe bekanntermassen
ausserordentlich begünstigt. Wir vertreten ausserdem des Ent-
schiedensten die Ansicht [1]), dass auch von innen her, zumal vom
Magendarmkanal aus Infectionsstoffe in besonders vorbereitete Gewebe getragen eine septische Umsetzung zur Folge haben können. Deshalb liegt es im Interesse der Therapie, bezüglich der
Indicationen für conservative und radicale Behandlung zu unterscheiden zwischen Nahschüssen und Fernschüssen. Als Nahschüsse sind solche zu definiren, welche auf Entfernungen abgegeben werden, wo die Geschwindigkeit im Momente des Auftreffens über 250 m beträgt. Für verschiedene Kleingewehre fällt
daher die Entfernung verschieden aus. Beim Vetterli-Ordonnanzgewehr der schweizerischen Armee sind alle unter 400 m Distanz
abgegebenen Schüsse als Nahschüsse anzusehen. Natürlich wird
man auch dann noch einen wesentlichen Unterschied machen zwischen einem Schuss, der auf 200 oder 100 oder 30 oder 10 m
Distanz abgegeben ist. Unter 400 m Distanz beginnt ein Theil
der lebendigen Kraft des Geschosses sich in Sprengkraft umzu-
setzen, aber je näher, um so erheblicher wächst diese an.

Wir haben bei zufälligen Verletzungen in Friedenszeiten mehrfach Gelegenheit gehabt, uns von den bedeutenden Zermalmungen
der Spongiosa des Knochens, des Marks und der Musculatur zu
überzeugen und haben auch die Einsicht zu spät gewonnen, dass
eine selbst sehr strenge Antisepsis, wenn sie nicht fast unmittelbar
nach der Verletzung zur Anwendung kommt, nur ausnahmsweise
genügt, um der Zersetzung Einhalt zu thun. Bei den Nahschüssen hat die Amputation bei den complicirten Splitterbrüchen mit
Gelenkeröffnung oder Muskelzertrümmerung eine sehr ausgiebige
Anwendung zu finden. Dabei lassen wir die vorzüglichen Resul-

---

1) Vgl. meine Arbeit über Osteomyelitis in Deutsch. Zeitschr. f. Chir. 1879.

tate, welche Volkmann, Socin u. A. selbst bei Knochenzer-
trümmerung ausgedehnter Art mit antiseptisch-conservativer Behandlung gehabt haben, nicht ausser Augen, glauben aber immerhin
solche Erfolge nur einigermassen erhoffen zu dürfen, wenn nicht
gleichzeitig grössere Hautwunden bestehen, welche die Asepsis in
der Tiefe selbst für kurze Zeit nicht zu gewährleisten vermögen.

Es steht uns nicht zu, darüber zu discutiren, ob es vom
militär-technischen Standpunkte aus zulässig wäre, die Geschwindigkeit der Geschosse durch Verminderung der Ladung zu redu-
ciren. Denn wenn wir auch bestimmt behaupten müssen, dass
die gegenwärtig erreichte Geschwindigkeit der modernen Gewehrconstruction alle Garantie gibt, auf
jede Distanz Kampfunfähigkeit des Gegners zu erzielen, so kann doch aus anderen Gründen dem Techniker wünschenswerth erscheinen, die Geschwindigkeit der Geschosse noch
zu steigern. Das aber halten wir vom humanen Standpunkte aus
in solchem Falle für eine Forderung des internationalen Rechtes,
dass dann auch gewisse Correctionen angebracht werden, welche
die Umsetzung der vermehrten lebendigen Kraft in Sprengkraft
beschränken.

Von diesem Gesichtspunkte aus möchten wir noch die Einflüsse erörtern, welche ausser dem Hauptmoment der Geschwindigkeit des Geschosses den Umsatz der Wucht der letzteren in
Durchschlagskraft und Sprengkraft beeinflussen.

Diese letzteren Faktoren werden ausser durch die Geschwindigkeit durch Modificationen in der Masse des Geschosses in
wesentlich verschiedener Weise beeinflusst.

Was zunächst den Einfluss der Masse anlangt, so ist von
dem einen Componenten derselben, nämlich dem specifischen
Gewicht, die Sprengkraft wenig, die Durchschlagskraft erheblich beeinflusst und zwar in dem Sinne, dass mit Zunahme des
specifischen Gewichts erstere wenig, letztere sehr erheblich zunimmt. Es ist demgemäss zur Erhöhung der Durchschlagskraft als ein entschiedener Vortheil zu betrachten, zu den Geschossen specifisch möglichst schwere Metalle zu wählen
und in dieser Hinsicht hat das Blei einen unbedingten Vorzug.
Diese Forderung stimmt mit der technischen Nothwendigkeit über-

ein, schwere Metalle zu wählen, um einen stetigen Flug der Geschosse zu erzielen, d. h. die Durchschlagskraft auch gegenüber dem Luftwiderstande zu erhöhen. Letzterer ist z. B. bei Aluminiumgeschossen schon so stark, dass verhältnissmässig häufig ein Quereinschlag des Geschosses zu Stande kommt. Es wird auch diese technische Seite der Frage die Hauptsache bleiben, denn wir haben gesehen, dass uns schon die vermehrte Geschwindigkeit des Geschosses alle Garantie für genügendes Durchschlagen des Körpers leistet, so dass wir dieser Zugabe durch specifisch schwere Metalle entrathen könnten.

Die zweite Componente der Masse, nämlich das Volumen, hat zunächst insofern einen Einfluss, als ein grösseres Volumen das Gewicht vermehrt und daher nach Obigem die Durchschlagskraft erhöhen muss. Wir werden die Vergrösserung des Volumen von diesem Gesichtspunkte aus nicht hoch anschlagen können. Einen wichtigen Einfluss aber auf die Schusswirkung hat das Volumen in Anbetracht der Veränderung der Form der Geschosse und zwar speciell der Form des Querschnittes. Es geht aus unseren Versuchen deutlich hervor, dass eine Rundkugel mit ihrem erheblichen Querdurchmesser eine stärkere Seitenwirkung hat, als das cylindro-konische Geschoss bei derselben Geschwindigkeit im Momente des Auftreffens. Je mehr Theilchen mit einander getroffen werden, desto gewaltiger pflanzt sich auch der erste Anstoss, auf welchem die Sprengwirkung beruht, nach allen Seiten hin fort und zwar in festen sowohl als flüssigen Theilen. Die Durchschlagskraft wird von dem Querdurchmesser in umgekehrtem Sinne beeinflusst. Sie beruht nicht wie die Sprengkraft in dem einmaligen, sondern in dem fortwirkenden Stoss des Geschosses, welcher die Theilchen vor sich hertreibt und eine ganze Reihe von Theilchen nach einander aus ihrem Zusammenhange mit den Nachbartheilen losreisst. Auch dies gilt gleicherweise für feste und flüssige Theile, wie für letztere die Badkastenexperimente lehren.

Es ist also wünschenswerth, Geschosse von möglichst kleinem Querdurchmesser zu wählen. Das schweizerische Ordonnanzgeschoss hat einen Querdurchmesser von 1 cm, ist somit eines der kleinsten nach dieser Richtung. Und doch dürfte ohne Schaden für den beabsichtigten Zweck der Erzielung von Kampfunfähigkeit der Querdurchmesser noch wesentlich reducirt werden. Jedenfalls sollte durch internationales Uebereinkommen ein Maximum des Querdurchmessers festgestellt werden. Es müsste dafür gesorgt werden, dass Geschosse wie die französischen Minié's mit 21,4 mm Durchmesser (Richter) nicht mehr zur Anwendung kommen. 10 mm sollte das Maximum des zulässigen Querdurchmessers sein oder, wenn man sich den gegebenen Verhältnissen anpassen will, 12 mm. Richter macht die Angabe, dass die Mitrailleusengeschosse der französischen Armee im Kriege 1870—71 lange nicht den erwarteten Schaden angerichtet hätten. Nach unseren Angaben wird man sich darüber nicht wundern. Der Querdurchmesser der Mitrailleuse ist blos 12,8, viel geringer, als bei der grössten Zahl der bei verschiedenen Armeen üblichen Kleingewehrgeschosse mit Ausnahme des Chassepot und Vetterli. Durch die bedeutende Länge von 40 mm des Mitrailleusengeschosses wird aber nur die Durchschlagskraft vermehrt, welche ja auch bei den Kleingewehren zur Erzeugung von perforirenden Kanalschüssen gross genug ist. Was die Technik an Belastung des Geschosses bei Abnahme des Querdurchmessers zuzufügen nöthig hat, das soll sie durch Vergrösserung des Längendurchmessers des Geschosses erzielen.

Wenn das specifische Gewicht und die Form des Geschosses einen wesentlichen Einfluss auf die Wirkungsweise ausüben, so kann schon um deswillen auch die Consistenz nicht gleichgültig sein. Denn wir haben bewiesen, dass bei der hochgradigen Geschwindigkeitsvermehrung selbst blosse Flüssigkeiten bei einer gewissen Dicke der zu durchsetzenden Schichten auf rein mechanische Weise Weichblei erheblich zu deformiren vermögen. Widerstände, wie Knorpel, welche bei geringerer Geschwindigkeit Bleigeschosse intact lassen, wirken ebenfalls bei über eine gewisse Grenze erhöhter Geschwindigkeit deformirend ein. Bei den stärksten Widerständen im menschlichen Körper, wie bei der Corticalis der grösseren Knochen, kommt die weitere Difformirung hinzu, welche die Erhitzung bis zur Schmelzung und das daherige Auseinanderspritzen des Bleies bedingt. Die Difformirung hat Zunahme des Querdurchmessers und im Verhältniss zu dieser Ver-

mehrung der Sprengkraft im Gefolge mit Abnahme der Durchschlagskraft. Die Experimente mit Kieselgefässen zeigen, dass
bei einer Schichte, durch welche Kupfer durchschlägt, Blei in den
Steinen stecken bleibt. Im Badkasten dringt das Kupfergeschoss
bedeutend weiter im Wasser vor als das Weichbleigeschoss, ebenso
Hartblei weiter als Weichblei. Dagegen wird — immer dieselbe
Geschwindigkeit vorausgesetzt — ein wassererfülltes Blechgefäss
gewaltsamer und ergiebiger auseinander gerissen von dem Blei
als von Kupfer.

Kommt es vollends bis zur Schmelzung des Geschosses beim
Anprall an harten Knochen, so verliert die Durchschlagskraft
ausser der der Zunahme des Querdurchmessers proportionalen Abnahme noch den Theil, welcher durch die Abschmelzung von
Partikeln dem Geschoss an Masse verloren gegangen ist. Die
Sprengkraft dagegen nimmt entsprechend zu. Es ist unverkennbar, dass die Schüsse mit Rose'schem Metall auf normale Kör-
pertheile, wo sie harte Knochen treffen, ausgedehntere Zerstörungen machen, selbst als das Blei. Wenn wir bei letzterem die
Bedeutung der Schmelzung erheblich einschränken mussten, so
müssen wir obigen Satz um so mehr betonen. Die Sprengkraft
ist ja von dem specifischen Gewicht wenig beeinflusst, dagegen
vermehrt das Absprengen von Partikeln des Geschosses die Zahl
der Gewebstheilchen, welche den ersten Anstoss aufnehmen. Für
Durchschlags- und Sprengkraft kommt der Theil der lebendigen
Kraft übrigens in Abzug, welcher auf die Erhitzung des Geschosses
verwendet wird.

Es ist den obigen Erörterungen zu entnehmen, dass Defor-
mirung und vollends Schmelzung eines Geschosses die beab-
sichtigte Wirkung beeinträchtigt, und unnützer Weise die Gefahr der Verwundung um ein Erhebliches steigert. Es ist deshalb
nothwendig, dass die Aufmerksamkeit derjenigen, welche eine
humanere Art der Kriegsführung anzustreben berufen sind, auch
der Frage nach der Consistenz der angewendeten Geschosse zu-
gewendet werde. Es muss in dieser Richtung als ein nach-
ahmenswerther Fortschritt begrüsst werden, dass in der schweizerischen Armee in neuester Zeit Hartblei (und zwar eine Legirung
von 99,5% Blei, 0,5% Antimon) Verwendung findet. Unsere Ver-

suche thun dar, dass hier die Difformirung bei demselben Widerstand schon ein erheblich geringerer ist, als für das gewöhnliche
Weichblei. Immerhin tritt sie, wenn auch in viel weniger nach-
theiliger Form, schon bei Flüssigkeiten ein. Es sollte deshalb
nach Legirungen gesucht werden, welche die Härte noch um ein
Mehreres erhöhen, aber! ohne den Schmelzpunkt herabzusetzen.
Ganz dem Bedürfniss entsprechend wäre die Anwendung von
Kupfer. Dieses Metall lässt sich verhältnissmässig leicht ver-
arbeiten, lässt sich ohne besondere Einrichtung (Treibspiegel)
durch ein gezogenes Rohr hindurchführen und erfährt auch durch
die härtesten Körpergewebe nur eine für seine Wirkung be-
deutungslose geringe Abplattung, niemals eine Schmelzung.

Allerdings ist die Durchschlagskraft des Kupfers soweit derjenigen des Bleies nachstehend, als das specifische Gewicht desselben geringer ist, allein die fehlende Difformirung wiegt diesen
Nachtheil mehr als auf und es kommt ja wie erwähnt derselbe
bei der gegenwärtigen Geschossgeschwindigkeit nicht in Frage;
auch das Kupfer besitzt auf jede in Betracht kommende Distanz
bei den jetzigen Gewehr-Constructionen die nöthige Durchschlagskraft, um einen Menschen kampfunfähig zu machen.

Resumirend müssen wir den Fortschritten in der Technik
der Kleingewehr-Construction die Aufgabe zuweisen, gezogene
Rohre mit cylindro-konischen Geschossen zu verwerthen, welche
letztere folgende Eigenschaften haben:

1. Möglichst geringen Querdurchmesser, unter
10 mm bei beliebigem Längendurchmesser.

2. Bedeutendere Härte als Blei, womöglich von dem
Festigkeitscoëfficienten des Kupfers.

3. Höheren Schmelzpunkt als das jetzt übliche Blei.

Es ist dabei zulässig, hohes specifisches Gewicht zu
benutzen, umsomehr, als dem entsprechend unter Wahrung der
gleichen Masse das Volumen verringert werden kann. Dagegen
sollte unbedingt darauf Bedacht genommen werden, nicht unnützer Weise die Geschwindigkeit des Geschosses
über die jetzige Höhe zu vermehren. Denn wenn es
richtig ist, dass gegenwärtig auf jede überhaupt noch für einen
Kampf, resp. für einige Treffsicherheit in Betracht kommende

Distanz die modernen Geschosse mit einer Geschwindigkeit an-
langen, um in den menschlichen Körper einzudringen, resp. einen
Gegner kampfunfähig zu machen, so wäre eine Vermehrung der
Geschwindigkeit in Zukunft nur dadurch motivirt, dass man Mittel
fände, die Treffsicherheit bedeutend zu erhöhen, für viel grössere
Distanzen zu gewährleisten. Dann sollte man durchaus die Ladung in der Weise modificiren, dass bei Nahgefechten mit Geschossen geringerer Geschwindigkeit geschossen würde.

Bern, am 6. October 1880.

Druck von J. B. Hirschfeld in Leipzig.

Die

Chirurgischen Hilfsleistungen

bei dringender Lebensgefahr.

(Lebensrettende Operationen.)

Zwölf Vorlesungen

gehalten an der Universität Leipzig in den Jahren 1878 und 1879

von

Dr. L. von Lesser,

Privatdocent für Chirurgie.

Leipzig,

Verlag von F. C. W. Vogel.

1880.

Vorwort.

Zur Veröffentlichung der folgenden Reihe von Vorlesungen hat mich das Interesse bewogen, das meine Zuhörer dem hier dargestellten Gegenstande entgegen brachten.

Ich bin mir der Unvollkommenheiten dieses Werkchens wohl bewusst; auch fehlte mir öfters die Musse um Einzelnes so abzurunden und zu glätten, wie ich es gewünscht hätte. Allein wem in unserem raschlebigen Jahrzehnt ist es gelungen, Bücher zu schreiben, etwa so anregend und inhaltsvoll zugleich, wie Dieffenbach's operative Chirurgie, oder so tief belehrend, wie Virchow's Cellularpathologie, oder so begeisternd, wie uns die allgemeine chirurgische Pathologie von Billroth in unseren Studienjahren erschien.

Vor allen Dingen habe ich mich bemüht, wahr zu sein; nicht mehr und nicht weniger zu sagen, als zur klaren Darstellung des Gegenstandes nöthig war.

Der klinische Lehrer, der den Fortschritten der chirurgischen Wissenschaft ohne Vorurtheile gefolgt ist, und dem glänzende operative Erfolge allein nicht genügen zur Befriedigung seines Ehrgeizes, wird in diesem Büchlein nicht viel Neues finden. — Dafür soll es, wie ich hoffe, der junge Praktiker gern in die Hand nehmen, wenn er aus dem Studentenleben hinaustritt in die selbstständige ärztliche Thätigkeit und sich mit einem Male der schweren Verantwortlichkeit bewusst wird, die er übernommen hat. — Denn selbst den fleissigsten unter den jungen Medicinern, und selbst an unseren besten Hochschulen, gehen heute noch, wie früher, diejenige praktische Uebung und diejenige Sicherheit ab, die man nur innerhalb eines Krankenhauses erwerben kann. Die Meisten haben Vieles gesehen, wohl auch Vieles gelernt, aber nur wenig erlebt.

Allein auch demjenigen Arzte, dem es vergönnt ist, in einer Hospitalpraxis täglich sein Wissen neu zu bereichern, dürfte vorliegendes Werkchen eine Anregung zum Nachdenken über seine Beobachtungen bieten.

In Bezug auf die Citate sind nur diejenigen Arbeiten berücksichtigt worden, aus denen ich selbst Belehrung geschöpft habe oder die sich durch eine unpartheiische Wiedergabe der Litteratur auszeichnen. — Ich hoffe desshalb bei Niemand eine Missstimmung oder gar empfindsame Prioritätsgefühle hervorzurufen.

Ich widme dieses Büchlein **Bernhard von Langenbeck** und **Carl Ludwig**, denen ich das Beste verdanke, was ich gelernt habe. — Ihnen gebührt für das Gute und Nützliche, was sich in diesem Büchlein findet, das Verdienst.

Leipzig, Ende September 1880.

L. von Lesser.

Inhaltsverzeichniss.

Erste Vorlesung.

Beweggründe für eine besondere Behandlung des Gegenstandes. Gesichtspunkte für die Eintheilung der zu besprechenden Nothhilfen. Die einem einzelnen Individuum oder einer grösseren Gemeinschaft von Individuen zu leistenden Nothhilfen. Massenunglück in Krieg- und Friedenszeiten.

M. H. Die gesonderte Besprechung der chirurgischen Hilfsleistungen bei dringender Lebensgefahr gehört nicht in die Reihe der theoretischen Vorlesnngen über Chirurgie. Sie hat zum Zweck, eine directe Vervollständigung des klinischen Unterrichts zu sein.

Wir bekommen in der Klinik direct lebensgefährliche Zustände nur selten zu sehen; denn es hängt vom Zufall ab, dass solche Fälle gerade während der Stunden des klinischen Unterrichtes Hilfe suchend in der Klinik sich einfinden. — Ist dies auch der Fall, so erscheinen uns die Symptome des lebensgefährlichen Zustandes und die hierbei geleisteten Hilfen in einem viel zu günstigen Lichte und zwar, weil in einer Klinik die denkbar günstigsten Bedingungen in Bezug auf den Ort der Operation, die ärztliche Erfahrung, in Bezug auf Assistenz und Bedienung gegeben sind.

Ganz anders werden sich Ihnen solche Fälle darstellen in Ihrer eigenen Praxis. In engen und schlecht beleuchteten Räumen, umgeben von verzweifelnden Verwandten, kopflosen Freunden und misstrauischen alten Weibern, wird es oft Ihre Aufgabe sein, bei Lebensgefahr ärztlich wirksam zu handeln.

Hier können nur unerschütterliche Principien und technische Sicherheit jenes Maass von Selbstbewusstsein geben, welches sofort dem Kranken und seiner Umgebung imponirt, welches aber auch vor unverantwortlicher Passivität ebenso bewahrt, wie vor unzurechnungsfähiger Vielgeschäftigkeit (Delirium operatorum).

Zweitens bedürfen die chirurgischen Nothhilfen einer besonderen Besprechung, weil der Gang des Unterrichtes wesentlich von demjenigen in einer Klinik sich unterscheidet. — In letzterer werden Ihnen ausgewählte Krankheitsbilder vorgeführt. Nicht nur die Krankengeschichte, sondern auch die besondere Individualität des Kranken findet neben der umfassenden Untersuchung der Krankheit selbst eine eingehende Berücksichtigung.

In Nothfällen, wo der Patient Gefahr läuft sein Leben unmittelbar einzubüssen, oder wo er gar bewusstlos ist, während die Umgebung rath- und thatenlos das Krankenlager umgibt, übermannt von dem plötzlich hereingebrochenen Unglücke, hier gilt es mit kundigem Blick das Hauptsymptom zu erkennen und gegen dasselbe zur rechten Zeit die richtigen Maassnahmen zu treffen. — Selbst innerhalb eines Krankenhauses gestattet der Drang der Noth kaum eine genauere Darlegung der einzelnen Phasen des Krankheitszustandes. —

Gerade desswegen erscheint es berechtigt, dass wir wegen des Studium lebensgefährlicher Zustände zunächst vom Krankenbett hinweg und an den Experimentirtisch uns begeben. — Gewiss stimmen auch wir in den Protest ein gegen die einfache Uebertragung von Ergebnissen der Thierversuche auf die Krankheitsbefunde bei Menschen; wir erinnern vor Allem an die Resultate der Impftuberkulose gegenüber dem Verlauf der menschlichen Phthise. — Für lebensgefährliche Zustände dagegen passt der Thierversuch als Prototyp der gestörten Lebensfunction ganz auffallend. — Am Experimentirtisch können wir, ohne Rücksicht auf die nachträgliche Lebenserhaltung des Individuum viel schärfer und präciser, die einzelnen Phasen einer Störung studiren. Gerade durch diese Besonderheit in der Lehrmethode besitzen, so glaube ich, die chirurgischen Nothhilfen einen Vorsprung vor den anderen chirurgischen Eingriffen.

Aber nicht nur werden Ihnen die Nothfälle in der Klinik selten begegnen, nicht nur erscheint der Gang des Unterrichtes als ein verschiedener, sondern auch in Bezug auf die Technik nehmen die Nothhilfen eine besondere Stellung unter den chirurgischen Operationen ein.

Wie schon erwähnt, werden letztere in der Klinik in einem besonders ausgewählten Operationsraum, bei bestmöglichen Verhältnissen der Beleuchtung, der Ventilation und der Temperatur dieses Raumes ausgeführt. Hier ist es möglich alle nothwendigen Instrumente vorzubereiten, neue zu beschaffen, oder selbst von langer Hand zu dem besonderen Zwecke construiren zu lassen. —

Wo wir dagegen lebensgefährlichen Zuständen in der Alltagspraxis unerwartet und ungewaffnet begegnen, da gilt es oft das nothwendige Instrumentarium zu improvisiren, mit unvollkommenem

Material viel zu leisten, und trotz der mangelhaften Mittel möglichst
nahe den strengen Anforderungen der heutigen Operations- und vor
Allem der heutigen Verbandtechnik nachzukommen.

Besonders werden die Unglücksfälle im Kriege das Improvisations-
talent des Arztes herausfordern. Allerdings handelt es sich hier um
eine Gabe, die so zu sagen angeboren sein muss. — Aber dieses
Talent und seine Entwickelung darf man nicht dem Augenblicke der
Noth überlassen; es muss im Voraus geschult und geübt werden.
Die moderne Kriegschirurgie hat die Wichtigkeit dieser Thatsache
zur Genüge zu würdigen gelernt. —

Die chirurgischen Nothhilfen gestalten sich zunächst verschieden,
je nachdem sie dem einzelnen Individuum oder einer
grösseren Gemeinschaft von Menschen zu gewähren sind.

Selbstverständlich wird die Betrachtung der dem Einzelindivi-
duum zu leistenden Hilfen die Grundlage unserer gemeinschaftlichen
Erörterungen bilden. Die genaue Erkenntniss der hierbei wesentlichen
Grundsätze wird die Aufstellung jener Regeln erleichtern, die uns
bei Unglücksfällen leiten sollen, welche grössere Menschenmassen
betreffen und wo es vor Allem auf richtige Sortirung der Hilfen je
nach ihrer Dringlichkeit, also auf die wirksamste Arbeitstheilung
ankommt, und wo in erster Linie nicht die operative, sondern die
organisatorische Thätigkeit des Arztes in die Wagschale fällt.

Die den Einzelnen treffenden Lebensgefahren lassen
sich hauptsächlich unter folgenden Gesichtspunkten zusammenfassen:

A) Es handelt sich entweder um einen Verlust lebenswichtiger
Stoffe (Blut) oder

B) um ein Hinderniss der regelmässigen Neubeschaffung derselben (Luft, Nahrungsmittel).

C) Es kommt in Frage die Anhäufung von Stoffen, die mechanisch oder chemisch oder auf beide Weisen zugleich den Bestand
einzelner Organe oder den des Gesammtorganismus gefährden (Ascites,
Empyem, Emphysema diffusum, Urinretention, rasch wachsende Geschwülste, Abscesse oder Blutinfiltrate — Vergiftung mit Gasen, wie
Kohlenoxyd, Kohlensäure, Schwefelwasserstoff, Chloroform — oder
mit Flüssigkeiten, wie Opium, Morphium, septischen Substanzen u.s.f.).

Obiger Betrachtungsweise entspricht auch der Inhalt der Haupt-
capitel und die in denselben abzuhandelnden chirurgischen Enchei-
resen und zwar: I. Stillung der Blutungen. II. Luftzufuhr bei Er-
stickungen und Vergiftungen. III. Eröffnung des Schlundrohres und
solche des Magens, Behandlung von Darmeinklemmungen und solche
der Atresia ani et defectus ani und das Anlegen eines widernatür-

1*

lichen Afters. IV. Behandlung der Flüssigkeitsansammlungen in
Pleura, Peritoneum, Blase, Uterus u. s. w. V. Behandlung rasch
wachsender cystischer und solider Geschwülste (Ovarialcysten, Echinococcen, Struma, solide Unterleibsgeschwülste).

Für die Nothhilfen bei Massenunglück soll uns als Prototyp dienen: die Hilfe in Kriegsfällen und zwar diejenige auf
dem Schlachtfelde und auf dem Verbandplatze, mit Berücksichtigung der Regeln für die anzuwendenden Transportverbände
und Transportmittel hinter die Schlachtlinie.

Der Unterschied der Unglücksfälle in Fabriken, in Bergwerken,
auf Hoch- und Wasserbauten und auf Eisenbahnen u. s. f. gegenüber
den Kriegsunfällen besteht darin, dass wir bei letzteren vorwiegend
mit einer ganz bestimmten Art von Verletzungen zu thun haben. —
Gegenüber den Schussverletzungen der Knochen und Weichtheile,
wie sie fast ausschliesslich die moderne Kriegsführung charakterisiren, bieten uns die Unglücksfälle des Friedens, je nach dem, Ex-
plosionsverletzungen, Verbrennungen oder Quetschungen und Zermalmungen u. s. f. in verschiedener Menge neben einander.

In Betreff der operativen Technik werde ich mich auf die genaue Darstellung nur der brauchbarsten Verfahren und nur auf die
Aufzählung derjenigen Instrumente zu beschränken haben, die zu den
Nothoperationen als unumgänglich bezeichnet werden müssen, da,
wie wir es bereits betont, die Lösung unserer Aufgaben mit dem
geringsten Maass äusserer Hilfsmittel erlernt werden soll.

Sie sehen, m. H., dass das Gebiet, welches wir gemeinsam zu
durchwandern gedenken, ein recht umfangreiches ist. Es wird daher darauf ankommen, über dem Einzelnen die allgemeinen Grundsätze nicht aus den Augen zu verlieren, in grossen Zügen die Kern-
punkte der zu lösenden Fragen herauszufassen. So sollen Sie, hoffe
ich, mit einem genügenden Maass von Principien ausgestattet werden
für die Fälle der Noth, in welchen Sie als Retter aufzutreten die
schwere Berufsaufgabe haben.

Für kein Gebiet der ärztlichen Thätigkeit besser als für das
unsrige, passen die Worte Hamlet's: „In Bereitschaft sein ist Alles!"

Zweite Vorlesung.

Verlust lebenswichtiger Stoffe: Blutverluste. — Ueber die im Organismus vorhandene Blutmenge und über den Gefässraum. — Experimentelle Vermehrung der Blutmenge. Ueber die Orte, wo das eingeführte Blut sich anhäuft. Die Territorien der Capacität des Gefässsystems. — Verblutungen blutüberfüllter Individuen. — Ueber die Schicksale des eingespritzten Blutes. Verblutungen. Verlauf der Blutdruckcurven bei denselben. — Langsame und rasche Verblutung. — Qualitative Aenderungen der Blutmischung bei Aderlässen.

M. H. Die Stillung der Blutungen gehört zu den wichtigsten Capiteln der Chirurgie. Die Sicherheit auf diesem Gebiete kennzeichnet am besten die Erfahrenheit eines Operateurs. — Die grosse Zahl von Verfahren und Mitteln, die zur Stillung der Blutungen gegeben worden sind und fort und fort entstehen, liefert uns den besten Beweis für die Schwierigkeiten, die hier öfters zu überwinden sind.

Ehe wir aber zu unserem Thema selbst übergehen, ist es unsere Pflicht, uns eine Anschauung über den Gefässraum und die Vertheilung des innerhalb des Gefässraumes enthaltenen Blutes zu bilden.

Sie sehen hier zwei Hunde. Die Carotis des grösseren und die Vena jugularis des kleineren habe ich mit Canülen versehen. Durch ein gläsernes Schaltstück verbinde ich beide Canülen und lasse nach Austreibung der in den Canülen enthaltenen Luft durch einen später zu beschreibenden Kunstgriff (siehe Vorl. 6) das Carotisblut des grösseren Thieres in die Jugularvene des kleineren überströmen. Das letztere verhält sich dabei vollständig ruhig, nur athmet es seltener und oberflächlicher. Aber nach einiger Zeit wird das grössere blutspendende Thier unruhig, die Unruhe steigert sich und endlich verfällt das Thier in allgemeine Krämpfe — es ist verblutet. Wir beenden die Blutüberführung und überlassen den Blutempfänger zunächst sich selbst, der losgebunden munter fortspringt und höchstens in der ersten Zeit nach der Operation von Tenesmen belästigt wird.

Das verblutete Thier aber zeigt uns, dass aus der pulslosen, fast leeren Carotis das Blut nur Tropfen um Tropfen sich entleert. Das

Thier stöhnt, athmet schwer und tief, und allmählich immer schwächer, und befindet sich in einem anscheinend bewusstlosen Zustande. — Wir lagern jetzt das Thier mit den Beinen hoch und tiefer mit dem Kopfe, wir pressen die Extremitäten des Thieres in centripetaler Richtung mehrfach aus, wir drücken kräftig auf Bauch und Thorax. Und wir sehen, dass die Athmung stärker wird, ebenso der Puls, und das Blut fängt an aus der Carotiscanüle stärker zu fliessen, so dass wir noch eine beträchtliche Menge Aderlassblut auffangen könnten. Hatten wir aber vorher die Carotis verschlossen, so erholt sich das Thier zusehends und könnte trotz des hohen Blutverlustes und dessen lebensbedrohlicher Symptome am Leben erhalten werden.

Kehren wir nun zu unserem Blutempfänger zurück. · Derselbe wog vor der Transfusion 4,625 Kilo, nach der Transfusion 5,05 Kilo, mithin hatte derselbe 425 Grm. Blut zu seiner (hypothétischen) Blutmenge (à 7 Proc. des Körpergewichts) von 323,75 Grm. hinzuerhalten, besass daher nach der Transfusion eine Blutmenge von 748,75 Grm. oder 14,8 Proc. des Körpergewichtes an Blut.

Dementsprechend hatte der Blutspender vor der Transfusion 8,85 Kilo, nach der Transfusion 8,37 Kilo gewogen, mithin einen gesammten Blutverlust von 480 Grm. erlitten (Versuch vom 6. Nov. 1877). — In einem anderen Versuche (8. Mai 1878) wog der Blutempfänger vor der Transfusion 3,75 Kilo, nach der Transfusion 3,91 Kilo. Die Blutzufuhr zu der Blutmenge des Thieres (à 7 Proc. berechnet) von 262,5 Grm. betrug 160 Grm. Es besass mithin das Thier nach der Transfusion 422,5 Grm. oder 10,8 Proc. des Körpergewichtes an Blut. Der Blutspender wog 4,43 Kilo vor der Transfusion, 4,21 Kilo nach dem Tode, nachdem durch das Auspressen der Beine, des Bauches und des Thorax noch 50 Grm. Blut aus dem scheinbar blutleeren Thiere gewonnen werden konnten. Gesammter Blutverlust = 220 Grm. oder 4,9 Proc. des Körpergewichtes an Blut.

Die interessante Thatsache, dass die gesammte Blutmenge hochgradig vermehrt, ja selbst verdoppelt und verdreifacht werden kann, ohne die Lebensfähigkeit des Organismus zu gefährden, drängt uns die Frage auf: an welchen Orten das in so reichlichem Maasse zugeführte Blut Platz finden kann.

Zunächst könnten wir uns denken, dass das Gefässsystem irgend wo durchbrochen werde, und dass das Uebermaass von Blut als solches sich in die Gewebe ergiesst, oder dass dies wenigstens mit den wässerigen Bestandtheilen des Blutes geschehe. — Hier sind die Sectionsergebnisse blutüberfüllter Thiere von Belang. Sie zeigen uns bei regelrechtem Verlauf der Transfusion an keiner Stelle Blutextravasate, ebenso keine Oedeme. Auch der Menge der Lymphe, welche in gesteigertem Maasse aus dem eröffneten Ductus thoracicus während einer Transfusion hervortritt, entspricht keine proportionale Abnahme des Blutdruckes. Ebenso zeigt der Vergleich der Färbekräfte des Blutes vor und nach der Transfusion nur einen geringen Austritt von Plasma an.

Worm-Müller[1]) und ich[2]) haben in der That nachgewiesen, dass das im Ueberschuss zugefügte Blut innerhalb des Gefässraumes verbleibt. Und zwar ergibt sich dieser Befund zunächst aus den Verhältnissen des Blutdruckes. So konnte Worm-Müller drei Territorien für die Capacität des Gefässraumes aufstellen.

Innerhalb des ersten Territorium steigt der Blutdruck bis zur normalen Höhe, wenn einem anämischen Organismus, der etwa 1,5 bis 2,5 Proc. des Körpergewichts an Blut weniger besitzt, als in der Norm, die fehlenden Bruchtheile seiner normalen Blutmenge wiedergegeben werden. — Im zweiten Territorium handelt es sich um eine Blutvermehrung über die Norm von etwa 2 = 4 Proc. des Körpergewichts an Blut. Hier finden wir, dass der Blutdruck bald über die Norm hinaufgetrieben wird, bald unter dieselbe sinkt. Dass diese Verhältnisse von vasomotorischen Einflüssen abhängen, beweist uns der Wegfall genannter Schwankungen, wenn die Transfusionen bei Thieren mit durchschnittenem Rückenmark ausgeführt werden.

Ein besonderes Interesse besitzt für uns das dritte Territorium, wo trotz Verdoppelung oder selbst Verdreifachung der Blutmenge der Blutdruck unabänderlich auf der normalen Höhe verharrt und auf keine Weise in die Höhe getrieben werden kann. Dies beweist uns, dass hier keine einfache Anpassung, sondern eine dauernde Erweiterung des Gefässraumes zu Stande gekommen sein muss. Auch hierfür liefert uns der Vergleich der Blutdruckcurven, und zwar bei Verblutungen blutüberfüllter Thiere, die besten Anhaltspunkte.

Entziehen wir nämlich einem normalen Individuum etwa die Hälfte seiner Blutmenge, so sinkt der Blutdruck auf eine für das Leben bedrohliche Tiefe. Dasselbe kann erreicht werden, ohne jeden Blutverlust, wenn wir mit der Durchschneidung des Rückenmarkes den Einfluss der vasomotorischen Centren auf die Gefässmusculatur aufheben, somit nicht den Gefässinhalt verkleinern, sondern den Gefässraum vergrössern.

Wie verhalten sich nun blutüberfüllte Individuen? Bei einer tödtlichen Verblutung liefern sie allerdings mehr Blut als normale Individuen.

Einem munteren Hunde von 2,39 Kilo Körpergewicht wurde (Versuch vom 6. November 1879) aus der Carotis eines grösseren Thieres eine

Transfusion gemacht. Er wog hierauf 2,54 Kilo, hatte mithin 150 Grm.
an Blut zugeführt erhalten. Nach 8 Tagen wog er 2,414 Kilo. Bei
der tödtlichen Verblutung lieferte er 184 Grm. Blut, während er seinem
letzten Körpergewicht nach nur hätte 120,7 Grm. liefern sollen.

Bei kleineren Blutverlusten sinkt dagegen der Blutdruck viel
rascher auf eine lebensgefährliche Tiefe. Ja es kann dies geschehen,
wenn die Thiere nicht nur ihre ursprüngliche, sondern selbst noch
einen Theil der eingeführten Blutmenge besitzen. Und sie sind
trotzdem ebenso gefährdet, wie gewöhnliche Individuen, deren Blutmenge vielleicht um dasselbe Maass unter die Norm verringert
worden ist.

Blutreiche Individuen sind also, besonders bei Blutüberfüllung, wegen Erweiterung ihres Gefässraumes,
empfindlicher gegen Blutverluste als normale Orga-
nismen.

Allein es fragt sich weiter, ob bei Blutüberfüllung der ganze
Gefässraum gleichmässig oder ob nur einzelne Theile desselben eine
Erweiterung erfahren.

Dass die ganze Anhäufung des Blutes nicht innerhalb der grossen arteriellen Bahnen geschieht, dafür gibt uns die relative Unver-
änderlichkeit des Blutdruckes den besten Anhaltepunkt. — Aber
auch innerhalb der grossen Venen staut sich das eingeführte Blut
nicht an. Dies sehen wir zunächst bei den Sectionen. Auch sind
wir nicht im Stande durch Auspressen der Hohladern allein, bei
verblutenden und vorher blutreich gemachten Thieren den Blutdruck
und die Aderlassmenge zu steigern. — Ebenso erfolglos erscheint die
Wirkung der Vagusdurchschneidung auf den Blutdruck. Bei der
hierbei vermehrten Schlagzahl des Herzens müsste, wenn in den
grossen Venen viel Blut angesammelt wäre, auch ein grösseres Blut-
quantum in der Zeiteinheit ins arterielle System geworfen werden. —
Auch die directe Messung der Spannung in den Cruralvenen während einer Blutüberfüllung zeigt nur vorübergehende Steigerungen,
keine dauernde Spannungsvermehrung. Wir haben jene Steigerungen
auf eine Stauung innerhalb der venösen Gebiete zurückzuführen.
Wir beobachten sie aber auch an anderen Stellen, so im Gesicht,
an den Conjunctiven, an den Schleimhäuten als deren sichtbare
Blutfüllung bei Transfusionen. — Im Gebiete des Portalkreislaufes
kommt wohl auch bei brüsker Einfuhr von Blut, besonders in die
Jugularvenen, eine directe Ueberfüllung durch die Leber hindurch
zu Stande. — Wir haben auf dieselbe Ursache die bei Transfusionen
hier und da auftretenden Tenesmen und selbst Darmblutungen zurück-

zuführen. Experimentell sind sogar bei raschen Einspritzungen Leber-
einreissungen und -Zerreissungen beobachtet worden.[3])

So bleibt uns die letzte Möglichkeit: dass der Ueberschuss
an Blut sich vorzugsweise in den kleinen Gefässen anhäuft. Und hierfür bieten sich uns mehrfache Anhaltepunkte.

So wissen wir, dass die Blutcapacität der einzelnen Organe eine
wechselnde ist. Es kommen hier psychische, sensorielle und sen-
sible Reflexe ebenso in Betracht, wie directe mechanische Einflüsse,
je nach der Lagerung der Theile, bei vorhandenen oder fehlenden
Muskelcontractionen u. s. f. Besonders lehrreich sind hierfür die
wechselnde Röthe und Blässe der Haut, sodann die durch Mosso's[4])
geistreiche Vorrichtung nachzuweisende Volumensänderung der Extremitäten unter verschiedenen Einflüssen (Plethysmograph), sowie
vor Allen die Einrichtungen der Schwellkörper.

Es stehen also innerhalb des Organismus eine grosse Zahl kleiner
Gefässe zur Disposition, innerhalb deren das in mässiger Menge
eingespritzte Blut sich vertheilen kann. Nur für übermässige Blutzufuhr käme Worm-Müller's drittes Territorium der Gefässcapa-
cität, also eine Reckung der Gefässwände in Frage.

Die Blutvertheilung wird in den einzelnen Organen verschieden
sein, je nach deren Blutcapacität. So haben wir innerhalb der Haut,
innerhalb der Muskelgefässe, der Knochengefässe, in allen Schleimhäuten, besonders im Darm, aber auch in der Leber und der Milz,
die Orte vor uns, in denen entsprechend der normaler Weise beträchtlichen Blutcapacität auch bei Bluteinspritzungen am ersten eine
Blutüberfüllung wahrnehmbar sein wird. Dass dem so ist, haben
Sie bereits durch das Experiment erfahren, wo es uns gelang, durch
Auspressen der Extremitäten, durch Kneten von Bauch und Thorax,
sowohl den Blutdruck zu steigern als auch die Menge des aus der
Carotis entleerten Blutes zu vermehren. Aber Sie sehen gleichzeitig,
dass sich das Blut zu einem beträchtlichen Theile auch innerhalb
von Gefässen anhäuft, die einestheils der Herzkraft nicht direct
unterthan sind, anderntheils unseren Manipulationen ebenso unzu-
gänglich sich erweisen (Knochengefässe, Rückenmarkplexus).

Was wird nun aus dem eingespritzten Blute, behält der Organismus dauernd die vermehrte Menge der Blutflüssigkeit und der
Blutscheiben? Nur in der ersten Zeit. Denn bald kehrt die Blutmenge und die Blutkörperchenzahl unter gesteigerter Harn- und
Harnstoffausscheidung auf die normale Grösse zurück. — War nicht
fremdartiges, sondern gleichartiges Blut eingespritzt worden, so dass
es nicht zur directen Auflösung der Blutkörperchen kam, so fehlt

das Hämoglobin sowohl in der Blutflüssigkeit wie im Harn. Und die gleichartigen aber überschüssigen Blutscheiben gehen innerhalb der Blutmasse ebenso zu Grunde, wie solches fortwährend mit altersschwachen Blutscheiben auch sonst geschieht. [5]) Somit erweist sich der Satz Valentin's [6]): dass der Organismus stets eine im Verhältniss zum Körpergewicht constante Blutmenge behauptet, auch insofern gültig, als innerhalb des Blutgewebes nur eine bestimmte Zahl von Blutscheiben dauernd lebensfähig verbleiben kann.

Nachdem wir uns überzeugt haben, dass die Vertheilung des Blutes innerhalb der einzelnen Organe eine verschiedene ist, und dass dieses bei reichlichen Bluteinspritzungen um so deutlicher hervortritt, müssen wir sehen, ob die genannte Eigenthümlichkeit der Blutanordnung auch bei Blutverlusten zur Geltung kommt.

In der That giebt uns schon der Verlauf der Blutdruckcurve nach Aderlässen gewisse Anhaltspunkte. — Eine rasche Eröffnung eines grossen Gefässstammes lässt wegen der plötzlichen Entleerung des Aorteninhaltes zunächst eine unmittelbare Blutdrucksenkung entstehen. Aber bald tritt an die Stelle der Senkung eine desto grössere Steigerung des Blutdruckes, bedingt durch Erregung der vasomotorischen Centren. Diese Erregung ist weniger deutlich bei langsamem Blutverlust. Hier kann sich der Blutdruck ungefähr auf der normalen Höhe halten, bis etwa dem Organismus die Hälfte seiner normalen Blutmenge entzogen worden ist. Dann sinkt aber der Blutdruck plötzlich und rasch bis zur Abscisse, wo nach Eintritt von Verblutungskrämpfen der Tod sich einstellt. — Dies geschieht, wenn das Individuum etwa 5 Proc. seines Körpergewichts an Blut eingebüsst hat. Nur bei blutüberreich gemachten Thieren sahen wir den Tod und somit die entsprechende Blutdrucksenkung zur Abscisse eintreten, während der Organismus über ein die normale Blutmenge noch übersteigendes Maass an Blut disponirt. — Mehr als 5 Proc. des Körpergewichts an Blut haben wir jedenfalls nicht zu erwarten. Selbst wenn wir bei Thieren das Rückenmark tetanisiren, liefern dieselben keine grösseren Aderlassmengen. Und zwar aus dem Grunde, weil auch bei einer Verblutung mit dem plötzlich sinkenden Blutdruck eine Blutvertheilung im Organismus in dem weiter oben ausgeführten Sinne zu Stande kommt, so dass eine grosse Menge Blut innerhalb von Gefässen sich anstaut, die den vasomotorischen Einflüssen nicht unterliegen.

Ein weiterer praktisch wichtiger Gesichtspunkt ergiebt sich aus der Betrachtung der Blutdruckcurve, je nachdem die Verblutung rasch oder langsam vor sich geht. So liefert, wie wir sahen, eine rasche Blutentleerung statt einer Blutdrucksenkung eine Blutdrucksteigerung, hätte also keine Berechtigung, wo es uns darauf ankäme, durch eine Blutentleerung gerade eine Spannungsverminderung im Aortensystem hervorzubringen. — Jedenfalls wären hierzu im Vergleich zu dem beabsichtigten Zweck unverhältnissmässig grosse Blutverluste erforderlich.

Für die langsamen Blutentziehungen lehrt uns der Verlauf der Blutdruckcurve, dass lange Zeit die normale Spannung des Gefässsystems sich erhalten kann, bis dann plötzlich die lebensbedrohliche Blutdrucksenkung sich einstellt. Diesen heimtückischen Gang der Blutdruckverhältnisse mit der plötzlich hereinbrechenden Katastrophe beobachten wir nur zu oft am Krankenbett, sei es, dass wiederholte Nachblutungen nach chirurgischen Operationen oder jene scheinbar geringfügigen aber continuirlichen Blutverluste aus den Genitalien einer entbundenen Frau das ursächliche Moment abgeben. Hier gilt es, die Gefahr rechtzeitig erkennend, dieselbe zu beseitigen, ehe es zu spät wird.

Für die Verhältnisse der raschen Blutdrucksteigerung nach Blutverlusten liefern uns die Schussverletzungen der grossen Gefässstämme auf dem Schlachtfelde das prägnanteste Beispiel. Der rasch eintretende Gefässkrampf und die einmalige reichliche Blutentleerung mit der folgenden plötzlichen Spannungsverminderung im Aortensystem sind ja von Alters her als ein Conamen naturae für die spontane Blutstillung bekannt gewesen.

Die eigenthümliche Blutvertheilung innerhalb des verblutenden Organismus, die mit derjenigen bei Bluteinspritzungen so viel Aehnlichkeit zeigt, bildet sehr häufig das Motiv des letalen Ausganges; und nicht der Blutverlust selbst. Die Individuen gehen nicht zu Grunde aus Mangel an Blut, sondern aus Mangel an Blutbewegung.[*])

Nun aber gesellen sich zu diesen quantitativen Verhältnissen der Blutvertheilung auch noch qualitative von besonderer Bedeutung.

Dass nach Aderlässen das Blut wasserreicher und farbstoffärmer wird, ist ebenfalls eine altbekannte Beobachtung. Dieses Wässerigwerden des Blutes hat man sich aber auf verschiedene Weise zu

erklären versucht. — Vor Allem sollten Gewebsäfte und Lymphe
bei Blutverlusten sich ins Blut ergiessen. — Späterhin glaubte man,
dass der Verlust an rothen Blutscheiben direct das Blasswerden des
Blutes bedinge.

Die genauere experimentelle Prüfung obiger Fragen hat nun
ergeben, dass bei den raschen Verblutungen weder der Eintritt von
Serum noch von Lymphe, noch der Verlust an rothen Blutscheiben
in directer Weise den Farbstoffgehalt der verschiedenen Aderlass-
portionen beeinflusst. Derselbe zeigt Verhältnisse, die gra-
phisch dargestellt, vollkommen dem Verlauf der Blutdruckcurve bei Aderlässen entsprechen.⁵) Auch der Blut-
körperchengehalt hält sich auf annähernd normaler Höhe, um plötzlich
zu sinken, wenn etwa die Hälfte des im Körper vorhandenen Blutes
verloren gegangen ist. Während aber der Blutdruck bis zum Tode
unabänderlich sinkt, kann der Farbstoffgehalt des Blutes nach ein-
getretener Verblutung selbst weit über die normale Höhe steigen.

Aber auch eine weitere Zahl von Versuchen, bei denen eine
Blutentleerung nicht stattgefunden hatte, zeigt (l. c.), dass der Farbstoffgehalt nicht direct von dem Blutverlust, sondern von den Blut-
druckverhältnissen abhängig ist; dass mit der eigenthümlichen Blutvertheilung, die hierbei auftritt, auch eine entsprechende Anordnung
der rothen Blutscheiben zu Stande kommt, wobei eine grosse Zahl
von Blutkörperchen temporär aus dem Blutstrome ausgeschaltet wird.
Besonders bemerkenswerth ist die Thatsache, dass auch bei Individuen, die längere Zeit in Ruhe verharren, der Farbstoffgehalt des
Blutes zeitweise ohne alle Blutverluste weit unter die Norm sinken
kann; und dass plötzliche heftige Muskelbewegungen, so wie das
Auspressen der Extremitäten u. s. f. den Farbstoffgehalt wieder steigern können, selbst über die Norm.

Aehnlich werden auch bei Aderlässen mit dem sinkenden Blutdruck eine grössere Zahl von rothen Blutscheiben innerhalb von
Gefässen liegen bleiben, deren Blutsäule von dem Herzimpuls nicht
mehr beeinflusst wird.

Es ist vorläufig dahingestellt, wie weit auch chemische Stoffe,
die den Blutdruck temporär herabsetzen, im Stande sind, die Blutmischung zu verändern (siehe unten).

So hat uns die Gesammtsumme der bisher besprochenen experimentellen Thatsachen gelehrt, erstens dass der Organismus eine
bestimmte Grösse der arteriellen Spannung bedarf, um am Leben zu
bleiben, zweitens dass diese Spannung nicht sowohl von der abso-
luten Blutmenge, als vielmehr von der Blutvertheilung abhängt, und

drittens, dass mit der Blutvertheilung auch eine eigenthümliche Anordnung der rothen Blutscheiben Hand in Hand geht.

Welche praktische Consequenzen werden sich nunmehr auf dem
Boden obiger Thatsachen für die Lehre von der Stillung der Blutungen ergeben?

---

[1] Worm-Müller, Die Abhäugigkeit des arteriellen Druckes von der Blut-
menge. Berichte der königl. sächs. Gesellschaft der Wissenschaften. Math.-phys.
Classe. Sitzung vom 12. Dec. 1873. — [2] L. v. Lesser, Ueber die Anpassung der
Gefässe an grosse Blutmengen. Daselbst, Sitzung vom 8. August 1874. — [3] Casse,
De la Transfusion du sang. Mémoire présenté à l'Académie royale de médecine à
Bruxelles, le 29. Novembre 1873. p. 55. — [4] Mosso, Sopra un nuovo metodo per
scrivere i movimenti dei vasi sanguigni nell' uomo. Torino 1875. (cf. Centralblatt
für Chirurgie 1876. S. 166.) — [5] Worm-Müller, Transfusion und Plethora.
Christiania 1875. Universitätsprogramm. S. 63. — [6] Valentin, Lehrbuch der
Physiol. 1847. Bd. 1. S. 413. — [7] vergl. auch L. v. Lesser, Transfusion und
Autotransfusion. Samml. klin. Vorträge. Nr. 86. — [8] L. v. Lesser, Ueber die
Vertheilung der rothen Blutscheiben im Blutstrome. Reichert und du Bois' Archiv
1875. S. 41—108 in der physiol. Abth.

Dritte und vierte Vorlesung.

Stillung der Blutungen. — Blutersparniss. — Blutstillung speciell aus verletzten Arterien. — Heilungsvorgänge in Arterienwunden. Gefässwandwucherung und Thrombusorganisation. — Quetsch-, Stich-, Hiebwunden der Arterien. Das Arterienrohr streifende Fremdkörper. — Catgut als Ligaturmaterial und dessen Verhalten innerhalb der verschiedenen Gewebe. Die Fadenligatur bei nicht aseptischem Wundverlauf. — Instrumentarium bei Gefässunterbindungen. — Ligatur an Arterienstümpfen und in der Continuität der Gefässe. — Ersatzmittel der Fadenligatur. — Blutstillung in bestimmten Körperregionen. — Compressionsstellen der Arterienstämme.

Als Mittel um den bei absichtlichen oder unabsichtlichen Verletzungen drohenden Blutverlusten entgegenzutreten, stehen uns im Allgemeinen zu Gebote:

A) Die Blutersparniss, B) die Blutstillung, C) der Blutersatz.

Esmarch [1]) verdanken wir die methodische Durchbildung der Technik für die Zwecke der Blutersparniss bei Operationen, — wenn auch früher schon das Erheben der Extremitäten und das Auspressen derselben vor Beginn der Compression des zuführenden Arterienstammes als eine besonders bei Amputationen blutersparende Methode bereits mehrfach geübt wurden.

Abgesehen von der directen Blutersparniss hat Esmarch's Methode noch folgende Vortheile aufzuweisen: [2])

a) Bei nicht aseptischem Wundverlauf verringert der beschränkte Blutverlust die Gefahren einer septischen Infection, welche, ebenso wie ausgedehnte Thrombosen, bei Anämischen leichter eintritt, als sonst.

b) Frische Wunden brauchen, da sie nicht bluten, nicht so häufig während einer Operation abgetupft zu werden, was deren Reizung wesentlich verringert, sodann

c) gestattet die Methode völlig ohne Assistenz zu operiren.

d) Ihre Einfachheit bedingt es, dass die Methode von jedem Laien bald erlernt und selbstständig ausgeführt werden kann.

e) Dabei wird die circumscripte Compression grosser Gefässstämme vermieden, was bei brüchigen Gefässwänden von Wichtigkeit werden kann.

f) Ganz vorzüglich erweist sich die Methode der Blutleermachung geeignet zur Hervorbringung localer Anästhesie, wenn man mit der Ischämie eine Erfrierung der Theile, sei es durch den Aetherspray oder mit Hilfe von Kältemischungen u. dergl. combinirt. — So wird es möglich, auch ohne allgemeine Narkose gewisse Operationen, wie z. B. die Incision von Panaritien, wie die Operation des eingewachsenen Nagels³), selbst Amputationen und Resectionen an den Phalangen ohne Schmerzempfindungen der Patienten auszuführen.

Sodann gestattet uns g) die Blutleermachung der Theile das Ferrum candens oder die Galvanokaustik wirksamer als sonst anzuwenden, denn die Verbrennung wird sich viel besser der Intensität und ihrer Ausdehnung nach bemessen lassen, wenn nicht das Operationsfeld fort und fort von dem hervorquellenden Blute benetzt wird.

Eine besondere Bedeutung gewinnt die Methode h) bei Operationen, wo es darauf ankommt, die erkrankten Theile sofort genauer zu inspiciren, um wie bei der Synovitis tuberculosa und bei Geschwülsten das erkrankte Gewebe möglichst vollständig entfernen zu können.

Ebenso i) wird durch die künstliche Ischämie die Auffindung und Entfernung von Fremdkörpern ganz wesentlich erleichtert (ganz besonders gilt dies von eingedrungenen Nadeln).

k) Erweist sich das Verfahren wichtig, beim Auffinden verletzter oder durchtrennter Arterien. — Auch beim Ausschälen von Aneurysmen gestattet die Methode ein muthigeres Vorgehen, als es bis jetzt möglich war. — Von England aus hat man die Methode auch zur directen Behandlung von Aneurysmen vorgeschlagen und mehrfach mit Glück angewandt.

Endlich l) werden wir der Methode in der Lehre vom Blutersatz als einem sehr prompten Mittel für die Autotransfusion begegnen.

Zur Ausführung der Methode gab Es m a r c h eine Gummibinde von bestimmter Länge und Breite zum Einwickeln der Extremitäten und einen dicken Gummischlauch zur circulären Constriction der Extremitäten oberhalb der angelegten Gummibinde an. — Die Gummibinde muss so angelegt werden, dass man zunächst ein freies Stück derselben abrollt und dasselbe heraushängen lässt, ehe man die Einwickelung, sei es an den Händen oder an den Zehen beginnt; und dass man die Binde nur so fest anzieht, dass sie gleichmässig die Extremität einhüllt mit gleichzeitiger leichter Compression, ohne an irgend einer Stelle einen stärkeren localen Druck auszuüben. — Statt des Gummischlauches, welcher leicht durch zu festes Anziehen schädlich wirken kann, hat man besser mit Klammern oder Haken versehene Stücke von

kräftig gewebten Gummibinden anzuwenden empfohlen. Am einfachsten erscheint es, wenn man mit dem letzten Stücke der Gummibinde, mit welcher die Einwickelung geschehen, zum Schluss mehrere
zirkelförmige Touren, zum Zwecke der Constriction, übereinander
anbringt und die Zirkeltouren durch eine untergeschobene und zusammen zu schraubende Klammer sicher und dauernd fixirt. —
Nur für das Schulter- und das Hüftgelenk erleidet das Anlegen der
Constrictionsvorrichtung einige Abweichungen. Am Schultergelenk
bildete man früher eine liegende Achte mit Kreuzung der Schenkel
des Schlauches auf der Schulterhöhe, während das Knüpfen der
Schlauchenden in der Achselhöhle der anderen Seite geschah. Die
Behinderung der Respiration lässt es wünschenswerth erscheinen,
dass man statt dessen auf der Schulterhöhe am Kreuzungspunkt die
Schlauchschenkel vom Assistenten mit der vollen Hohlhand fixiren
lässt und nur durch einen vorn auf der Brust oder hinten auf dem
Rücken eingefügten und in der Richtung nach der anderen Achselhöhle ziehenden Bindenzügel das Abgleiten des Constrictionsschlauches zu hindern sucht.

Die hohe Constriction am Oberschenkel ist nur so auszuführen,
dass man den Schlauch um die Wurzel des Beines von hinten herum-
führt, die Schenkel vorn auf der Arteria cruralis, d. h. auf der Mitte
des Poupart'schen Bandes kreuzt und die Enden um das Becken her-
umschlingend vorn wieder zusammenknüpft. Unter den Kreuzungspunkt der Schlauchschenkel über dem Ligamentum Poupartii fügt
man einer energischen Compression wegen gern eine Bindenrolle
unter.

Für die Operationen in der Gegend des Hüftgelenkes selbst, besonders für die Exarticulation des Oberschenkels, erweist sich diese
Art der Blutleere als nicht zureichend. Hier tritt die directe Compression der Aorta in ihr Recht. Dieselbe wird am häufigsten vom
Bauche aus (selbstverständlich nach gründlicher Entleerung der Därme)
angewandt, mit Zuhilfenahme der Hände, oder noch besser mit besonderen Compressorien (Esmarch, III. Chir. Congress. II. S. 7).
Manchmal aber kann sie auch vom Rectum aus, am besten wohl
nach forcirter Mastdarmdilatation und Eingehen mit der ganzen Hand
ausgeführt werden.

Der Anwendung von Gummibinden zur Esmarch'schen Einwickelung setzt sich als wichtigstes Hinderniss die Vergänglichkeit
des Materials entgegen. Dies gilt besonders für Kriegszwecke. Daher
ist für letztere vorgeschlagen worden, die Gummibinde durch eine
gut gewebte leinene Binde zu ersetzen (Bardeleben) und statt des

Constrictionsschlauches einfach wie bisher ein Knebeltourniquet ohne Pelotte zu benutzen, wie ein solches in jedem Bandagentornister sich vorfindet.[4]

Andere Consequenzen der Esmarch'schen Methode sind u. a. die Umschnürung einer Extremität auf der gesunden Seite, um das Blut daselbst anzustauen bis nach vollendeter Operation z. B. am anderen Beine. Nach etwaigem grösserem Blutverluste soll durch Lockerung der Constriction und Wiedererheben der Extremität das im gesunden Beine angestaute Blut dem Herzen disponibel gemacht werden (Bell)[5]. — Als eine Improvisation des Constrictionsschlauches kann im Nothfall jedes elastische Band (Hosenträger) dienen.

Ein fernerer Nachtheil der Esmarch'schen Constriction ist die Lähmung der Gefässwände innerhalb der längere Zeit vom Blutkreislauf ausgeschlossenen Extremität. Die bei der Lösung der Constriction eintretende Blutung kann oft so beträchtlich werden, dass sie die Blutersparniss während der Operation vollkommen aufwiegt. Vor allen Dingen ist es daher wichtig, dass man vor Lösung der Constriction alle grossen und sichtbaren Gefässlumina verschliesse, dass man die Constriction nunmehr rasch löse und alle noch blutenden Punkte mit Sperrpincetten, die in grosser Zahl vorhanden sein müssen, fasse. — Wo eine Blutung aus grösseren Gefässen nicht zu erwarten steht, wie bei Sequestrotomieen, Auskratzungen von Gelenkhöhlen u. s. f., da kann der antiseptische Verband vor Lösung der Constriction und zwar fest angelegt werden. Man muss denselben aber sorgfältig überwachen, beim Durchdringen von Blut sofort, jedenfalls nach 24 Stunden wechseln. Bemerkenswerth ist ferner der Rath, nach Lösung des Schlauches längere Zeit noch die Compression des zuführenden Arterienstammes direct fortdauern zu lassen. — Der zweite Vorschlag, neuerdings von König[6] ausgegangen, beruht darauf, dass man die seit Beginn der Einwickelung der Extremität gleichzeitig vorgenommenen Erhebung derselben nicht nur während des Anlegens des Verbandes, sondern eine beträchtliche Zeit nach der Operation fortbestehen lässt. — Von den übrigen Mitteln, den Blutverlust nach der Esmarch'schen Constriction auf das geringste Maass herabzudrücken, sind die Tamponade mit antiseptischen (heissen) Schwämmen und die Anwendung des elektrischen Stromes zu verzeichnen.

I. Stillung der Blutungen. A) Aus Arterien.

Als Paradigma der Vorgänge, die sich an verletzten Pulsadern abspielen, kann uns die spontane Blutstillung dienen, die unter Um-

ständen (Abreissung einer Extremität durch einen Granattheil) selbst
an ganz grossen Stämmen beobachtet wird. In erster Linie kommt
hier die Zerreissung und Verfilzung der Gefässhäute in Frage, sodann die elastische Zurückziehung des durchtrennten Gefässrohres
und endlich die Blutgerinnung, resp. Thrombusbildung innerhalb des
verletzten Arterienstückes.

In der geschichtlichen Entwickelung der Frage nach der Blutstillung aus Arterien ist bald der Thrombusbildung und bald der
directen Verfilzung und Verklebung der Gefässwände die grössere
Wichtigkeit beigelegt worden. Hiermit im Zusammenhange finden
wir auch bald diese bald jene therapeutischen Vorschläge vorzugsweise empfohlen und angewandt.

Wenn wir einen Faden um ein Arterienrohr schlingen, so beruht die primäre Blutstillung auf einer Zerreissung der mittleren und
inneren Gefässhaut, die sich nach innen umrollen. Allmählich lagert
sich an der Ligaturstelle, central mächtiger als peripher, ein Gerinnsel
aus dem Blute ab, an dessen Stelle nach und nach eine Narbe sich
entwickelt, die mit der vom durchtrennten Gefässrohre ausgehenden
Bindegewebswucherung verschmilzt, der Blutwelle den Austritt nach
aussen versperrend.

Die sogenannte Organisation des Thrombus liessen die Einen
durch aus dem Blute in den Thrombus eindringende Zellen geschehen.[7] Andere sprachen dem Thrombus jede Wichtigkeit bei
dem Verschlusse des Gefässrohres ab und legten das Hauptgewicht
auf die Wucherung der Zellen des Intima-Endothels und die daraus
resultirende Verlegung des Gefässlumen.[8] — Wir wissen heute, vor
Allem durch die Versuche von Senftleben[9]), dass die Organisation
des Thrombus nicht vom Blute aus zu Stande kommt, sondern dass
letzterer von Zellen durchsetzt wird, die von den Vasa vasorum aus
durch die Gefässwand hindurch in den Thrombus eindringen, dort
als Zellen des neugebildeten jungen Bindegewebes sich fixiren, während die Substanz des Thrombus selbst der Resorption anheimfällt.
Dabei kommt zweifellos auch eine directe Verklebung der Intima-
falten zu Stande, wie wir es durch Baumgarten's und Raab's
Experimente (l. c.) kennen gelernt haben.

Die eben geschilderten Heilungsverhältnisse verletzter Arterien
erleiden je nach der Art der Verletzung gewisse Modificationen. —
Am nächsten den Bedingungen einer Ligatur werden Quetschungen und Zerquetschungen einer Arterie entsprechen. So sahen
wir, dass bei Zermalmungen und Abreissungen von Extremitäten durch
grobe Geschosse sehr häufig spontaner blutdichter Verschluss selbst

grosser Gefässstämme, wie der Art. subclavia oder der Art. femoralis zu Stande kam.

Bei Stichwunden, die in der Kriegspraxis immer seltener, leider aber unter gewissen Volksklassen im Frieden immer häufiger vorkommen, entsteht zunächst am Orte der Verletzung ein wandständiger Thrombus; aus diesem späterhin eine bindegewebige Narbe, welche allmählich der Blutwelle nachgebend, die Bildung einer aneurysmatischen Ausweitung des Gefässrohres ergibt. — Oder wenn der Stich ausser der Arterie auch die dicht anliegende Vene, oder umgekehrt betroffen hat, so können die Arterien- und die Venenwunde direct verkleben. Das arterielle Blut strömt direct in die Vene über mit varicöser Erweiterung des peripher gelegenen Venennetzes. So entsteht der Varix aneurysmaticus, wie man ihn öfters nach Aderlässen in der Ellenbogenbeuge mit gleichzeitiger Verletzung der Arteria brachialis beobachtet hat. — Ueber Durchstiche, wo das stechende Instrument das Arterienrohr gleichzeitig an zwei Stellen getroffen hat, werden wir noch unten ausführlicher sprechen (S. 25).

Anders dagegen verhalten sich Hiebwunden. Haben dieselben das Arterienrohr in einem Theile seines Umfanges quer getroffen, so wird der quere Schlitz durch die in der Längsaxe des Arterienrohres wirkenden elastischen Fasern auseinander gezerrt zu einer rundlichen Oeffnung, wo die quer angeordnete Ringmusculatur weder peripher noch central eine Verschliessung des Arterienlumens hervorzubringen vermag. In solchen Fällen muss die volle quere Durchtrennung und die Ligirung der beiden Enden des Gefässrohres vorgenommen werden. Auch gestreifte Arterien, d. h. solche, die z. B. innerhalb eines Schusscanales von einer Kugel getroffen worden sind, ohne dass die Gefässwand direct verletzt worden wäre, unterbindet man am besten so bald wie möglich zu beiden Seiten der gestreiften Stelle. Denn es kann hier nachträglich eine Mortification und Abstossung der gestreiften Wand mit verhängnissvollen Nachblutungen erfolgen. — Dieselben Rücksichten veranlassen uns auch dort, wo Kugeln neben einem Gefässrohre liegen oder wo Knochenstücke mit scharfen Kanten die Gefässwand anspiessen, die baldmöglichste Extraction der Fremdkörper vorzunehmen. — Aehnliche Maassregeln sind erforderlich bei complicirten Fracturen, wo ein grösserer Gefässstamm durch Knochensplitter gefährdet wird. Auch hier müssen wir der primären Unterbindung an der Stelle der Verletzung den Vorzug geben vor der weniger sicheren Continuitätsligatur, falls eine Nachblutung eintreten sollte.

So sehen Sie, dass bei allen Verletzungen der Arterien das

2*

sicherste Mittel vor Blutungen und Nachblutungen gegeben ist in der Ligatur, womöglich zu beiden Seiten
der getroffenen Stelle der Gefässwand. Und zwar hat dieser
Grundsatz eine um so tiefere Berechtigung, ja man kann wohl sagen,
eine unumstössliche allgemeine Giltigkeit erlangt seit Einführung der
antiseptischen Wundbehandlung und seitdem wir in dem carbolisirten
Catgut ein fast ideales Ligaturmaterial erhalten haben. — In Rücksicht hierauf verlieren die Fragen, ob man dem Thrombus oder der
Wucherung der Gefässwand den definitiven blutdichten Verschluss
verdanke, ihre Bedeutung, da das Catgut das Arterienrohr nicht
durchtrennt, sondern an der Ligaturstelle einen die Gefässwand ver-
dickenden Narbenring liefert.

Lister [10]) selbst hat zuerst auf diesen Einheilungsmodus der
carbolisirten Darmsaiten hingewiesen. Er meinte das Catgut werde
in einen Ring von lebendem Gewebe umgewandelt. Verschiedene
Beobachter nach Lister haben dessen Angaben bestätigt, konnten
dagegen die Anwesenheit von Catgut an der Ligaturstelle nach bald
längerer, bald kürzerer Zeit nicht mehr feststellen. Auch brachte
die Anschauung, dass die todte Darmsaite in einen lebenden Gewebs-
ring umgewandelt werden sollte, eine gewisse Verwirrung hervor.

War auch vorauszusehen, dass die bei aseptischem Wundverlauf
eingeheilte Catgutligatur sich nicht anders verhalten konnte, als unter
gleichen Bedingungen der Wundheilung der Resorption anheim fal-
lende Blutextravasate, todte Knochenstücke u. s. f., so war es doch
von Belang, experimentell festzustellen, wie lange das Catgut als
solches innerhalb der Gewebe verbleibt und auf welchen Wegen seine
Umwandlung in das stabile Bindegewebe zu Stande kommt. — Da
die Durchführung der antiseptischen Wundbehandlung bei Gefäss-
ligaturen an den Versuchsthieren öfters auf Schwierigkeiten stösst, so
zog ich es vor, auf einem anderen Wege, nämlich auf demjenigen
des subcutanen Durchstichs mit Hautverschiebung das
Verhalten des Catgut innerhalb der verschieden Gewebe und Organe
zu prüfen. [11]) — Ich zog Darmsaitenstücke unter die Haut von Kaninchen an verschiedenen Körperstellen, ich führte mit Hilfe einer silber-
nen Nadel Catgutstücke quer durch den Thorax, und in verschiedenen
Richtungen durch die Bauchhöhle, und konnte so das Catgut beliebig
lange innerhalb der verschiedenen Gewebe verweilen lassen. — Das
Resultat war: 1. dass das Catgut viel längere Zeit innerhalb der
Gewebe als solches zu erkennen ist, als man für gewöhnlich an-
nimmt. 2. Dass das Catgut dort am raschesten der Resorption anheimfällt, wo Druck oder Zug auf dasselbe wirken und 3. dass in

das Catgut gerade so, wie z. B. in einen Thrombus, von der Peripherie her eine Einwanderung von Zellen stattfindet, die zuerst einzeln und dann in radiären Zügen von der Aussenseite in das Innere des Catgutfadens eindringen, denselben zerbröckeln und allmählich durch junges Bindegewebe ersetzen, welches mit der Zeit zu einem narbigen Wulst, annähernd von gleicher Form und von scheinbar dem Aussehen des ursprünglichen Catgutfadens sich umwandelt. — Dabei war das Catgut als solches einmal selbst noch 61 Tage nach der subcutanen Einfügung ohne grosse Veränderung seiner Textur nachweisbar. In anderen Fällen fanden wir es nach 32 und 36 Tagen bereits von Zellen ganz durchsetzt oder schon in einen cylindrischen Wulst von jungem Bindegewebe verwandelt. Aber selbst am 95. Tage nach der Einfügung hob sich der nunmehr narbige Strang ganz deutlich von der Umgebung ab. — Aehnliche Befunde mit gewissen Modificationen ergab die Einfügung des Catgut durch Muskelbäuche und durch Gelenke; ferner die subperiosteale Umschlingung von Knochen, die Einschnürung der Trachea mit Darmsaiten; ähnliches fand sich an Catgutfäden, welche bei der Durchstechung des Brust- und des Bauchraumes, sei es in den Lungen, in dem Herzfleisch, in der Leber, in den Nieren, am Darm und an der Blase deponirt worden waren. — Es zeigte sich dabei, dass an der Grenze wo das Catgut frei in das Darmlumen oder in die Blasenhöhle eindrang, dasselbe lockerer, zerreisslicher, der Stichcanal ebenfalls arrodirt erschien, was den Erfahrungen an Stichcanälen der Haut bei Benutzung des Catgut zu Nähten vollständig entspricht.

Rascher geht das Catgut seiner Auflösung entgegen, wo der Verlauf kein rein aseptischer ist, am raschesten an Stellen, wo deutliche Zersetzung vorhanden ist, wie z. B. in jenen Experimenten, wo man das Catgut in eiternde Canäle oder Fisteln eingeschoben hatte.[12] — Hier verhält sich das Catgut wie jedes andere todte organische Material, wie abgestorbene Sehnenfetzen, Muskelstücke oder nekrotisches Bindegewebe. Daher lassen sich von diesen und ähnlichen Versuchen keine Schlüsse über die Brauchbarkeit des Catgut zu Ligaturen machen. — Wo wir dagegen unter antiseptischen Cautelen das Catgut in oben beschriebener Weise einzuheilen vermögen, da bietet es für die chirurgische Technik bisher unerreichte Erfolge.

Früher, wo der Ligaturfaden als Fremdkörper in der Wunde lag, sich mit dem Wundsecret imbibirte und nach Durchtrennung der Gefässwand ausgestossen werden musste, kamen Gefahren mannigfacher Art für den Wundverlauf in Betracht: primäre Nachblutungen bei zu schnellem Durchschneiden der Ligatur, secundäre Blutungen

im Stadium der Wundeiterung am fünften bis sechsten Tage nach
der Operation, wenn die den Ligaturfaden durchtränkende Wund-
flüssigkeit sich zersetzte und die Zersetzung auf die Gefässwand fort-
pflanzend, eine Arrosion der letzteren und einen Zerfall des Thrombus bewirkte. — Die Gefahr der Wundzersetzung wurde aber mit
der Menge des in einer Wunde angehäuften Ligaturmaterials vergrössert; daher das Bestreben möglichst wenig Unterbindungen in
einer Wunde zu haben; daher eine mangelhafte Blutstillung und als
deren Folge die häufigen directen Nachblutungen. Eine weitere Con-
sequenz obiger Calamitäten waren zahlreiche Vorschläge, Ersatzmittel für die Ligatur zu schaffen, welche Vorschläge meistentheils ein unerfreuliches Bild von Tiftelei und Kleinkrämerei liefern,
und im Grunde fast durchgängig roher, verletzender und complicirter
sind, als die Fadenligatur selbst.

Aber auch in den weiteren Stadien des Wundverlaufes war durch
den sich nur langsam abstossenden Faden eine neue Gefahr, nämlich
die sog. späteren Nachblutungen gegeben. Letztere traten dadurch
ein, dass entweder der Faden einseitig tiefer das Gefässlumen durchschnitten hatte als an anderen Stellen (Arterienfisteln), oder dadurch,
dass die Thrombusbildung eine unvollkommene war, wenn man den
Faden zu nahe unterhalb eines grösseren Seitenzweiges umgeschlun-
gen hatte. Daher die Regel, die Ligatur stets oberhalb eines grösseren Seitenastes zu legen. Allein gerade diese Regel erweist sich
an manchen sehr wichtigen Unterbindungsstellen wegen der grossen
Zahl abgehender Seitenzweige fast illusorisch (Arteria subclavia).

In noch höherem Maasse als für die Methodik der Unterbindungen in der Continuität erwies sich jene Regel unbequem bei Verletzungen eines Gefässstammes an irgend einer beliebigen Stelle seines
Verlaufes. Man war hier oft genöthigt, das Gefäss bis oberhalb des
nächst höheren abgehenden Seitenastes frei zu legen, was den Eingriff
zu einem sehr verletzenden gestaltete. — Da nun das Catgut das Gefässrohr nicht durchschneidet, sondern, so zu sagen, um dasselbe an
der Ligaturstelle einen Verstärkungsring bildet, so ist es gleichgültig,
wo die Arterienwunde sich befindet und an welcher Stelle man das
Catgut um eine Arterie schlingt.

Aber das Catgut hat nach den oben mitgetheilten Ergebnissen
unserer Versuche und nach den Erfahrungen der Praxis auch gewisse
Mängel. Es wird seiner Aufgabe dort nicht mehr entsprechen können, wo es einem zu starken Zug oder Druck ausgesetzt ist, oder
wo eine zu rasche Auflockerung des Catgut eintritt wie z. B. innerhalb der Bauchhöhle. (Hier vielleicht wegen der im Vergleich zu

anderen Stellen abnorm grossen Menge von Flüssigkeit und des oft nicht ganz streng aseptischen Wundverlaufes.) — Auch zu Entspannungsnähten an der Hautoberfläche bei plastischen Operationen, bei Muskelnähten (Bauchdeckennaht nach der Laparotomie), zur Uterusnaht nach dem Kaiserschnitt und zur Stielligatur nach der Ovariotomie erscheint aus obigen Gründen das Catgut ungeeignet. — Hier müssen wir zu Ersatzmitteln des Catgut greifen, sei es dass wir für die Hautoberfläche den Silberfäden oder für die zu versenkenden Nähte und Ligaturen der verschieden starken, vorher in 5 procent. Carbolsäurelösung längere Zeit gekochten und in derselben Lösung aufbewahrten Seide (Czerny[13])) den Vorzug geben.

Es erübrigt noch der anderen früher gebrauchten oder noch heute brauchbaren Ligaturmaterialien Erwähnung zu thun. — So hat sich das Seegras als sehr wenig reizende Substanz, besonders auch zu Nähten brauchbar erwiesen. Ebenso hat man entsprechend gereinigte und entfettete Pferdehaare als sehr wenig reizend erprobt. In letzterer Zeit sind sogar zu Zöpfen zusammengedrehte präparirte Pferdehaare von Lister selbst als capillare Drains an Stelle der Röhrendrains aus Kautschuk angewandt worden. — Wir wollen diese vielseitige Verwendbarkeit der Pferdehaare mit Rücksicht auf die Kriegschirurgie besonders im Auge behalten.

Neben der von Astley Cooper und Simon empfohlenen rohen chinesischen Seide, die wir nunmehr wohl ausschliesslich nach Czerny's Weise bereitet anwenden werden, fand Spencer Wells dicke Hanffäden zur Ligatur des Ovarialstiels geeignet. Auch Zwirn mit Carbolsäure getränkt kann im Nothfalle Verwendung finden. — In seltenen Fällen wird man sich des Darms der Seidenraupe (Silkworm-Gut) eines sehr resistenten, fast gar nicht imbibitionsfähigen Fadens bedienen, der an den englischen Angeln zum Aufhängen des Angelhakens benutzt wird.

Von Metallfäden verdanken wir die Einführung des Silbers Marion Sims (1857), der es zuerst in eigenartiger Weise zu Entspannungsnähten benutzte. Zwei Jahre später suchte Simpson das Eisen einzuführen, während wir die von Dieffenbach zur Staphyloraphie benutzten Bleifäden nur im geschichtlichen Interesse anführen.

Ausser dem Ligaturmaterial bedürfen wir, um an eine verletzte, an eine völlig durchschnittene, oder auch an eine intacte Arterie eine Ligatur zu legen, nur noch eines geringen instrumentellen Apparates. — Wir werden, wo die Weichtheile bis auf das Gefäss durchschnitten werden müssen, eines spitzen bauchigen Scalpells uns bedienen. Wo das verletzte Gefäss in der Tiefe eines Schusscanales

oder zwischen den Splittern einer complicirten Fractur sich findet,
werden wir ein geknöpftes Messer zur Dilatation der Haut und der
Muskelwunden und zur Einkerbung der Fascien-Schlitze nöthig haben,
um mit Genauigkeit die verletzte Arterie bloslegen, allseitig inspiciren, eventuell den verletzten Theil des Gefässes herausschneiden
zu können (Rose's blutdichte Exstirpation der Arterienstiche)[14]. —
Die Durchtrennung der unverletzten Haut hat, nach genauer Feststellung der Lage der frei zu legenden Arterie, bis auf das subcutane
Bindegewebe aus freier Hand zu geschehen, die Wundränder
müssen glatt sein und bis in die Spitzen der Wundwinkel hinein muss
die Haut in ihrer ganzen Dicke durchtrennt werden. — Die Spaltung
der tiefer liegenden Schichten, der Fascien, der Muskelscheiden und
der Gefässscheiden selbst hat stets in der Weise stattzufinden, dass
man an der betreffenden Stelle mit zwei Hakenpincetten
(die eine von der linken Hand des Operateurs, die andere vom Assistenten gehalten) die zu spaltende Schicht in einer zur
Schnittrichtung queren Falte aus der Wunde emporhebt
und vorsichtig einschneidet. So ist der Insult der Gewebe am geringsten, die Blutung minimal, die Verletzung grösserer Gefässe unmöglich, was bei der früher beliebten Spaltung der Theile auf der
eingebohrten Hohlsonde erst recht häufig geschah. Die Benutzung
der Hohlsonde halten wir, weil sie gerade das Gegentheil von den
angeführten Vortheilen der Spaltung zwischen zwei Pincetten ergiebt,
für verwerflich.

Sind wir bis auf die Gefässscheide gelangt, so wird dieselbe
in geringer Ausdehnung vorsichtig eröffnet, das Gefässrohr innerhalb seiner Scheide ringsum mit stumpfen Haken isolirt, die entweder auf der Kante (Cooper, Gräfe) oder auf der Fläche ge-
krümmt sind (Zang, Rust). Auch die im rechten Winkel abge-
knickte Nadel von Dechamps gehört hierher. Diese sogenannten
Arterienhaken besitzen an der Spitze ein Oehr, in welches der
um das Arterienrohr herumzuführende Faden hineingefädelt wird. —
Ein solcher Haken lässt sich übrigens aus jeder biegsamen geöhrten
Sonde oder aus einer starken gekrümmten Nähnadel, deren scharfe
Spitze in eine Ligaturpincette eingeklemmt wird, aufs Leichteste
improvisiren; wie man ja im Nothfall, wo die nöthigen Instrumente
fehlen sollten, immer noch der Finger zum Auseinanderdrängen der
Weichtheile und zum Isoliren des Gefässrohres selbst sich bedienen
könnte. — Völlig durchtrennte Gefässe werden mit besonderen Arte-
rienpincetten gefasst. Letztere unterscheiden sich von einander
durch die Form der fassenden Branchen und durch die Art des Ver-

schlusses. Die Pincetten mit Schieberschloss (Schmucker, Fricke,
Amussat) sind wegen des schweren Reinigens nicht so empfehlenswerth, als die mit einem Federverschluss und mit bauchigen, kurz
kegelförmig zulaufenden Branchen versehenen (Roser, Fergusson).
Die bauchige Form verdient deshalb den Vorzug, weil das Einbinden der Pincettenenden mit der zur Ligatur bestimmten Faden-
schlinge nicht möglich ist. Ein solches Einbinden geschieht aber
um so leichter, je tiefer das mit der Pincette zu fassende Arterien-
lumen sich befindet. Man hatte deshalb früher besondere Pinces à
ligature profonde (Luer, Mathieu) construirt. Am einfachsten erreicht man genannten Zweck durch Fassen des Arterienstumpfes mit
zwei Pincetten neben einander. Das Einbinden zweier Pincetten-
spitzen ist unmöglich. — Früher wurden zum Fassen und Hervorziehen der Gefässe auch scharfe gekrümmte Haken benutzt (Fabricius Hildanus, Bromfield, — Textor's Haken mit Spitzendecker).

Das Anlegen von Endligaturen an völlig durchtrennten Gefässen
geschieht am häufigsten

1. in Amputationsstümpfen, wie es Ambroise Paré (1509 bis
1590) während seiner Kriegszüge mit König Franz I. zuerst in aus-
gedehntem Maasse angewandt haben soll.

2. in Wunden und zwar

    a) in Operationswunden,

    b) innerhalb complicirter Knochenfracturen.

Eine besondere Berücksichtigung verdienen die schon erwähnten
Arterienstiche. Ihre Gefährlichkeit liegt in den häufigen und
scheinbar räthselhaften Nachblutungen.

Am allerwenigsten darf man sich hier auf einen einfachen Compressivverband verlassen. Will man den Verletzten vor der meist
lebensgefährlichen Erschöpfung durch die sich stetig wiederholenden
Blutverluste bewahren, so muss von Anfang an gründlich und
radical vorgegangen werden. — Man dilatirt bei dem chloro-
formirten Patienten in gehöriger Ausdehnung den Stichkanal in den
Weichtheilen, und zwar so tief wie möglich, bis heran an das verletzte Blutgefäss, aus dem ein mächtiger Blutquell hervorsprudelt,
fort und fort die ganze Wundhöhle überschwemmend. Hier gilt es
rasch sein. Der Operateur dringt sofort mit seinem rechten Zeigefinger in die Tiefe der Wunde, um mit der Fingerkuppe das Loch
in der Arterie tastend zu finden und zu verstopfen. Jetzt steht die
Blutung momentan. — Nach Wegschaffung aller Blutgerinnsel muss
um den Zeigefinger des Operateurs herum die weitere Spaltung der

Weichtheile vorgenommen werden, bis sich das Gefäss oberhalb und
unterhalb der Verletzungsstelle frei isoliren lässt. Nunmehr wird,
also central und peripher von der obturirenden Fingerkuppe, von
dem Assistenten ein Faden um das Gefässrohr gelegt. — Man sollte
meinen, die Blutstillung sei definitiv. Und dennoch braucht es nicht
der Fall zu sein. — Einmal wird zwischen beiden Ligaturen an der
dem Stich gegenüberliegenden Wand ein Gefässast sich abzweigen
können, aus dem rückläufig bei sich herstellendem Collateralkreis-
lauf eine Nachblutung erfolgen kann.

Dass in der That die Herstellung des Collateralkreislaufes sehr
rasch geschieht, selbst an grossen Gefässen, wie der Femoralis, beweisen sehr schön die Experimente von Sonnenburg und Tiegel[15]),
welche bei Unterbindung der Aorta sowohl an dem central in der
Femoralis als auch an dem peripher befestigten Manometer schon
kurze Zeit nach der Unterbindung ein beträchtliches Steigen des
Druckes beobachten konnten. Aehnliche Beobachtungen bei Menschen
liegen von Neudörfer und Kocher[16]) vor.

Oder die schief gegen die Längsaxe der Arterie eingestossene
Stichwaffe hat nicht nur die Vorderwand des Gefässes, sondern auch
die Hinterwand, aber viel höher nach oben oder nach unten getroffen, so dass der Durchstich oberhalb der centralen oder unterhalb der peripheren Ligatur zu liegen kommt. Auch hier wird eine
Nachblutung gerade so perniciös eintreten können, als wenn gar
nichts von chirurgischer Seite geschehen wäre. — Daher ist Rose's
Vorschlag, den Arterienstich total zu isoliren, alle einmündenden
Gefässe besonders zu unterbinden und nach centraler und peripherer
Sicherung des Arterienrohrs zu exstirpiren, in hohem Grade beher-
zigenswerth (Rose l. c.).

Die Ligatur der Arterien in der Continuität wird ausgeführt
1. bei Behandlung von Aneurysmen (nach Antyllus, nach Hunter, nach Brasdor und Wardrop); auch bei Exstirpation der
Aneurysmen.

2. Als Voract bei grösseren Operationen, um bedeutendere Blutverluste zu umgehen, sei es, dass die rechtzeitige Sicherung grosser
Gefässe auf Schwierigkeiten stösst oder bei Exstirpation sehr grosser
und sehr blutreicher Geschwülste (Unterbindung der Lingualis vor
der Zungenexstirpation — der Subclavia bei grossen Mammatumoren
mit hochgradiger Infiltration der Axillardrüsen — der Axillaris bei
Exarticulatio humeri wegen grosser Geschwülste des Oberarmkopfes,
der Femoralis bei Exarticulatio femoris).

3. Bei Blutungen aus Arterienwunden, als centrale Ligatur; früher

vielfach aber in ungerechtfertigter Weise empfohlen. Die Unsicherheit dieser Procedur wird durch viele Krankengeschichten, in denen
mehrfache immer mehr dem Herzen genäherte Unterbindungen frucht-
los sich erwiesen, aufs Schlagendste illustrirt. — Besonders seitdem
wir durch die Esmarch'sche Methode die Möglichkeit gewonnen
haben, die Theile blutleer zu machen und daher innerhalb derselben
die verletzten Gefässe völlig frei und sicher zu übersehen, können
wir als allgemeinen unerschütterlichen Grundsatz aufstellen, dass
für alle Arterienwunden das souveräne Mittel der Blutstillung besteht in der antiseptischen Fadenligatur am
Orte der Verletzung selbst.

Wenn wir trotzdem den Ersatzmitteln der Ligatur noch
eine kurze Besprechung widmen, so geschieht es, weil die Art und
Weise der Blutstillung an gewissen Orten durch die topographischen
Verhältnisse der blutenden Stelle bestimmt wird. Anderntheils haben
sich einzelne der anzuführenden Methoden ein dauerndes Bürgerrecht
in der operativen Technik erworben, so dass wir sie nicht mit Still-
schweigen übergehen dürfen.

Wir unterscheiden unter den Ersatzmitteln der Ligatur provisorische, d. h. solche, die den Blutverlust bis zur Verlegung der
blutenden Stelle durch die Ligatur hindern sollen, und dauernde,
d. h. solche, welche man empfohlen oder eingeführt hat, um die
Anwendung der Ligatur zu umgehen.

Zu den A) provisorischen Ersatzmitteln gehört vor Allen die
Compression, und zwar zunächst deren einfachste und wichtigste
Art, nämlich die 1. Digitalcompression. Wir wenden dieselbe an
a) entweder direct in der Wunde, indem wir z. B. Schuss- oder
Stichcanäle mit dem Finger verstopfen, wie wir dies schon kennen
gelernt haben (Arterienstiche). — Oder wir drücken mehrere Finger
der einen Hand auf eine blutende Stelle im Rachen, an den Tonsillen (nach der Tonsillotomie), oder am harten Gaumen auf die
Austrittsstelle der Arteria palatina desc. (bei der Uranoplastik). Bei
Mangel einer resistenten Unterlage, wie z. B. bei Tonsillenblutungen,
muss die andere Hand mit der Palmarfläche unterhalb des Kiefer-
winkels zum Gegendruck aufgelegt werden. — Bei Blutungen aus
der Art. palat. desc. hatte man übrigens auch das Einschlagen kleiner
Holzpflöcke in das For. palat. vorgeschlagen.

b) Oder wir comprimiren die Umgebung der vorhandenen oder
der anzulegenden Wunde, so bei Blutungen aus dem Mastdarm, bei
Hasenschartenoperationen, wo der Assistent mit Daumen und Zeigefinger beider Hände in der Gegend der Mundwinkel die Oberlippe

zusammendrückt, damit bei der Anfrischung der Lippenspalte das Kind möglichst wenig Blut verliere. — Endlich

c) Ueben wir eine Compression aus, indirect auf den Stamm der zuführenden Arterie. So zunächst bei allen Blutungen, wo wir nicht sofort zu deren Quelle hinzu können (die andauernde Digitalcompression des zuführenden Arterienstammes hat sich auch vielfach bei Behandlung von Aneurysmen bewährt), sodann bei Amputationen, als Unterstützung der Esmarch'schen Einwickelung, vor und nach Ausführung derselben oder dort, wo die Anwesenheit von Jauchehöhlen die continuirliche Einwickelung bis zur Constrictionsstelle verbietet. Hier wird bei erhobener Extremität und Compression des zuführenden Arterienstammes die Binde nur bis zu der entzündlich infiltrirten oder den Jaucheherd enthaltenden Region umgewickelt und dann oberhalb der letzteren die Constriction hinzugefügt.

Es ist sehr wichtig m. H., dass Sie jede Gelegenheit benutzen, um sich mit den Druckpunkten der grossen Arterienstämme am Lebenden vertraut zu machen.

Sie comprimiren die Arteria maxillaris ext. gegen die Unterkieferkante am vorderen Rande des M. masseter. — Für die Compression der Carotis müssen Sie sich stets hinter den Kranken stellen, den Daumen auf den Nacken legen und mit den drei Mittelfingern der Hand einen Druck ausüben in der Furche zwischen Kehlkopf und Kopfnicker gegen die Wirbelsäule hin, und zwar möglichst gegen die Mittellinie der Wirbelsäule hin; dann werden Sie die gleichzeitige und empfindliche Compression des N. vagus vermeiden. — Für die Compression der Subclavia muss der Patient horizontal oder mit erhobenem Oberkörper gelagert sein; Sie stehen dann am Kopfende des Patienten und drücken mit Ihrem Daumen in der Fossa supraclavicularis die Arterie gegen die erste Rippe. Noch eine Thatsache für den Nothfall einer plötzlichen Blutung aus der Axillararterie müssen Sie sich merken. Nämlich die Möglichkeit, den Radialpuls völlig zu unterbrechen, wenn man die Art. subclavia zwischem medianem Theil der Clavicula und der ersten Rippe einklemmt, dadurch, dass man die Schulter des Verwundeten kräftig nach unten und hinten drückt. — Um die Pulsation in der Art. brachialis zu unterbrechen, umgreifen Sie entweder von der Aussenseite des Armes aus den Bicepswulst von oben, oder den Tricepswulst von unten, indem Ihr Daumen auf die Aussenseite des Oberarmes zu liegen kommt, die anderen Finger aber die Art. im Sulcus bicipit. intern. mit Vermeidung des N. medianus gegen den Humerusschaft drücken. — Die Compressionsstelle der Art. radialis ist, wegen der oberflächlichen Lage, von Jedem, „da wo man den Puls fühlt", leicht zu finden. — Viel schwieriger, trotz der oberflächlichen Lage, ist die präcise Compression der Art. femoralis unter dem Poupart'- schen Bande. Wir finden die Stelle leicht, wenn wir uns vergegen- wärtigen, dass die Arterie in ihrem Verlauf das Band gerade in seiner Mitte kreuzt. Wir brauchen daher nur die Entfernung der Spina ant. sup. des Hüftbeines von der Symphyse zu halbiren, den Halbirungspunkt mit irgend einer färbenden Substanz zu bezeich- nen, um die Art. in jedem Augenblicke sicher zu finden und fest gegen den horizontalen Schambeinast drücken zu können. Das Markiren der Femoralis mit Tinte oder Farbstift unterlassen Sie nie, wo bei drohenden Blutungen die sofortige Compression anderen Händen als den Ihrigen anvertraut werden muss. Blutverluste aus der Femoralis, auch von ganz kurzer Dauer, sind schon häufig genug direct Tod bringend gewesen. — Ueber die Compression der Aorta vom Mastdarm aus haben wir schon früher gesprochen (siehe S. 16).

2. Kann die Compression mit entsprechenden Instrumen- ten ausgeführt werden. Entweder mit solchen, die wie der Finger das Gefäss allein treffen; das sind die Compressorien. Oder das Gefäss wird mit der Umgebung und durch dieselbe comprimirt, welche Idee der ursprünglichen Construction der Tourniquets zu Grunde liegt. Unter den Compressorien ist das einfachste und die unmittelbarste Nachahmung des drückenden Fingers Ehrlich's Krücke für die Subclavia, die sich auch aus jedem kräftigen Haus- schlüssel improvisiren lässt, dessen Bart man mit Watte umwickelt. — Ein Compressorium für die Aorta haben wir bereits in Combi- nation mit der elastischen Binde erwähnt (siehe S. 16). Ein ähn- liches, nach Dupuytren-Colombat benannt, besteht aus einem Polster für die Lendenwirbelsäule, aus einem über halbkreisförmi- gen Metallbogen, der in entsprechender Entfernung um den Bauch sich wölbt, und aus einer stellbaren Pelotte, welche durch die Bauch- decken hindurch die Aorta in senkrechter Richtung gegen die Wir- belsäule drücken soll. Nach diesem Muster ist auch das von Tie- mann für die amerikanische Armee verfertigte Aortencompressorium construirt.[17]) Aehnlich ist das Doppelcompressorium von Bulley, welches bei Poplitealaneurysmen die Art. femoralis in ihrem Verlauf vom Poupart'schen Bande bis zur Mitte des Oberschenkels an zwei Stellen abwechselnd drücken soll.

Unter den Tourniquets ist das Knebeltourniquet das primi- tivste und älteste. Hans von Gerstorff (Schylhans) beschreibt es in seinem Feldbuch der Wundarzeney zu Anfang des 16. Jahrhunderts.

Nach Anderen soll Morel bei der Belagerung von Besançon (1674) das Knebelinstrument zuerst angewandt haben. — Jedenfalls verdient das Knebeltourniquet seiner Einfachheit wegen, und weil es sich am leichtesten improvisiren lässt, den Vorzug vor allen anderen, vorausgesetzt dass man den Druck richtig bemisst. Vor Allem gilt dies für die Kriegschirurgie, aus welcher das Tourniquet nicht verbannt werden darf. — Die Einführung der Esmarch'schen Gummibinden für die provisorische Blutstillung auf dem Schlachtfelde ist im Grossen undurchführbar, weil der Gummi, wie schon erwähnt, unter wechselnden Temperatureinflüssen bald seine Brauchbarkeit verliert. Es ist daher der Vorschlag Bardeleben's zweckmässiger, für die Esmarch'sche Einwickelung auf dem Schlachtfelde, statt der Gummibinden, fest gewebte leinene Binden anzuwenden, vor deren Anlegen den betreffenden Körpertheil emporzuheben, nach der Einwickelung die Binde von der Peripherie nach dem Centrum langsam anzufeuchten. Statt des Gummischlauches oder der Constrictionsbinde wird mit gleichem Erfolge ein Knebeltourniquet ohne Pelotte umgeschnürt (Köhler l. c.).

Dem Knebeltourniquet nahe stehend ist das von Assalini (1812) angegebene Schnallentourniquet; complicirter dagegen und leichter versagend das Schraubentourniquet nach J. L. Petit, das seit dem Anfange des 18. Jahrhunderts einer grossen Beliebtheit sich erfreut hat und wovon viele Modificationen existiren.

Die Erwähnung der dauernden Ersatzmittel der Ligatur hat, seitdem wir in Catgut und Carbolseide, unter Durchführung der antiseptischen Methode, in der That das einfachste und vollkommenste Mittel zum definitiven Arterienverschluss erhalten haben, nur ein geschichtliches Interesse, und wir werden uns daher möglichst kurz fassen.

Die älteste, so zu sagen das Urbild der modernen Unterbindungsweise, ist die Massenligatur, wie sie eben Paré angewandt hat. Sie wurde in neuerer Zeit von Roser als Umstechung für diejenigen Fälle mit Recht befürwortet, wo entweder das Aufsuchen oder die Isolirung des blutenden Gefässes unstatthaft ist.

Im weiteren Sinne gehört auch hierher die percutane Umstechung nach Middeldorpf für Blutungen aus dem Arcus volaris, wobei durch die ganze Dicke der Weichtheile in der Hand, zwischen den Knochen hindurch, comprimirende Fäden durchgeführt werden.

Das zweite Ersatzmittel der einfachen Fadenunterbindung, die sogenannte temporäre Ligatur, hat eine interessante Entwicke-

lungsgeschichte, indem sie sich anschliesst an die zahlreichen Thierversuche von Jones, Travers, Scarpa, B. U. Walther u. A.
über den Mechanismus des blutdichten Arterienverschlusses. — Die
Beobachtung, dass ein für nur wenige Tage umschnürtes, gequetschtes
oder selbst nur comprimirtes Arterienrohr, für den Blutstrom dauernd
undurchgängig wird, liess mit Rücksicht auf die früheren Nachtheile
und Gefahren einer einfachen und nur mit Durchtrennung der Arterie
sich lösenden Fadenligatur, die verschiedenen Methoden der temporären Arterienligatur und der temporären Arterienclausur entstehen. — Um bei der ersteren den Faden zur gewünschten Zeit wieder entfernen zu können, schob man zwischen
den Faden und die Arterie Korkstücke (Cline, Forster) oder
Holzplättchen (Desault) oder Heftpflastercylinder (Roux) oder Lei-
newandröllchen (Scarpa's Cylinderligatur). Oder man wandte besondere Ligaturknoten an, die sich beim Anziehen der Fadenenden
leicht lockern liessen („reef-knot" von Churchill, Mattei's
Schlinge à la Ricord, Ogston's einfacher Knoten mit Schleife).
— Endlich benutzte man Fäden oder Schlingen aus Metalldraht, die
durch besondere Arterienröhrchen oder Ligaturröhrchen hindurchge-
steckt und fest angespannt wurden und die man nachträglich durchschneiden und aus der Wunde herausziehen konnte (Delpech,
Walther, v. Bruns, Peters, van Gieson, N. P. Smith (Bal-
timore), Prichard. Letzterer benutzte Pferdehaare).

Zur Arterienclausur finden wir besondere Compressorien angewandt, von denen bis auf die neueste Zeit fast zwei Dutzend verschiedene Formen construirt worden sind (Literatur siehe bei P.
Bruns, die temporäre Ligatur der Arterien, l. c.). — Je nach den
Grundsätzen, die bei Anwendung genannter Compressorien in Betracht
kamen, hat man auch besondere Namen für die verschiedenen Modificationen der Arterienclausur gewählt (Vanzetti's Uncipressur,
Verneuil's Forcipressur, Koeberle's Hemostase definitive par
compression excessive, Péan's Pincement des vaisseaux etc.). —
Es schliesst sich hier am besten an die Zusammendrehung der Ar-
terienstümpfe (Torsio arteriarum nach Amussat), die für kleine
Gefässe durchaus brauchbar, von manchen Chirurgen selbst für die
grossen Arterienstämme als zuverlässig erprobt worden ist (Bryant).
— Und endlich die mit so grosser Exstase in die Welt hinausge-
sandte und weiter verbreitete Acupressur von Simpson und die
Acutorsion nach Billroth. — Bei ersterer wird das verletzte Gefäss mit Hilfe einer langen hinter demselben durchgesteckten Nadel
entweder gegen die Hautoberfläche oder gegen die Weichtheile oder

gegen den Knochen gepresst, je nach der Lage des Gefässes in der
Amputationswunde. — Als Acufilopressur wurde beschrieben (D i x,
K e i t h) ein Verfahren, wo das Gefässrohr mit einer in Achtertouren
umschlungenen Drahtschlinge gegen eine in die Weichtheile gesteckte
Nadel gedrückt wurde. — Bei der Acutorsion wird auch mit Hilfe
von langen Nadeln das Gefässrohr um seine eigene Längsaxe je
nachdem um einen oder um zwei rechte Winkel verdreht und auf
diese Art verschlossen.

----

¹) E s m a r c h. Ueber Blutersparung bei Operationen an den Extremitäten.
Verh. d. deutschen Gesellschaft für Chirurgie. II. Congress. (Sitzung vom 18. April
1873.) — ²) E s m a r c h, Ueber künstliche Blutleere. Verh. d. deutschen Gesellschaft für Chirurgie. III. Congress. (Grössere Vorträge Nr. 1.) — ³) G i r a r d, Zur
Erleichterung der Localanästhesie. Centralblatt für Chirurgie 1874. Nr. 2. —
⁴) K ö h l e r, Die blutsparende Methode im Felde. Deutsche Militärärztl. Zeitschrift
1877. Heft 8 u. 9. S. 371—381. — ⁵) B e l l, Note on a mode of saving blood in ·
great operations. (Edinb. med. Journal 1877. Vol. 2. p. 141.) — ⁶) K ö n i g, Ueber
die Vortheile der verticalen Suspension mit dem E s m a r c h'schen
Verfahren zum Zwecke der Erzielung blutloser Operation. Centralblatt für Chirurgie 1879. S. 537. — ⁷) C. O. W e b e r, in Handb. der Chir. von Pitha und Billroth 1865. Bd. I. 1. Abth. S. 139 u. f. — ⁸) B a u m g a r t e n, Die sog. Organisation
des Thrombus. Leipzig 1877 und R a a b, Ueber die Entwicklung der Narbe im
Blutgefäss nach der Unterbindung. Arch. f. klin. Chir. Bd. XXIII. Heft 2. S. 156.
— ⁹) S e n f t l e b e n, Ueber den Verschluss der Blutgefässe nach der Unterbindung.
Virchow's Archiv 1879. Bd. 77. — ¹⁰) L i s t e r, Observations on ligature of arteries
on the antiseptic system. (The lancet 1869. April 3.) — ¹¹) L. v. L e s s e r, Ueber
das Verhalten des Catgut im Organismus und über Heteroplastik. Druckfertiges
Manuscript. — ¹²) P. B r u n s, Die temporäre Ligatur der Arterien u. s. f. Deutsche
Zeitschr. f. Chir. 1875. Bd. V. S. 69 (des Sep.-Abdr.). — ¹³) C z e r n y, Studien zur
Radicalbehandlung der Hernien. Wiener med. Wochenschrift 1877. Nr. 21—24. —
¹⁴) R o s e, Ueber Stichwunden der Oberschenkelgefässe und ihre sicherste Behandlung. Sammlung klinischer Vorträge. Nr. 92. — ¹⁵) S o n n e n b u r g und T i e g e l,
Einige Bemerkungen betreffend die Herstellung des Collateralkreislaufes u. s. f.
Centralblatt f. Chir. 1876. Nr. 44. S. 689. — ¹⁶) K o c h e r, Beitrag zur Unterbindung der Art. fem. comm. v. Langenb. Archiv 1869. Bd. XI. S. 527. — ¹⁷) A report
on Amputations at the hip-joint in military surgery. Circular 7, p. 81, of the war
department. Surgeon General's Office, U. S. A. 1867.

Fünfte Vorlesung.

Blutungen aus Venen. Deren Häufigkeit, Ursache und Vorkommen. — Phlebitis. Periphlebitis. Phlebostatische Blutungen Stromeyer's. — Spontane Blutstillung. — Venenligatur. — Ersatzmittel der Venenligatur. — Tamponade in Sequesterhöhlen, bei Blutungen aus dem Rectum, der Vagina, dem Uterus. Behandlung der Blutungen aus der Nase. Bellocq'sches Röhrchen. Bindeneinwickelungen. — Capillare Blutungen. Aufsuchen der blutenden Punkte. — Tamponade mit Bindeneinwickelung. Styptische Tampons. — Kälte und Wärme. Heisse Douche als sicheres blutstillendes Mittel. — Glühhitze. Rothglühendes Eisen. Galvanokauter. Paquelin. — Chemisch blutstillende Mittel.

Blutungen aus venösen Gefässen sind häufiger als solche aus Arterien, theils weil erstere reicher an Zahl und oberflächlicher gelegen sind, theils weil bei nur mässigen und besonders bei den meist stumpfen Gewalten, welche im gewöhnlichen Leben auf die Körperoberfläche einwirken, die dünne Venenwand leicht zerrissen und zerquetscht wird, das elastische Arterienrohr dagegen der einwirkenden Gewalt ausweicht.

Ausser bei frischen Verletzungen treten venöse Blutungen besonders leicht dort auf, wo die Venenwand mangelhaft entwickelt ist, so aus Geschwülsten, oder wo in der Venenwand krankhafte Veränderungen eingetreten sind, vor allem bei varicöser Degeneration. Die Blutungen aus berstenden Varicen z. B. am Oberschenkel, im Trigonum urethr. beim Weibe, an den Labia majora nehmen oft einen bedenklichen Charakter an und können hohe Grade von Anämie herbeiführen.

Die ferner aus Amputationsstümpfen beobachteten Venenblutungen haben im besonderen Grade die Aufmerksamkeit der Chirurgen auf sich gezogen. — Die Untersuchungen der neu erstandenen pathologischen Anatomie über den Zusammenhang der Wundvergiftung und des Eiterfiebers mit der sogenannten Entzündung der Venen und ihrer Umgebung (Cruveilhier) hatten in den Gemüthern die Furcht erregt vor der directen Ligatur verletzter Venen. Man beobachtete die Venenwand, und nicht mit Unrecht, als besonders empfänglich für die Fortleitung infectiöser Processe und sah in der Ligaturschlinge die mittelbare Ursache für das Entstehen der Phlebitis und der Periphlebitis.

Die spontane Blutstillung aus Venen kleinen Kalibers kommt zu Stande durch die nach der Verletzung bald eintretende und durch Stauung der Gewebsflüssigkeit bedingte Schwellung der umgebenden Gewebe. — Bei grossen Venenstämmen wird der Ausfluss des Blutes gehindert durch den Schluss der Klappen, falls dieselben sufficient sind. Trotzdem kann hier eine dauernde Blutung unterhalten werden, wenn unterhalb des Klappenverschlusses ein Collateralast sein Blut fortdauernd in den Venenstumpf ergiesst. Die Insufficienz der Venenklappen tritt dagegen ein, entweder bei hochgradiger Drucksteigerung in dem centralwärts gelegenen Venengebiet, so bei nicht compensirten Herzfehlern, oder bei Druck auf die Vena cava, sei es durch Geschwülste oder Flüssigkeitsansammlungen innerhalb der Bauchhöhle. Dies gilt mit besonderer Rücksicht auf die Amputationen an den unteren Extremitäten. — Oder die Klappen werden durch die in der Vene verlaufenden Zersetzungsprocesse verändert, zuweilen theilweise zerstört; und so kommen, da auch der das Venenlumen verlegende Thrombus dem Zerfallen anheimfällt, Blutungen zu Stande, die von Stromeyer als phlebostatische bezeichnet und durch Embolie oder Thrombose von Venenästen höherer Ordnung erklärt worden sind. — Wollen wir uns vergegenwärtigen, was wohl Stromeyer mit seiner Erklärungsweise gemeint hat, so müssen wir uns ins Gedächtniss zurückrufen, dass der einfache Verschluss einzelner, selbst grösserer Venenstämme an irgend einem bestimmten Punkt wegen der zahlreichen Collateraläste noch keine Circulationsstörung in dem Venengebiete einer Extremität hervorbringt. Dass aber die Verlegung einer grösseren Strecke eines Hauptstammes durch einen Thrombus, der sich rückläufig in die Collateraläste hineinerstreckt, sehr bald Störungen des venösen Blutstromes bedingt, als deren sichtbares Zeichen ein Stauungsödem sich einstellt. Letzteres ist durch Ligiren selbst mehrerer venösen Stämme an einer Extremität nicht hervorzurufen.[1]) Die infectiöse Periphlebitis, bei Venenverletzungen oder Venenligaturen ohne antiseptische Cautelen, wird aber sehr leicht zu ausgedehnten fortgesetzten Thrombosen in dem Venengebiet z. B. eines Beines (Phlegmasia alba dolens) führen.

Jedenfalls resultirt aus dem Bisherigen, dass Infectionsstoffe besonders leicht im Verlaufe von Venenstämmen ihre deletäre Wirkung auf den Gesammtorganismus äussern, sei es, dass der Transport derselben direct durch den Thrombus und die Blutflüssigkeit oder durch das die Venen begleitende Netz von Lymphgefässen geschieht. —

Wo wir daher im Stande sind, die Zersetzungsvorgänge in Wunden, absichtlichen oder unabsichtlichen, zu hindern, da tritt auch bei Venen die directe doppelte Ligatur als zuverlässigstes Blutstillungsmittel in ihr Recht. Nur dass bei den Venen in noch viel höherem Maasse, als wir es für die Behandlung der Arterienstiche gefordert haben, das Aufsuchen und Ligiren aller Seitenzweige geschehen muss. [2])

Dennoch giebt es Fälle, wo wir bei Venenblutungen auf die directe Ligatur verzichten müssen, sei es, dass das Gefässrohr innerhalb der Umgebung, wie z. B. in den Knochen, schlecht zu fassen ist, oder dass die Blutung von Orten kommt, die dem Auge und dem Finger direct nicht zugänglich sind. — Hier werden wir durch Compression der Vene mit der näheren oder ferneren Umgebung, und nur in seltensten Fällen durch Unterbindung des zuführenden arteriellen Hauptstammes (Unterbindung der Art. femoralis. B. von Langenbeck) die Blutung zu bemeistern suchen.

So haben wir als Aushilfsmittel für die Blutstillung aus Venen die Tamponade mit oder ohne Bindeneinwickelung ausführlicher zu berücksichtigen.

Aufgemeisselte Sequesterhöhlen in Knochen stopfen wir am besten mit antiseptischem Verbandmaterial aus (Krüllgaze Volkmann's oder nach Anstapezierung der Knochenhöhle mit Carbolgaze oder Schutztaffet, Ausfüllen mit antiseptisch präparirter Jute). — Für manche Fälle, besonders wo gleichzeitig ein stärkerer Ausfluss von Wundsecreten oder anderen Flüssigkeiten (aus Cysten oder Körperhöhlen) zu erwarten ist, werden wir die Compression besser mit antiseptischen Schwämmen ausführen.

Die Tamponade findet ferner ihre Anwendung bei venösen Blutungen aus dem Rectum, aus der Vagina, aus dem Uterus (bei Placenta praevia, bei Uterusgeschwülsten). — Wir müssen nach Entfernung des Blutes, soweit Solches möglich ist, zur Tamponade zahlreiche mit festen antiseptischen Fäden umwickelte und mit langen Fadenenden zum Herausziehen versehene Ballen von antiseptischem Material verwenden. Für Blutungen aus dem Rectum werden die Ballen innerhalb eines handschuhfingerartig in die Mastdarmhöhle hineingeschobenen Stückes Gaze oder Leinwand hineingepresst. In der Vagina können die Ballen direct eingeschoben werden, aber stets durch ein Speculum, um die Schleimhaut des Scheideneinganges vor der Reibung zu schützen. — Vielleicht ist es vortheilhafter, auch hier, namentlich wenn ein Speculum nicht zur Hand ist, ganz so wie bei der Tamponade des Rectum zu verfahren. Wenn hierbei

3 *

eine Compression der Urethra entsteht, so muss den Frauen der Urin per Katheter abgelassen werden. — Als Ersatz für die eben angegebenen Verfahren kann auch die Anwendung von Gummiballons stattfinden, die innerhalb der betreffenden Canäle mit Luft oder Flüssigkeiten aufgebläht werden (Kolpeurynter). — Für Mastdarmblutungen ist aber auch die Digitalcompression sehr wohl im Auge zu behalten. Besonders wenn man in Narkose mehrere Finger oder die ganze Hand einführen kann nach vorheriger forcirter Dilatation des Sphincter ani in Narkose. Zu diesem Zwecke führt man die beiden Zeigefinger hakenförmig ins Rectum und zieht mit denselben ruckweise den Sphincter im sagittalen und frontalen Durchmesser auseinander (Volkmann). — Auch profuse Blutungen aus dem atonischen frisch entbundenen Uterus hat man durch directes Zusammendrücken der Gebärmutter vom Rectum aus und bei Gegendruck der anderen Hand im Hypogastrium erfolgreich gestillt. — Es braucht kaum erwähnt zu werden, dass alle diese Mittel nur die Blutung als solche und nicht ihre directe Ursache zu heben vermögen, und dass daher bei Wiederholung der Blutungen deren Ursache selbst in Angriff genommen werden muss.

Wir hätten noch die Behandlung der Nasenblutungen besonders zu besprechen.

Finden letztere aus dem vorderen Theile der Nase statt, im Bereiche ihres knorpeligen Daches, so werden sie leicht durch Compression von aussen, durch Andrücken der Nasenflügel gegen das Septum gestillt. Liegt die blutende Stelle weiter nach hinten, zwischen oder auf den Muscheln oder in der Gegend der Choanen, so wird man in den leichteren Fällen mit der Anwendung der heissen halbprocentigen Kochsalzdurchspülung der Nasenhöhlen auskommen. — Bei profusen Blutungen kann man nicht viel damit erreichen. Hier nützt nur die Compression, aber nicht von vorne her. Denn so wird allerdings der Ausfluss des Blutes aus den Nasenlöchern verhindert, aber dafür fliesst das Blut durch die Choanen in den Rachen. Hier kann nur die Tamponade der Choanen vom Nasenrachenraum aus von Nutzen sein. Man steckt zunächst durch ein Nasenloch einen Katheter oder das von Bellocq construirte Röhrchen nach hinten, so dass der Schnabel des Katheters oder die durchbohrte Kugel an der Spitze der Bellocq'schen Sprungfeder, im Nasenrachenraum an der Hinterwand des weichen Gaumens hinabgleitend, im rückwärts gelegenen Theile der Mundhöhle sichtbar wird. An der Katheterspitze oder in der eben beschriebenen durchbohrten Metallkugel des Bellocq'schen Instrumentes werden die freien Enden eines Fadens befestigt, mit dessen mittlerem Theile der in die Choanen hinauf zu befördernde Tampon wie ein Colli kreuzweise umschnürt worden ist. — Zieht man jetzt den Katheter oder das Belloc q'sche Röhrchen aus der Nase heraus, so schleppt man die zusammenge- knüpften Fadenenden mit nach, die soweit aus dem Nasenloch her- auskommen, bis der in der Fadenmitte befestigte Tampon hinter dem weichen Gaumen vorbei bis in die Choane gelangt und dort eingepresst worden ist. An dem Tampon muss sich aber noch ein dritter Faden, gleichsam wie ein Schwanz, befinden, der zum Munde heraushängt und an welchem man den Tampon zu jeder Zeit aus dem Nasenrachen- raum wieder zurückbefördern kann. Das Fixiren des Tampons in der Choane geschieht aber dadurch, dass man die aus dem Nasen- loch heraushängenden Fadenenden über einem in das letztere ge- schobenen Wattebausche oder über einem quer vor das Nasenloch vorgelegten dicken Gummirohrstückchen knüpft. Ist weder Bellocq's Instrument, noch ein Katheter zur Hand, so kann auch ein bieg- samer glatter Holzzweig zur Einführung der Fäden verwandt wer- den (Thomas³).

Für Ausnahmefälle, wo kein Instrument zur Hand ist, um einen Faden durch die Nasenhöhle in den Rachenraum zu führen, an welchem Faden man den Tampon in die Choanen hinaufziehen könnte, lässt sich Folgendes versuchen, falls die Nasenhöhle von Blutgerinnseln nicht ganz ausgestopft und der Patient nicht zu schwach ist: Man klemmt die Schlinge eines Doppelfadens in eine einge- spaltene und wieder zusammengedrückte Bleikugel von etwa Kirsch- kerngrösse ein. Der Kopf des Patienten wird stark nach rückwärts gebeugt und man lässt die Kugel in eines der Nasenlöcher hinein- fallen und gleichzeitig den Patienten eine kräftige inspiratorische Schnüffelbewegung machen. Durch die Schwere und den aspirato- rischen Luftstrom wird die Kugel in den Nasenrachenraum beför- dert und vom Patienten unter stossenden Würgbewegungen in den Vordertheil des Mundes geworfen. Jetzt kann an der Schlinge des Doppelfadens ganz wie oben der Tampon befestigt werden.

Die Einwickelung mit Binden, welche bei der Tamponade von venösen Blutungen an der Körperoberfläche ein selbstverständ- liches Erforderniss ist, kann auch eine mehr selbstständige Anwen- dung finden. — Die methodische Involution der Extremitäten, nach Theden benannt, wobei das Glied von der Peripherie nach dem Centrum eine Einwickelung erfährt, hat man zunächst, in Combina- tion mit Lagerung des Armes auf einer Schiene, nach Stichver- letzungen der Brachialis bei der Venaesection in der Ellenbogenbeuge empfohlen. — Trefflich ist die Einwickelung bei Blutungen aus ödematösen oder entzündlich infiltrirten Theilen, ebenso bei Blutungen aus Varicen.

Als Capillar- oder Flächenblutungen hat man stets solche Blutungen bezeichnet, wo es schwer ist, den blutenden Punkt aufzufinden. Und doch wird solches bei entsprechender Sorgfalt öfters möglich sein und dann das Anlegen einer Ligatur wiederum eine dauernde Blutstillung liefern.

Capillare Flächenblutungen kommen vor zunächst nach operativen Eingriffen, z. B. nach Lösung von Adhäsionen innerhalb der Bauchhöhle bei der Ovariotomie. Auch nach Extractio dentis, besonders bei sogenannten „Blutern" oder „Hämophilen". Ferner aus Blutegelstichen und aus Hiebwunden der Haut, ebenso wie aus Schnittwunden bei plastischen Operationen. — Auch aus Granulationen können beträchtliche Blutungen stattfinden bei Druck auf die grossen Venenstämme der betreffenden Regionen, z. B. durch Geschwülste oder durch Erhöhung der Venenspannung bei nicht compensirten Herzfehlern. Also unter ganz ähnlichen Bedingungen, wie die Blutungen aus Venen entstehen. — Endlich kommen sogenannte capillare Blutungen vor aus ulcerirenden Geschwülsten, z. B. Hämorrhoiden, zerfallenden Brust- oder Gebärmutterkrebsen.

Wir haben schon erwähnt, dass auch bei Blutungen aus kleinsten Gefässen das Aufsuchen der blutenden Punkte und das isolirte Fassen derselben stets angestrebt werden muss. Wo dieses zuverlässigste Mittel versagt, hätten wir zu Ersatzmitteln zu greifen, unter denen mechanische, thermisch und chemisch wirkende zu unterscheiden sind.

Auch hier tritt die directe Tamponade, unterstützt durch die centripetale Bindeneinwickelung, in ihr Recht, wie bei den Venenblutungen. — Am einfachsten erscheint aber und sowohl während eines operativen Eingriffes, als zur vorläufigen Blutstillung geeignet: die directe Compression der blutenden Theile mit dem Finger oder einem Ballen eines antiseptischen Verbandstoffes. In ähnlicher Weise stillen wir die Blutungen bei plastischen Operationen und aus hartnäckig blutenden Egelstichen durch die im Sinne der Compression wirkende Naht. Besonders bei plastischen Operationen wird man höchstens grössere blutende Stämmchen torquiren.

Sodann kann die Tamponade mit Stoffen geschehen, welche neben der Compression auch dadurch wirken sollen, dass sie mit Substanzen getränkt wurden, welche verschorfend auf das Blut, aber auch auf die Gewebe wirken. Da es hier auf die Blutstillung und

nicht auf die Zerstörung der Gewebe ankommt, so muss als Regel
alle Zeit befolgt werden, dass man die styptischen Ballen nur
ganz klein machen und direct auf den von Gerinnseln be-
freiten Blutpunkt aufdrücken darf. Sonst bewirkt man un-
berechenbare Verschorfungen der Umgebung der blutenden Stelle,
und die Blutung kann, wie viele Beispiele lehren, trotzdem fortdauern.

Als styptische Mittel werden am häufigsten Ac. nitricum fumans,
sodann die krystallisirte Carbolsäure und das gelöste Eisenchlorid
angewandt. — Die Aetzung mit Carbolsäure wirkt zugleich anästhe-
sirend, so dass man für schmerzhafte Aetzungen eine vorherige
Application der Carbolsäure empfohlen hat. — Den Liq. ferri sesquichlor. fand man besonders wirksam bei Blutungen aus Zahnalveolen
nach Extr. dentis, weil der gelieferte Schorf festhaftet. Leider ist
derselbe fast gar nicht antiseptisch, so dass fleissige Ausspülungen
vorgenommen werden müssen, um ihn vor sehr stinkender Zersetzung zu bewahren.

Ueber die Anwendung der thermischen Mittel hat bis jetzt
wenig Klarheit geherrscht, besonders über die Wirkungsart der
Kälte. Die physiologischen Erfahrungen lehren, dass die Kälte
die Gerinnung des Blutes verzögert. Blutstillend kann also dieselbe
nicht auf dem Wege der Coagulation wirken, sondern nur durch
Anregung der Gefässcontraction, da, wo eine sufficiente ringförmige
Gefässmusculatur vorhanden ist. Ganz ähnlich wirken stark über
die Körpertemperatur erwärmte Flüssigkeiten (Wasser, Lösungen von
Kochsalz, von Chlorzink, von Carbolsäure), nur dass zu der Erregung der Gefässcontraction die den Physiologen längst bekannte
gerinnungsbefördernde Wirkung der Wärme hinzukommt. — Die Anwendung der heissen Douche wird uns daher auch dort nicht
im Stich lassen, wo die Gefässverengerung ausbleibt. — Es ist be-
fremdend genug, dass erst die Geburtshelfer auf die zuverlässigere
Anwendung der heissen Lösungen die Aufmerksamkeit gelenkt
haben (heisse Douche bei Uterinblutungen, besonders nach Abort).
Die meisten chirurgischen Handbücher empfehlen mit traditioneller
Würde fast alle noch die Berieselung mit eiskalten Lösungen zur
Stillung capillarer Blutungen.

Ich halte es daher für meine Pflicht, Sie m. H. besonders darauf aufmerksam zu machen, dass Sie bei Flächenblutungen, besonders in der Rachen- und in der Nasenhöhle, aber auch aus den
anderen Körperostien, ebenso wie aus Knochenhöhlen und Knochen-
schnittflächen, nach Sequestrotomien, nach Amputationen und Re-

sectionen, viel sicherer zum Ziele der Blutstillung gelangen, wenn
Sie heisse indifferente Lösungen (mit ¹₂ Proc. Kochsalzgehalt)
oder dergleichen antiseptische Lösungen zum Berieseln und
zur Douche verwenden.

Die höheren und höchsten Wärmegrade werden als Glühhitze
auch zur Blutstillung verwandt. Das Glüheisen in seinen verschiedenen Formen (Kegel-, Kugel-, Münzenform), der Porzellanbrenner
des galvanokaustischen Apparates und die verschieden geformte Pla-
tinkuppel des Thermokauters von Paquelin verschorfen, wie die
Styptica, das Gewebe und das Blut, müssen daher, wie die Styptica,
stets nur auf den blutenden Punkt applicirt werden. — Wie für die
Beförderung der Gerinnung nur gewisse, die Körpertemperatur nicht
zu hoch übersteigende, jedenfalls unter der Coagulationsgrenze des
Eiweisses liegende Hitzegrade verwendbar sind, so tritt die Ver-
schorfung nur bei Rothglühhitze ein. Bei Weissglühhitze
werden Gewebe und Blut verkohlt. Das weissglühende Eisen wirkt
nicht mehr blutstillend.

Das Glüheisen bewährt sich besonders bei Blutungen aus zer-
fallenen Geweben, indem es gleichzeitig, durch Sistirung der bis
dahin floriden Zersetzungsvorgänge, in oft auffallender Weise schmerz-
stillend wirkt und die Bildung kräftigen neuen Gewebes anregt. So
bei Blutungen aus Granulationen, die vom Hospitalbrand befallen
worden sind, bei Blutungen aus jauchenden Krebsen der Brustdrüse,
der Gebärmutter und des Mastdarms.

Unter den rein chemisch wirkenden Mitteln haben wir nur
wenige zu verzeichnen, die in zuverlässiger Weise blutstillend wirken.
Wir nennen in erster Reihe das Ac. tannicum, welches man in
Pulverform auf die blutende Fläche streut, oder welches in Form
von Tannin-Glycerin-Stiften besonders zur Einführung in die Uterus-
Höhle empfohlen worden ist. — Das Arg. nitricum ist als Blutstillungsmittel von sehr schwacher Wirkung. (Vergl. dagegen die
starke gefässverengende Wirkung des Mittels nach den Versuchen
von Rosenstein¹).) Häufiger wird man schon den Liquor ferri
sesquichlor. in Lösungen zu blutstillenden Eingiessungen ins Rectum,
den Uterus benutzen. — Endlich sei das Terpentinöl erwähnt,
dessen blutstillende Wirkung mehrfach erprobt worden ist. — Zu subcutanen Einspritzungen hat man das Ergotin benutzt, indem man
das Extractum Secalis cornuti aquos. mit Aq. destillata zu gleichen
Theilen verdünnte, von der Lösung ein Viertel bis ein Halb der
Pravaz'schen Spritze subcutan einführte und gleichzeitig 10 bis
20 Tropfen 1—2 stündlich innerlich eingab.

Ausser dem Ergotin müssen besonders Digitalis und Plumbum aceticum als innerlich zu verabreichende Mittel, so bei Lungenblutungen, eine ganz besondere Erwähnung finden.

---

[1] Sotnitschewsky, Ueber Stauungsödem. Virchow's Archiv f. path. Anat. 1879. Bd. 77. — [2] Rose, Ueber Stichwunden der Oberschenkelgefässe und ihre sicherste Behandlung. Sammlung klinischer Vorträge. Nr. 92. — [3] Thomas, Traité des opérations d'urgences. Paris 1875. — [4] Rosenstein, Untersuchungen über die örtliche Einwirkung der sogenannten Adstringentia auf die Gefässe. Verhandlungen d. physik. med. Gesellschaft in Würzburg. 1875. Neue Folge IX. Bd. 1.—2. Heft.

Sechste Vorlesung.

So paradox es erscheinen mag, wenn wir Blutentziehungen als Blutstillungsmittel nunmehr anreihen, so ist uns die Rolle derselben nach früheren experimentellen Erfahrungen nicht unklar. Das Sinken des Blutdruckes, die Verminderung der Arterienspannung sind die blutstillenden Factoren. Sie können allerdings, wie wir gesehen haben, nur durch unverhältnissmässig grosse Blutverluste erzielt werden, die häufig viel beträchtlicher ausfallen, als die durch die Blutstillung zu ersparenden Blutmengen.

In früheren Zeiten war die Ausführung der Venaesection viel häufiger, da die Blutentleerungen nicht nur als Haemostaticum, sondern auch als Anaestheticum und als Antiphlogisticum in grossem Ansehen standen.

Als Anaestheticum sehen wir die Venaesection schon von Galen an, zur Zeit Marc Aurel's, 130 Jahre nach Chr., bis zur Einführung des Chloroforms angewandt, um Ohnmacht zu erzeugen und so die Ausführung schwererer chirurgischer Eingriffe (Einrenkung einer Luxatio femoris, Taxis eingeklemmter Brüche u. s. f.) zu ermöglichen. — Als Antiphlogisticum kam die Venaesection besonders durch die Krasenlehre in Aufnahme. Und hier finden wir sie namentlich in der französischen Schule von Broussais, sodann von Bouillaud in erschreckender Häufigkeit bei allen typhösen Krankheiten bis zur

Anämie consequent durchgeführt (Jugulade). Erst der Wiener Schule (van Swieten, Skoda) gelang es, dieser sinnlosen Verschwendung des Blutes entgegen zu treten.

Heute sind die Indicationen für Blutentleerungen auf einige wenige beschränkt, abgesehen natürlich von den Fällen, wo es sich um die Entfernung vergifteten oder functionsunfähigen Blutes handelt; oder um Blutentziehungen, wo das entleerte Blut einem andern Menschen eingespritzt werden soll.

So hat man Blutentziehungen empfohlen:

a) bei Apoplexia sanguinea cerebri. Hier wird die den Blutdruck erniedrigende Wirkung des Aderlasses als das blutstillende Moment betrachtet (s. o.).

Auch b) bei Lungenschüssen sind Blutentziehungen, so namentlich von Stromeyer, dem Rathe auch älterer Kriegschirurgen entsprechend, empfohlen worden, und zwar nicht als Antiphlogisticum, sondern ebenfalls als Haemostaticum, „weil es besser ist, dass das Blut durch eine Aderlässe entleert werde, als dass es in den Thorax fliesse" (Stromeyer, Maximen der Kriegsheilkunst S. 444). Doch auch hier wird die Wirkung der Blutentziehung nur dann eintreten, wenn, wie schon erwähnt, sehr grosse Mengen Blut entleert werden. Daher empfiehlt es sich, bei Lungenschüssen vielmehr die Schmerzen und die Athemnoth durch subcutane Morphiumeinspritzungen zu mildern und durch Lagerung und Verbände eine Immobilisirung der betreffenden Thoraxhälfte zu versuchen. Wenigstens habe ich durch Letzteres und den Morphiumschlaf bei Lungenschüssen momentan stets mehr erzielt und erzielen sehen, als durch die Ohnmacht, welche auf reichliche Aderlässe folgt. — Nachdem wir aber durch die Resultate der antiseptischen Wundbehandlung gelernt haben, dass die Gefahren der Eröffnung grosser Körperhöhlen in anderen Dingen liegen als in dem blossen Luftzutritt, wird es eine Aufgabe der Zukunft sein, bei Lungenschüssen eine directe Blutstillung zu überdenken und zu versuchen, wenn möglich unter dem Schutze der Antiseptik, nach weiter Eröffnung der getroffenen Thoraxhälfte.

Endlich ist die dritte Indication, nämlich

c) bei Pneumonie mit Cyanose zu erwähnen. Sie ist der Ueberrest von der früheren Regel, wo keine Pneumonie von einem Aderlass verschont wurde. Der Aderlass bei Pneumonie ist indicirt bei sehr kräftigen robusten Leuten, vor der Acme des Processes, wo durch denselben und die momentane Insufficienz des rechten Ventrikels Blutaustauungen im Venensystem zu Stande kommen; niemals aber in der Pneumonie bei Potatoren. Hier muss dem drohenden

Collaps durch Excitantien und vor Allem durch reichliche Alkohol-
gaben entgegengearbeitet werden.

Man unterschied früher grosse Aderlässe à 2 Pfund Blut (circa
1 Liter) mittlere à 300—350 Ccm. und kleine à 200—250 Ccm. Blut.
Und man übte den Aderlass an verschiedenen Venenstämmen des
Körpers. So an der Vena jugularis in der Mitte des Halses, besonders bei Erhängten und bei Apoplexia cerebri. Man fürchtete diese
Methode wegen der Möglichkeit des Lufteintritts ins Herz, von der
wir bei der Transfusion ausführlicher reden werden. Ferner am Fussrücken, auch an der Vena saphena magna am Oberschenkel. — Jetzt
wird der Aderlass fast ausschliesslich in der Ellbeuge, meist an der
Vena mediana basilica ausgeführt. — Der Stamm der Vena basilica
an der Ulnarseite des Armes, die Vena cephalica an der Radialseite
des Armes verlaufend, nehmen einzelne oberflächliche und die tiefen
Venenäste des Vorderarmes der Art in sich auf, dass sich letztere
zu einem Stamm vereinigen und dieser wiederum durch ein Quer-
rohr oder durch ein Gabelrohr sein Blut theils in die Vena cephalica und theils in die fast zweimal so dicke Vena basilica ergiesst.
Demeutsprechend ist auch der ulnare Ast der Venengabel, die Vena
mediana basilica, der stärker entwickelte und zum Aderlass geeig-
netere, der sich auch bei circulärer Compression der Venen am Oberarm in der bläulich durchschimmernden M-Figur des Venenzusammen-
flusses, als der zweite, dickere Balken erscheint. Die Vene liegt
auf dem ulnarwärts ausstrahlenden aponeurotischen Fortsatz der
Bicepssehne (Lacertus fibr. M. bicip.), durch denselben von der darunter gelegenen und die Richtung der Vene kreuzenden Arteria brachialis getrennt. Ueber die Vene verlaufen die Aeste des N. cutaneus
brachii medius. Selten fehlt die Medianvene mit ihren Gabelästen;
nur manchmal verlaufen die Vena med. cephalica und die med. basilica als zwei gesonderte Aeste. Falls man eine passende Vene in
der Ellbeuge nicht finden sollte, rieth Lisfranc, eine Vena salva-
tella am Handrücken oder die Vena cephalica da aufzusuchen, wo
dieselbe am Oberarm zwischen M. deltoid. und M. pectoral. verläuft.

Bei Ausführung eines Aderlasses müssen die strengsten Reinlich-
keitsmaassregeln beobachtet werden. Nicht selten sind früher nach
dieser scheinbar unschuldigen Operation periphlebitische und selbst
pyämische Processe beobachtet worden.

Nach sorgfältiger Reinigung des Operationsfeldes legt man eine
constringirende Binde um die Mitte des Oberarms (Aderlassbinde,
früher von rother Farbe) und schliesst sie mit einem leicht und rasch
zu lösenden Knoten (Fascia ante venaesectionem comprimens). Der

Operateur stellt sich so, dass er die Hand des Armes, an welchem der Aderlass stattfinden soll, zwischen seiner rechten Hüfte und seinem rechten Ellbogen fixirt. Der Daumen der linken Hand drückt auf den nunmehr prall gefüllten Venenstamm, unterhalb der Stelle in der Ellbeuge, an welcher die Eröffnung der Vene stattfinden soll. Dies geschieht am besten mit einer besonderen, in bewegliche Schutzdeckel gefassten Messerklinge. Es ist dies die in der Lebensgeschichte manches Arztes so merkwürdig gewordene Aderlasslanzette, früher oft das einzige Symbol ärztlichen Wissens und chirurgischen Könnens. Je nach der Form der platten, beiderseitig geschärften Spitze unterschied man eine mehr dickbäuchige und eine schlankere Form (die gerstenkornförmigen und die haferkornförmigen Phlebotome). — Mit nach oben zurückgeschlagenen Schutzdeckeln wird die Lanzette dicht oberhalb der Spitze mit dem Daumen und Zeigefinger der rechten Hand gefasst. Während nun der fünfte Finger der operirenden Hand auf den Vorderarm des Patienten sich stützt, der vierte und dritte eingeschlagen werden, dringt die Spitze des Phlebotoms in schiefer Richtung zur Gefässrohraxe in die Vene. Die schiefe Richtung wird gewählt, um ein besseres Klaffen der Venenwunde zu erzielen. Lässt man jetzt mit dem Druck des linken Daumens nach, so schiesst das angestaute Venenblut im Strahl in das untergehaltene Maassgefäss (Aderlassgefäss). Soll die Blutung unterbrochen werden, so braucht der Daumen nur von Neuem aufgedrückt zu werden. Dasselbe hat zu geschehen bei Beendigung des Aderlasses, wo man die Aderlassbinde rasch löst und durch einen antiseptischen Compressionsverband, der den Fingerdruck ersetzt, dauernd einen weiteren Blutverlust hindert. In Kriegszeiten wird man sich oft mit dem Aufdrücken eines antiseptischen Ballens auf die Aderlasswunde begnügen müssen. Jedenfalls ist es rathsam, nachträglich den ganzen Arm mit einer Binde einzuwickeln und in einer Mitella ruhig zu stellen.

Die Verletzung der Art. brachialis vermeidet man durch Anwendung einer ganz scharfen Lanzette und durch langsames Einsenken ihrer Spitze in die Vene. Viel häufiger war diese Verletzung und die darauf folgende Bildung eines sogenannten Aderlassaneurysma, als man die Aderlasslanzette ersetzte durch den für eine chirurgische Hand so unwürdigen Aderlassschnepper (Erfindung des Holländers Paasch). — Die Verletzung der Arterie wird angezeigt durch die hochrothe Farbe des Blutstrahls, an dem man öfters Pulsationen sieht. Ein viel untrüglicheres Zeichen ist aber das Aufhören der Blutung bei centraler Compression des Stammes der Art. brachialis in der Mitte des Oberarmes. Manchmal, wo beide letztge-

nannten Zeichen fehlen, zeigt sich doch eine Schwellung in der Tiefe
der Aderlasswunde, wenn das Blut aus der Arterie sich nicht nach
aussen ergiesst, sondern sich in den die Arterie umgebenden Gewebsschichten verbreitet. — Ist einmal die Verletzung der Arterie constatirt, so halte man sich nicht mit Compressionsversuchen auf, sondern
lege die Vene und die Arterie frei und unterbinde beide doppelt nach
den für die Behandlung des Arterienstichs (Durchstichs) gegebenen
Regeln. Nur in zweifelhaften Fällen würde man sich mit einer com-
primirenden Bindeneinwickelung des ganzen Armes mit untergelegter
Längspelotte (dickes Gummirohr) entsprechend dem Verlauf der Brachialis begnügen können. Die von früheren Verbandkünstlern angegebenen Verbände: Fascia pro venaesectione in cubito und Fascia
pro aneurysmate sind nur zusammen mit einer totalen Einwickelung
des Armes brauchbar.

Bei der Phlebotomie am Fussrücken wurde die Aderlassbinde
oberhalb der Wade gelegt; bei derjenigen an der Vena jugularis
musste die Binde durch die Compression des Bulbus der Vene im
Trigonum des M. sternocleidomast. ersetzt werden.

Die Eröffnung einer Arterie (Arteriotomie) um Blut zu entleeren, ohne im Weiteren eine Transfusion zu beabsichtigen, dürfte
augenblicklich keine Verwendung finden. Man hat sie früher an der
Art. temporalis bei Augenkrankheiten empfohlen (Wardrop) und man
hat gewagt, die Arterie wie eine Vene durch die Haut hindurch anzu-
stechen, was niemals geschehen darf, ebensowenig wie das nachträgliche einfache Anlegen eines Compressionsverbandes, selbst wenn wir
dazu einen Packknoten wählten (Fascia nodosa). — Soll eine Arterie
eröffnet werden, sei es, dass man in deren peripheren Verlauf eine
Bluteinpressung machen will, wie es einst Hueter vorschlug, oder
dass man nach dem Herzen zu Blut in die Arterie einzuspritzen beabsichtigt, oder endlich, dass man den arteriellen Strom direct in
eine Vene eines andern Individuums überleiten will, stets muss das
arterielle Gefäss wie zu einer Continuitätsligatur sorgfältig frei gelegt
und nach erfülltem Transfusionszweck doppelt unterbunden werden.

Die Entziehung von Blut aus kleinen Gefässen ist
zur Beschaffung von Transfusionsblut nur vereinzelt vorgeschlagen
worden (Gesellius), desto häufiger hat man in früherer Zeit die
sogenannten capillären Blutentziehungen ausgeführt, um eine suppo-
nirte locale Blutüberfüllung zu beseitigen. Die Leichtigkeit bei Ausführung der einschlägigen Proceduren in Gemeinschaft mit der Wichtigkeit, die das Volk den localen Blutentziehungen beilegte, macht
es begreiflich, dass dieselben noch mehr wie der venöse Aderlass

in die Praxis der Heilgehilfen übergingen, die ja auch heute bei dem Publicum oft die erste hilfebringende Instanz repräsentiren.

Seitdem unsere Anschauungen über den Blutreichthum und die Blutvertheilung im Organismus, wie Sie im Laufe unserer ersten Besprechungen gesehen haben, ganz abweichende von den früheren geworden sind, mussten auch die Anzeigen für die localen Blutentleerungen auf ein minimales Maass zusammenschrumpfen. Wir werden ihre Ausführung nur da für gerechtfertigt halten, oder richtiger gesagt, wir werden eine Indication für eine locale Beeinflussung der Kreislaufsverhältnisse dort finden, wo, sei es durch mechanische oder durch entzündliche Vorgänge, entweder der locale arterielle Druck vermindert ist oder ein directes Hinderniss vorliegt für den Abfluss des Venenblutes. In beiden Fällen wird eine Anhäufung von Blut in den betroffenen Theilen stattfinden und in ihrem Gefolge entweder zu Ernährungsstörungen oder zu abnormen Ansammlungen von Flüssigkeiten innerhalb der Gewebe führen. Für diese Fälle wird es meist genügen, durch Eröffnungen von Collateralbahnen den Blutabfluss zu bewerkstelligen; sei es, dass wir durch mechanische, durch thermische oder durch chemische Reize (Hämospasie, feuchte Wärme, sogenannte Derivantien, wie Canthariden, Sinapismen, Jodtinctur) eine collaterale reflectorische Gefässlähmung herbeiführen. Nur selten wird es nothwendig sein, das gleichsam aus der Circulation temporär ausgeschaltete und durch seine gehinderte Ventilation den Bestand der Gewebe bedrohende Blut direct nach aussen zu entleeren. Auch dann wird man jedoch durch kunstgerechte Einschnitte mit dem Messer in mehr präciser und mehr reinlicher Weise den genannten Zweck erreichen, als durch die näher zu besprechenden früher so beliebten „capillären" Blutentziehungen. Als solche sind zu nennen die Scarificationen, die Schröpfköpfe und die Blutegel.

Die Scarificationen, früher bei Conjunctivitis pannosa, bei Hypertrophie der Tonsillen, bei Metritis chronica und bei acuter Glossitis gerühmt, bestanden in Stichelungen der Gewebe mit feinen Messerchen. In neuerer Zeit sind diese Stichelungen für die Behandlung des Lupus wieder aufgenommen worden, wo sie aber die Schrumpfung der Gewebe nicht durch die Blutentleerung, die möglichst gering ausfallen soll, sondern durch die gleichzeitige Durchtrennung zahlreicher, zu den einzelnen Geschwulstknoten sich verbreitender Gefässe und durch deren nachträgliche Obliteration wirken sollen. — Bei acuter Glossitis erweisen sich lange und tiefe, der sagittalen Zungenaxe parallele, übrigens wenig schmerzhafte Messerschnitte oft von überraschend schnellem Erfolg, besonders für die Abschwel-

lung des Organs. — Bei der Hypertrophie der Tonsillen stellt im
entzündlichen Stadium sowohl, wie nach Ablauf desselben die Excision oder Resection das beste Mittel dar.

Zum Schröpfen gehört ein die Hautgefässe verletzender und
ein das Blut in einen luftverdünnten Raum ansaugender Apparat.
Zum ersteren Zwecke dient der bereits zu Ende des 17. Jahrhunderts von Lamzweerde construirte sogenannte englische Schröpf-
schnepper und ferner gläserne oder metallene etwa halbkugelige
Hohlkapseln oder Bechergefässe (Schröpfköpfe, Cucurbitae, Ventouses). Man erwärmt dieselben über einer Spiritusflamme und drückt
sie, nach Befeuchtung ihres freien Randes, mit demselben auf die
Haut. Bei der Abkühlung der Schröpfköpfe tritt in deren Innern
eine Luftverdünnung ein, wodurch sie sich fest ansaugen und das
Blut in ihren Hohlraum eintreten lassen. Gegenüber diesen sogenannten blutigen Schröpfköpfen (C. cruentae) stehen die trockenen
Schröpfköpfe (Ventouses sèches), wo eine vorherige Verletzung der
Haut mit dem Schnepper nicht stattfindet. Ihr Zweck besteht nur
in der Erzeugung localer Hauthyperämien. In diesem Sinne sehen
wir sie noch öfters auf die Thoraxhaut applicirt, bei entzündlichen
Affectionen der Lungen und der Pleura. — Solche Hyperämien im
grossen Maassstabe und mit der beabsichtigten Rückwirkung auf den
Gesammtkörper wurden früher ausgeführt an einem der Unterschenkel
sammt Fuss mit Hilfe des Riesenschröpfkopfs (Ventouse monstre),
des sogenannten Junod'schen Stiefels.

Zur Hämospasie, aber auch zu localen Blutentziehungen in der
Umgebung des Auges dient der von Heurteloup erfundene sogenannte künstliche Blutegel bei dem die Hautverletzung durch ein
rasch abgedrehtes cylindrisches Hohlmesser, die Blutaussaugung mit
Hilfe einer Glasspritze geschieht, in welcher die Luftverdünnung
bewerkstelligt wird durch Emporschrauben des Stempels, nachdem
die Spritze auf die Haut fest aufgedrückt worden war.

Während die Schröpfköpfe nur an grossen, platten Flächen sich
anbringen lassen, dienten zu capillären Blutentziehungen an kleinen
oder sehr unebenen Stellen (Bauch, Stirn, Schläfe, Reg. mastoidea
und Reg. suboccipitalis, am Zahnfleisch, am Muttermund u. s. f.) die
mit einem nach Art eines Zwergschröpfkopfs gebauten Saugnapf und
sechs braunen Streifen am Nacken versehenen Blutegel (Hirudo
officinalis). — Die von dem Wurm anzubeissende Stelle muss gut
gereinigt und mit Milch oder Zuckerlösung bestrichen werden; oder
man muss einen kleinen Hautstich mit der Lanzette anbringen. —
Zum Abfallen bringt man den Wurm durch Aufstreuen von Kochsalz

auf das Schwanzende. — An das Zahnfleisch und an die Portio vaginalis müssen die Blutegel in Probirgläschen angesetzt werden. Am besten zieht man noch einen Faden durch den Schwanz der Thiere und überwacht sie genau, damit sie nicht von der ihnen angewiesenen Stelle abfallen und sich an einem anderen ungelegenen Orte (z. B. im Kehlkopf, wie solches beobachtet worden ist), fest beissen. — Besonders an nervenreichen Hautbezirken wird das Saugen von Blutegeln leicht schmerzhaft. — Man rechnet, dass ein Blutegel etwa 8 Gr., mit einer zweistündigen Nachblutung etwa 15 Gr. Blut entziehen kann, was entschieden zu niedrig gegriffen ist. — Die Nachblutung wurde früher durch warme Umschläge auf die Wunde befördert. — Um die Blutegel reichlicher saugen zu lassen, schnitt man ihnen sonst, nach dem Urbild des im Stadtthor halb durchschnittenen Pferdes von Münchhausen, das Schwanzende ab. Viel schonender und die Lebensfähigkeit der Thiere durchaus nicht behindernd, ist die zu diesem Zweck von Beer empfohlene Aufschlitzung der an den Seiten des Blutegels gelegenen Magensäcke desselben (Bdellotomie).

Oefters bluten die Blutegelstiche unliebsam lange nach; meist wird zwar die Blutung durch andauernde Compression sich stillen lassen. An Orten aber, wo eine solche entweder unmöglich oder unbequem erscheint, wird man zur Umstechungsligatur des Blutegelstichs greifen müssen, oder zur Durchstechung der vom Blutegel angesogenen Hautkuppe, in deren Centrum der blutende Stich sich befindet, mit Hilfe einer durch die Basis der Kuppe geführten Nadel. Um diese wird dann, wie bei einer Sutura circumvoluta, ein Faden in Achter-Touren herum geführt.

Die Lehre von der Transfusion darzustellen ist nicht leicht. Kaum auf einem anderen Gebiete begegnen wir so viel Phantasterei, so viel Unwissenschaftlichkeit, so viel kritikloser Leichtgläubigkeit und so viel Leichtsinn. Aus alle dem den wissenschaftlichen Kern und die praktisch brauchbaren Grundsätze herauszufinden, soll hier unsere Aufgabe sein.

Schon die Geschichte der Transfusion zeigt uns ein so verschwommenes Bild von dunkeln Tendenzen und unklaren Indicationen, dass eigentlich erst mit den jüngsten Errungenschaften in der Blutphysiologie die wirkliche Entwicklungsgeschichte der Transfusionslehre beginnt.

Man unterscheidet am besten vier grössere geschichtliche Perioden.

Eine älteste, welche in den Beschreibungen griechischer und
römischer Dichter (Ovid's Metamorphosen Lib. VII) ihre Quellen
findet und an die Sage anknüpft von der Blutüberleitung durch
welche Medea Jason's Vater verjüngt haben soll. Das ist die my-
thologische Periode. — Die zweite, die mystische Periode reicht
bis zum 17. Jahrhundert nach Chr. und begreift alle die rohen Versuche, durch Einflössen von ernährenden und arzneilichen Substanzen, als auch von Blut in das Gefässsystem, gewisse Veränderungen,
sei es in dem Charakter oder der Sinnesart der betreffenden Individuen hervorzubringen, welchen Veränderungen nur zu häufig der
Beigeschmack des Wunderbaren anklebte.

Die dritte Periode reicht bis in den Anfang unseres Jahrhunderts hinein; es ist dies die empyrische, ausgezeichnet durch
controllirende Thierversuche, die zum Theil durch wissenschaftlich
Vertrauen erweckende und allgemein hochgeachtete Männer unternommen worden waren. In Frankreich haben Denis und Emmerez
den ersten Anstoss zur wissenschaftlichen Discussion der Transfu-
sionsfrage gegeben, ja sogar dazu beigetragen, dass dieselbe sowohl
in England wie in Italien längere Zeit wissenschaftliche Köpfe und
gelehrte Gesellschaften beschäftigte. — In England verdienen die
mit wissenschaftlicher Kritik unternommenen Versuche von Clarke,
Lower, King und Boyle besonders genannt zu werden, während
in Italien Michel Rosa [1]) bereits interessante Beobachtungen über
den Blutaustausch zwischen verschiedenen Thierspecies machte. Auch
fand er schon, dass man grosse Mengen Blut in die Gefässe spritzen
könne und dass, wenn man vorher auch keinen Aderlass gemacht hat,
dennoch eine Blutüberfüllung am Versuchsindividuum in keiner Weise
beobachtet wird.

Bald aber gerieth die Transfusion wieder in Misscredit; und zwar
aus begreiflichen Gründen, als man anfing dieselbe gegen alle möglichen chronischen, und selbst psychischen Leiden anzuwenden (so
bei Lyssa humana, bei Krebs, bei Febris putrida). Und erst durch
Bischoff [2]), Prévost und Dumas [3]), Panum [4]), Brown-Séquard [5]) u. A., und deren theils historische und theils chemische
Studien über das Blut, trat die Transfusionslehre in ihre vierte und
wissenschaftliche Periode ein, die wir kurzweg als die moderne
bezeichnen wollen.

Hier begegnen wir zuerst der wichtigen Erkenntniss, dass es die
rothen Blutscheiben sind, welche bei der Transfusion die Hauptrolle
spielen und dass nur arterielles oder arterialisirtes Blut belebend zu
wirken vermag. Ferner lernte man durch Bischoff und Johannes

Müller, dass durch Schlagen defibrinirtes Blut seine vitalen Eigenschaften nicht einbüsst, dass die rothen Blutscheiben durch das Schlagen nicht leiden. Die Verwendbarkeit des defibrinirten Blutes und die geringeren Umstände bei dessen Einspritzung trugen wesentlich zur Verbreitung der Transfusion bei, und drängten gegenüber früheren Jahrhunderten die Transfusionen von Thierblut ganz in den Hintergrund, indem man fast ausschliesslich defibrinirtem Menschenblut den Vorzug gab. — So transfundirte Blundell[6]) bei verblutenden Entbundenen und bei Puerperalfieber, Waller[7]) bei chronischer Anämie, Neudörffer, nach langen Eiterungen, bei chronischer Pyämie, Polli bei Nervenaffectionen, Dieffenbach[8]) bei Cholera, Blasius[9]) bei Leukämie, Traube[10]) und Martin[11]) bei Kohlenoxydgasvergiftungen. Da aber Letzterer[12]) des nicht defibrinirten Menschenblutes sich schon vorher mit Glück bedient hatte, so fing man von Neuem an, die Frage zu discutiren, ob dem geschlagenen (defibrinirten) oder dem nichtgeschlagenen (ganzen) Blute der Vorrang gebührt. — Die heftige Polemik, die von mancher Seite gegen die Lebensfähigkeit des defibrinirten Blutes eröffnet wurde, und die Bedenken, die man hervorhob, dass durch Einspritzungen defibrinirten Blutes Gerinnsel in den Blutstrom eingeschleppt werden könnten, lieferten die wesentliche Ursache, ohne dass wissenschaftliche Nachweise zunächst für obige Anklagen vorgelegen hätten, zur Wiederaufnahme der Transfusionen mit ganzem Blute. — Und so fand auch die von neuem empfohlene Thierblut- (Lammblut-) Transfusion einen bereiteten Boden. — Dennoch musste auch sie bald wieder von der Tagesordnung verschwinden, weil die sanguinischen Erwartungen, die man an ihre Ausführung, besonders bei chronischen Leiden (vor allem bei Phthise), geknüpft hatte, in keiner Weise in Erfüllung gingen.

Ehe wir zur Präcisirung unseres Standpunktes und zur Bezeichnung der wirklich brauchbaren Methoden übergehen, wollen wir alle bisher vorgeschlagenen und ausgeführten Verfahren in Kürze zusammenstellen.

Je nach der Form, in welcher wir das Blut anwenden, unterscheiden wir

I. Transfusionen mit ganzem (nicht defibrinirtem) Blute und zwar

1. Ueberleitung in die Vene des Blutempfängers direct aus der Vene des Blutspenders durch besondere Apparate (Roussel[13]) = venös-venöse Transfusion).

2. Ueberleitung von Aderlassblut in die Vene durch Pumpwerke (Moncoq[14]), Collin, Mathieu) oder Spritzen (Martin l. c.).

4*

3. Ueberleitung von Capillarblut (Schröpfblut) durch Pumpapparate in die Vene (Gesellius[15]).

4. Ueberleitung von Arterie zu Arterie mit Pumpwerken (Schliep[16]) = arteriell-arterielle Transfusion).

5. Ueberleitung direct von Arterie zur Vene. Bisher blos von der Carotis der Lämmer in die Vena med. basilica des Menschen ausgeführt.

II. Transfusionen mit defibrinirtem Blute (fast ausschliesslich Menschenblut) und zwar:

1. In die Venen, mit Spritzen (Landois[17]), Uterhart[18]), Braune[19]) oder mit Zuhilfenahme einfacher Maassgefässe (Nagel, Casse[20]).

2. In die Arterien (Hueter's[21]) peripher-arterielle Bluteinspritzungen).

Je nach der Beschaffenheit des Blutspenders unterscheiden wir

A. Transfusionen mit Blut derselben Thierspecies (von Mensch zu Mensch). Hierher gehören:

a) die meisten Transfusionen mit defibrinirtem Blut;

b) die venös-venösen Transfusionen ganzen Blutes (direct aus der Vene, oder von ganzem Aderlassblut oder von Capillarblut);

c) die arteriell-arterielle Transfusion (Schliep).

B. Transfusionen mit Blut anderer Species — Thierblut-Transfusionen bei Menschen. Hierher gehören:

a) alle bisherigen directen Transfusionen ganzen arteriellen Blutes (siehe Hasse's[22]) Monogr.);

b) ein grosser Theil der indirecten, durch Pumpwerke vermittelten arteriell-venösen Transfusionen ganzen Blutes;

c) Injectionen defibrinirten Thierblutes und von Thierblutserum.

In welcher Weise sollen wir uns, und nach welchen Grundsätzen die brauchbarsten und am meisten rationellen Verfahren auswählen.

Die Transfusion hat zum Zweck die Einführung functionsfähiger rother Blutscheiben, die der Respiration und im weiteren dem Stoffwechsel zu dienen bestimmt sind. Dazu ist es nöthig, dass nicht nur die Blutscheiben von Anfang an in einer für sie zuträglichen Blutflüssigkeit sich befinden, sondern dass auch die Blutflüssigkeit des Blutempfängers, in welche sie hineingelangen, die Lebensfähigkeit derselben nicht bedrohe. — Es ist bekannt, dass die Resistenzfähigkeit der Blutscheiben verschiedener Thierspecies eine verschiedene ist, dass aber auch das Serum verschiedener Blutarten die Blutscheiben einer Anzahl von Thieren nicht schädigt, während andere Blutscheiben stets darin zu Grunde gehen. Diese Thatsachen

sind für die Transfusion mit Thierblut von höchstem Belang; denn
es werden vielleicht die Blutscheiben des blutbedürftigen Organismus
nicht afficirt von der Blutflüssigkeit des eingespritzten Blutes (Schaf-
blut), allein die gleichzeitig eingespritzten Blutkörperchen können nur
kurze Zeit in der Blutflüssigkeit des Menschen lebensfähig bleiben.
Für den Hund als Blutspender ist das umgekehrte Verhältniss behauptet worden (Landois[23]).

Es kommen aber noch andere Gesichtspunkte mit in Frage, so
der Gasgehalt des Blutes (Brown-Séquard l. c. und Panum l. c.).
Man hat die Dyspnoe, die oft in besorgnisserregender Weise bei Transfusion mit Lammblut beobachtet worden ist, zurückgeführt auf den
grösseren Kohlensäuregehalt des letzteren. Daher schlug Traube
vor, die Thiere apnoisch zu machen, ehe man die Blutüberleitung
vornimmt.[24]

Sodann sind durch die Untersuchungen von Alexander
Schmidt[25] über das Fibrinferment und dessen gerinnungsbefördernde Eigenschaften neue Anschauungen entstanden über die Verwendbarkeit defibrinirten Blutes. Die nach Transfusion mit geschla-
genem Blut beobachteten Gerinnungen im Gefässsystem hat man bis
jetzt auf eine mangelhafte Technik, vor allem auf eine mangelhafte
Abfiltrirung der Gerinnsel aus dem geschlagenen Blute zurückgeführt.
Hiernach mussten die eingeschleppten Fibringerinnsel zu fortgesetzten
Gerinnungen Veranlassung geben, da die Fibrinpfröpfe, wenn sie
als einfache Emboli selbst in grösserer Zahl auftreten, keine bedrohlichen Erscheinungen nach sich ziehen würden. — A. Schmidt hat
nun gezeigt, dass durch das Defibriniren des Blutes je nach Umständen Fibrinferment erzeugt wird und dass, sobald dasselbe
mit dem Transfusionsblut in die Blutbahn gelangt, dort multiple Gerinnungen eintreten können. Vielleicht dass ein allgemeiner fieber-
hafter Zustand des Blutempfängers oder septische Processe, die sich
bei demselben abspielen, die gerinnungsbefördernde Kraft des Fibrinferments steigern. Möglicherweise werden ähnliche Vorgänge beim
Blutspender auch die Menge des im defibrinirten Blute entstehenden
Fibrinferments erhöhen (Köhler[26]). — Nach Köhler wird die Wirksamkeit des fibrinfermenthaltigen Blutes ebenfalls gesteigert, wenn
man das Blut bei der Einspritzung zuerst irgend ein peripheres Capillargebiet des Körpers passiren lässt, also z. B. bei der Einspritzung in
das periphere Ende einer Arterie, wie es Hueter für seine arterielle
Transfusion vorgeschlagen hat. Die peripher-arterielle Transfusion
sollte aber den Gefahren einer Gerinnseleinschleppung ins Gefässsystem
gerade vorbeugen, indem letztere in dem capillaren Netz gleichsam

abgefangen würden. — Abgesehen davon, dass die Schwierigkeiten der Einpressung defibrinirten Blutes in ein Capillargebiet zuweilen sehr gross, ja unüberwindlich werden können, was auf einen Krampf der Gefässmusculatur, aber auch auf Gerinnungen innerhalb dieser Gebiete zurückführbar ist, müssen uns vor Allem die Erfahrungen Schmidt's ungünstig für die Hueter'sche Methode stimmen.

Nicht im defibrinirten Blute zurückbleibende Gerinnsel sind das gefahrbringende Moment bei einer Transfusion, sondern das durch das Defibriniren gebildete Fibrinferment, dessen Wirksamkeit bei der peripheren arteriellen Transfusion erst recht gesteigert werden kann. — Viel rationeller erscheint daher der Vorschlag, falls man überhaupt defibrinirtes Blut anzuwenden genöthigt wäre, die Einspritzung in eine grosse Vene oder in das centrale Ende einer Arterie zu machen (Landois l. c.). Namentlich letzterer Vorschlag hat bis jetzt merkwürdigerweise keine weitere Empfehlung gefunden, obwohl leicht nachzuweisen ist, dass mit Fibrinferment beladenes Blut vollständig seine gerinnungserzeugenden Eigenschaften verliert, sobald man es direct in eine Arterie nach dem Herzen zu eintreibt.

Zu der centralen arteriellen Transfusion müssen wir uns einer Spritze bedienen, und ist dabei die Sorge um das gleichzeitige Einpressen von Luftblasen nicht so gross, als wenn man die Einspritzung in eine Vene und somit ins rechte Herz vorzunehmen hätte.

Für die venöse Blutinfusion giebt es nur zwei brauchbare Verfahren: die directe Einlassung des arteriellen Stromes unter dem Einfluss der eigenen Herzkraft des Blutspenders, und zweitens das Einfliessenlassen defibrinirten Blutes unter dem Druck der Schwere der in ein Maassgefäss gefüllten Blutflüssigkeit. — Der erstere Weg ist, wie erwähnt, bis jetzt nur von Thier auf Mensch versucht worden. Und doch liegt im Nothfalle nichts im Wege, dass man eine in das centrale Ende, z. B. einer Radialis eines Gesunden, unter antiseptischen Cautelen eingefügte Canüle mit einer solchen, die man in die Vena med. basilica des Patienten eingebunden hat, in Communication bringt, nachdem die Hand des Blutspenders in entsprechender Weise an dem Arme des Blutempfängers befestigt worden ist. — Dabei kann man, wie bei allen directen Transfusionen, ohne alle complicirten Vorrichtungen, mit leicht anzufertigenden Glascanülen, die durch Kautschukschläuche verbunden sind, auskommen. — Eine vorherige Füllung des Canülensystems mit einer indifferenten Flüssigkeit, um die Luft zu entfernen, ist unnöthig. — Eine zwischen das Verbindungsrohr und den Gummischlauch der peripheren (d. h. in der Vene steckenden) Canüle geschobene Sonde gestattet hinreichend, wenn man bei noch verschlossener Vene die Arterie öffnet, dass das hineinschiessende Blut die Luft vor sich her und nach aussen verdrängt. Kommen neben der Sonde statt der Luftblasen die ersten Blutstropfen hervor, so zieht man die Sonde heraus und das Canülensystem ist völlig mit Blut gefüllt. Man braucht blos nunmehr die Venenligatur zu lösen, damit das Arterienblut ungehindert in das venöse Gebiet nach dem Herzen zu einströme. [27])

Die directe Ueberleitung von Arterie zu Arterie wird nur dort möglich sein, wo zwischen der Arterienspannung des Blutspenders und derjenigen des Blutempfängers ein beträchtlicher Unterschied und zwar zu Gunsten des ersteren besteht. So könnte man versuchen, in das periphere Ende einer Arterie bei hochgradig Anämischen das Blut direct, d. h. mit Einschaltung einfacher Canülen, aus dem centralen Ende der Arterie eines Blutspenders überströmen zu lassen. Bei gleicher Spannung in beiden Arteriensystemen ist dieser Versuch überhaupt unmöglich. — Bei Menschen sind solche Versuche nur mit Hilfe von eingeschalteten Pumpwerken (Schliep l. c.) bisher ausgeführt worden. Will man letztere überhaupt in Gebrauch ziehen, dann würden wir wegen der leichteren Ausführbarkeit die centrale Einpressung empfehlen, d. h. aus dem centralen Arterienrohr in das centrale Arterienende des Blutempfängers.

Zur Einführung von defibrinirtem Blut in die Venen hat man sich früher der Spritzen bedient. Doch ist es viel einfacher und viel weniger gefährlich, statt das Blut gewaltsam einzupressen, dasselbe nur unter dem Druck der in einem Maassgefässe eingefüllten Blutflüssigkeit einfliessen zu lassen. Nicht als ob das Eindringen einzelner weniger Luftblasen — besonders wenn man eine vom Herzen entfernte, also eine Extremitätenvene wählt — zu fürchten wäre. Aber bei der Einpressung mit der Spritze lässt sich weder das Tempo, noch das Quantum des in der Zeiteinheit hineingetriebenen Blutes so genau bemessen, dass nicht hier und da eine Ueberfüllung des rechten Herzens, mit Stauungserscheinungen in den grossen Körpervenen oder selbst eine directe Einpressung von Blut in letztere stattfinden könnte, wie z. B. in den Portalkreislauf. Experimentell sind unter solchen Umständen Blutungen in den Darm und in die Leber, selbst Leberzerreissungen (Casse l. c.) beobachtet worden.

Was den Lufteintritt in die Venen und dessen Gefahren anlangt, so haben letztere in Bezug auf die Ursachen des tödtlichen Ausganges eine vielfache Deutung erfahren. — Zunächst sollten die ins Herz gelangten Luftblasen von dort in die Lungen getrieben werden und eine Verstopfung in deren capillaren Gebieten ergeben, mit hochgradiger Behinderung des Lungenkreislaufes. Es hat sich aber gezeigt, dass wenn man in periphere Venen selbst ganze grosse Spritzen voll Luft eintreibt, dieses von den Experimentalthieren gut vertragen wird (Löwenthal[28]). Man weiss ferner, dass selbst die Ueberschwemmung des Lungenkreislaufes bis zu einem hohen Grade, z. B. mit einer Wachs- oder Fettemulsion keine directe Lebensgefahr nach sich zieht.

Nun hat man nicht die Verlegung des Lungenkreislaufes allein mit Luftemboli, sondern gleichzeitig eine ähnliche Circulationsstörung innerhalb des Gehirns und der im verlängerten Mark befindlichen Centren angenommen (Panum u. A.). Allein obwohl solche auch experimentell und auf graphischem Wege sich nachweisen lassen (Couty[29]), besonders bei allmählicher Einpressung von Luft in die Venen, so zeigen doch die Fälle, wo der Tod plötzlich nach Lufteintritt zu Stande kommt — und diese müssen wir bei den tödtlichen Unglücksfällen, die bei Transfusionen vorkommen, zunächst im Auge behalten — dass hier die nächste Todesursache in einem primären Herzstillstand zu suchen ist.

Die Herzklappen — und vor Allem kommt es auf die Tricuspidalis an — sind eben Flüssigkeitsventile. Dringt in die Herzhöhle Luft statt Blut in grösseren Mengen ein, so werden die Klappen und zunächst das Segelventil der dreizipfeligen Klappe insufficient, und zwar mehr oder weniger, je nachdem grosse Luftmengen das Herz aufblähen oder daneben noch Blut eingeflossen ist. Letzteres wird durch die für den Lungenkreislauf fruchtlosen Herzcontractionen mit der Luft zu Schaum geschlagen. Wegen der Insufficienz der Ventile wird nun der abnorme Inhalt des rechten Herzens wie ein Pfropf zwischen der Arteria pulmonalis und den Hohlvenen hin und her geschoben. Nur wenige Luft- oder Schaumblasen gelangen in den Lungenkreislauf, und so auch in die Coronargefässe des Herzmuskels selbst. Dass aber kein Blut in die Lungen und in die ernährenden Gefässe des Herzens hineingelangt, liegt nicht an der Verstopfung derselben mit Luftblasen, sondern eben daran, dass wegen der Insufficienz der Ventile kein Blut aus den Hohlvenen in das Herz nachfliessen kann. So tödtet der Lufteintritt ins Herz durch primären Herztod, vorausgesetzt, dass grosse Mengen von Luft auf einmal eingedrungen waren. — Bei geringeren Mengen und langsamerem Lufteintritt wird das noch nebenher eindringende Blut das rasche Absterben des Herzmuskels hindern und auch im Lungenkreislaufe keinen definitiven Stillstand ermöglichen. — Legt man nach Spaltung des Brustbeines das Herz eines Thieres so frei, dass

die Pleuren nicht mit eröffnet werden, und lässt man durch eine
Wunde in der Jugularis Luft ins Herz treten, so sieht man deutlich, wie sich das Herz vergebens über seinem Inhalt contrahirt.
Allmählich füllen sich die Coronargefässe ebenfalls mit Luft oder
Blutschaum und bald tritt voller Stillstand der Contractionen ein.
Wenn man jetzt durch eine feine Stichcanüle eine indifferente Flüssigkeit (½ Proc. Kochsalzlösung) durch das Herzfleisch direct in den
rechten Ventrikel einspritzt, so dass allmählich die Menge der Flüssigkeit über diejenige der Luft überwiegt, so sieht man, wie bei
den noch schwachen Herzcontractionen der Herzinhalt allmählich
weiter geschoben wird, indem die Klappen wieder sufficient werden.
Bald dringt wieder Blut nach, die Herzcontractionen werden stärker
und der Lungenkreislauf stellt sich wieder her. — In wieweit und
in welcher Weise obige Beobachtungen sich auch praktisch werden
verwenden lassen, und ob überhaupt ein lebensrettender Erfolg bei
den plötzlichen Todesfällen nach Lufteintritt zu erzielen sein wird,
müssen weitere Untersuchungen zeigen.

Wir hätten noch zweier Methoden zu erwähnen, welche als Sur-
rogat für die Einspritzungen von Blut in das Gefässsystem versucht
worden sind: Die subcutane Einspritzung von Blut und die Einspritzung von Blut in die Bauchhöhle.

Beide Methoden, mag hierzu ganzes oder defibrinirtes Blut angewendet werden, liefern die Resorption der rothen Blutscheiben
auf dem Umwege des Lymphstromes. Es gelangen also die rothen
Blutscheiben indirect und nur langsam in die Blutbahn; daher eignen
sich dieselben nicht für die Fälle, wo ein Blutersatz dringend und
rasch erforderlich ist. Ausserdem hat Casse [30]) nach dem Vorgange
mehrerer Anderer, sowohl experimentell als bei Kranken die subcutanen Injectionen von Blut versucht, aber mit sehr zweifel-
haftem Erfolge. Auch traten vielfach an den Injectionsstellen Absce-
dirungen auf. — Die Einspritzung von Blut in die Bauchhöhle soll Ponfick [31]) bei drei Kranken mit Erfolg angewendet
haben. Experimentell ist letztere Frage von Browicz und Oba-
liński [32]) geprüft worden.

Wenn wir nunmehr zur Besprechung der Technik der Transfusion übergehen, so müssen Sie sich vor allen Dingen merken, dass
das Gefäss, in welches die Bluteinspritzung stattfinden
soll, stets, wie zur Unterbindung, in der Continuität frei
gelegt werden muss; und zwar gilt dieses sowohl für Venen wie
für Arterien. Die Anwendung von Stichcanülen, mit welchen eine
Vene durch die Haut hindurch eröffnet werden soll, ist unsicher, und

kann selbst, wenn in der Nähe grössere Arterien liegen, wie in der Ellenbogenbeuge, gefährlich werden. — Nach Freilegung des Gefässes (Vene oder Arterie) werden drei Schlingen um das isolirte Gefässrohr gelegt: Eine periphere Ligatur, welche dauernd das Gefäss verschliessen soll, eine centrale temporäre Ligaturschlinge und dazwischen ein Faden, mit welchem in dem Gefäss die Infusionscanüle befestigt wird. Letztere schiebt man in das Gefäss ein, nachdem man die Gefässwand mit einer feinen Scheere schief zur Längsaxe eingeschnitten hat. — Nach Vollendung der Transfusion wird die temporäre Schlinge dauernd zugezogen, die Canüle herausgenommen und eventuell das Gefässrohr zwischen den beiden Ligaturschlingen durchschnitten. Jedenfalls müsste in dieser Weise jede Arterie behandelt werden, die man zur Transfusion benutzt. Bei Venen wird man öfters die Canüle ohne besondere Befestigung in das Gefässlumen einschieben dürfen. Nach Entfernung der Canüle kann man dann mit einer einfachen Compression des Operationsgebietes sich begnügen.

Eine andere Frage ist die, ob man defibrinirtes oder ganzes Blut anwenden soll. Wir haben bereits gesehen, dass die Anwendung geschlagenen Blutes nicht desswegen minder empfehlenswerth erscheint, weil das Fibrin aus dem Blute entfernt worden ist, sondern weil bei dem Schlagen Fibrinferment zur Entwickelung kommt und zur Bildung von Blutgerinseln führen kann. Dieser Gerinselbildung innerhalb des Gefässsystemes und nicht, wie man früher annahm, den nach dem Defibriniren des Blutes mangelhaft abfiltrirten und in die Blutbahn eingeschleppten Fibrinflocken sind die unglücklichen Ausgänge nach Transfusion defibrinirten Blutes zum grössten Theil zuzuschreiben. Dennoch wird man eine besondere Sorgfalt auf das Filtriren des geschlagenen Blutes wenden müssen. Es dienen zu diesem Zwecke am besten Filter von Atlas, aus welchen man vorher die Appretur entfernt hat. Die Filter werden in Glastrichter gesetzt, aus denen das Blut in darunter befindliche sorgfältigst gereinigte Glasgefässe abfliesst. — Das Schlagen des Blutes geschieht am besten mit zwei gründlich gereinigten dicken Glasstäben innerhalb einer Porzellanschale, in welche das Blut aus der Ader des Blutspenders aufgefangen worden war. — Man verwende ja nicht zu kurze Zeit auf das Defibriniren, damit nicht secundäre Gerinnungen in dem schon einmal defibrinirten Blute eintreten. — Das Glasgefäss, in welches nun das defibrinirte und sorgfältig filtrirte Blut Aufnahme gefunden hat, braucht nicht, wie man früher betonte, besonders erwärmt zu werden. Man hat bei Einspritzungen von

Blut, dessen Temperatur derjenigen des Zimmers entsprach, durchaus keine Nachtheile gesehen (wie es schon früher Polli[33]) und in letzterer Zeit Casse (l. c.) besonders betont haben). — Bei Anwendung ganzen Blutes haben Oré[34]), Duranty[35]), Schliep (l. c.) u. A. mit Recht die Thatsache herangezogen, dass die Kälte die Gerinnung verzögere. Daher empfehlen sie die mit Blut gefüllten Transfusionsapparate vor der Benutzung auf Eis zu lagern.

Bedient man sich einer Spritze zum Transfundiren, so muss die Einpressung des Blutes langsam und in Absätzen geschehen, damit, wie schon gesagt, keine directe Ueberfüllung des Portalkreislaufes stattfinde, oder selbst Leberrupturen eintreten. Die trotzdem öfters eintretenden Tenesmen, Leibschmerzen, das Erbrechen vermeidet man durch vorherige Entleerung der Därme.

Von den übrigen bei einer Transfusion auftretenden Symptomen sind zu nennen: die Dyspnoe, die wenigstens bei den Lammbluttransfusionen auf den grösseren Kohlensäuregehalt des Lammblutes zurückgeführt worden ist (Traube l. c.). Sodann Kreuzschmerzen, die man, mit Rücksicht auf den öfters nach Transfusion auftretenden blutigen Harn, auf eine Nierenhyperämie bezogen hat. Oefters stellt sich einige Zeit nach der Transfusion ein Schüttelfrost ein; und im weiteren Verlaufe, vorzugsweise nach Lammbluttransfusionen, hat man über die ganze Haut des Blutempfängers verbreitete, heftig juckende Urticariaquaddeln auftreten sehen.

Welche sind nun die wesentlichen Indicationen für eine Zufuhr functionsfähigen Blutes in die Gefässbahn. — Nach bisherigen Erörterungen werden Sie keinen Augenblick daran zweifeln, dass die Hauptindication gegeben ist durch bestimmte Grade der Anämie. — Sodann werden wir die Transfusion ausführen bei hochgradigen Verbrennungen, weil auch bei diesen in schweren Fällen das letale Ende durch Ertödtung einer grossen Zahl von rothen Blutscheiben herbeigeführt wird (Ponfick[36], L. von Lesser[37]). Drittens wird die Transfusion in Frage kommen bei Vergiftungen mit Stoffen, welche, wie die Verbrühung eines grösseren Hautbezirkes, die Functionsfähigkeit einer grösseren Zahl von rothen Blutscheiben alteriren und so eine acute Oligokythämie im functionellen Sinne zu Wege bringen (v. Lesser l. c.). — Als wichtigster Fall ist hier die Vergiftung mit Kohlenoxydgas zu nennen, deren Vergleich mit einem bedrohlichen Aderlass schon von Claude Bernard[38]) angestellt worden ist. — Im Weiteren dürften hier die Vergiftungen mit chlorsaurem Kali (Marchand[39]), mit Pyrogallussäure (Neisser[40]) und mit Nitrobenzol

(Jüdell, Filehne[11]) in Frage kommen, bei denen ein analoges
Zugrundegehen der Blutscheiben festgestellt worden ist.

In zweiter Linie wird die Transfusion in ihr Recht treten bei
Vergiftungen mit Stoffen, die, durch ihre Anwesenheit im Blute, vom
Blute aus auf das centrale Nervensystem einwirken, wie das Chloroform, das Opium und dessen Alkaloide, wie das Strych-
nin u. s. f. Hier wird es sich darum handeln, zunächst grössere
Quantitäten von Blut, und somit auch entsprechende Mengen des
in dem Blute enthaltenen Giftes aus dem Organismus zu entfernen.
Der Ausfall an Blut muss durch eine entsprechende Zufuhr functionsfähigen Blutes von Aussen gedeckt werden. Bei Stoffen, wie die
zuerst angeführten (Kohlenoxydgas, chlorsaures Kali, Pyrogallussäure, Amylnitrit — und auch bei Verbrennungen), welche meist nur
durch Ertödtung von Blutscheiben lebensbedrohlich wirken, ist eine
Blutentleerung vor der Zufuhr functionsfähigen Blutes nur desswegen
indicirt, um die Nieren, denen das Ausscheidungsgeschäft der Zer-
fallsproducte der rothen Blutscheiben fast ausschliesslich zufällt,
möglichst zu entlasten.

Bei der Anämie in Folge von directen Blutverlusten, selbst
wenn man grössere Blutmengen einspritzen will, ist selbstverständlich eine vorherige Depletion, unseren Auseinandersetzungen über
die Capacität des Gefässsystemes gemäss, in keiner Weise am Platze.

Ehe wir aber noch einmal speciell den Verhältnissen der Anämie unsere Aufmerksamkeit zuwenden, müssen wir einer Indication
Erwähnung thun, die wir bei Aufzählung der übrigen Anzeigen für
die Blutzufuhr von Aussen mit Absicht aufzuzählen unterliessen. Es
ist dies die in der Geschichte der Transfusionen immer wieder auftau-
chende Empfehlung von Bluteinspritzungen bei chronischen Leiden.
Doch liegen vorläufig noch zu wenig Kenntnisse vor über die Veränderungen, welche die Lebensfunctionen der rothen Blutscheiben
in verschiedenen Krankheiten erfahren. Ebenso ungenügend bekannt
ist der Einfluss dieser Störungen auf die Veränderungen, welche der
Stoffwechsel und die einzelnen Körpergewebe in chronischen Leiden
erfahren. — Daher kann der Bluteinspritzung bei chronischen Krankheiten eine mehr als empyrische Berechtigung nicht zugestanden
werden. —

Ebenso müssen wir mit Entschiedenheit die noch manchmal auf-
tauchende Anschauung zurückweisen, als wenn man durch eine Blutzufuhr bei Verhungernden eine Hebung der Ernährung erreichen
könnte. Diese Anschauung ist durch die klassischen Arbeiten von
Panum[12], der auf völlige Carenz gesetzte Thiere in keiner Weise

durch Transfusionen am Leben erhalten konnte, sowie durch Versuche
von Casse (l. c.) gründlichst widerlegt worden. — Das eingespritzte
Blut vermehrt im Gegentheil im Anfang durch reichlichere Oxyda-
tion den Zerfall des Körpereiweisses, wegen Mangels der sonst mit
der Nahrung dem Körper zugeführten Eiweissstoffe. Sodann fallen,
wie wir gesehen haben, die überschüssigen rothen Blutscheiben selbst
dem Zerfall anheim, mit congruenter Steigerung der Stickstoffaus-
fuhr durch den Harn (Worm-Müller [43]).

Kehren wir nun zur directen Anämie zurück, so können wir
auch hier, analog den von Worm-Müller aufgestellten Territorien
der Capacität des Gefässsystems (l. c.), drei Territorien der
Anämie unterscheiden:

I. vorübergehende Anämie, Blutverluste von 1,5—2 Proc. des
Körpergewichts an Blut betreffend. — Hier tritt meistentheils ein
spontaner Ausgleich der Blutmischung ein, wie etwa nach Ohnmachten
u. s. f., sodass wir dieses Territorium als das physiologische
Stadium der Anämie bezeichnen können.

II. Lebensgefährliche Anämie, Blutverluste bis 3 Proc. des
Körpergewichts an Blut. Da wir gesehen haben, dass hier die Grenze
liegt, wo der Blutdruck und die Zahl der rothen Scheiben im Blutstrome eine plötzliche Abnahme zeigen, abhängig von einer eigenthümlichen Blutvertheilung innerhalb des Gefässsystems, so werden
wir im Hinblick auf eben jene Blutvertheilung, durch die gleich
näher noch zu besprechende Autotransfusion die Lebensgefahr vielfach beseitigen können, ohne in allen Fällen zur Blutzufuhr von
aussen unsere Zuflucht nehmen zu müssen.

III. Tödtliche Anämie. Sie ist das eigentliche Gebiet der
Transfusion, die hier einzig und allein noch lebensrettend wirken
kann, weil wir durch die Autotransfusion weder eine dauernde
Hebung des Blutdruckes, noch eine der Norm angenäherte Blutmischung erreichen können. (Vergl. von Lesser, Transfusion und
Autotransfusion, Sammlung klinischer Vorträge, Nr. 86; und für das
folgende Capitel über die Autotransfusion selbst. —)

Wir haben eben gesehen, dass für Blutverluste die sich innerhalb gewisser Grenzen halten, eine Blutzufuhr von aussen ersetzt
werden kann dadurch, dass wir dem Herzen innerhalb des Körpers
angehäufte, aber der Herzkraft nicht mehr unterthane Blutmassen
wieder zuführen. — Die Anhäufung innerhalb bestimmter Gefässbezirke ist die Folge des plötzlichen Sinkens des Blutdruckes, wenn
der Blutverlust eine gewisse Höhe erreicht hat. Und wenn wir
durch centripetales Auspressen der Extremitäten, durch Kneten und

Pressen des Bauches in gleichem Sinne, eine Steigerung des Blutdruckes und stärkere Füllung des Aortensystems erzielen, wie Ihnen
solches experimentell in der zweiten Vorlesung vorgeführt worden
ist, so handelt es sich also hierbei nicht blos um Blut, welches normaler Weise in den genannten Theilen sich findet, sondern um eine
locale Blutanstauung, während das Aortensystem nur eine geringe
Fülle zeigt. — Tritt eine tödtliche Verblutung unter derartigen Verhältnissen der Blutvertheilung ein, so stirbt das anämische Individuum beim Unterlassen der nöthigen Hilfeleistungen, während es
sich noch im Besitze einer Blutmenge befindet, die bei richtiger
Vertheilung hingereicht hätte, um das Leben zu erhalten. Das Individuum geht zu Grunde nicht aus Mangel an Blut, sondern aus Mangel an Blutbewegung.

Jenes Mittel die angestauten Blutmengen dem Organismus dienst-
bar zu machen, die Autotransfusion hat zwar erst durch die
Arbeiten von Worm-Müller (l. c.) ihre wissenschaftliche Begrün-
dung erhalten; gekannt und geübt wurde sie schon lange als Volks-
mittel, besonders bei Blutungen Gebärender und Entbundener (Haus-
mann [44]).

Das eigentliche Gebiet der Autotransfusion ist die
lebensgefährliche Anämie (zweites Territorium). Hier giebt
sie uns Aufschluss über die Menge von Blut, über welche der Körper
noch verfügt. — Noch wirksamer wird sie sich selbstverständlich
bei der leichtesten Form der vorübergehenden Anämie (erstes Territorium) bewähren. — Aber auch da wo der Effect der Autotransfusion
so gering ausfällt, dass wir, um das erlöschende Leben zu retten,
unweigerlich eine möglichst rasche Blutzufuhr von Aussen unternehmen müssen, dient uns die Autotransfusion als das sicherste diagnostische Mittel um uns über die zuzuführende Blutmenge zu
orientiren, besser und zuverlässiger, als der Puls und die andern
Symptome der Verblutung, die zum grossen Theil auf nervösen Re-
flexen beruhen. Hier wird die Autotransfusion gleichzeitig als Voract der Transfusion von wesentlichem Nutzen sein, während der
Vorbereitungen zu der Blutzuleitung, um möglichst alles noch vorhandene Blut in den Blutstrom zu werfen und so das Leben so lange
zu fristen, bis die Einspritzung von Blut unternommen werden kann.

Ferner wird sich die Ausführung der Autotransfusion empfehlen
vor jeder an hochgradig Anämischen nicht ohne einen neuen Blutverlust auszuführenden Operation (Extraction des Kindes bei Placenta praevia und nach vorhergegangenen Blutverlusten u. s. f.). —
Endlich haben wir sie ebenfalls anzuwenden bei hochgradiger Anä-

mie vor Darreichung von Chloroform, welches Mittel, wie bekannt (siehe Koch, Ueber das Chloroform und seine Anwendung in der Chirurgie. Sammlung klinischer Vorträge, No. 89), den Blutdruck stark erniedrigt, was bei schon durch Blutverlust Erschöpften zu einem tödtlichen Collapse führen könnte. —

Die Ausführung der Autotransfusion ist sehr einfach. Der Patient wird mit dem Kopfe niedriger als mit dem Becken gelagert. Man erhebt alle Extremitäten auf einmal oder nacheinander bis zur Verticale und wickelt dieselben entweder mit Binden gleichmässig ein, von den Fingern resp. Zehen bis zur Wurzel des Gliedes, oder streicht nur die Extremitäten in genannter Richtung kräftig aus mit der vollen Hand. — Hierzu werden Knetungen des Abdomen und ein von der Symphyse nach dem Rippenrand fortschreitendes Pressen der Eingeweide hinzugefügt, mit besonderer Compression der rechten Unterrippen-(Leber-)Gegend. — Sodann comprimirt man ab und zu den Thorax, durch Druck auf die Rippen in der Axillarlinie, wie bei der sogenannten künstlichen Respiration nach Marshall Hall, deren Wirkung höchst wahrscheinlich nur indirect die Respiration und vor allen Dingen die Blutzufuhr zum rechten Herzen begünstigt. Auch kommt hierbei ohne Zweifel die Wirkung der directen mechanischen Herzknetung hinzu (Böhm[15]). — Von Zeit zu Zeit wird der Kopf auf kurze Zeit erhoben, um das Blut der Jugularvenen rascher nach dem Herzen gelangen zu lassen. — Auch der von Nélaton bei Chloroformasphyxie empfohlene „Kopfsturz", das Aufhängen des Asphyktischen an den Beinen, gehört in das Gebiet der Autotransfusion.

[1] Michel Rosa, Lettere fisiologiche. Napoli 1783. — Paul Scheel, Die Transfusion und Einspritzung der Arzeneien in die Adern. 2 Bde. Copenhagen 1802 u. 1803. — [2] Bischoff, Müller's Archiv 1835. Bd. II. S. 347 und 1838. Bd. V. S. 352. — [3] Dumas et Prévost, Bibliothèque universelle de Genève. T. 17 und Ann. de chémie. T. 18. p. 294. — [4] Panum, Experimentelle Untersuchungen über Transfusion u. s. f. Virchow's Archiv 1863. Bd. 27. — [5] Brown-Séquard, Comptes rendus de la soc. de biologie 1849. 1850. 1851, der Acad. de sciences 1851. 1855 und 1857; ferner Journ. de physiol. Bd. I. — [6] Blundell's Vorlesungen über Geburtshilfe von Thomas Castle, übers. von L. Calman. Leipzig 1838. Vergl. auch den Aufsatz von Cline, Medico-chirurg. Transactions. Vol. IX. Part. I. 1818. — [7] Waller, Diss. inaug. med. de sanguinis in periculosa haemorrhagia uterina transfusione. Erlangen 1832. — [8] Dieffenbach, Die Transfusion des Blutes u. s. f. Berlin 1828 und Die operative Chirurgie. 1845. Bd. I. — [9] Blasius, Monatsblatt für med. Statistik. Beilage zur deutschen Klinik. 1863. — [10] Friedberg, Die Vergiftung durch Kohlendunst. Berlin 1866. — [11] Martin und Barth, Verhandl. d. Berlin. med. Gesellschaft 1867. — [12] Martin, Ueber die Transfusion bei Blutungen Neuentbundener. Berlin 1859. — [13] Roussel, Arch. de l'anat. et de la physiol. 1868. p. 552. — [14] Moncoq, Transfusion instantanée du sang. Paris 1874. — [15] Gesellius, Die Transf. des Blutes. Eine Studie.

St. Petersburg u. Leipzig 1873. — [16]) S c h l i e p, Berl. klin. Wochenschr. 1874. No. 3.
— [17]) E u l e n b u r g und L a n d o i s, Die Transfusion des Blutes. Berlin 1866. —
[18]) U t e r h a r t, Berl. klin. Wochenschr. 1868. No. 10. — [19]) B r a u n e, Arch. für
klin. Chirurgie. Bd. VI. — [20]) C a s s e, De la transf. du sang. Mém. presenté à
l'acad. royale de méd. de Belgique le 29. Novembre 1873. — [21]) H u e t e r, Die arterielle Transfusion. Arch. für klin. Chirurgie 1870. Bd. 12. S. 1. — [22]) H a s s e, Die
Lammblut-Transfusion beim Menschen. St. Petersburg u. Leipzig 1874. — [23]) L.
L a n d o i s, Die Transf. des Blutes. Leipzig 1875. — [24]) K ü s t e r, Ueber die directe
arterielle Thierbluttransfusion. Verh. der deutschen Gesellschaft f. Chir. III. Congr.
1874. — [25]) A l e x a n d e r S c h m i d t, Die Lehre von den fermentativen Gerinnungs-
erscheinungen u. s. f. Dorpat 1876. (Enthält auch die Citate der einzelnen zu
Grunde liegenden Originalarbeiten.) — [26]) K ö h l e r. Ueber Thrombose und Transfusion, Eiter und septische Infection. Inaug.-Diss. Dorpat 1877. — [27]) v. L e s s e r,
Transfusion und Autotransfusion. Sammlung klin. Vorträge. No. 86. — [28]) L o e w e n-
t h a l. Ueber die Transfusion. Inaug.-Diss. Heidelberg 1871. — [29]) C o u t y, Etude
experim. sur l'entrée de l'air dans les veines. Paris 1875. — [30]) C a s s e, De la
valeur des injections du sang dans le tissu cellulaire sous-cutané. Bull. de l'acad.
royale de méd. de Belgique 1879. T. XIII. 3. ser. No. 7. — [31]) P o n f i c k, Breslauer ärztl. Zeitschrift 1879. No. 16. — [32]) O b a l i n s k i, Experimenteller Beitrag
zur peritonealen Bluttransfusion. Przeglad lekarski 1880. No. 9 u. 10 (polnisch).
Vergl. ferner: N i k o l s k i, Ueber den Einfluss der Blutinfusion in die Bauchhöhle
u. s. f. Wratsch 1880. No. 4 (russisch). — [33]) P o l l i, Glorie e sventure delle transfusione. Annali universali di medicina 1854 und in den Archives gen. de méd.
1854. Oct. et Nov. — [34]) O r é, Gaz. des hôpit. 1865. Decembre 30. — [35]) N. D u-
r a n t y, Thèse de Paris. 1860. — [36]) P o n f i c k, Amtlicher Bericht der 50. Natur-
forscherversammlung in München im Jahre 1877. S. 259. — [37]) L. v. L e s s e r, Ueber
die Todesursachen nach Verbrennungen. Virchow's Archiv. Bd. 79. — [38]) C l a u d e
B e r n a r d, Leçons sur les anaesthésiques et sur l'asphyxie. Paris 1875. — [39]) M a r-
c h a n d, Virchow's Archiv. Bd. 77. 3. Heft. — [40]) N e i s s e r, Zeitschrift für klin.
Medicin. Bd. I. 1. Heft. — [41]) F i l e h n e, Ueber die Giftwirkungen des Nitro-
benzols. Arch. f. exper. Path. und Pharmakol. Bd. XI. — [42]) P a n u m, Virchow's
Arch. 1864. Bd. 29. — [43]) W o r m - M ü l l e r, Transfusion und Plethora. Christiania
1875. — [44]) H a u s m a n n, Zeitschrift für Geburtshilfe und Gynäkologie. Bd. I.
Heft 2. — [45]) B ö h m, Centralblatt für med. Wissenschaften 1874. No. 21.

A n m e r k u n g. Das vorstehende Verzeichniss macht selbstverständlich nicht
auf Vollständigkeit Anspruch. Genauere Litteraturangaben finden sich in den
Monographien von S c h e e l, D i e f f e n b a c h, M a r t i n, L a n d o i s, G e s e l l i u s,
C a s s e u. A.

Siebente Vorlesung.

Hindernisse für die Luftzufuhr. — Plötzliche Absperrung derselben bei Erhängten. — Fremdkörper im Luftrohr und im Oesophagus. — Perilaryngeale Gewebsschwellungen. Oedema glottidis. Struma. Kropftod. — Langsame Verengung des Trachealumen. — Croup und Diphtheritis. — Lähmung der Stimmbänder. — Tracheotomie als Voract anderer Operationen. Dilatation von Trachealstricturen. Einleitung künstlicher Respiration bei Chloroformvergiftung, bei Opiumvergiftung, bei Tetanus. Wesen dieser Vorgänge. — Die rasche und die langsame Erstickung, deren Ursachen und Symptome. — Erstickungsgefahren in Tunnels, Bergstollen, bei Tauchern, Luftschiffern, auf hohen Bergen; bei Arbeitern in Räumen mit comprimirter Luft (Brückenbau). — Stickoxydul-Narkose in comprimirter Luft nach Paul Bert. Mechanismus der künstlichen Respiration. — Eröffnung des Luftrohres am Halse. Pharyngotomie. Thyreotomie. Laryngotomia thyreocricoidea. Cricotomie s. Cricotracheotomie. Tracheotomia supraglandularis et Tr. infraglandularis. Technik der Tracheotomieen. — Bose's retroglanduläre Freilegung der Trachea. — Das Einlegen der Canüle. Entfernung der Croupmembranen und von Fremdkörpern. Das Aussaugen von Flüssigkeiten: kein Aussaugen bei Diphtherie. — Weite der Canülen, ihre Befestigung. Verband der tracheotomischen Wunde. Deren Auspinseln mit 5 proc. Chlorzinklösung. — Inhalationen durch die tracheotomische Wunde. — Entfernung der Canüle. Hindernisse für die Athmung nach ausgeführter Tracheotomie. Granulome. Stricturen. — Lage des Patienten bei der Tracheotomie. Operationstisch. Tracheotomisches Besteck.

M. H. Die Bedingungen der Luftzufuhr kennen zu lernen und deren Beeinträchtigung rechtzeitig zu erkennen, ist eine für den Arzt ebenso wichtige Aufgabe, wie die Stillung der Blutungen. Die richtige Deutung der Symptome bei Störungen des Athmungsgeschäftes, sowie die schnelle Beseitigung der vorhandenen Hindernisse ist oft von noch dringlicherer lebensrettender Bedeutung. Dies gilt vor allem für die plötzliche Absperrung der Luftzufuhr, die wir zunächst näher betrachten wollen.

Die plötzliche Absperrung der Luftzufuhr zu den Lungen kommt entweder zu Stande durch directe Verlegung des Trachealumens oder durch dessen Compression von aussen. Letztere kann zunächst geschehen durch eine den Halsumfang direct constringirende Gewalt, so bei Gehängten oder Gewürgten. Hier werden wir, besonders wenn es sich um Erwachsene mit Verknöcherung der Kehlkopfsknorpel handelt, neben perilaryngealen Blutaustritten, neben Quetschung und blutiger Suffusion der Luftrohrschleimhaut, meistens auch Verletzungen der Kehlkopfsknorpel antreffen. Und wie bei allen

Verletzungen des Kehlkopfgerüstes, mögen dieselben die Folge von
Kehlkopfschüssen oder verursacht sein durch stumpfe, die vordere
Halsgegend treffende Gewalten, müssen wir stets die Tracheotomie
ausführen, mit Rücksicht auf ein etwaiges, plötzlich sich einstellen-
des und die höchste Athemnoth bedingendes Oedem der Glottis.

    Eine weitere und sehr häufige Verlegung des Tracheallumen
kommt zu Stande durch fremde Körper. Sind dieselben feste
Körper, so fallen sie entweder ins Innere des Luftrohrs hinein (Münzen,
Glasperlen, Nadeln, Knochenstückchen u. s. f.) oder sie verlegen vom
Rachen aus den Kehlkopfeingang, wie z. B. voluminöse, gierig oder
hastig verschlungene Fleischbissen. Solche können mit zwei Fort-
sätzen, wie Kegelventile, der eine in den Anfang des Schlundrohrs,
durch die nach abwärts gerichtete Peristaltik desselben, der andere
in die Stimmritze durch eine heftige Inspiration bei gleichzeitigem
Krampf der Stimmbänder fest eingekeilt werden. Fälle, die bei einem
solchen, auf verschlungene Fleischbissen wirkenden Mechanismus
durch rasche Erstickung tödtlich endeten, finden sich mehrfach beschrieben. Die Einklemmung ist dabei eine so feste, dass die Entfernung des Bissens aus dem Rachen, so leicht derselbe auch er-
reichbar erscheint, nicht nur mit den Fingern, sondern selbst mit
Zangen oft sehr schwierig, ja unmöglich erscheint. Denn zu den
genannten Momenten kommt noch hinzu der Spritzenstempel ähnliche
Druck der Schlingbewegung, nebst der krampfhaften Contraction des
weichen Gaumens, welche, von oben her auf den Bissen wirkend,
zu dessen voller Unbeweglichkeit beitragen. Hierzu gesellt sich ferner
der Umstand, dass der Kehlkopf durch die am Zungenbein sich an-
heftenden Muskeln fest an die hintere Rachenwand gedrückt wird
und so den völligen Abschluss des Racheneinganges vollenden hilft.
Man wird am leichtesten den Bissen wieder beweglich machen, wenn
es gelingt, den Kehlkopf von der Wirbelsäule abzuziehen. Man erreicht dieses am raschesten durch Einhaken eines scharfen, kräftigen
Hakens in die Mitte des Zungenbeines vom Halse aus, mit welchem
Haken man das Zungenbein mit Gewalt gegen das Kinn emporzieht,
während eine gekrümmte Zange den Bissen im Rachen erfasst und
herauszufördern versucht.

    Bei fremden Körpern, welche in das Luftrohr selbst gefallen
sind, darf nie der Versuch gemacht werden, den Fremdkörper per os
mit Instrumenten zu entfernen. Denn, abgesehen davon, dass hierbei der Fremdkörper kaum gefasst werden kann, dürfte durch dergleichen Manipulationen derselbe nur noch tiefer in den Bronchial-
baum gerathen. Bei Fremdkörpern im Luftrohr muss, wie

bei Verletzungen des Kehlkopfgerüstes, ohne das eventuelle Eintreten eines Kehlkopfödems abzuwarten, stets
prophylaktisch die Tracheotomie ausgeführt werden,
und zwar womöglich unterhalb der Stelle, unterhalb welcher der
Fremdkörper vermuthet wird. Man wird dann versuchen, denselben
von der tracheotomischen Wunde aus am besten durch den Kehlkopfeingang in den Rachen zurück zu stossen. Nur bei Fremdkörpern, die bis an die Bifurcation der Bronchien gefallen sind, ist
das Eingehen mit fassenden Zangen oder hebelnden Löffeln (Roser²)
in die tracheotomische Wunde gestattet (wohl meist nach Ausführung
der Tracheotomia infraglandularis s. u.), falls nicht beim Stürzen
des Patienten auf den Kopf der Fremdkörper von selber durch die
Wunde herausfällt.

Auch harte voluminöse Fremdkörper, die im Oesophagus hinter
dem Kehlkopf stecken geblieben sind und denselben comprimiren,
erfordern die Tracheotomie, ehe man an die Herausbeförderung des
Fremdkörpers selbst geht. Sind solche Körper zwar voluminös, aber
weich (Kartoffeln, Klöse), so zerdrückt man sie einfach durch Compression des Halses mit den Fingern zu beiden Seiten des Kehlkopfes.

Als flüssige fremde Körper, die, durch den Kehlkopf in die Bronchien gelangend, dieselben überschwemmen, sind anzuführen: Wasser
bei Ertrinkenden, Blut bei Operationen am Gesichtsschädel und im
Nasenrachenraume, Eiter beim Bersten grosser retropharyngealer
Abscesse u. dgl. Hier wird nach Ausführung der Tracheotomie eine
Aussaugung der genannten Flüssigkeiten, soweit wie möglich, zu
geschehen haben.

Der plötzliche Verschluss des Kehlkopflumen durch Gewebs-
schwellung kommt zunächst beim Oedema glottidis vor, das
wir als Folgeerscheinung von Kehlkopfsverletzungen (besonders Kehlkopfschüssen) bereits erwähnt haben, das aber auch nach Typhus
meist in Begleitung von Decubitusgeschwüren der Aryknorpel oder
der Nekrose irgend welcher Kehlkopfsknorpel (Ring-, Schildknorpel)
beobachtet wird.

Eine acute Verlegung des Luftrohrs kommt ferner zu Stande bei
plötzlichem Wachsthum perilaryngealer Geschwülste
oder entzündlicher Schwellungen, so bei rascher Eiterbil-
dung bei Perichondritis laryngea, bei Angina Ludwigii (Phlegmone
colli diffusa), bei rasch wachsenden Carotisaneurysmen oder bei
schneller Vergrösserung von Halscysten (Dermoidcysten, Kiemengang-
cysten, cystoide Lymphangiome), auch bei rasch wachsenden Lymph-
drüsensarkomen am Halse, und vor allen Dingen bei rasch wachsenden

Strumen, mag es sich um entzündliche Schwellung oder Erweichung
innerhalb eines parenchymatösen oder um Blutungen in einen Cysten-
kropf handeln.

Eine räthselhafte Form von plötzlicher Erstickung bei Struma,
den Kropftod, hat Rose[3]) klar gelegt durch den Nachweis, dass
selbst kleine, aber harte, fibröse Kröpfe eine Usur der Trachealringe
zu Wege bringen können, wodurch das Luftrohr seines spiralfeder-
ähnlichen Gerüstes verlustig geht und bei unvorsichtigen Bewegungen
um die Längsaxe torquirt oder um eine Queraxe geknickt werden
kann (Rose's Kippstenose).

Die letztgenannten Ursachen, die von aussen her eine Compression des Luftrohrvolumen bewirken, können ihre Wirkung auch in
mehr langsamer Weise äussern, wo dann eine allmähliche Verengerung des Trachealumens sich einstellt. Diese letztere,
deren Wirkung nicht in einer plötzlichen Absperrung der Luftzufuhr,
sondern durch eine mangelhafte Ventilation der Lungenluft sich äussert, tritt ferner ein bei wachsenden Geschwülsten, die den Kehlkopfeingang verlegen, so bei Epiglottisfibroiden, bei Fibromen, die
von der Spina nasi post. ausgehen oder bei den oft sehr gefäss-
reichen Geschwülsten der Schädelbasis, der Oberkiefer und des caver-
nösen retromaxillären Bindegewebes, welche nach und nach den
ganzen Nasenrachenraum ausfüllen können. Auch Zungengeschwülste,
vor allem Epitheliome, welche von der Zungenbasis auf die Epiglottis
übergreifen, und endlich selbst Geschwülste und hochgradige Hyper-
trophien der Tonsillen können wegen der allmählichen Behinderung
der Luftzufuhr die Ausführung einer Tracheotomie verlangen. Bei
Tonsillarhypertrophie wird letztere besonders bei ganz kleinen Kindern in Frage kommen, wo die Kleinheit des Operationsfeldes und
das Bedenkliche einer Narkose unter solchen Umständen, die einfache
Entfernung der vergrösserten Tonsillen unmöglich machen.

Eine viel grössere Rolle bei der allmählichen Verengerung des
Trachealumens spielen aber die Ursachen im Innern des Luftrohres
selbst.

Vor allen Dingen sind hier zu erwähnen der Croup und die
Diphtheritis, diejenigen Krankheiten, die wenigstens im kindlichen Alter die häufigste Ursache abgeben für die Tracheotomie.
Es ist nicht unsere Aufgabe, uns hier ausführlicher über das Wesen
dieser Krankheiten zu verbreiten. Wir wollen nur erwähnen, dass
während der Croup fast ausschliesslich in der Trachea vorkommt
und auf den ihres Epithels beraubten Schleimhautstellen die Bildung
leicht ablösbarer, der Basalmembran der Schleimhaut aufliegender,

aus einem feinen Netzwerk von geronnenem Fibrin bestehender Membranen zeigt, bei der auf den Kehlkopf übergehenden Rachen- und Tonsillardiphtherie (Pseudodiphtheritis Weigert's[4]) zwar auch eine Membranbildung auftritt. Aber die Membranen können im Leben nicht entfernt werden ohne Verletzung des darunter liegenden Schleimhautbindegewebes. Die Membranen bestehen hier aus Schollen zusammengesinterter, ertödteter Rundzellen, die genau denen des Bindegewebes gleichen. Neben den pseudodiphtheritischen Auflagerungen findet sich, oder auch mit ihnen combinirt, die eigentliche Diphtheritis, d. h. die Erstarrung der oberflächlichen Schichten des Schleimhautstroma selbst in eine dem geronnenen Fibrin ähnliche Masse, in welcher man keine oder nur wenige sichtbare Gewebskerne eingelagert findet. Innerhalb der kernlos gewordenen Masse können sich kernhaltige Wanderzellen mehr oder weniger reichlich vorfinden.

Die Verkleinerung des Luftrohrlumens kommt hier entweder auf Rechnung der Dickenzunahme der Trachealschleimhaut durch die aufgelagerten Croupmembranen oder durch die entzündliche Schwellung der Schleimhautpartien zu Wege, welche unter den bei der Diphtherie ertödteten oberflächlicheren Schleimhautlagen sich befinden. Oder die sich lösenden Croupmembranen verlegen, wie ein Segelventil, das Trachealllumen und führen so plötzlich zu Erstickungsanfällen. Bei Diphtherie dagegen kann sich der Process von den Bronchialästen in deren Verzweigungen innerhalb der Lunge fortsetzen mit zunehmender Verengerung ihres Lumens und daraus folgender Verkleinerung der Athmungsoberfläche.

Auch im Kehlkopfeingange befindliche. und im Wachsen begriffene Geschwülste können eine allmähliche Verengerung bewirken, so z. B. Carcinome der Stimmbänder, bei denen nur in inoperablen Fällen die Tracheotomie, bei noch localer Begrenzung aber die Kehlkopfexstirpation am Platze sein wird. — Aber auch gutartige Wucherungen der Trachealschleimhaut, wie sie sich von den Rändern einer Trachealfistel als Granulationspolypen entwickeln, können theils durch ihr Volumen das Trachealrohr verengern, theils dadurch, dass sie, bei schmalem Stiel und dicker Basis durch den Luftstrom in die Höhe geworfen, die weitere Luftzufuhr unmöglich machen.

Eine besondere Unterscheidung ist erforderlich bei den Lähmungen der Stimmbänder. Dieselbe kann zunächst die Folge sein einer Inactivitätsparese bei andauerndem Tragen einer Trachealcanüle, wo die Kehlkopfmuskeln für längere Zeit ausser Thätigkeit gesetzt werden. Hiervon unterschieden sind die Paresen in Folge theils centraler Ursachen, theils in Folge der Compression der Nn.

recurrentes, wie z. B. durch wachsende Oesophaguscarcinome oder
durch Aneurysmen des Bulbus aortae, welche den linken N. recurrens
comprimiren. In letzterem Falle wird die zunehmende Athemnoth
schliesslich zur Vornahme der Tracheotomie zwingen, während wir
die Inactivitätsparese durch Elektrisiren zu heben suchen werden (s. u.).

Stricturen der Trachea, mögen sie syphilitischen, traumatischen oder chronisch entzündlichen Ursprungs (Störck) sein, werden bei gesteigertem Lufthunger die Eröffnung der Trachea unterhalb
der Verengerung fordern, aber auch zu dem Zweck, um von der
tracheotomischen Oeffnung aus die allmähliche Dilatation der Stricturen mit Zinnbolzen einzuleiten.

Die Ausführung der Tracheotomie hat aber noch zu gewissen
besonderen Zwecken stattzufinden, so zunächst um bei Oberkieferresectionen, bei der Exstirpation von Kehlkopfgeschwülsten,
bei der Exstirpatio laryngis u. s. w. einmal die Patienten durch die
Trachealcanüle chloroformiren zu können, anderntheils durch gleichzeitige Tamponade der Trachea das Einfliessen von Blut in die Lungen
bei den oben genannten Operationen zu hindern. Zur Tamponade
bediente man sich hier und dort über das Trachealrohr gezogener
und innerhalb des Luftrohrs aufzublasender Hohlcylinder aus Gummi
mit doppelter Wand. An Stelle der Tamponade der Trachea ist in
letzterer Zeit für Oberkieferresectionen u. s. f. die combinirte Morphium - Chloroformnarkose unter Anwendung der herabhängenden
Kopflage des Patienten (Rose [1]) in immer grössere und berechtigte
Aufnahme gekommen.

Zweitens aber werden wir die Tracheotomie ausführen zur Einleitung der künstlichen Respiration bei zunehmender
Unthätigkeit der Respirationsmuskeln, so bei Vergiftungen mit Chloroform, bei Opiumintoxicationen, als auch bei Tetanus.

Für die Chloroformvergiftung haben wir bereits nach den
Versuchen von Scheinesson u. A. (s. Koch, Sammlung klin. Vortr.
No. 80) als die wichtigste Erscheinung die primäre Lähmung der
Gefässnervencentren und als deren Ausdruck eine beträchtliche Blut-
druckerniedrigung kennen gelernt und für dieselbe, falls sie bedroh-
lich werden sollte, die Autotransfusion empfohlen. Die durch die
Blutdruckerniedrigung bedingte Anämie der Gehirncentren dürfte uns
die vorübergehende Lähmung der sensiblen und der motorischen
Sphäre erklären; während die in der Medulla oblongata gelegenen
Centren für die Respiration und die Herzbewegung zunächst nicht
afficirt werden. Tritt aber durch irgend ein Hinderniss eine Erschwerung der Luftventilation in den Lungen (falsche Kopflage

oder Körperlage des narkotisirten Patienten u. s. f.), oder, wie wir
noch sehen werden, eine Anhäufung von Kohlensäure im Blute ein,
so summirt sich für das Respirations- und für das Herzcentrum zu
der lähmenden Wirkung der Kohlensäure sehr bald eine entsprechende des Chloroforms hinzu. Hier würde die Ausführung der Autotransfusion allein nicht genügen; es muss vielmehr durch Einleitung
der künstlichen Respiration und durch directe Knetungen des Herzens
(Böhm l. c.) der Kreislauf und hiermit die Blutventilation so lange
künstlich unterhalten werden, bis eine genügende Menge Chloroform
aus dem Organismus wieder ausgeschieden worden ist. Nur müssen
die Autotransfusion und die künstliche Athmung lange genug mit
Ausdauer fortgesetzt werden. Dann wird man nach zwei, selbst drei
Viertelstunden das fast entschwundene Leben wiederkehren sehen.
Nur darf die Zeitdauer des Stillstandes der Respiration und der
Herzbewegung bis zum Beginn der lebensrettenden Versuche keine
zu lange gewesen sein.

Aehnliche Verhältnisse liegen bei der Opiumvergiftung vor
und fordern zu einer gleichen Ausdauer in der Ausführung der künstlichen Respiration auf. Das Opium und dessen Alkaloide setzen die
Erregbarkeit der verschiedenen nervösen Centren, in erster Reihe die
Erregbarkeit des Athemcentrums (Filehne [5]) herab. — Hier kommen
jene hohen Grade von Erregbarkeitsverminderung in Betracht, welche
die Anhäufung so grosser Mengen von Kohlensäure selbst innerhalb
des Arterienblutes gestatten, dass die Kohlensäure neben der Wirkung des Opiums ihren lähmenden Einfluss auf die Gewebe und zunächst wiederum auf die Leistungsfähigkeit des Athemcentrum und
der ihm benachbarten nervösen Centren ausüben kann. Die Nothwendigkeit und die Wirksamkeit der künstlichen Respiration bei der
Opiumvergiftung ergeben sich hiernach von selbst. Man wird dieselbe fortzusetzen haben, bis der Organismus selbst eine genügende
Menge des Giftes ausgeschieden hat. Für verzweifelte Fälle wäre
die Transfusion zu versuchen. — Opiumvergiftungen kommen ausser
nach grossen innerlich genommenen Mengen u. s. f. auch vor nach
Bepinselungen des Kehlkopfeinganges mit Opiumtinctur, um dessen
Sensibilität herabzusetzen. Es scheint hier eine besonders rasche
Resorption des Giftes stattzufinden.

Zur Demonstration des eben Besprochenen sehen Sie hier ein
leicht gefesseltes Kaninchen, dessen eine Carotis mit einem *Hg*-
Manometer verbunden worden ist und welchem wir in einer entsprechenden Maulkappe Chloroform darreichen wollen. Der normale
Blutdruck und die Respiration erfahren beim Beginn der Narkose

und der eintretenden Aufregung vorübergehende Steigerungen, werden
dann aber wieder normal. Nur der Blutdruck zeigt bald ein all-
mähliches Sinken. Die Respiration bleibt dagegen gleichmässig und
ruhig, wird nur etwas oberflächlicher. Nachdem das Thier bewegungs-
los geworden und auch von der Cornea aus keine Reflexe mehr sich
auslösen lassen, sinkt der Druck stärker und immer stärker in der
Richtung nach der Abscisse. Die Pulswellen werden kleiner und
etwa um die Hälfte seltener; die Respiration tiefer und sehr frequent.
Schliesslich können wir die Pulse kaum wahrnehmen; auch die Respiration erscheint jetzt trotz ihrer Frequenz flacher und flacher. Wenn
der Blutdruck ungefähr nur zehn Mm. *Hg* noch beträgt, sind in der
Curve weder die Pulse noch die Respirationen ausgeprägt. Bei längerem Andauern dieses Zustandes wäre das Individuum unrettbar
verloren. — Allein wir eröffnen nunmehr, nachdem das Thier mit dem
Kopfe tief und mit den Beinen hoch gelagert worden ist, und ein
Assistent die Extremitäten sowohl wie den Bauch auszudrücken begonnen hat, möglichst rasch die Trachea und leiten die artificielle
Athmung ein. Allmählich hebt sich der Blutdruck; es werden Pulsschläge wieder sichtbar, ab und zu folgt ein einzelner spontaner
Athemzug. Wir setzen die Autotransfusion und die künstliche Athmung energisch fort; die Zahl der Pulsschläge und der Respirationen
wird immer grösser, jede einzelne Athem- und Herzbewegung kräftiger; der Blutdruck steigt immer mehr, die Cornea wird wieder
empfindlich — das Thier ist gerettet. Eine Aenderung der Blutmischung während der Blutdruckerniedrigung im narkotisirten Zustande
des Thieres, also eine Ab- oder Zunahme der Zahl der rothen Blutscheiben im Blutstrome während der Narkose, ist mir in besonders
hierauf gerichteten Versuchen nachzuweisen nicht gelungen (vgl. von
Lesser, die Vertheilung der rothen Blutscheiben u. s. f.).

In ganz ähnlicher Weise könnte Ihnen gezeigt werden, wie bei
einer Opiumvergiftung der Herz- und der Respirationsstillstand durch
die consequente und andauernde Ausführung der künstlichen Respiration gehoben und das Individuum zum Leben zurückgerufen werden könne. Ich bitte Sie diesen Rath ganz besonders im Auge zu
behalten und bei einer Ihnen vorkommenden Vergiftung mit den Al-
kaloiden des Opiums nicht lange Zeit mit dem Darreichen von Atro-
pin oder mit der elektrischen Reizung des Phrenicus zuzubringen,
sondern sobald wie möglich zu tracheotomiren und die künstliche
Respiration einzuleiten. Daneben können genannte Hilfsmittel immer
noch in Anwendung gezogen werden. — Bei sehr bedeutenden Dosen
des Giftstoffes, wo eine selbst lange fortgesetzte künstliche Respira-

tion sich erfolglos zeigt, müssen Sie, wie erwähnt, eine reichliche
Entleerung des mit Opium vergifteten Blutes und die Einspritzung
einer wenigstens annähernd grossen Menge normalen Blutes von einem
andern Individuum hinzufügen.

Auch für den Tetanus erweist sich die künstliche Respiration,
besonders für die acut verlaufenden Fälle, als dasjenige Mittel, von
dem man die Erhaltung des Lebens allein erwarten kann. Von den
subacuten Formen wissen wir, dass sie entweder spontan, oder unter
Anwendung verschiedener, meist narkotischer Mittel in Genesung verlaufen. Daher die Menge der empfohlenen Mittel (Chloroform, Chlo-
ral, Opium, Calabar, Curare u. dgl.) und die zahlreichen Schilderungen von durch diese Mittel erzielten Heilungen. Bei acuten Formen
des Tetanus nützen alle die Mittel nichts. Auch die Nervendehnung
hat für die acuten Fälle bis jetzt nur zweifelhafte Erfolge ergeben.

Um die Indicationen für die Tracheotomie noch schärfer festzustellen, ist es nöthig, dass wir uns über die Folgen der behinderten
Luftzufuhr genauer orientiren. Wir wollen uns daher die Bedingungen der raschen Erstickung, aber auch diejenigen ins
Gedächtniss zurückrufen, bei denen eine allmählich sich steigernde Erschwerung der Athmung zu Stande kommt.

Aus dem Gemisch von 21 Theilen O und 79 Theilen N, welches mit stärkerer oder schwächerer Verunreinigung durch verschiedenartige gasförmige Auswurfsstoffe die uns umgebende Atmosphäre
bildet, entnimmt unser Organismus, d. h. zunächst das Blut, seinen
Sauerstoffgehalt und entäussert sich in die Atmosphäre hinaus der
als Endproduct des Stoffwechsels gebildeten Kohlensäure. Der Austausch zwischen der atmosphärischen und der Luft der Lungen geschieht durch Vermittelung der Respirationsbewegung. Dagegen erfolgt der Austausch der in den Bronchien erneuerten Luft mit derjenigen, welche innerhalb der Alveolen in unmittelbarer Weise mit
dem durch die Lungencapillaren strömenden Blute in Gasaustausch
tritt, auf dem Wege der Diffusion.

Der Sauerstoffgehalt im Serum wie im Plasma ist nur gering,
etwa 2 bis 3 Volumprocente betragend. Auch vermag das Serum,
welches den O einfach absorbirt enthält, nur so viel davon aufzunehmen, wie das Wasser. Fast der ganze O des Blutes erscheint
an das Hämoglobin der rothen Blutscheiben als Oxyhämoglobin gebunden, zu 15 bis 18 Volumproc. im Arterien- und zu 10 bis 5 Volumproc. im Venenblute. Diese Verbindung ist unabhängig vom Druck
des O in der Atmosphäre und so constant, dass, ob im reinen O oder
in atmosphärischer Luft geathmet wird, das Arterienblut nicht mehr

O aufnehmen kann. Auch bleibt der Verbrauch an O in 24 Stunden unverändert. — Der Organismus ist durch obige Einrichtung in
den Stand gesetzt, den O des Raumes, in welchem geathmet wird,
völlig auszunutzen. Sinkt aber der O-Gehalt in der Athmungsluft,
so nimmt das Blut in der Zeiteinheit nicht genügend O auf, um den
gleichzeitigen Bedarf des Organismus an O zu decken. — Bei 11 Volumproc. O in der atmosphärischen Luft wird das Athmen beschwerlich. Bei weniger als 6 Volumproc. O in der Atmosphäre kann die
Grenze der Lebensfähigkeit liegen, besonders wenn in einem abgeschlossenen Raume geathmet wird, wo der Partialdruck des O schnell
bis auf 45 Mm. Hy fallen kann. — Bei einer plötzlichen Unterbrechung der Luftzufuhr wird der O der Lungenluft fast ganz ausge-
nutzt. Ebenso kann der O-Gehalt des venösen Erstickungsblutes ganz
auf Null sinken.

    Innerhalb viel weiterer, stark labiler Grenzen ist der Kohlen-
säuregehalt des Blutes abhängig von den Verhältnissen der Kohlensäure in der Atmosphäre, wobei neben dem Partialdruck der Einfluss
der Temperatur sich geltend macht. — So finden wir in der Lymphe
und im Serum unter gewöhnlichen Umständen soviel Kohlensäure
etwa absorbirt wie im Wasser (100 Proc. bei niedriger, 7 Proc. bei
Körpertemperatur). Doch kann das Blut 150 bis 180 Volumproc.
Kohlensäure im Ganzen aufnehmen, bei mittlerer Temperatur und
mittlerem Barometerdruck, und zwar, weil es Salze enthält (phos-
phorsaure, kohlensaure), wo vor Allem ein Theil der Kohlensäure
an das $1\frac{1}{2}$- und an das zweifach kohlensaure Natron frei gebunden
erscheint. — Ein dritter Theil endlich, die festgebundene Kohlensäure, kann nur durch Wirkung des Oxyhämoglobin zum Entweichen aus dem lebenden Blute gelangen.

    In dem Salzgehalt und in einer mangelhaften Arterialisirung des
Blutes, falls eine solche sich einstellt, liegen die innern Momente für
eine Kohlensäureanhäufung im Blute.

    Mit der kohlensäurearmen Atmosphäre tritt nur die im Blute ein-
fach absorbirte Kohlensäure in Diffusion. — Die Spannung der CO_2
im Blute beträgt zwischen 30—90 Mm. Hy; die in der atmosphärischen Luft schwankt indessen auch zwischen 25—60 Mm. Hy, so
dass die geringen und schwankenden Unterschiede, falls eine an-
dauernd genügende Decarbonisirung des Blutes stattfinden soll, durch
die anderen die Kohlensäure aus dem Serum austreibenden Momente
compensirt werden müssen.

    Der Gehalt des Arterienblutes an CO_2 beträgt etwa 26—30 Vo-
lumproc., während das Venenblut ungefähr 4 Proc. mehr enthält. —

Bei plötzlicher Zuschnürung der Luftwege steigt der CO_2-Gehalt des Blutes bis annähernd auf 53 Volumproc., aber nicht höher. Das Individuum geht hier zu Grunde an Sauerstoffmangel, ehe die Kohlensäure auf den Organismus giftig wirken konnte.

Anders gestalten sich die Verhältnisse, wenn nur das Freiwerden der Kohlensäure aus dem Blute behindert ist. Wir wollen dieses die langsame Erstickung nennen. Das Hinderniss liegt hier entweder darin, dass die Kohlensäure in der uns umgebenden Atmosphäre sich anhäuft, z. B. bei Einschluss eines Individuum in einen mit atmosphärischer Luft gefüllten, aber hermetisch geschlossenen Raum; oder die Kohlensäure kann aus der Lungenluft selbst in ungenügendem Maasse entweichen. Hierher gehört die allmähliche Verengerung der grossen Luftwege, wie sie z. B. bei Croup und bei Diphtheritis sich einstellt, oder bei der Unthätigkeit der Respirationsmuskeln, wie wir dieselbe für die Chloroform- und für die Opiumvergiftung in deren höheren Graden notirt haben.

Bei der langsamen Erstickung tritt die lähmende Wirkung der Kohlensäure deutlich hervor, weil trotz der mangelhaften Entfernung der Kohlensäure immer noch genügende Mengen Sauerstoff zum Blute gelangen. Der Tod bei langsamer Erstickung ist ein Lähmungstod in Folge der stetig zunehmenden Kohlensäurevergiftung der Nervencentren. — Geschieht die Kohlensäureanhäufung allmählich bei genügendem Gehalt der atmosphärischen Luft an Sauerstoff, so können das Erregungsstadium und die Krämpfe ausbleiben und der Tod tritt bei scheinbarem subjectiven Wohlbefinden des Kranken unter lähmungsartigen Erscheinungen ein.[*]) Dieses Bild müssen wir uns für die so häufigen und scheinbar unerwarteten Todesfälle bei Diphtherie recht ins Gedächtniss einprägen. Wir werden dann manches junge Leben durch eine rechtzeitige Tracheotomie retten können und uns über das „zu spät" des operativen Eingriffs, bei mangelhaftem Vertrautsein mit den Symptomen der allmählichen Kohlensäurevergiftung, keine Vorwürfe zu machen brauchen.

Im Beginne der Verengerung der grossen Luftwege reagiren die noch intacten Nervencentren auf die etwas beschränkte Sauerstoffzufuhr durch die Zeichen einer mässigen Athemnoth mit einer allgemeinen Unruhe und Unstetigkeit. Die Kinder sind schlaflos und werfen sich unruhig umher, wechseln die horizontale Lage mit der aufrechten. Es fehlen auch nicht die Anzeichen einer mässigen Dyspnoe, wie Bewegungen der Nasenflügel mit Vertiefung der Respirationen, vielleicht schon mit Einziehung des Scrobiculus cordis und des Jugulum (Fossa suprasternalis). Aber bei fortdauernder

Verengerung des Luftrohrs ändert sich das Bild. Die Nervencentren
haben sich unter der Einwirkung der CO_2 an die geringere O-Zufuhr
accommodirt. Die Kinder werden ruhiger, wechseln nicht mehr so
häufig ihre Lage, trotz gesteigerter Athemnoth und trotz hochgradig
sich steigernder Einziehung des Thorax. Es tritt Somnolenz und
Theilnahmlosigkeit gegen die Umgebung ein, die Körperwärme, die
im Anfang des Processes oft bedeutend gesteigert erschien, zeigt eine
auffallende Abkühlung unter die Norm. Und so tritt der Tod un-
merklich ein, indem die Athmung immer flacher und seltener und
der Puls schliesslich fadenförmig wird. Führt man in diesem Stadium
die Tracheotomie aus, so muss man darauf gefasst sein, dass der
operative Eingriff erfolglos bleibt, wegen zu weit vorgeschrittener
Lähmung der Nervencentren durch die Kohlensäure. — Man darf
daher die Operation über das Erregungsstadium nur in ausnahms-
weisen Fällen hinausschieben.

Es würde überflüssig sein, die Symptome der plötzlichen Erstickung schildern zu wollen. Wir haben bereits erwähnt, dass
hier der plötzliche Sauerstoffmangel die Todesursache abgiebt. Die
Nervencentren werden hier aber viel rascher ihrer Vitalität beraubt,
nachdem sie vorher heftig erregt worden waren. Daher tritt der Tod
nach gewaltsamen Muskelzuckungen ein, wie wir es ja bei Gehängten
als eine wohlbekannte Thatsache in jedem Falle beobachten.

Da der Sauerstoffmangel rascher die nervösen Apparate ertödtet,
wie die langsamer wirkende Kohlensäure, so müssen wir bei der
plötzlichen Erstickung mit der künstlichen Luftzufuhr sofort bei der
Hand sein. — Es ist solches für die Erhängten besonders zu betonen
kaum nöthig. Das Abschneiden des Strickes allein wird aber, falls
bei dem Hängen Verletzungen der Kehlkopfknorpel stattgefunden
haben, nicht ausreichen; es muss vielmehr die rasche Eröffnung der
Trachea folgen. Aehnliches gilt für die in das Luftrohr hineinge-
rathenen Fremdkörper. Wie wir uns denselben gegenüber zu verhalten haben, ist bereits oben ausführlicher besprochen worden.

Die Symptome der acuten und der langsamen Erstickung uns experimentell vorzuführen ist nicht schwer. Die
Zeichen des plötzlichen Sauerstoffmangels, die heftige Unruhe, die
forcirten Respirationsbewegungen, sodann die willkürlichen Zuckungen
aller Extremitäten, welche schliesslich in einen allgemeinen Krampf
der willkürlichen Musculatur übergehen, erhalten wir bei plötzlicher
Zuschnürung der Trachea oder wenn wir die in die Trachea eingeführte Canüle verstopfen. Auf den allgemeinen Muskelkrampf folgt
eine ebenso rasche Erschlaffung aller Theile; die Cornea zeigt sich

völlig empfindungslos; und nach dem nunmehr erfolgten Tode sehen wir noch einzelne fibrilläre Zuckungen in den Muskeln und eine vermehrte Darmperistaltik als Zeichen des Ueberlebens unter dem erregenden Einfluss des in den Organen hochgradig angestauten und, wie wir gesehen, sehr kohlensäurereichen Venenblutes.

Wollen wir die Folgen einer langsamen Erstickung beobachten, so ist ein sehr einfaches Mittel darin gegeben, dass wir mit der Trachealcanüle des Thieres einen langen, aber offenen Kautschukschlauch verbinden. — Je nach der Länge, die wir dem Schlauche geben, d. h. je nach dem Verhältniss seines Rauminhaltes zu dem Gesammtvolumen der Exspirationsluft, werden wir verschiedene Grade der Erstickung erzeugen können. Ist der Rauminhalt des Schlauches ebenso gross oder grösser wie das Volumen der Exspirationsluft, so wird letztere immer wieder eingeathmet. Denn das ganze Luftvolumen verbleibt im Innern des Schlauches und wird in demselben bei jedem Respirationsact einfach wie ein Pfropf hin und her geschoben. Hierbei muss das Individuum offenbar sehr bald ersticken. Wählen wir dagegen den Schlauch kürzer, so können wir einen Theil der Exspirationsluft nach aussen entweichen und dafür einen Raumtheil der äusseren Atmosphäre eintreten lassen. So werden je nach der Schlauchlänge verschiedene Gemische von Exspirations- und äusserer Luft zu Stande kommen, die dem Individuum zur Athmung dienen. Diese Gemische werden aber alle sauerstoffärmer und kohlensäurereicher sein als unsere gewöhnliche Respirationsluft. — So lange das Blut eine genügende Menge O aus diesen Luftgemischen beziehen kann, werden wir keine Krämpfe, keine Unruhe eintreten sehen. Aber der Ueberschuss an Kohlensäure in diesen Gemischen bedingt eine Anhäufung von Kohlensäure im Organismus, die schliesslich so gross werden kann, dass das Individuum an der lähmenden Wirkung der Kohlensäure zu Grunde geht, indem die Athmung und der Herzschlag allmählich erlöschen.

Dieses einfache und verschieden zu modificirende Experiment giebt uns auch eine Andeutung, warum der Aufenthalt in langen Bergstollen, in Tunnels mit der Athmung unverträglich erscheint, falls nicht durch Pumpwerke, welche die Luft bis in die Umgebung der lebenden Wesen direct ventiliren, das Eintreten einer, so zu sagen, endogenen Kohlensäurevergiftung unmöglich gemacht wird. — Aehnliche Erwägungen kommen in Frage bei Tauchern, deren Athemmaske mit einem bis an die Wasseroberfläche reichenden Schlauche verbunden ist. In diesen muss aber eine genügend sauerstoffreiche Einathmungsluft durch besondere Apparate einge-

pumpt werden, und zwar unter einem Drucke, welcher dem Was-
serdruck das Gleichgewicht hält, der auf der Körperoberfläche des
Tauchers lastet (Paul Bert[7]).

Weiterhin werden bei Luftschiffern und beim Besteigen
hoher Berge die leichteren sowie die lebensgefährlichen Symptome,
wie heftiges Erbrechen, Schwindel, unerträglicher drückender Kopfschmerz, Blutungen und Synkope (Bergkrankheit), auf einem directen
Sauerstoffmangel der rothen Blutscheiben beruhen, wegen des verminderten Partialdruckes des Sauerstoffes in der Atmosphäre der
höheren Luftschichten (s. o.). — Jourdanet[8]) nennt den Zustand
„Anoxyhémie" und stellt ihn als Analogon der Anämie durch directen
Verlust von Blutscheiben hin.

Anders haben wir uns die Unglücksfälle zu erklären, wie sie
z. B. bei den Arbeitern in den Caissons vorkommen, innerhalb
deren in Flüssen u. s. f. die Aufführung von Brückenpfeilern geschieht. Hier muss, damit die Arbeiter auf dem Grunde des Strom-
bettes arbeiten können, durch eine entsprechend hohe Compression
der Luft in den Caissons, dem Druck der vom Wasserspiegel bis
auf den Grund reichenden Wassersäule das Gleichgewicht gehalten
werden. Die Aufnahme des Sauerstoffes ins Blut wird hierbei kaum
vergrössert, der Kohlensäuregehalt des Blutes gar nicht beeinflusst.
Eine Aenderung erfährt nur die Menge des im Blute zu etwa 1 Proc.
einfach absorbirten, aber nicht resorbirbaren Stickstoffes.[9]) Dessen
Menge wird nun im Blute bei hoher Compression der Athmungsluft,
auf fünf und mehr Atmosphären, etwa um das Vier- bis Fünffache
vermehrt. — Verlassen die Arbeiter die Caissons plötzlich — dasselbe gilt von dem raschen Abnehmen der Athmungsmaske bei Tauchern —, ohne sich einer allmählichen Decompression der Caissons-
luft bis auf die Druckverhältnisse der freien Atmosphäre zu unter-
werfen, so werden auf einmal grosse Mengen von Gasblasen des
nicht resorbirbaren Stickstoffes im Blute frei und reissen noch einen
Theil der Kohlensäure in Gasform mit sich fort. Auf dem Wege
multipler Gasembolien zeigen sich dann dauernde Functionsstörungen
der verschiedensten Organe, namentlich Lähmungen, durch rasche
Ertödtung im Bereiche der gegen eine Blutabsperrung besonders em-
pfindlichen Nervencentren. In acuten Fällen sehen wir bald den
Tod eintreten durch Gasanhäufung im rechten Herzen und innerhalb
der Gehirngefässe, wie bei brüsken Lufteinspritzungen in die Venen.
An beiden Orten finden wir dann reichlichen blutigen Schaum (vergl.
Panum[10]), im Herzen oft grössere Mengen eines reinen Gasge-
misches von Stickstoff mit etwas Kohlensäure (P. Bert l. c.). —

Schon Hoppe-Seyler[11]) hat die von Bert erwiesenen Phänomene des Freiwerdens von Stickstoff im Blute bei rascher Decompression behauptet. — Von der Ansicht ausgehend, dass die Ausscheidung der Gasblasen des Stickstoffes aus dem Lungenkreislauf desswegen behindert ist, weil die Lungenluft ein sehr N-reiches Gasgemisch darstellt, empfiehlt Paul Bert (l. c. S. 980 und S. 1148) bei zu rascher Decompression, bei Tauchern und bei Arbeitern in Caissons das Einathmen von reinem und womöglich comprimirtem Sauerstoff. So hat er mit Erfolg die N-Blasen aus dem Lungenkreislauf und zum Theil aus dem Herzen bei den Versuchsthieren verschwinden lassen. — Für die N-Blasen, die in anderen Capillarbezirken sich finden, und um die Gasmengen von N, die in die Gewebe getreten waren, wieder ins Blut zu führen, kann nur eine erneute Luftcompression (Recompression) mit nunmehr ganz langsam folgender Decompression von Nutzen sein. — Auch für die Folgen des Lufteintrittes durch die Venen empfiehlt Bert das obige Verfahren (vergl. auch Couty l. c. in Vorl. VI).

Eine interessante und bedeutsame Anwendung der comprimirten Luft ist von Paul Bert[12]) für die Narkosen mit Stickstoffoxydul (Lust-, Lachgas) gemacht worden. P. Bert fand, dass die einfache Darreichung von Lustgas wegen der verminderten O-Anfnahme eine sehr aufregende und selbst bedrohende Narkose giebt. So schlug er vor, die Stickoxydulnarkose unter gleichzeitiger Anwendung der comprimirten Luft auszuführen, um dem Blute neben dem anästhesirenden Gase auch den Sauerstoff in genügender Menge zuzuführen. Diese Narkosen, die allerdings nur in grossen Anstalten, wo die sehr kostspieligen Luftdruckapparate vorhanden sind, durchführbar erscheinen, sollen in Bezug auf Verlauf der Anästhesirung, sowie in Bezug auf die Schnelligkeit des Wiedererwachens und den Ausfall aller Nachwirkungen (Erbrechen, Kopfschmerz) nichts zu wünschen übrig lassen. Selbst bei grösseren chirurgischen Eingriffen ist das ingeniöse Verfahren von Paul Bert mit gutem Erfolge versucht worden (Péan[13]), Labbé, Deronbaix[14]).

Nun noch einige Worte, ehe wir zur Besprechung der Operationen für die Eröffnung der Trachea übergehen, über die künstlichen Einblasungen von Luft nach Tracheotomie, und die Veränderungen, welche hierdurch die Circulationsverhältnisse erleiden. Es findet hier nämlich eine Umkehr der Druckverhältnisse im Thorax statt und somit auch eine solche der Kreislaufverhältnisse. Wir erhalten bei der künstlichen Lufteinblasung im Gegensatz zu der natürlichen Inspiration einen positiven Druck im Thorax mit

venöser Blutanstauung. Dagegen herrscht im Brustraum bei der Exspiration nach künstlicher Lufteinblasung ein negativer Druck mit
Aspiration des Blutes, weil bei dem Ausfall der Thätigkeit der Ex-
spirationsmuskeln die Elasticität des Lungengewebes überwiegt über
diejenige der Thoraxwandung. — Jedenfalls wird bei künstlichen
Lufteinblasungen in Bezug auf Frequenz derselben, auf die Menge der
auf einmal einzupressenden Luft und in Bezug auf die pressende
Kraft zu beachten sein der Zustand des Herzens und der Lungen.

Von den Operationen, durch welche das Lumen des Luftrohres
am Halse eröffnet werden kann, eignen sich für die Herstellung der
augenblicklichen oder der dauernden Luftzufuhr nur einige.

Die Freilegung des Kehlkopfeinganges durch einen dem untern
Rande des Zungenbeines parallelen, und zwischen diesem und dem
Schildknorpel verlaufenden Schnitt oder die sogenannte Laryngotomia subhyoidea Malgaigne's oder die Pharyngotomie
nach von Langenbeck ist für eine Luftzufuhr ungeeignet. Nur
Vidal empfahl sie früher, um durch den freigelegten Kehlkopfs-
eingang den Katheterismus laryngis (Tubage du larynx) ausführen
zu können. Diese, seltsamer Weise von Hippokrates einst zur
Ausführung, aber per os empfohlene Methode bei Erstickungsgefahr,
erscheint verwerflich wegen der Unsicherheit der Ausführung, und
weil dabei auf den Sitz des Hindernisses keine Rücksicht genommen
wird. — Am allerwenigsten dürfen Fremdkörper innerhalb des Larynx oder der Trachea vom Kehlkopfsein-
gang aus sondirt werden.

Ebenso ungeeignet für unsere Zwecke und nur zur Entfernung
von Geschwülsten aus dem Kehlkopfraum brauchbar ist die L. thy-
roidea (Desault), wo der Kehlkopf in seiner Mitte durch Spaltung
der Commissur zwischen den beiden Schildknorpelplatten eröffnet wird.
Wollte man hier zwischen die beiden Platten des Schildknorpels
die Respirationscanüle einlegen, so würde man sehr leicht Nekrose
der Knorpelplatten, auch Ulcerationen der Stimmbänder erleben.

Aus demselben Grunde ist die Laryng. thyreo-cricoidea
(Vicq d'Azyr) oder die quere Durchschneidung des Ligam. conoides
für das Einlegen von Canülen für die Dauer nicht geeignet, da die
erhaltene Oeffnung zu klein ausfällt. Die Operation wäre nur zu
empfehlen bei plötzlicher Asphyxie, wegen der oberflächlichen Lage
des Lig. conoides und der leichten Orientirung beim Aufsuchen desselben. Da über das Ligament die quere Anastomose der Art. thyreo-
cricoidea verläuft, so muss man dieselbe im Nothfall doppelt unterbinden und in der Mitte durchschneiden, ehe man das Ligament

selbst incidirt. Der Umfang der im Lig. conoides erhaltenen Oeffnung
kann nur vergrössert werden durch Spaltung des Ringknorpels. Doch
wird man durch die Wunde höchstens Flüssigkeiten aus den Lungen
mittelst eines Katheters ansaugen (so bei Ertrunkenen), oder in den
Kehlkopf gerathene Fremdkörper in den Rachen zurückstossen können.

Ein besonderes Interesse nehmen die Methoden in Anspruch
durch welche das Aufschlitzen der Trachea oberhalb oder
unterhalb der Schilddrüse vorgenommen wird. Es sind dies
die Tracheotomie supra- und die Tr. infrathyroidea oder besser die
Tr. supra- und die Tr. infraglandularis.

Die Tr. supraglandularis liefert aber besonders bei Kindern
eine zu kleine Oeffnung um eine Canüle einführen zu können. Man
fügt hier daher zu dem Schnitt in der Luftröhre die Spaltung des
Ringknorpels hinzu. Dann lässt sich mit Bequemlichkeit eine Canüle einlegen.

Die Ausführung dieser Operation wird in folgender Weise vorgenommen: Der Nagel des linken Daumens markirt den oberen Rand
des Ringknorpels, von wo an ein etwa drei cm. langer Hautschnitt
in der Mittellinie des Halses aus freier Hand nach abwärts geführt
wird, bis auf das subcutane Bindegewebe. — Jetzt tritt die bindegewebige Vereinigungslinie zwischen den geraden Halsmuskeln zu
Tage. Dieselbe muss mit aller Schärfe aufgesucht und, am besten
zwischen zwei Pincetten durchtrennt oder, falls venöse Gefässe in
der Mittellinie verlaufen (V. colli media), mit stumpfen Haken auseinander gezogen werden. Hält man sich nicht genau an diese
Linea alba, so gelangt man leicht in die geraden Halsmuskeln der
einen oder der andern Seite, deren Spaltung eine viel stärkere Blutung bedingt. Sind wir genau in der Mittellinie eingegangen, so
liegt jetzt die Trachea vor, aber mehr oder minder hoch bis an den
Ringknorpel hinauf von der Schilddrüse überlagert, so dass oft, besonders wenn sich noch ein mittleres Schilddrüsenläppchen (Lissard [15]) nach oben erstreckt, von der Trachea kein Theil unbedeckt
erscheint. — Früher musste die Schilddrüse um zur Trachea zu gelangen von der letzteren abpräparirt werden. Dies war häufig mit
beträchtlichen Blutverlusten verknüpft und trug dazu bei, die Dauer
der Operation zu verlängern und ihre Schwierigkeiten zu erhöhen.
Ja man schlug für einzelne Fälle vor, den Isthmus zwischen den
beiden Schilddrüsenlappen doppelt zu unterbinden und zu durchschneiden (Roser) damit das Luftrohr freigelegt werden konnte. —
Es ist ein wesentliches Verdienst von Bose [16]) die retroglanduläre Methode der Freilegung der Trachea angegeben zu haben,

wobei die Schilddrüse von dem Luftrohr nicht abpräparirt wird,
nach Spaltung ihrer Kapsel, sondern mit der uneröffneten Kapsel
von der vorderen Trachealwand abgehebelt oder richtiger abgerissen
wird. Zu dem Zweck führt man, wenn nach Auseinanderzerrung
der geraden Halsmuskeln die von der Schilddrüse bedeckte Trachea
vorliegt, einen queren Schnitt über die Vorderseite des Ringknorpels,
da wo die beiden zur Schilddrüsenkapsel auseinander gewichenen
Blätter der tiefen Halsfascie wieder vereinigt sich anheften. Während man den untern Rand des so entstandenen Schlitzes mit der
Pincette emporzieht, geht man mit einem stumpfen Hebel (Elevatorium, Scalpell-Stiel) zwischen Luftröhre und hinterer Wand der Schilddrüsenkapsel ein und reisst letztere in erforderlicher Ausdehnung von
der Trachea ab. Jetzt wird ein kräftiger Haken in den Ringknorpel
eingesetzt und man lässt denselben stark gegen das Kinn und aus
der Wunde herausziehen. Die mit der Kapsel abgerissene Schilddrüse wird mit einem breiten stumpfen Haken, im Nothfall mit einem
Spatel von einem zweiten Assistenten nach dem Sternum zu herab-
gedrängt. Während der erste Assistent mit seiner rechten Hand den
Haken mit dem Ringknorpel emporzieht, geben wir ihm in die linke
Hand ein grosses scharfes (Schiel-)Häkchen, und ergreifen mit unserer
linken Hand ein eben solches. Nun wird mit dem in der rechten Hand
gehaltenen spitzen Messer, dicht oberhalb der die Schilddrüse schützen-
den Platte, in die Trachea eingestochen und mit kurzen sägeförmigen
Zügen der Schnitt in der Trachea bis an den Ringknorpel heran
erweitert. Operateur und Assistent setzen jetzt die bereit gehaltenen
scharfen Haken in die tracheale Wunde ein und der Operateur
spaltet, falls die Oeffnung in der Trachea nicht genug weit sein
sollte für die Einführung der Canüle, noch den Ringknorpel mit
durch, von unten nach oben, sodass der in den Ringknorpel eingesetzte dicke Haken frei wird. — Durch die Durchschneidung des
Ringknorpels gestaltet sich die Tracheotomia supraglandularis in
die von Boyer sogenannte Laryngo-Tracheotomie, auch als Crico-
Tracheotomie (Hueter) bezeichnet. Eine Durchschneidung des Lig.
conoides, wie es Boyer that, ist unnöthig.

Bei Kindern hat man dem Princip huldigend, dass möglichst
weite Canülen eingeschoben werden müssen, stets die Crico-Tracheotomie auszuführen. — Die erzielte Oeffnung wird hierdurch so gross,
dass sie nicht nur für eine bequeme Luftzufuhr brauchbar erscheint;
sie ist auch geeignet zur Extraction tief in die Trachea gerathener
fremder Körper, falls nicht gleichzeitig eine Schwellung der Schilddrüse vorliegt. — Querschnitte am oberen und unteren Rande des

Trachealschnittes, so dass zwei seitliche viereckige Tracheallappen nach aussen abgebogen werden können, wie sie Dieffenbach empfahl, dürften nur ausnahmsweise am Platze sein, falls man eine abnorm grosse Oeffnung in der Trachea wünschte.

Die Tracheotomia infraglandularis eröffnet das Trachealrohr von etwa dem siebenten Trachealknorpel an nach abwärts bis zur Höhe des Brustbeins. Sie wird von Einigen auch bei Croup besonders empfohlen (Wilms [15], während wir, namentlich bei Kindern und bei kurzhalsigen Personen, der Crico-Tracheotomie den Vorzug geben. — Die infraglanduläre Eröffnung des Luftrohrs wird aber überall da dringend am Platze sein, wo es sich um eine Verengerung des Luftrohrs im Bereiche der Schilddrüse selbst, bei Vergrösserungen derselben, handelt, oder wo man die Extraction von Fremdkörpern vorzunehmen hat, welche bis an die Bifurcation der Bronchien hinab gefallen sind.

Oberhalb des Sternum liegt das Luftrohr nur bedeckt von der Haut und mehreren Blättern der Halsfascie. Die geraden Halsmuskeln sind hier, besonders bei Vergrösserungen der Schilddrüse bereits auseinander gewichen. Allein zwischen der Haut und der Fascie, sowie zwischen den einzelnen Fascienblättern und der Trachea findet sich ein oft von reichlichem Fett und noch öfters von einem ausgebreiteten Venennetz durchzogenes Bindegewebe. Die Venen können bei starker Athemnoth prall mit Blut gefüllt sein. Man wird daher nachdem man den Hautschnitt von der Incisura sterni in der Mittellinie des Halses vier bis fünf Cm. weit nach oben geführt hat, das Bindegewebe vorsichtig spalten, indem man zwischen zwei Pincetten Schicht für Schicht aus der Wunde heraushebt und durchtrennt. Bei einem reichlichen Venennetz wird man die Venen mehr mit stumpfen Haken auseinander zu drängen haben und sich des Messers möglichst wenig bedienen. Auch liegt oberhalb des Sternum eine Lymphdrüse, zwischen die Fascienblätter eingebettet, in welche ein in der Brusthöhle abgehender Seitenzweig des Ductus thoracicus sin. mündet, und welche Drüse öfters vergrössert ist. An den untern Rand der Schilddrüse schliesst sich bei Kindern oft unmittelbar die bald stärker, bald schwächer entwickelte Thymusdrüse an. — Bei Erwachsenen dringen dagegen bei vorhandenem Kropf einzelne vergrösserte Lappen bis unter das Sternum hinab (Struma substernalis). Zuweilen steigt direct aus der Arteria anonyma ein Arterienast auf der Trachea zur Schilddrüse empor (Art. thyr. ima), welcher nicht verletzt werden darf. — Die Zerrung der die Trachea deckenden Bindegewebsschichten führt zu Emphysem des mediastinalen

6*

Bindegewebes und, wenn man nicht unter antiseptischen Cautelen
operiren kann, leicht zu Eitersenkungen in die Mediastina, besonders
wenn man mit Croup oder Diphtherie der Trachea zu thun hat.

Ist die Trachea freigelegt, so wird man mit Berücksichtigung
der Art. thyr. ima das Trachealrohr vom Sternum an nach oben zu
in der Mittellinie eröffnen, während der untere Rand der Schilddrüse
durch einen stumpfen breiten Haken gedeckt und nach dem Kinn zu
gezogen wird.

Was das weitere Verhalten bei Eröffnung des Luftrohres an irgend
einer Stelle anlangt, so muss die Trachealwunde so lange mit
den eingesetzten scharfen Haken auseinander gehalten
werden, bis die Athmung vollständig wieder frei geworden ist, so bei Ertrunkenen und bei Croup, oder bis in das Luftrohr hineingelangte fremde Körper durch eingeführte lange gekrümmte
Zangen oder durch Hustenstösse aus der Trachealöffnung nach aussen befördert worden sind.   Oefters sah man Fremdkörper aus der
Luftröhre herausfallen, wenn man bei herabhängendem Kopf die Patienten an den Beinen in die Höhe zog. — Steht eine genügende
Assistenz nicht zu Gebote, so muss man die Trachealwunde mit auseinander federnden, den Augenlidhaltern ähnlichen Spreitzhaken aus-
einanderhalten (Bose) oder mit ähnlich wirkenden Zangen (Trousseau). — Bei Flüssigkeitsansammlungen in den Lungen (Blut nach
Operationen, Eiter nach geborstenen retropharyngealen Abscesssen,
Wasser bei Ertrunkenen, Fruchtwasser bei vorzeitiger Respiration
der Neugeborenen) wird man dieselben, wie gesagt, durch tiefes Einführen von Kathetern herauszusaugen suchen. — Bei Croup muss
man die Anschwellung der Membranen vielmehr durch den künstlichen Hustenreiz, der durch Berühren der hinteren Trachealwand
und der Bifurcation der Bronchien erzeugt wird, und durch directes
Herausziehen der Membranen mit Pincetten befördern, als durch das
Saugen.   Bei Diphtherie ist das Saugen nutzlos und auch im Interesse des Operateurs verwerflich. Leider figurirt es noch in manchen
Büchern mit phrasenhafter Anpreisung als lebensrettendes Mittel. Das
kopflose Bravourstück hat manchem Operateur das Leben gekostet,
ohne dasjenige des Patienten zu retten.   .

Ist keine Athemnoth mehr vorhanden, so wird die Canüle eingesetzt, ein etwa in einem Viertelkreisbogen gekrümmtes Doppelrohr
mit beweglicher, der Hautoberfläche des Halses anliegender Platte
am äusseren Ende, während das innere Ende des Apparates, welches
ins Innere des Luftrohres zu liegen kommt, entweder beide Röhren
in einem Niveau quer abgeschnitten zeigt, oder blos die äussere

Röhre, während die innere etwa 1 Cm. aus der äusseren hervorragt und wie ein Katheterschnabel abgerundet und mit sehr weiten Fenstern versehen ist. — Man muss mit 2—3 Canülen, von etwa 6, 5 und 4 mm. Durchmesser, versehen sein, um sowohl bei Erwachsenen wie bei Kindern auszukommen. Die Canülen werden durch breite Bändchen, die durch Löcher in der beweglichen Platte gezogen sind, am Halse befestigt, indem man die Mitte des Bandes in dem einen Loch von vorn herein festknüpft, die beiden Bandschenkel hinten um den Hals herum legt, den inneren Schenkel durch das zweite Loch der Canülenplatte hindurchzieht und nun die Enden beider Bandschenkel an der Seite des Halses in einen Knoten zusammenknüpft. — Der untere Winkel der Hautwunde kann für gewöhnlich durch eine Naht vereinigt werden. — Unter die Canülenplatte schiebt man eine in der Mitte eingespaltene, mit Carbol- (2½ Proc.) oder Borsäure- (20 Proc.) Vaseline bestrichene Compresse, am besten aus ungestärkter Gaze, so dass die beiden Hälften der Compresse oberhalb des Trachealrohres sich wieder zusammenlegen. Ueber die Trachealcanüle rollt man dann um den Hals herum eine ebenfalls aus ungestärkter Gaze gefertigte Binde (Mullbinde) mehrfach herum und feuchtet sie über der Trachealcanüle mit einer schwachen antiseptischen Lösung (2 pro mille Salicylsäurelösung, 2—3 Proc. Borsäurelösung, Aq. plumbi, verdünnter Essig) an. Oder man legt nur in dieselbe Flüssigkeit getauchte, mehrfach zusammengelegte Gazeläppchen über die Trachealcanüle, die öfters am Tage, sobald sie trocken geworden sind, gewechselt werden müssen.

Als für den Heilungsverlauf in der Trachealwunde in Fällen von Croup und Diphtherie besonders günstig habe ich seit mehreren Jahren die Auspinselung der Operationswunde mit 8 Proc. Chlorzinklösung während der Ausführung der Tracheotomie selbst erprobt, in dem Zeitpunkt, wo die Trachea frei liegt und man z. B. bei der Crico-Tracheotomie den Haken in den Ringknorpel eingesetzt hat, aber vor Eröffnung des Tracheallumens, so dass die frisch gesetzte Wundfläche erst mit einem antiseptischen Schorf bedeckt wird, ehe mit ihr die ausgehusteten Membranen oder das Secret der diphtheritisch erkrankten Trachealschleimhaut in Berührung kommt. — Einen ähnlichen Weg hat Czerny[18] bei der Urethrotomia ext. wegen impermeabler Stricturen eingeschlagen.

So lange die Trachealöffnung offen bleiben soll, lässt man das äussere Rohr der Canüle liegen, während man das innere Rohr so oft herausnimmt, so oft es durch die vertrocknenden Auswurfstoffe

oder durch die Croupmembranen verengert oder verstopft wird. —
Die Reinigung geschieht am leichtesten mit einer concentrirten Soda-
lösung und mit kleinen Bürsten, wie zum Reinigen einer Saugflasche.
— Die Durchgängigkeit des inneren Rohres muss sorgfältig überwacht
werden, weil sonst, namentlich bei Kindern, leicht hohe Athemnoth
sich von Neuem einstellen kann. — Bei Croup hat man Inhalationen
mit 2 Proc. Milchsäure — mit Kochsalz — und mit verdünnten Gly-
cerinlösungen bewährt gefunden, theils um die Lösung der Membranen zu befördern, theils um die Eindickung des Secrets zu vermeiden.
Bei Diphtherie nützen diese Inhalationen weniger oder gar nicht.

Die Entfernung der Canüle wird abhängig sein von dem Ablauf des Infectionsprocesses. Bei Tracheotomien wegen Glottisödem,
Perilaryngitis, Vergrösserung einer Struma u. s. f. wird der Ablauf
des localen Processes ebenso den Zeitpunkt für die Herausnahme
der Canüle ergeben. — Bei Ansammlung von Flüssigkeiten in den
Lungen braucht man oft noch kürzere Zeit mit der Herausnahme
der Canülen zu warten. Nach Entfernung von Fremdkörpern, nach
gelungener Wiederbelebung bei Chloroform- und bei Opiumvergiftung wird man die Canüle sofort wieder herausnehmen und die
Weichtheilwunde mit bis an die Trachea greifenden Nähten vereinigen und nur durch einen festen circulären Compressionsverband
um den Hals dafür sorgen, dass keine Luft in das Bindegewebe des
Halses eingepresst werde. — Den Zeitpunkt, wann die Canüle nach
längerem Einliegen ganz entfernt werden kann, bestimmt man nicht
dadurch, dass man die Canüle einfach herausnimmt und zuwartet,
ob Athemnoth sich einstellt oder nicht. Es könnte hierdurch besonders bei Kindern, und falls wirklich eine neue Erstickung drohte,
eine grosse Schwierigkeit für die Wiedereinführung der Canüle entstehen. Man lässt lieber das äussere Canülenrohr in der Trachea
liegen und entfernt nur das innere. Das äussere Rohr muss aber
desswegen an der oberen Wand auf dem höchsten Punkt ihrer Convexität eine ovale Durchbohrung besitzen, damit, wenn man die
äussere Oeffnung der Canüle zustopft, der Luftstrom durch den Kehlkopf und die Mund- und Nasenhöhle seinen Weg nehmen kann.
Man befestigt daher einen in die äussere Canülenöffnung passenden
Kork mit einem Faden an der äusseren Canülenplatte, und stopft
die Oeffnung für immer längere Zeitabschnitte zu, je nachdem es der
Patient verträgt. Kann schliesslich die Canüle auch in der Nacht,
während des Schlafes zugestopft gelassen werden, so entfernt man
auch das äussere Rohr; aber niemals ohne Haken zur Hand zu
haben, um im Nothfall, falls das Wiedereinschieben der Canüle in

die Trachealwunde erforderlich werden sollte, diese mit den Haken auseinanderziehen zu können. — Denn man muss darauf gefasst sein, dass, obwohl bei am Halse zugestopfter Canüle die Passage durch den Kehlkopf frei erscheint, dennoch suffocatorische Anfälle eintreten können, gleich nachdem man die Canüle entfernt hat, oder erst bei dem nächsten kräftigen Hustenstoss. Die Ursache liegt dann in eigenthümlichen gestielten Wucherungen der Trachealschleimhaut, die mit ihrem Stiel meist in dem unteren Wundwinkel aufsitzen, während sie mit dem freien birnförmigen Ende in das Tracheallumen hineinragen. Diese Granulationspolypen werden durch einen kräftigen Exspirationsstrom mit ihrem kolbenförmigen Ende in die Höhe geschleudert und verstopfen das Tracheallumen. Schneidet man sie oder ätzt man oder kratzt man sie weg, so kehren sie öfters wieder und zwingen den Patienten zum dauernden Tragen der Canüle. — Macht man eine Tracheotomie tiefer unten, so heilt die alte tracheotomische Wunde rasch; aber es können in der neuen Wunde die Wucherungen in alter Weise wieder auftreten. — Im Allgemeinen ziehen sich tracheotomische Wunden, wenn man die Canüle herausgenommen hat, schnell zusammen, was man durch Zusammenziehen der Hautränder mit Heftpflaster und durch Aetzen des Grundes der Wunde mit dem Höllensteinstift befördern kann. — Und doch treten manchmal nach Wochen, nachdem die Wunde geheilt ist, besonders wenn Diphtherie vorgelegen hatte, allmähliche Verengerungen des Tracheallumens ein. Man kann dann genöthigt sein, die Trachea von Neuem am Halse zu eröffnen. — Ohne alle von den oben genannten Ursachen kann die Unmöglichkeit der baldigen Entfernung der Canüle gegeben sein in einer Inactivitätsparese der Kehlkopfmuskeln, wenn dieselben längere Zeit durch das Tragen einer nach dem Kehlkopf zu imperforirten Trachealcanüle ausser Thätigkeit gesetzt worden waren. Hier wird directes Elektrisiren der genannten Muskeln, wobei die eine Elektrode auf den Hals gesetzt wird, am raschesten die Atheminsufficienz heben.

Zu jeder Tracheotomie müssen Sie den Patienten in Rückenlage mit gestrecktem Hals und hinten übergebeugtem Kopf lagern, was Sie dadurch erreichen, dass Sie unter den Nacken ein Rollkissen oder einen zusammengerollten Shawl oder ein zusammengerolltes Betttuch schieben. Als Operationstisch dient am besten ein schmaler, nicht zu langer, vierbeiniger Tisch. Bei mangelhafter Assistenz kann man die Füsse des Patienten an die Tischbeine am Fussende befestigen, während man die Arme durch Bänder, die über die Ellenbogengelenke laufen, auf dem Rücken zusammenbindet.

Aus zweifachen Gründen ist es erforderlich, dass der Arzt sich die zur Tracheotomie erforderlichen Instrumente in einem besonderen Etui zusammengestellt fort und fort bereit halte. Einmal, weil bei der Tracheotomie keine Zeit durch Zusammensuchen oder Improvisiren von Instrumenten verloren werden darf. Anderntheils wird man am häufigsten die Tracheotomie bei Croup und Diphtherie auszuführen haben, also bei Processen von hoher Ansteckungsfähigkeit, so dass man gut thut, hierfür ein besonderes Instrumentarium bereit zu halten.

Das Besteck kann am einfachsten aus Folgendem bestehen: Ein spitzes Scalpell, ein eben solches aber geknöpftes, eine anatomische und zwei chirurgische Pincetten, zwei Schieberpincetten, eine geflügelte Sonde, zwei scharfe (Schiel-)Haken, zwei eben solche aber stumpfe Haken, ein kräftiger scharfer Haken zum Emporziehen des Ringknorpels, zwei bis drei Canülen von etwa 6, 5 und 4 Mm. im lichten Durchmesser, ein Sperrhaken für die Trachealwunde, ein paar elastische Katheter, eine Rolle Band zum Fixiren der Canüle, Nadeln und Nähseide, eine Scheere, und eine bis zwei Mullbinden. Zu dem allen braucht das Etui nur etwa 32 Cm. lang, 12 Cm. breit und 5 Cm. hoch zu sein, so dass im Boden und im Deckel Instrumente placirt werden können. Auch vergesse man ein paar Pinsel und eine 8 Proc. Chlorzinklösung nicht.

[1] Falk und H. Kronecker, Ueber den Mechanismus der Schluckbewegung. Verhandl. der physiolog. Gesellschaft zu Berlin vom 21. Mai 1880. No. 13. — [2] Roser, Vortrag auf dem IX. Congress d. deutschen Gesellschaft f. Chir., vergl. die Verhandl. und das Referat im Centralbl. f. Chir. 1880. Beilage zu No. 20. — [3] Rose, Ueber den Kropftod und die Radicalcur der Kröpfe. Verhandl. des VI. Congr. d. deutschen Gesellschaft f. Chir. Grössere Vortr. S. 75. — [4] Weigert, Virchow's Archiv. Bd. 70 und Bd. 78. Heft 2 (vom J. 1878). — [5] Filehne, Ueber die Einwirkung des Morphin auf die Athmung. Arch. für experim. Pathologie u. Pharmakol. 1879. Bd. X u. XI. — [6] Vgl. C. Friedlaender und E. Herter, Ueber die Wirkung der Kohlensäure auf den thierischen Organismus. Zeitschr. f. physiol. Chemie. Bd. II. S. 99–148: und: Dieselben, Ueber die Wirkung des Sauerstoffmangels u. s. f. Zeitschr. f. physiol. Chemie. Bd. III. S. 19–51. — [7] Paul Bert, La pression barométrique. Paris 1878. p. 410. — [8] Jourdanet, L'influence de la pression de l'air sur la vie de l'homme etc. Paris, 2de éd. 1876. — [9] Bert, l. c. p. 964. — [10] Panum, Experimentelle Beiträge zur Lehre von der Embolie. Virchow's Archiv. Bd. 25. — [11] Hoppe-Seyler, Ueber den Einfluss, welchen der Wechsel des Luftdruckes auf das Blut ausübt. Müller's Archiv 1857. S. 63–73. — [12] Paul Bert, Sur la possibilité d'obténir, à l'aide du protoxyde d'azote, une insensibilité de longue durée etc. Comptes rendus. Tome 87. No. 20. — [13] Lutand, L'anaesthesie par le protoxyde d'azote sous tension. Gaz. hebdom. 1879. No. 14. — [14] Deroubaix, l'Art médical de Bruxelles 1880. Mai. Vergl. auch Raphael Blanchard, De l'anaesthesie par le protoxyde d'azote etc. Paris 1880 (Aux bureaux du progrès médical). — [15] Lissard, Anleitung zur Tracheotomie bei Croup. Giessen 1861. — [16] Bose, Zur Technik der Tracheotomie. v. Langenbeck's Archiv f. klin. Chir. Bd. XIV. S. 137–147. — [17] Siehe verschiedene Jahresberichte des Krankenhauses Bethanien zu Berlin in v. Langenbeck's Archiv f. klin. Chir. — [18] Neumeyer; Inaug.-Diss. Heidelberg 1879.

Achte Vorlesung.

Behinderter Durchgang der Nahrungsmittel durch den Darmcanal. — Hindernisse im Pharynx und Oesophagus. Topographie des letzteren. Die
engsten Stellen des Oesophagus, als Sitz von Fremdkörpern, Geschwülsten und
Stricturen. — Entfernung der Fremdkörper aus dem Rachen-, Hals- und Brusttheil des Oesophagus. Instrumente. — Oesophagotomie. Indicationen, Technik, Nachbehandlung der Wunde. — Geschwülste des Oesophagus. — Stricturen,
Entstehungsweise und Behandlung. Katheterismus des Oesophagus. —
Girard's Methode.
Hindernisse im Dünn- und Dickdarm. Brüche, reponible, angewachsene,
eingeklemmte. Bruchpforte, Bruchinhalt, Bruchsack. Bruchsackhals; Bruch-
sackcysten. — Ursachen der Irreponibilität; Verwachsung, Kotheinklemmung,
Strangulation. — Acute und subacute Einklemmung. — Scheineinklemmung und
deren Behandlung. — Sitz der Einklemmung. — Behandlung der Brüche. Taxis.
Mechanismus nach Roser, Busch, Lossen. — Unterstützende Lagerungs-
arten bei der Taxis. — Scheinreposition. — Herniotomie. Kein besonderes
Instrumentarium. — Technik. Schnittrichtungen. Aeusserer und innerer Bruchschnitt. — Herniotome. Débridement multiple. — Reposition des Bruchinhaltes.
Befund an der Darmschlinge. Behandlung der Einklemmungsmarken in der
Darmwand. Darmnaht bei lochförmiger, bei linienförmiger Gangrän, bei Total-
gangrän einer Schlinge. Enterorapphie. Behandlung des Anus praeternatu-
ralis. Behandlung vorliegenden Netzes. — Nachbehandlung nach der Herniotomie. — Radicaloperation der Brüche.

M. H. An den verschiedensten Stellen des Darmcanals können Hindernisse vorhanden sein, welche die Fortbewegung der aufgenommenen,
der verdauten oder der zur Ausfuhr aus dem Organismus bestimmten
Stoffe erschweren oder unmöglich machen. Allein Sie werden finden,
dass bei der grossen Zahl von Möglichkeiten in Bezug auf den Sitz
des Hindernisses doch eine gewisse Gesetzmässigkeit insofern vor-
herrscht, als an bestimmten durch die anatomischen Verhältnisse besonders gekennzeichneten Orten jene Hindernisse am häufigsten an-
getroffen werden. Lassen Sie uns von diesem Gesichtspunkte aus
die verschiedenen Abtheilungen des Darmcanals gesondert betrachten.

Beim Uebergang des Pharynx in den Oesophagus tritt an die
Stelle der quergestreiften Musculatur der Mm. constrictores pharyngis
die glatte Musculatur des Schlundrohres. Der Oesophagus steigt am
Halse hinter der Trachea etwas nach links hervortretend herab, um
innerhalb der Brusthöhle hinter der Luftröhre resp. hinter dem linken
Bronchus zu verlaufen, während die Aorta mit ihrem Bogen über
den linken Bronchus und somit auch über den Oesophagus sich

hinweg legt. Diese Stelle gehört zu denjenigen Punkten im Verlaufe
des Schlundrohres, an welchen am häufigsten die Hindernisse für
den Durchgang der Nahrungsmittel sich finden. Die anderen engen
Stellen des Oesophagus treffen wir hinter dem Ringknorpel, sodann
hinter dem Eintritt der Trachea in den Brustkorb, und ferner oberhalb der Cardia, beim Durchgang des Oesophagus durch den entsprechenden Schlitz im Zwerchfell.

An diesen Punkten bleiben nicht nur die in den Oesophagus gelangten abnorm grossen Bissen und hineingerathene Fremdkörper
stecken. Wir sehen, dass auch an diesen Punkten am öftesten die
Entwickelung von Geschwülsten (vorzugsweise Epitheliomen) zu Stande
kommt. Ebenso müssen genannte Stellen als der häufigste Sitz von
innerhalb des Schlundrohres sich bildenden Stricturen bezeichnet
werden.

Die in das Schlundrohr gelangten Fremdkörper können sich
zunächst fangen in den Plicae glosso-epiglotticae, z. B. Fischgräten.
Die Entfernung hat hier per os zu geschehen, wie bei allen in den
Rachenraum gelangten Fremdkörpern, wie wir es bereits in Vorlesung 7 ausführlicher besprochen haben. Die Fischgräten im Besonderen werden sich durch Pincetten, nachdem man mit dem Spatel
die Zunge kräftig herabgedrückt hat, ohne Schwierigkeiten herausziehen lassen. Tiefer sitzende Körper extrahirt man mit besonderen
Instrumenten, worunter zuerst Zangen (Schlundzangen) zu nennen
sind, deren Branchen entweder um ihren Kreuzungspunkt oder um
ihre gemeinschaftliche Längsaxe drehbar sind. Oder die Zangen sind
nach Art eines Lithotripters construirt, wo eine Branche der Länge
nach an der anderen Branche sich verschiebt. Die Zangen sind besonders für rundliche oder cylindrische Körper bestimmt. — Für Münzen,
die sehr häufig verschluckt werden und ähnliche Fremdkörper hat
von Graefe den durchaus brauchbaren Münzenfänger construirt,
einen langen Stab, der an einem Ende zwei mit einander spitzwink-
lig zusammen gelöthete Ringe trägt. In der so gebildeten Mulde
werden, falls man mit dem Instrument unterhalb der Münzen gelangt
ist, dieselben prompt nach aussen geworfen. Zum Entfernen von
tiefsitzenden Fischgräten hat Petit ein Fallschirm ähnliches, ein
sogenanntes Kettenstäbchen angegeben. Die Rippen des Fallschirmes
bestehen aus beweglichen Kettengliedern, so dass sie leicht die
Gräten fangen. Voluminöse Fremdkörper wollte man mit unterhalb
der Körper aufzuspannenden Instrumenten (Fischbeinsonde von Weiss)
oder dadurch entfernen, dass man eine mit einem Pressschwamm
versehene Schlundsonde bis unterhalb des Fremdkörpers einführte

und, nachdem der Pressschwamm aufgequollen war, das Instrument
sammt dem Fremdkörper nach aussen zog.

Grössere Schwierigkeiten macht die Entfernung spitzer Körper,
z. B. die Entfernung eines verschluckten Angelhakens. Hängt derselbe noch an einer Schnur oder an einem Faden, so schiebt man
Kugeln aus Glas oder aus Blei über die Schnur bis an den Haken
heran, wodurch man die Hakenspitze deckt und eine Verletzung der
Schlundrohrwände bei der Extraction vermeidet. Ist kein Faden am
Angelhaken befestigt, so müsste man die Extraction mit einem der
oben erwähnten Instrumente (Münzenfänger, Kettenstäbchen u. s. f.),
aber stets innerhalb einer weiten Schlundsonde versuchen. Dies entspricht dem Beispiel Dieffenbach's, der eine
mit den Grannen in der Vaginalschleimhaut sich festhakende Korn-
ähre einfach dadurch herausbefördert haben soll, dass er die Extraction aus der Scheide innerhalb eines eingeführten Speculum vornahm. [Vergl. auch den von Dieffenbach (Operat. Chirurgie Bd. I.
S. 36) citirten Fall, wo Marchetti einen getrockneten Schweine-
schwanz aus dem Mastdarm eines jungen Mädchens auf ähnliche
Weise herauszog.]

Von den sehr weichen voluminösen Fremdkörpern im Halstheil
des Oesophagus haben wir schon erwähnt, dass man sie durch Druck
vom Halse aus mit den Fingern zerquetschen kann (Dupuytren,
von Langenbeck s. o.). Sitzen dergleichen Körper im Brusttheil,
so kann man sie auch in den Magen hinabstossen, wozu das sogenannte Repoussoir nach Petit, ein an einem Ende einen Schwamm
tragender elastischer Stab, dient. Ebenso brauchbar sind zu diesem
Zwecke auch dicke Schlundsonden. Viel praktischer jedoch als das
Repoussoir und die Sonden sind elastische (Fischbein-)Stäbe, die
mit einer kirschgrossen Metallkugel versehen sind, weil sie gleichzeitig ein feineres Betasten des Fremdkörpers und ein besseres Maass
für die Stosskraft gestatten (von Langenbeck [1]).

Die Entfernung der Fremdkörper aus dem Schlundrohr kann
aber ferner geschehen durch Eröffnung desselben, d. h. durch die
Oesophagotomie. Dieselbe kommt in Frage als direct lebensrettende Operation bei Fremdkörpern, die man weder herabstossen
noch extrahiren kann und darf, also bei allen voluminösen, nicht
zerdrückbaren Gegenständen von unregelmässiger, scharfkantiger oder
rauher Oberfläche (z. B. künstliche Gebisse). Der Versuch, solche
Körper nach oben oder nach unten im Schlundrohr zu verschieben,
würde von Verletzungen der oesophagealen Schleimhaut, von Zerreissungen der Schlundrohrwand, selbst von Eröffnung benachbarter

Organtheile (Trachea, Aorta) gefolgt sein können, mit Austritt sich
zersetzender Speisemassen in den Mediastinalraum oder in die Lungen,
oder mit tödtlicher Verblutung aus der Aorta. Dieselben Folgen
würden aber auch eintreten, und zwar durch ulcerative Processe,
falls man genannte fremde Körper sich selbst überlassen wollte. Die
Entfernung der Fremdkörper muss hier also um jeden Preis geschehen.

Fernere Indicationen für die Oesophagotomie, um dieselben gleich
hier zusammenzufassen, ergeben 2. unoperirbare Geschwülste im Halstheil des Oesophagus, die letzteren völlig verstopfen; 3. nicht dilatirbare Stricturen im Halstheil des Oesophagus. Auch bei nicht passirbaren Stricturen im Brusttheil hat man die Oesophagotomie ausgeführt,
um von der Wunde aus die allmähliche Dilatation zu versuchen
(Bryk²). Ebenso könnte man daran denken, als nicht passirbar
erscheinende Stricturen im Halstheil nach oben zu von der Wunde
aus zu bougiren.

Die Schnittrichtungen sind bei der Oesophagotomie dieselben
wie bei der Ligatur der Arteria carot. comm. Wir führen den Schnitt
entweder in der Höhe des Schildknorpels, am inneren Rande des
Musc. sternocleidomast. (Guattani, Cooper, Bell, Boyer, Ri-
cherand) und ziehen weiterhin den M. omohyoides nach oben oder
nach unten. Oder die Operation wird in dem Trig. sternocleidomast.,
an der Basis des Halses, so namentlich bei tief in dem Brusttheil
sitzenden Fremdkörpern, ausgeführt.

Bei der erstgenannten Schnittführung dringt man nach Spaltung
der Haut, des Platysma und der oberflächlichen Halsfascie und unter
Freilegung des Innenrandes vom M. sternocleidomast. bis auf die
Gefässscheide vor, ohne dieselbe zu eröffnen. An der Aussenseite
des M. sternohyoid., unter der Fascia colli prof. finden wir den
Oesophagus. — Wegen der links mehr hervortretenden Lage des
Schlundrohrs wird die Operation stets links ausgeführt.
Gewöhnlich findet man die Wand des Oesophagus durch den Fremdkörper selbst aufgetrieben. Wo letzterer jedoch tiefer sitzt, drängt
man sich die Oesophaguswand mit dem herausschnellenden Stabe
des Ektropoesophags (Vacca Berlingheri) hervor. Statt dieses
Instrumentes kann ein zu gleichem Zwecke per os eingeführter, me-
tallener, gekrümmter Katheter, oder eine Steinsonde oder eine mit
dem Mandrin armirte Schlundsonde dienen.

Soll die Oesophaguswunde längere Zeit offen erhalten werden,
so vernäht man die Schleimhautränder mit den Hautwundrändern;
die Ernährung müsste dann durch eingeführte Schlundsonden ge-

schehen. Näht man die Schleimhautränder nicht mit der Haut zusammen, so treten leicht entzündliche Infiltrationen und Eitersenkungen in dem den Oesophagus umgebenden Bindegewebe des Halses ein. — Hat man die Oesophagotomie blos zur Entfernung von Fremdkörpern ausgeführt, so wird man die Oesophaguswunde direct durch Nähte schliessen, die Halswunde bis in die Tiefe drainiren und die Haut darüber ebenfalls vernähen.

Bei allen Fremdkörpern aber, welche durch Druck auf die Trachea eine acute Asphyxie hervorrufen, darf man nicht eher an die Entfernung derselben denken, bis nicht vorher die Athmung ganz frei geworden. In solchen Fällen müssen wir dem schon alten Grundsatze folgen, und erst die Tracheotomie ausführen. In zweiter Linie käme dann die Entfernung des Fremdkörpers per os oder durch eine Oesophaguswunde am Halse in Frage.

Von den Geschwülsten des Oesophagus werden die circumscripten auf die Oesophaguswand beschränkten Epitheliome durch die Resection des Oesophagus zu entfernen sein, falls sie im Halstheil sitzen. Im Brusttheil entwickelte Tumoren sind operativ unangreifbar. Haben sie die Oesophaguswand ringförmig durchwachsen so wird es zur Bildung von Stricturen kommen, die schliesslich gar nicht oder nur unter grossen Schwierigkeiten von den Nahrungsmitteln passirt werden können. Hier kann als letztes Rettungsmittel vor dem Hungertode die Eröffnung des Magens im Epigastrium indicirt erscheinen. Wir werden aber der Gastrotomie ebenfalls das Wort reden, trotzdem die carcinomatöse Strictur noch durchgängig ist, wenn der Durchgang der Nahrungsmittel oder die Einführung der Schlundsonde durch die Strictur nur den Zerfall und andererseits ein rascheres Wachsthum der Geschwulstmassen befördert.

Es kommen aber auch Geschwulstmassen vor, die nur wandständig sitzen, z. B. oberhalb der Cardia. Dann können Schmerzen und eine Verengerung des Schlundrohres fehlen, sodass die Geschwulst erst bei der Section, oft nebst zahlreichen Metastasen besonders in der Leber gefunden wird (die Oesophagusvenen communiciren direct mit dem Pfortaderkreislauf).

Die Stricturen des Oesophagus finden sich, wie gesagt, am häufigsten an denselben Prädilectionsstellen, wie die fremden Körper und die Geschwülste. Sie sind entweder traumatischer Natur, nach directen Verletzungen des Schlundrohrs entstanden, oder wir sehen sie als Folge von Aetzungen nach Abstossung der Aetzschorfe sich ausbilden (Genuss von Schwefelsäure oder Lauge). Auch diphtheritische Processe können Substanzverluste zurücklassen, die durch

narbige Schrumpfung eine Stenosenbildung im Schlundrohr zu Wege
bringen. Aehnliches kommt vor nach chronischen entzündlichen Processen der Oesophagusschleimhaut, die hierdurch hypertrophisch und
verdickt erscheint. — Auch sogenannte Krampfstricturen oder hyste-
rische Stricturen hat man beobachtet, die selbstverständlich beim
Darreichen von Chloroform von selbst verschwinden. — Endlich wird,
wie wir sahen, eine Verlegung des Schlundrohrs möglich sein durch
ringförmige Geschwulstbildung in demselben, aber auch durch einen
von aussen auf das Schlundrohr wirkenden Druck, wie er durch
retropharyngeale Abscesse, durch Aneurysmen des Arcus aortae,
durch Carcinome der Wirbelsäule, durch Sarkome der mediastinalen
Lymphdrüsen u. dgl. ausgeübt werden kann.

Permeable, auf traumatischem Wege entstandene Stricturen erweitert man durch allmähliche Dilatation mit Sonden. Die Einführung
der Sonden geschieht meistens vom Munde aus. Nur ausnahmsweise
wird man bei Stricturen im Brusttheil die Erweiterung derselben ausschliesslich dadurch möglich machen, dass man die Schlundsonde in
den am Halse eröffneten Oesophagus einschiebt (s. oben).

Das Einführen von elastischen Röhren durch das Schlundrohr
kommt weiterhin zur Anwendung, wenn wir Nahrungsmittel direct
in den Magen befördern wollen, bei behinderter Deglutition, so nach
Oberkiefer- und Unterkieferresectionen, bei acuten Tonsillaranginen,
bei rasch wachsenden retropharyngealen Abscessen. Aber auch bei
Geisteskranken, die eine freiwillige Nahrungsaufnahme verweigern.
Wollen letztere den Mund nicht öffnen, so muss die Schlundsonde
entweder durch die Nase eingeführt werden, oder man narkotisirt
den Kranken und führt die Sonde durch den geöffneten Mund ein.
-- Um sicher zu sein, dass man mit der Schlundsonde nicht in das
Trachealrohr hineingekommen ist, um also das Eingiessen von Nah-
rungsstoffen in die Luftwege unmöglich zu machen, ist folgendes Verfahren vorzuziehen. Man narkotisirt den Patienten, legt einen in der
Mitte durchbohrten Holzpflock („Gag" der Engländer) zwischen die
Zähne, lässt den Kranken aus der Narkose erwachen und führt nun
durch die Bohröffnung im Holzpflock eine möglichst dicke Schlundsonde bis zum Magen hinab (Roser). Je dicker man die Schlundsonde wählt, desto sicherer vermeidet man, dass dessen vorangehen-
des Ende in die Trachea gelangt. Vor dem Eingiessen der Speisen
werden ein paar Tropfen Wasser in die Schlundsonde eingefüllt,
worauf reflectorische Hustenstösse erfolgen müssen, falls die Sonde
in die Trachea gelangt wäre.

Das Einführen der Schlundsonde geschieht am besten bei sitzender Stellung des Patienten. Derselbe hält den Hinterkopf möglichst in den Nacken, sodass der freie Rand der oberen Schneidezähne die Verlängerungslinie der Schlundrohraxe tangirt (Trendelenburg[3]). Man legt den Zeigefinger der linken Hand (bei Kindern und Irren mit einer Metallhülse zu armiren) auf den Zungenrücken bis zur Epiglottis, drückt die Zunge nach abwärts und führt über dieselbe die Schlundsonde vor bis zur hinteren Rachenwand. Wie bei dem Katheterismus der Urethra die Symphyse die Leitungsbahn für das aus der Pars membranacea in den Blasenhals zu leitende Instrument abgiebt, so muss uns, sei es bei Einführung von Schlundsonden oder von den ausschliesslich zu Dilatationszwecken bestimmten Schlundbougies (d. h. undurchbohrten elastischen Stäben), die vordere Wirbelsäulenfläche, welcher die hintere Rachenwand anliegt, als Leitungsbahn dienen. Lässt man beim Passiren über den Kehlkopfeingang den Patienten eine Schlingbewegung ausführen, wobei der Kehlkopf sich hebt und die Epiglottis über denselben gedeckt wird, so vermeidet man noch sicherer, dass das Instrument nicht in das Luftrohr hineingelange.

Ist man genöthigt, wegen grosser Unruhe, oder wegen grosser Empfindlichkeit in Narkose den Katheterismus des Oesophagus auszuführen, so empfiehlt sich das von Girard[4] empfohlene Verfahren, den Patienten in horizontaler Lage zu narkotisiren und den Kopf des Patienten von einem Gehilfen so in herabhängender Stellung über den Tischrand fixiren zu lassen, dass wiederum der Rand der oberen Incisivi die Längsaxe des Oesophagus tangirt. Der Operateur steht an der linken Schulter des Patienten und kann nun feinfühlend und tastend und ohne Störung gradlinige Instrumente mit der supinirten Hand behutsam in horizontaler Richtung in den Oesophagus einschieben. — Für das Bougiren von Stricturen, für das Herausziehen von Fremdkörpern, als auch für die endoskopische Besichtigung des Oesophagus und des Mageninnern dürfte Girard's Methode grosse Vortheile bieten.

Wenden wir uns nun den Hindernissen zu, welche innerhalb des Dünn- und Dickdarmes die Fortbewegung des Darminhaltes stören können, so kommen hier in erster Linie die Brucheinklemmungen in Frage.

Es ist Ihnen bekannt, m. H., dass wir reponible oder mobile, dass wir angewachsene und dass wir eingeklemmte Brüche (Herniae mobiles, accretae et incarceratae) unterscheiden, während unter den therapeutischen Maassnahmen bei Brüchen die Reposition, die Reten-

tion und die Radicalheilung zu nennen sind. — In das Gebiet der
direct dringlichen, lebensrettenden Operationen gehört die Behandlung eingeklemmter Brüche.

Sie wissen ferner, dass wir bei Brüchen zu berücksichtigen haben:
1. Die Bruchpforte, durch welche die Bruchgeschwulst hervortritt. Als Bruchpforten stellen sich uns dar entweder erweiterte
normale Oeffnungen in der Abdominalwand (Annulus cruralis, Canalis
inguinalis, umbilicus) oder abnorme Schlitze in den verschiedenen
Bauchwänden (Hernia diaphragm., H. ventralis, H. perinealis) oder
abnorme Spalten, die durch Faltungen und Knickungen und Verdre-
hungen des Mesenterium und der Därme selbst zu Stande kommen (in
diesem Sinne gehören auch die Intussusception und der Ileus hierher).

2. Was den Bruchinhalt anbelangt, so können alle Organe
der Bauchhöhle einmal in einem Bruch gefunden werden. Am häufigsten jedoch treffen wir an Darm oder Netz (Enterocele und Epiplocele) oder beide zusammen.

3. wissen Sie, dass man von einem den Bruchinhalt direct ein-
hüllenden und meist als eine Ausstülpung des Bauchfells aufzufassen-
den Bruchsacke spricht.

Der peritoneale Ueberzug kann fehlen a) bei Blasenbrüchen,
wenn die Blase aus dem Retzius'schen prävesicalen Raume direct
durch den subcutanen Leistenring nach aussen tritt, oder b) wenn
das Coecum, dessen Hinterseite von dem Peritoneum nicht überzogen ist, den Bruchinhalt bildet. Endlich c) bei manchen Nabel-
brüchen, wahrscheinlich durch Atrophie der peritonealen Tasche;
d) auch bei Nabelstrangbrüchen. Das Fehlen des peritonealen Ueber-
zuges kann ferner bedingt sein durch Ruptur eines Bruchsackes oder
wenn nach subcutaner Zerreissung der Bauchwand Baucheingeweide
unter die Haut treten.

Von besonderer Wichtigkeit ist der Bruchsackhals; er entsteht durch Verschmelzung der in der Bruchpforte gebildeten Bruch-
sackfalten; kann aber auch nach oben oder nach unten von der
Bruchpforte sich verschieben. Obliterirt der Bruchsackhals bei repo-
nirtem Bruchinhalt, so kann eine Bruchsackcyste entstehen (hierher gehören wahrscheinlich gewisse Femoralcysten unterhalb des Poupart'schen Bandes).

Nicht eingeklemmte Brüche können irreponibel sein entweder
durch die Masse der Eingeweide (grosse Scrotal-, Nabel- oder Bauch-
brüche) oder durch Verwachsung des Bruchinhaltes mit dem Bruchsack oder mit benachbarten Organen (z. B. mit dem Hoden, bei H.
inguin. congen.).

Die beiden angeführten Ursachen für die Irreponibilität von Brüchen lassen sich öfters durch längere Zeit fortgesetzte Taxisversuche (Arnaud, Hey, Malgaigne) während 5—6 Wochen, zuweilen innerhalb 8—14 Tagen beseitigen. In den Pausen zwischen den einzelnen Sitzungen hat man Compression mit Bleiplatten oder mit elastischen Binden versucht. Auch spontan hat man grosse irreponible Brüche reponibel werden sehen bei Abmagerung nach acuten Krankheiten.

Eine dritte Ursache für die Irreponibilität ist gegeben in der Brucheinklemmung. Wir haben für dieselbe vier verschiedene bedingende Momente anzuführen:

1. Eine entzündliche Schwellung in der Umgebung der Bruchpforte oder innerhalb derselben neben dem Bruch (Entzündung im Bereiche des Samenstranges bei H. inguin. ext.). Sehr selten.

2. Kothfüllung des Bruchinhaltes: Incarceratio stercoralis = Engouément.

3. Ein plötzlich eintretendes Missverhältniss zwischen Bruchinhalt und Bruchsackhals, besonders dann, wenn letzterer durch längeres Tragen eines Bruchbandes fibrös verdickt worden ist und eine Darmschlinge unter dem Einfluss der Bauchpresse in den bis dahin leeren Bruchsack hinausschlüpft. Dies stellt die eigentliche Brucheinklemmung = Strangulatio = Etranglement, dar. — Die Incongruenz zwischen Darm und Bruchsackhals, wobei die Darmschlinge selbst oft ganz leer gefunden wird, entsteht hier durch eine stetig wachsende Volumenzunahme der Bruchschlinge in Folge der innerhalb der Darmwand gestörten (zunächst venösen [s. u.]) Circulation; mag diese Störung anfänglich noch so gering ausfallen (Experimente von Borggreve). Als Beispiel wäre der Metallring anzuführen, den man leicht über den Finger schiebt; aber bald fängt der Finger an ödematös zu schwellen und das Wiederabziehen des Ringes wird erschwert, oft ganz unmöglich.

4. Fibröse Stränge im Lumen des Bruchsackes, zwischen denen Darmschlingen abgeknickt oder eingezwängt werden können.

Die Gefahr der Brucheinklemmung wird sich richten je nach dem Grade und der Schnelligkeit der Absperrung des Blutlaufes in der Darmschlinge. — Wird die Circulation plötzlich und total, d. h. durch Compression der Venen und der Arterien, unterbrochen, so collabirt die Darmschlinge, wird anämisch, verfärbt, missfarbig, gangränös (anämischer Brand, Roser[5]). Hier kann nur ein rasches operatives Einschreiten, ohne dass man sich lange mit vergeblichen Taxisversuchen abmüht, die Schlinge vor dem Absterben bewahren.

Nicht mit Unrecht hat man die Hebung der Einklemmung in diesen Fällen mit dem Durchschneiden des Strickes eines Erhängten verglichen.

Die Symptome der acuten Einklemmung sind sehr heftige. Es bestehen sehr grosse Schmerzen; dagegen ist die Schwellung im Bereiche der Bruchgeschwulst nicht bedeutend. Dafür kann die Bruchgeschwulst sehr bald eine teigige, emphysematöse Beschaffenheit (durch Gasentwickelung in derselben) zeigen.

Einen minder heftigen Verlauf der Brucheinklemmung, die wir als subacute Form bezeichnen wollen, sehen wir in den Fällen, wo die Beeinträchtigung der Circulation langsamer vor sich geht. Die Venen, als die oberflächlicher liegenden, werden hier zuerst gedrückt. Daher stellen sich mit der umfänglichen Venenstauung ein stetig wachsendes Oedem der Darmschlinge, Transsudation in den Bruchsack und als Folge der Stase Austritt von rothen Blutkörperchen ins Gewebe der Darmwand, selbst wirkliche capilläre und grössere Blutextravasate ein. Die Schlinge sieht hier nicht wie oben stahlblau oder graufarbig aus, sondern im Anfange dunkelroth und später mehr rothbraun. Die Gefahr der Gangrän, da die arterielle Blutzufuhr trotz der venösen Stase nicht ganz aufgehoben ist, erscheint hier nicht so momentan und tritt öfters erst nach mehreren Tagen ein. Daher wird man hier von der Taxis noch cher einen Erfolg sich versprechen können.

Die Vorgänge, welche wir als für die verschiedenen Grade der Einklemmung charakteristisch bezeichnet haben, können uns schematisch nicht besser vorgeführt werden als durch den von Cohnheim[6]) zuerst an der Froschzunge angegebenen Versuch der temporären Unterbrechung bald der arteriellen und bald der venösen Blutzufuhr und der mikroskopischen Beobachtung der Vorgänge, die sich dabei in dem Gewebe der Zunge abspielen. Wollen Sie über die Veränderungen, welche eine eingeklemmte Bruchschlinge erleidet, eine richtige Anschauung sich bilden, so kann ich Ihnen das Studium jener Versuche nicht dringend genug empfehlen.

Im Allgemeinen werden also die Symptome um so heftiger sein, vor Allem die Schmerzen und zweitens auch der allgemeine Collaps, je acuter die Einklemmung. Das Erbrechen faecaler Massen fehlt öfters bei raschem Verlauf; wird aber im Allgemeinen desto früher eintreten, je näher die eingeklemmte Darmschlinge dem Magen gelegen ist.

Von den wirklichen Einklemmungen haben wir aber noch die scheinbaren zu sondern, d. h. solche, wo dem einer Bruchein-

klemmung entsprechenden Symptomencomplexe andere Processe zu
Grunde liegen. So zunächst a) die Peritonitis im Bruchsack.
Eine solche kann sich entwickeln nach Traumen, die einen leeren
Bruchsack treffen. Oder sie entwickelt sich, wenn in der vorliegenden Bruchschlinge vorhandene fremde Körper oder Geschwüre die
Darmwand perforiren. Ferner b) gehört hierher die Entzündung
eines im Bruchsack adhärenten Netzstückes, die sogenannte entzündliche Einklemmung; sodann c) die Krampfein-
klemmung. Es handelt sich hierbei um krampfhafte antiperistal-
tische Bewegungen von Darmschlingen bei Atonie der Därme, oder
um den Zug am Mesenterium bei grossen adhärenten Brüchen. Endlich ist d) die Darmverschlingung zu nennen, die sowohl
innerhalb der Bauchhöhle, wie innerhalb eines Bruches sich einstellen kann.

Nehmen wir die Behandlung der scheinbaren Einklemmungen
vorweg, so würden wir sowohl bei der Peritonitis im Bruchsack,
wie bei der Entzündung einer Epiplocele accreta zunächst die Antiphlogose anwenden. Bei Abscedirung aber, besonders bei der Peritonitis im Bruchsack, ist die Eröffnung des Abscesses erforderlich. —
Bei Darmkoliken würden wir hydropathische Umschläge, Opiumkly-
stiere, Abführmittel zu versuchen haben. — Bei Darmverschlingung
könnte an die Laparotomie gedacht werden, falls die Verschlingung
innerhalb der Bauchhöhle auftritt. Lägen aber die Symptome einer
Darmverschlingung neben Peritonitis in einem Bruchsack vor, so
würden wir zu einem Probebruchschnitt (Herniotomia explora-
toria) zu schreiten haben. Dasselbe gilt für die Fälle, wo es sich
um Einklemmungserscheinungen handelt bei gleichzeitigem Vorhandensein mehrerer irreponibler Brüche.

Ehe wir nun zur Behandlung der Brucheinklemmung selbst übergehen, wollen wir noch kurz den Ort oder den Sitz, wo dieselbe
zu Stande kommen kann, uns vergegenwärtigen. — Bei frischen
Brüchen kann die einklemmende Stelle durch die Bruchpforte selbst
gegeben sein, die entweder als ein Spalt in den Bauchdecken, oder
als ein Ring (Ann. cruralis) oder als ein Canal (Can. inguinalis) sich
darstellt (s. oben). — Bei alten Brüchen, besonders wo ein Bruchband längere Zeit getragen worden ist, liegt der Sitz der Einklemmung meist in dem fibrös verdickten Bruchsackhals, der, wie wir
sahen, bald oberhalb, bald unterhalb der Bruchpforte gefunden werden kann. — Drittens kann die Einklemmung weder durch die
Bruchpforte noch durch den Bruchsackhals, sondern zwischen Ver-
wachsungssträngen im Bruchsack selbst oder dadurch entstehen, dass

eine Darmschlinge in einem Loch des vorliegenden Netzes sich fängt.
Das Netz kann aber auch, wenn es innerhalb eines Darmnetzbruches
zu einer birnförmigen polypösen Geschwulst geworden ist, dadurch
eine Einklemmung bedingen, dass es nach der Bruchpforte sich zu-
rückzieht, dort eingekeilt wird und zwischen sich und der Bruchpforte den Darm zusammenpresst.

Bei der Behandlung der Brucheinklemmung müssen
wir als obersten Grundsatz festhalten, dass bei acuter Unterbrechung
der Circulation im Darme, bei frischen Brüchen mit heftigen Schmerzen und raschem Collaps, also bei strangulirter Schlinge, das
einzige Rettungsmittel gegeben ist in der baldmöglich-
sten Ausführung der Herniotomie. — Bei weniger acuter
Einklemmung ist der Mechanismus derselben zu berücksichtigen und
zunächst die Taxis vorzunehmen.

Für die Taxis sind dreierlei Manipulationen zu unterscheiden, je
nach dem Mechanismus der Einklemmung. Und falls die Taxis nicht
sogleich gelingt, so ist doch die Möglichkeit des Gelingens gegeben,
wenn man eine Wiederholung der Manipulationen mit Zuhilfenahme
der Narkose vornimmt.

a) Der Mechanismus nach Lossen [1]), besonders für die Kotheinklemmung geltend, kommt so zu Stande, wie ich Ihnen denselben
vorführe. Stecken Sie eine Darmschlinge durch ein in ein Bret ge-
bohrtes Loch, dessen Durchmesser um ein weniges kleiner ist, als
derjenige des zuführenden Schenkels der Schlinge, und treiben Sie
in diesen zuführenden Schenkel mit einer gewissen Kraft einen den
Faecalmassen an Consistenz ähnlichen Brei (Erbsenbrei, Grützebrei),
so wird ein Augenblick kommen, wo Sie die Masse durch die unterhalb der Bretöffnung steckende Schlinge nicht mehr werden hindurch pressen können. Bei genauerem Zusehen finden Sie, dass das
Lumen des abführenden Schenkels innerhalb der künstlichen Bruchpforte völlig zusammengepresst und an die Wand gedrückt ist, während das Lumen der künstlichen Bruchpforte von dem prall mit
Brei gefüllten zuführenden Schenkel vollständig eingenommen wird.
— Das Wesen des Mechanismus nach Lossen liegt also darin, dass
der zuführende Schenkel der Bruchschlinge sich plötzlich mit zähem,
schwerbeweglichem Inhalt füllt, dass er hierdurch den Ring der
Bruchpforte völlig einnimmt und die Wände des abführenden Schenkels so auf einander presst, dass eine Fortbewegung des Inhaltes
nicht mehr stattfinden kann. Lüften wir aber die Einklemmung
durch entsprechenden Zug am zuführenden Darmschenkel, indem wir
dessen Querschnitt innerhalb der Bruchpforte verkleinern, so kann

nunmehr der Darminhalt den abführenden Schenkel aufblähen und
durch denselben weiter nach abwärts sich fortbewegen. — Um dasselbe an einem wirklichen Bruche mit Kotheinklemmung zu erreichen,
müssen wir auf den zuführenden Schenkel innerhalb der Bruchpforte
einen Druck ausüben in radiärer Richtung, und zwar von der Seite
des zugeklemmten abführenden Schenkels nach dem entgegengesetzten Punkte des Umkreises der Bruchpforte. Da wir beim Lebenden die Stelle, an welcher der abführende Schenkel comprimirt
wird, nicht im Voraus kennen, so müssen wir den zuführenden
Schenkel innerhalb der Bruchpforte nach allen Seiten in radiärer
Richtung comprimiren, bis durch Druck auf die prall gefüllte Bruchgeschwulst eine freie Fortbewegung des Inhaltes und somit die Hebung
der Kotheinklemmung festgestellt worden ist.

b) Nach Roser[8]) entsteht die Einklemmung in der Weise, dass
es, durch das Missverhältniss zwischen Schlinge und Bruchsackhals,
zur Bildung von Längsfalten in der Darmwand innerhalb des Bruchsackhalses kommt, wodurch ein ventilartiger Mechanismus geschaffen
wird, der bei Druck auf die Basis der Bruchgeschwulst einen völligen Abschluss des Darminhaltes von dem oberhalb des Brucksack-
halses befindlichen Darmrohr ergiebt. Soll hier die Reposition gelingen, so darf nicht einfach ein Druck von der Basis der Bruchgeschwulst in der Richtung gegen die Bruchpforte geübt werden,
wodurch die Form der Bruchgeschwulst von derjenigen einer birnförmigen Flasche mit langem Halse einfach in die einer kurzhalsigen,
dickbäuchigen, gleichsam in der Längsaxe plattgedrückten Flasche
übergeführt wird. Sondern wir müssen die Bruchgeschwulst mit den
Fingern der einen Hand dicht unterhalb der Bruchpforte comprimiren und mit den daneben, d. h. peripher die Bruchgeschwulst
umfassenden Fingern der anderen Hand den Bruchinhalt gleichsam
in verjüngter Form durch den Bruchsackhals hindurchzuschieben versuchen (Streubel[9]).

c) Nach Busch[10]) endlich hätten wir uns die Einklemmung
einer Darmschlinge so vorzustellen, dass bei starker Füllung derselben die äussere freie Wand des Darmrohres stärker ausgedehnt
wird, als die innere, an welche das Mesenterium sich ansetzt, und
dass hierdurch sowohl am zuführenden, wie am abführenden Schenkel
eine Abknickung des Darmrohres innerhalb der Bruchpforte der Art
zu Stande kommt, dass die weitere Passage des Darminhaltes nach
dem unterhalb der Bruchgeschwulst sich fortsetzenden Darme hin
nicht mehr stattfinden kann. Das Freiwerden der Passage ist nur
dadurch zu ermöglichen, dass wir die Knickung des Darmes in der

Bruchpforte durch Abbiegen der Bruchgeschwulst nach der entgegengesetzten Seite hin aufheben, so dass die in der Bruchpforte ge-
knickte Axe bald des zuführenden und bald des abführenden Schenkels wiederum gerade gestreckt wird.

Ausser durch die Narkose wird die Taxis erleichtert durch bestimmte Stellungen der unteren Extremitäten. So bedingt die Flexion
und Adduction der Oberschenkel eine Erschlaffung der Bauchwände
und eine Entspannung des Inguinalcanals. Für Cruralbrüche wirkt
eine gleichzeitige Rotation der Schenkel nach innen günstig, weil
hierbei eine Entspannung der Fascia lata zu Stande kommt. — Die
Hochlagerung des Steisses wirkt durch das Zurücksinken der Därme
gegen das Zwerchfell und den Zug, den hierdurch das Mesenterium
auf die Bruchschlinge ausübt. — In ähnlicher Weise äussern ihren
Einfluss tiefe Exspirationen, die Lagerung auf der gesunden Seite,
vielleicht auch die Kniellenbogenlage. — Für die früher empfohlenen
Adjuvantien der Taxis, wie der Aderlass, die Blutegel, das warme
Bad, ein grosser Schröpfkopf auf den Bauch, warme Umschläge,
Narcotica (Opium, Belladonna) ist ausschliesslich wie schon erwähnt,
die Chloroformnarkose als Ersatz übrig geblieben. — Die Darreichung
von Abführmitteln, von Tabaksklystieren (Inf. Fol. nicot. (5,0) 200,0,
Gummi mimos. 10,0, Ol. Ricini 15,0; M. D. S. zu zwei Klystieren),
die Anwendung der Eisblase, der directen Compression der Bruchgeschwulst (elastische Compression) haben nur in einzelnen Fällen
und unter besonders günstigen Verhältnissen, und zwar meistens bei
Kothstauung zum Ziele geführt. — Eher ist von forcirten Wasser-
eingiessungen oder -Einspritzungen in den Mastdarm, ähnlich wie
bei Ileus, etwas zu erwarten.

Wo uns die in Narkose regelrecht ausgeführte Taxis im Stiche
lässt, da schreiten wir ohne weiteres Zaudern mit Benutzung der
vorhandenen Narkose und nachdem im Voraus alle Vorbereitungen
getroffen worden waren, zum Bruchschnitt. — Mit diesem haben wir
uns nunmehr ausführlicher zu beschäftigen.

Vorher muss noch der Fälle gedacht werden, wo trotz scheinbar gelungener Taxis die Herniotomie in ihr Recht tritt.

Die Scheinreposition (Streubel[11]) kommt vor 1. durch
Zurückbringung en bloc der Bruchschlinge sammt Bruchsack bei Einklemmung im Bruchsackhalse und zwar über die Bruchpforte hinauf,
zwischen Bauchwand und Peritoneum parietale. Aehnliches kann auch
nach Eröffnung des Bruchsackes bei der Herniotomie passiren, wenn
man bei der Reposition der Schlinge die Bruchsackwände nicht fixirt.
Dann kann eben der Darm statt durch den erweiterten Bruchsack-

hals in die Bauchhöhle neben dem Hals, zwischen Peritoneum und Bauchwand geschoben werden.

2. Durch Abreissen des constringirenden Bruchsackhalses als Ring der mit der Bruchgeschwulst in die Bauchhöhle zurückgeschoben wird.

3. Durch Zurückschieben der im Bruch vorgelegenen Darmschlinge ohne die an ihr vorhandene Axendrehung oder Invagination gelöst zu haben.

Der Bruchschnitt selbst, die operative Beseitigung der Darmeinklemmung hat, trotzdem die Nachbarschaft der Bauchhöhle vor der antiseptischen Wundbehandlungsperiode den Eingriff stets als einen bedenklichen erscheinen liess, dennoch die Erhaltung von mehr Menschenleben ermöglicht, als alle andern gegen die Brucheinklemmung vorgeschlagenen und vorgenommenen Maassnahmen.

Der Bruchschnitt soll wie der Steinschnitt um die Mitte des 16. Jahrhunderts zuerst empfohlen worden sein (Franco[12]). Jedenfalls hat ihn Ambroise Paré[13]) öfters mit Glück ausgeführt. — Ein besonderes Instrumentarium erscheint für diese Operation durchaus entbehrlich; die nothwendigen Instrumente finden sich in jeder Verbandtasche.

Das Freilegen der eingeklemmten Schlinge geschieht durch Spaltung der darüber liegenden Weichtheile nach den Regeln, wie wir dieselben für die Isolirung grösserer Gefässstämme und für die Eröffnung des Luftrohrs bereits kennen gelernt haben.

Wir führen zuerst einen Hautschnitt aus freier Hand in der Richtung des längsten Durchmessers der Bruchgeschwulst. Dies würde bei Schenkelhernien einen der Femuraxe parallelen Schnitt bedeuten, während bei Inguinalbrüchen der Schnitt dem Poupart'schen Bande parallel und je nachdem bis auf das Scrotum oder die grosse Schamlippe hinunter zu verlaufen hat. — Eine Ausnahme machen die eingeklemmten Nabelbrüche. Hier darf wegen der Dünnheit der Bedeckung die Bruchgeschwulst selbst auf der Höhe nicht eröffnet werden. Man macht, nach den bisher gültigen Maximen einen der Linea alba oder der Bruchbasis parallelen Schnitt neben (am besten links) von der Hernie, legt den Nabelring frei, kerbt den Nabelring sammt dem in ihm befindlichen Bruchsackhals ein, um dann die Darmschlinge, nach Lösung von Adhäsionen und Verwachsungen, von hinten her aus dem Bruchsack herauszuziehen. Man unterstützt den Zug durch Compression der Bruchgeschwulst von aussen mit der anderen Hand (Dieffenbach[14]). Weiterhin ist die Wunde, wie bei der Laparotomie zu behandeln.

Bei allen anderen eingeklemmten Brüchen sind nach Spaltung der Haut die weiteren Gewebsschichten bis auf den Bruchsack durch Erheben dünner Bindegewebsplatten mittelst zweier Hakenpincetten und Durchschneiden der dazwischen gefassten Falten mit einem Messer zu trennen. — Auch hier ist das Zerbohren der verschiedenen Gewebslagen mittelst einer Hohlsonde, obwohl es früher sehr gebräuchlich war, durchaus verwerflich.

Das Ausfliessen einer, innerhalb des Bruchsackes (durch die Circulationsbehinderung in der Darmschlinge) zur Transsudation gelangten Flüssigkeit (Bruchwasser) ist in den meisten Fällen das zuverlässigste Zeichen, dass wir den Bruchsack eröffnet haben. Doch kann bei Oedem der Bruchsackwände auch Flüssigkeit zwischen den einzelnen emporgehobenen Schichten sich befinden. — Andererseits kommt es vor, dass das Bruchwasser ganz fehlt, so besonders häufig bei Cruralbrüchen, und zwar bei ganz acuter Einklemmung, aber auch in ganz schleichend verlaufenden Fällen (Hernia sicca). Dann finden wir öfters Adhäsionen zwischen Darmschlinge und Bruchsackwand. Hier wird man mit grosser Vorsicht vorgehen müssen, um nicht den Darm mit zu spalten.

In früheren Zeiten ventilirte man die Frage, ob namentlich für frische Fälle von Einklemmung die letztere auch ohne Eröffnung des Bruchsackes gehoben werden könne (äusserer Bruchschnitt). Man wollte durch Einschneiden oder Einreissen oder durch Einbohren mit den Fingern an der Einklemmungsstelle den Bruch sammt dem Bruchsack aus der Verengerungsstelle frei machen. Dieses Verfahren erscheint nicht zuverlässig; denn erstens wird die Einklemmung sehr häufig innerhalb des Bruchsackes selber gelegen sein und dann gestattet die Methode vor allen Dingen keine Uebersicht des Darmes. Die sonst gerühmten Vortheile des äusseren Bruchschnittes sind seit Einführung der Antiseptik gegenstandslos geworden.

Es ist daher vortheilhafter mit Eröffnung des Bruchsackes die Darmschlinge frei zu legen und die Einklemmung direct zu heben (innerer Bruchschnitt). Hierzu bedient man sich eines geknöpften, etwas gebogenen concav schneidigen Messers, wie solche in Bistouriform in jeder Verbandtasche sich finden. Doch hatte man auch besondere Herniotome angegeben und nach bekannten Chirurgen benannt (nach Pott, A. Cooper, Rust, Seiler und Tesse. Die letzteren sind convex schneidig. Grzymala hat für die convexe Schneide einen Spitzendecker angebracht).

Bei Erweiterung der Einklemmungsstelle kommt es zunächst darauf an, dass man das Messer nicht durch Zug, sondern

durch Druck wirken lasse, indem man dasselbe auf dem leitenden Zeigefinger flach in die verengte Stelle einführt, die Schneide
sodann gegen den einklemmenden Ring aufrichtet und durch Druck
des Fingers auf die Schneide, in centrifugaler Richtung den Ein-
klemmungsring an verschiedenen Stellen einkerbt (Débridement
multiple nach Vidal). Zu diesem Zwecke braucht das Herniotom
nur an dem freien Ende der Schneide geschärft zu sein, wie das
Cooper'sche Bistouri, das sich aus dem Pott'schen durch Um-
wickeln des grösseren Theils der Schneide mit Heftpflaster improvisiren lässt. — Die mehrfache Einkerbung hat für die Hebung der
Einklemmung die grössten Vortheile vor dem einseitigen Einschneiden in einem Zuge (Pott, Garangeot), wobei bei Inguinalbrüchen
eine eventuelle Verletzung der Art. epigastrica berücksichtigt werden
musste. — Führte man ferner bei Cruralhernien eine Einspaltung
des Lig. Gimbernati nach der Symphyse hin aus, so lag die Möglichkeit der Verletzung der Art. obturatoria vor, falls dieselbe in
abnormer Weise von der Epigastrica um den Cruralring herum, nach
dem For. obturatorium herabsteigen sollte (Todtenring). Doch hat
man die Möglichkeit der Verletzung dieser Arterie hochgradig über-
trieben und sich durch diese Rücksicht von der Ausführung der Herniotomie häufig abhalten lassen. Sodass Dieffenbach Recht hat,
dass die Furcht vor der Verletzung der (abnorm verlaufenden) Epigastrica mehr Menschen das Leben gekostet habe, als die Verletzung
selbst (Operat. Chirurgie Band II. S. 480).

Durch den zweiten Act des Bruchschnittes, durch das mehrfache
Einkerben der verengten Stelle der Bruchpforte oder des Bruchsackes
haben wir den Inhalt des Bruches von der Einklemmung befreit.
Und es käme nun als dritter Act die Reposition des Bruchinhaltes an die Reihe.

Allein niemals darf die befreite Darmschlinge ohne Weiteres in
die Bauchhöhle reponirt werden. Wir müssen stets vorher die
Schlinge hervorziehen und zwar, um uns die Gewissheit zu verschaffen, dass nicht noch höher oben im Bruchsack eine zweite Einklemmungsstelle liegt. Dann aber zweitens, um uns von dem
Zustande der Schlinge zu überzeugen, besonders an den
Stellen, wo die Constriction direct eingewirkt und oft durch Druck-
gangrän entstandene Marken zurückgelassen hat. — Ist die Schlinge
noch ganz gesund, so löst man etwaige Adhäsionen und reponirt die
Schlinge in der Weise, dass das zuletzt prolabirte Darm-
stück zuerst wieder zurückgebracht wird. — Bei alten,
nicht oder schwer trennbaren Verwachsungen muss man trotz ge-

schehener Hebung der Einklemmung den Darm in der alten Lage
zurücklassen. — Ist das Aussehen der Schlinge nicht normal, so
kommen für die Prognose alle die Erscheinungen in Frage, die wir
bei der plötzlichen oder langsamen Unterbrechung bald der venösen
und bald der arteriellen Circulation in der Darmwand beschrieben
haben und als deren experimentelles Paradigma Ihnen die Cohnheim'schen Versuche an der Zunge vorgeführt worden sind.

Besonders schwierig wird oft die Entscheidung sein, ob eine
verfärbte Stelle der Darmwand zu der Norm zurückkehren oder der
Mortification anheimfallen wird. — Nach dieser Richtung ist schon
mancher für das Leben des Patienten verhängnissvoller Fehler begangen worden.

Zeigt sich ein Theil des Darmes wirklich gangränös oder haben
wir bereits eine Perforation vor uns, so bekommt unsere Handlungsweise eine sicherere Grundlage. — Bei einer rundlichen, lochförmigen Perforation hat man vorgeschlagen, die betreffende Darmpartie mit einer Pincette hervorzuziehen und um die Basis des her-
vorgezerrten Kegels eine (wandständige) Ligatur zu legen, gerade so
wie es Cooper für lochförmige Verletzungen grosser Venenstämme
empfohlen hatte. — Viel häufiger, und dem einklemmenden Ringe
entsprechend, sind die linienförmigen, meist quer, doch auch schief
zur Darmaxe verlaufenden Nekrosen der Darmwand. Hier kann man
die abgestorbenen Theile excidiren und die Wundränder durch Knopf-
nähte oder durch eine fortlaufende Naht in der Weise vereinigen,
dass die Serosaflächen der Wundränder in genauem Contact, die
Schleimhautränder zur Umstülpung in das Darmlumen kommen (Lem-
bert's Naht).

Nach denselben Grundsätzen haben wir Nähte anzulegen, wenn
eine ganze Darmschlinge gangränös geworden ist, und wir, nach Excision derselben, das Stumpfende des oberhalb gelegenen Darmrohres
mit dem Stumpfende desjenigen vereinigen wollen, welches unterhalb der Einklemmung gelegen hat. — Wir folgen hierbei am sichersten den trefflichen Rathschlägen Kocher's[15]. — Vor Allem muss
man nicht blos die gangränöse Schlinge selbst, sondern auch noch so
weit die benachbarte Darmpartie mit excidiren, als dieselbe suspect,
d. h. bräunlich oder schwarzroth verfärbt, geschwollen, von einer
zerreisslichen getrübten Serosa bedeckt und von blutig tingirtem
Schleim erfüllt oder mit einem Worte, so weit als dieselbe infarcirt
erscheint. Der Zustand des Infarctes rührt her von der venösen Stase
in der bei der Einklemmung stark gedehnten Darmwand. Und zwar
betrifft die Dehnung fast immer den zuführenden Darmschenkel. —

Die Resection des auszuschaltenden Darmtheils beginnt damit, dass man den einklemmenden Ring möglichst ausgiebig einkerbt, um den Darm bequem hervorziehen zu können. An den Grenzen des Todten, oberhalb und unterhalb, wird nun im Gesunden durch grosse Klemmzangen oder im Nothfall durch temporäre Ligaturen das Darmlumen verschlossen. Gleichzeitig sichert man durch correspondirende fixe Ligaturen die beiden Enden des zu excidirenden Darmstücks und umschnürt noch durch einen kräftigen Seidenfaden das Mesenterialblatt, welches zu der nekrotischen Schlinge gehört. Jetzt wird mit der Scheere zwischen je zwei Ligaturen oder zwischen je einer Ligatur und einer Klemmzange das Abgestorbene vom Gesunden getrennt, ohne dass der Inhalt des zuführenden und derjenige des abführenden Darmschenkels, noch derjenige der gangränösen, zu excidirenden Darmschlinge das Operationsgebiet beschmutzen oder gar in die Bauchhöhle gelangen kann. — Schliesslich löst man noch die ausgeschaltete Darmpartie von dem zugehörigen, aber bereits ligirten Mesenterialstück ab.

Nunmehr sticht man jenseits der beiden Klemmzangen die Fäden durch die Darmstümpfe, welche Fäden zum Anlegen der Lembert-schen Naht dienen sollen, und zwar so, dass die Stichkanäle einen Theil der Darmwand parallel der Serosaoberfläche durchlaufen, ohne an irgend einer Stelle bis ins Darmlumen zu dringen. Vor dem Knüpfen der Nähte schneidet man von beiden Darmstümpfen die eingeklemmt oder eingeschnürt gewesenen Wandtheile durch Scheerenschnitte ab, die jetzt zwischen Zange und Nahtlinie oder temporäre Ligatur und Nahtlinie fallen. — Es empfiehlt sich ebenfalls, den meist mit Blut untermischten Inhalt des oberen Darmstücks in eine Schale zu entleeren, ehe man die Fäden knüpft. — Ausser den tief greifenden Nähten müssen dazwischen noch oberflächliche, nur die Serosa fassende Peritonealnähte gelegt werden. — Nach voller Desinfection reponirt man das durch die Naht wieder hergestellte Darmrohr. Die Zerrung der Nahtlinie bei der Reposition wird am besten dadurch vermieden, dass man, wie schon erwähnt, gleich zu Anfang die einengende Stelle des Bruchsackes ausgiebig einkerbt. Auch wird durch die ausgedehnte Mitentfernung noch eines Stücks vom oberen Darmende am besten die störende Incongruenz zwischen dem Querschnitt des letzteren und demjenigen des unteren, stärker contrahirten Darmschenkels beseitigt. — In allen Fällen muss die doppelte Nahtlinie sorgfältig und dicht, besonders in der Nähe des Ansatzes vom Mesenterium, gelegt werden, um sicher zu sein, dass an keiner Stelle der Darminhalt zwischen den Nähten zum Austritt

komme. — Für die Nachbehandlung empfiehlt K o c h e r Opium-
gaben, hält aber die schon citirte Entleerung des oberen Darm-
stumpfes vor der Naht, sowie nachträgliche Ausspülungen des Magens mit Borwasser, um die genähte Darmpartie ganz vom Darminhalt zu entlasten, für wesentlicher. Während zehn Tagen soll ausser
Eisstückchen der Patient absolut Nichts per os geniessen. Die Ernährung geschieht durch Mastdarmklystiere.

Die Enteroraphie nach Darmresection bei gangränöser Bruchschlinge ist das einfachste und sicherste Verfahren und wird in
frischen Fällen bei geschickter Ausführung selten im Stiche lassen.
— Auch dürfte die Darmresection mit folgender Enteroraphie allmählich die andern Maassregeln bei Behandlung gangränöser Brüche
in den Hintergrund drängen.*) Nur bei Nekrose eines grösseren
Theils vom Umfang einer Darmschlinge, wo eine Wiederherstellung
des Lumens nicht möglich, wo man aber auch eine Totalresection
des Darmstücks nicht machen wollte, hat man zuweilen die nekro-
tische Darmschlinge einfach incidirt, mit ein paar Nähten in der
Wunde fixirt und daselbst liegen lassen. Selbstverständlich musste
so die Bildung eines widernatürlichen Afters zu Stande kommen.

Will man letzteren durch eine Enteroraphie nachträglich beseitigen, so liegen hier die Verhältnisse etwas anders, als bei der
primären Resection einer gangränösen Darmschlinge. — Nachdem
man die Anheftungsstelle der beiden Darmstümpfe in der Bauchwand gespalten oder umschnitten, die Darmstümpfe von der Bauch-
wandfistel abgetrennt und quer angefrischt hat, erscheint uns das
obere, meist allein noch functionirende Darmende erweitert, das untere collabirt und viel enger als in der Norm. Die Dilatation des
oberen, in die Darmbauchwandfistel einmündenden Darmrohrs wird
um so beträchtlicher sein, wenn die Mündung der Bauchfistel bereits
eine Verengerung erfahren hatte. — Bei bedeutender Incongruenz
der Darmstümpfe hat man sich nun in der Weise geholfen, dass
man das weitere Darmlumen durch Umlegen oder Einstülpen eines
Zwickels der Darmwand auf den Querschnitt des engeren Darmrohrs
verkleinerte und hierauf die L e m b e r t'sche Naht in gewöhnlicher

---

*) Experimentell lassen sich lange Darmschlingen aus der Continuität des
Darmrohrs ausschalten, so dass sie nur mit dem Mesenterium im Zusammenhang
bleiben. Spült man dann das Darmlumen der ausgelösten Schlinge gründlich mit
fünfprocentiger Carbolsäure durch, so kann man die beiderseits offene Darmschlinge in den Bauchraum versenken, ohne alle üble Folgen. Natürlich ist durch
eine circuläre Vereinigung der beiden Darmstümpfe die Continuität des Darmes
wieder herzustellen.

Weise anlegte, nachdem der Zwickel in seiner Lage ebenfalls durch
Nähte fixirt worden war (Billroth [16]), Czerny). — Oder man ver-
fuhr nach den älteren Rathschlägen von Jobert, der zwar das weitere Darmrohr an seinem Stumpfende ins Darmlumen hinein um-
stülpte, dagegen das engere Darmrohr ohne Umstülpung in das eingestülpte weitere einfach hineinschob. — Complicirtere Vorschläge
wie etwa die Naht von Denans mit drei in das Darmrohr einzu-
schiebenden Cylindern sind werthlos.

Die Grundsätze für die Behandlung eines Bruches nach Hebung
der Einklemmung werden etwas modificirt, wenn in dem Bruch
Netz allein oder Netz neben dem Darme vorliegt. Nor-
males und gesundes Netz hat man wie normalen Darm einfach zu
reponiren. Adhärentes Netz, das in der Bruchpforte liegen bleibt,
wird sehr bald von Granulationen durchwuchert und schrumpft endlich, indem es oft einen guten dauernden Verschluss der Bruchpforte
liefert. — Hypertrophisches, degenerirtes, zu einem harten binde-
gewebigen Klumpen zusammengeballtes Netz wird am besten excidirt, nachdem man den Stiel der Epiplocele mit einer Massenligatur umgeben, oder bei grosser Dicke des Stieles die einzelnen Gefässe desselben mit Ligaturen versehen hat. — Die früher nach
Massenligatur des Netzes beobachteten krampfhaften und entzündlichen Erscheinungen (Einklemmungssymptome, Erbrechen, in den
Stiel fortgeleitete subseröse Phlegmonen) sind auf Kosten der mangelhaften Wundbehandlung und nicht als Folge einer traumatischen
Reizung durch die Massenligatur zu setzen.

Was nun die Nachbehandlung nach der Herniotomie anbelangt, so wird man in den Fällen, wo die Antisepsis hat streng
durchgeführt werden können, nach Reposition des Darmes die Hautwunde nähen, nachdem man in dem eröffneten und gründlich desinficirten Bruchsack ein Drainrohr angelegt hat. — Viel zweckmässiger erscheint es, wenn man nach Reposition des Bruches den
Bruchsackhals isolirt, mit einem dicken, in 5 Proc. Carbolsäure gekochten Seidenfaden möglichst hoch gegen die Bauchhöhle hin zu-
schnürt, unterhalb der Umschnürung quer durchtrennt und soweit als
möglich den Bruchsack in toto aus der Umgebung heraus präparirt
und abträgt. Diese Methode der Radicalheilung von Brüchen,
die man bei den meisten eingeklemmt gewesenen und auf operativem Wege reponirten Brüchen schliesslich ausführen kann, ist unter
dem Schutze der Lister'schen Wundbehandlung in den letzten Jahren mehrfach wieder vorgenommen worden, nachdem die schon seit
dem Alterthum gekannte und geübte Operation immer wieder ihrer

Gefährlichkeit wegen verlassen worden war. Für die neueste antiseptische Periode der Radicalbehandlung der Hernien sind besonders die Arbeiten von Czerny[17]), Risel[18]), Schede[19]), Maas[20])
und Steffen[21]) zu vergleichen. —

Bei Inguinalbrüchen hat man nach Ligatur des Bruchsackhalses
auch die Bruchpforte mit besonderen Nähten (Czerny's Miedernaht,
oder aber eine Matratzennaht) verschlossen. — Die bisher nach obiger
Methode unter antiseptischen Cautelen operirten Fälle haben quoad
vitam sehr günstige Resultate geliefert. Auch der Bruch selbst ist
in vielen Fällen als beseitigt anzusehen, so dass die Patienten zum
Theil ohne Bruchband ihren Beschäftigungen nachgehen konnten.
Zum Theil wurde wenigstens so viel erreicht, dass Brüche, die vor
der Operation durch ein Bruchband nicht zurückzuhalten waren, nunmehr das Tragen eines Bruchbandes gestatteten. Wie lange aber
dieser Zustand andauert, ob die Heilung eine definitive bleibt, oder
ob trotzdem, beim Weglassen des Bruchbandes, Recidive sich einstellen werden, das sind Fragen, die sich wegen der Kürze der bisherigen Beobachtungszeit heute noch nicht endgültig beantworten
lassen.

Hat man keine Radicalheilung versucht, so wird man, nach Heilung der Wunde, den antiseptischen Compressivverband sofort mit
einem Bruchband verwechseln und den Patienten aufstehen lassen.

Hatten wir aber mit einem gangränösen Bruchinhalt zu thun,
wo die Bildung eines widernatürlichen Afters unvermeidlich ist, so
wird man, da die Fäces dauernd die Wunde überdecken, von einer
antiseptischen Wundbehandlung absehen und die Wunde entweder
einfach offen lassen oder mit desinficirenden Verbandstoffen (Carbol-
oder Salicylöllappen) bedecken, wobei sowohl für den Koth als für
das Wundsecret eine ungehinderte Entleerung geschaffen werden
muss. — Die nachträgliche Beseitigung des widernatürlichen Afters
ist oben kurz besprochen worden.

---

[1]) v. Langenbeck, Ueber Fremdkörper im Oesophagus und über Oesophago-
tomie. Berl. klin. Wochenschrift 1877. No. 51 und 52. — [2]) Bryk. Wiener med.
Wochenschrift 1877. No. 40—45. — [3]) Trendelenburg, Zur Extraction von
Fremdkörpern aus dem Oesophagus. v. Langenbeck's Archiv 1872. Bd. XIV. S. 63.
— [4]) Girard. Zur Anwendung der Narkose bei Untersuchung des Oesophagus.
Centralbl. f. Chir. 1880. No. 21. S. 337. — [5]) Roser, Centralbl. f. Chir. 1879. No. 40.
— [6]) Cohnheim. Neue Untersuchungen über die Entzündung. Berlin 1873 und
Vorl. über allgem. Pathologie. Bd. I. S. 105—133. — [7]) Lossen, Studien und Ex-
perimente über den Mechanismus der Brucheinklemmung. Verhandl. des III. Congr.
d. deutschen Gesellschaft f. Chirurgie 1874 und v. Langenbeck's Archiv. Bd. XVII.
S. 301. Vergl. die bezügl. Aufsätze von Busch, Lossen, Roser im Centralbl. f.

Chir. 1874 und von Bidder, Kocher, Lossen, Roser daselbst im Jahrg. 1875, sowie die grösseren Vorträge von Busch, Lossen und Roser in den Verhandl. des IV. Congr. der deutschen Gesellschaft f. Chir. im Jahre 1875. — ⁸) Roser, Archiv für physiol. Heilkunde 1856. 1857. 1860 u. 1864. Vergl. auch dessen Handb. der anatom. Chirurgie 1872. S. 343. — ⁹) Streubel, Prager Vierteljahrschrift 1861. Bd. I. S. 1. — ¹⁰) Busch, Sitzungsberichte der Niederrhein. ärztl. Gesellschaft vom 10. März 1863. — ¹¹) Streubel, Ueber die Scheinreductionen bei Hernien. Leipzig 1864. — ¹²) Franco, Traité des hernies. Lyon 1561. — ¹³) Ambroise Paré, Oeuvres complètes, ed. Malgaigne. Paris 1840. — ¹⁴) Dieffenbach, Operative Chirurgie. Bd. II. S. 612. — ¹⁵) Kocher, Zur Methode der Darmresection bei eingeklemmter gangränöser Hernie. Centralbl. f. Chir. 1880. No. 29. — ¹⁶) Billroth, Ueber Enterorraphie. Wiener med. Wochenschrift 1879. No. 1. — ¹⁷) Czerny, Studien zur Radicalbehandlung der Hernien. Wiener med. Wochenschrift 1877. No. 21—24. — ¹⁸) Risel, Deutsche med. Wochenschrift 1877. No. 38 u. 39. — ¹⁹) Schede, Centralbl. f. Chir. 1877. No. 44. — ²⁰) Maas, Ueber Endresultate radicaler Hernienoperationen. Breslauer ärztl. Zeitschrift 1879. No. 5 u. 6. — ²¹) Steffen (Socin's Klinik), Ueber Radicaloperation der Hernien. Baseler Inaug.-Diss. 1879.

Neunte Vorlesung.

Während die Oesophagotomie nur dann eine Nahrungszufuhr durch die im Schlundrohr gesetzte Wunde gestattete, wenn eine undurchgängliche Strictur des Oesophagus etwa in der Höhe des Kehlkopfes sich befand, werden wir bei tiefer liegenden Hindernissen für die Passage der Nahrungsmittel, also bei allen impermeablen, d. h. selbst in der Narkose undurchgänglichen Stricturen im Brusttheil des Oesophagus nur durch directe Einführung von Nahrungsmitteln in den Magen durch eine Magenbauchwunde die betreffenden Individuen vor dem Hungertode retten können.

Die Eröffnung des Magens vom Bauche aus, oder die Gastrotomie*), dürfte nicht nur in dem oben angeregten Falle indicirt sein, wo totale Verwachsungen des Schlundrohres oder wenigstens nicht dilatirbare, narbige, nach Geschwüren oder Aetzungen des Schlundrohres mit Säuren oder Alkalien (Schwefelsäure, Natronlauge) entstandene Stricturen vorliegen, sondern auch bei noch passirbaren Stricturen, wenn dieselben der Wucherung von Geschwülsten

---

*) Es ist mehrfach beliebt worden, neben der Gastrotomie, dem Magenschnitt als solchen, von der Gastrostomie oder der Anlegung einer Magenfistel zu reden. Bei der Gastrotomie soll die Oeffnung im Magen nur vorübergehend existiren; bei der Gastrostomie soll es sich um die Anlegung eines Magenmundes zur fortdauernden Ernährung handeln. Wir betrachten jene Unterscheidungen für überflüssig und verwirrend und werden nur die Bezeichnung Gastrotomie festhalten. — Die Benutzung des Wortes Gastrotomie, um damit den Bauchschnitt, die Laparotomie zu bezeichnen, ist ein in England und Italien häufiger Missbrauch.

(Krebs) in der Oesophaguswand ihre Entstehung verdanken. Hier
wird man, ähnlich wie bei Mastdarmcarcinomen (Curling), um
die Reizung der Geschwulstmassen, wie sie durch das häufige Einführen von Sonden zu Dilatations- und zu Ernährungszwecken gesetzt wird, dauernd zu beseitigen, und somit den Zerfall der Geschwulst zu verringern, ebenfalls zur Gastrotomie schreiten (Billroth [1]). — Eine fernere Indication für die Mageneröffnung ist gegeben,
wenn Gegenstände von solchen Dimensionen verschlungen worden
sind, dass ihre Weiterbeförderung durch den Darmcanal unmöglich
ist. Besonders gehören hierher Gabeln und Messer, die schon mehrfach die Veranlassung zur directen Eröffnung des Magens geworden
sind. Aber auch Nadeln, die wohl nur in den seltensten Fällen
durch die Magenwand hindurch ihre Wanderung im Organismus an-
treten. Meistentheils dürften sie im Magen oder Darme liegen bleiben, sich in die Schleimhaut einspiessen und unter ungünstigen Verhältnissen einen Magenwandabscess verursachen, der dann durch die
Bauchdecken nach aussen durchbrechen und den Fremdkörper entleeren kann. — Die Befunde von Nadeln im subcutanen Bindegewebe an den verschiedensten Theilen der Hautdecke, die als vom
Magen ausgewanderte ausgegeben werden, sind mit grosser Vorsicht
aufzunehmen, weil hierbei vielfache Fälle von absichtlicher Täu-
schung von Seiten des Patienten vorliegen (Hager [2], Pollock [3],
Doran [4]).

Im Weiteren, nachdem es besonders gelungen sein wird, die
Krebse des Magens früher als bisher zu diagnosticiren (van der
Velden [5]), wird man nach den Versuchen von Gussenbauer und
von Winiwarter [6]) die Freilegung des Magens nicht nur zur Anlegung einer Magenfistel, sondern auch zur Excision der krebsig ent-
arteten Magenwandpartie (wohl am häufigsten des Pylorustheils) benutzen.

Endlich hat man daran gedacht, durch die in der vorderen
Wand des Magens angelegte Oeffnung sowohl Cardia- wie Pylorusstricturen erfolgreich dilatiren zu können. Jedenfalls wird es keine
grossen Schwierigkeiten bieten, von der Magenbauchwunde aus Sonden
sowohl in die Cardia, wie in den Pylorus einzuschieben.

Am 9. Juli 1635 soll Daniel Schwabe in Königsberg vor
der dortigen medicinischen Facultät ein verschlucktes Tischmesser
durch den Magenschnitt am Bauche entfernt haben. — Mehr als
zwei Jahrhunderte später, denn im Jahre 1849 hat Sédillot [7]) in
Strassburg i. E. die Gastrotomie zu Ernährungszwecken bei impermeabler Stenose des Oesophagus ausgeführt (Gastrostomie). — Seine

erste Operation führte er in der Linea alba aus und verlegte erst
zwei Jahre später den Schnitt in das linke Hypochondrium. Nach
diesem letzten Operationsplane, der schon früher von Fenger[8]) in
kunstgerechter Weise befolgt worden war, operirten neuerdings Verneuil[9]) und Labbé[10]), denen sich unter Anwendung der antiseptischen Wundbehandlung eine grössere Zahl von Operateuren in der
letzten Zeit angeschlossen hat.

    Neben der operativen Eröffnung des Magens, wie wir sie aus-
führen lernen werden, kommen sogenannte spontane Magenfisteln vor, die entweder auf traumatischem Wege, z. B. nach
Messerstichen in die Magengrube oder dadurch zu Stande kommen,
dass bei tiefgreifenden chronischen oder krebsigen Geschwüren der
Magenwand letztere mit den Bauchdecken verwächst und nun die
Ulceration die Bauchwand sammt der Hautdecke ergreift.

    Als die Orte, an denen man bisher die Bauchdecken gespalten
hat, um zum Magen zu gelangen, sind zu nennen: die Linea alba,
zweifellos der am meisten zu empfehlende Weg, ferner ein der Linea
alba paralleler Schnitt am lateralen Rande des linken M. rect. ab-
dom., und schliesslich ein Schnitt unter dem linken freien Rippenrand, letzterem parallel und etwa um 3—4 Cm. von demselben nach
unten entfernt.

    Nach Spaltung der Bauchwand, wobei eine jede Blutung sorg-
fältig gestillt sein muss (dieselbe wird bei Wahl der Linea alba am
geringsten ausfallen), müssten wir bei gewöhnlicher Füllung des
Magens sofort auf dessen Vorderwand gelangen. In Fällen, die
wegen der Gefahr des Verhungerns bei Impermeabilität des Oesophagus die Gastrotomie erfordern, ist jedoch der Magen collabirt
und nach hinten und oben gegen das Zwerchfell zurückgezogen, so
dass sein Auffinden Schwierigkeiten machen kann, um so mehr, wenn
das öfters tympanitisch aufgetriebene Colon transversum sich vor-
lagert. — Bei Unvorsichtigkeit könnte man in die Lage kommen,
statt des Magens das Colon in der Wunde zu fixiren und zu eröffnen. — Um daher Irrthümer zu vermeiden, sollen uns beim Aufsuchen des Magens die Vasa gastroepiploica leiten, oberhalb deren mit Sicherheit die grosse Curvatur des Magens liegen
muss (Trendelenburg[11]). — Operirt man wegen krebsiger und
noch durchgängiger Oesophagusstricturen, so kann man sich des von
Schreiber angegebenen und von Schönborn[12]) zuerst benutzten
Kunstgriffes bedienen, dass man eine Schlundsonde in den Magen
führt, an deren Magenende ein Gummiballon festgebunden worden
ist. Sobald der Ballon mit der Sondenspitze im Magen angelangt

ist, bläht man ihn auf, wodurch mit Sicherheit der Magen mit seiner vorderen Wand gegen die Bauchwunde gedrängt wird.

Ueber die weiteren Operationsacte in Bezug auf ihre zeitliche Nachfolge herrschen verschiedene Meinungen. — Hier, wie bei Eröffnung intraabdomineller cystischer Tumoren (Echinococcen [s. u.]) hat man sich von dem Gedanken leiten lassen, dass es besser sei, erst Verwachsungen zwischen der vorderen Magenwand und der Bauchwand zu erzielen und nachher erst den Magen zu eröffnen. So hat man eine Nadel durch die vordere Magenwand gesteckt und dieselbe ausserhalb der Bauchdecken liegen lassen, und erst in einer zweiten Sitzung, nach Anlegen von Nähten zwischen Magen- und Bauchwand, zwischen den Nähten den Magen eröffnet. Andere haben die Bauchdeckenwunde mit zusammengeballter Lister'scher Gaze ausgefüllt, um eine Verwachsung zu bewirken, und später die Incision des Magens folgen lassen. Dieser Weg ist unsicherer als der erste. — Ueberhaupt wird auf die schützende Bildung von Adhäsionen auf diesem Wege nur ein geringer Werth zu legen sein. — Bedenkt man, dass die Gastrotomie erst dadurch mehr an Boden gewonnen hat, dass man auch hier streng nach antiseptischen Regeln verfährt, und zieht man in Erwägung, dass bei antiseptischem Wundverlauf die Bindegewebsneubildung langsamer und in geringerem Umfang zu Stande kommt, als bei Einwirkung stärkerer Reize auf die Gewebe, so müssen wir sagen, dass auf die Bildung von ausreichend festen Adhäsionen ohne Nähte nur dort gerechnet werden kann, wo zwischen der Spaltung der Bauchdecken und der Eröffnung des Magens ein möglichst langer Zeitraum gelassen werden kann; so bei krebsigen Stricturen und wo zweitens die Kräfte des Patienten eine genügende Reaction von Seiten der Gewebe erwarten lassen.

Jedenfalls wird das sofortige Annähen des Magens an die Bauchwand die Adhäsionsbildung fördern und von vorn herein einen Abschluss der Bauchhöhle nach aussen ergeben. — Bei vollständiger Impermeabilität des Schlundrohres, wo der Patient dem Verhungern nahe ist, und wo die Ernährung durch Klysmata nicht ausreichend oder unausführbar sich erweist, müssen wir an die sofortige Nahrungszufuhr in den Magen gehen. — Es scheint nach den bisher mitgetheilten glücklichen Fällen, dass hier obige Methode des Anlegens der Magenfistel in einer Sitzung den Vorzug verdient vor allen anderen (Kaiser[13]).

Ist der Magen gefunden, so wird dessen vordere Wand, aber nicht zu tief nach der grossen Curvatur zu, mit zwei Pin-

8*

cetten in einer Falte aus der Bauchwunde gezogen. Die Pincetten ersetzt man durch zwei Zugschlingen aus dicken Seidenfäden. Im Umfange der Basis der emporgezogenen Magenwandfalte werden hierauf Nähte (am besten mittelstarke Catgut- oder Carbolseidennähte) gelegt, welche am Magen Serosa und Muscularis durchdringen, ohne die Schleimhaut zu durchbohren, an der Bauchwand aber die Serosa, im weiteren Umfange vom Wundrand und je nach der Dicke der Bauchwand eine dickere oder dünnere Schicht der Bauchmuskeln mitfassen. Besonders sorgfältig müssen die Nähte in den beiden Winkeln der Bauchwunde angelegt werden.

Innerhalb des so gebildeten Kranzes von Nähten liegt die herausgezogene Magenwandfalte, die nun auf ihre höchste Convexität bis ins Magenlumen incidirt wird. — Man thut gut, die Ränder der Magenschleimhaut jetzt noch mit den Hautwundrändern zu vereinigen. — Diese Hautumsäumung mit Magenschleimhaut, zu welcher man Seidenfäden (dünne Nummern) benutzt, schützt vor der Entstehung von Senkungsabscessen zwischen die Bauchmuskeln, wie solche öfters nach der Gastrotomie beobachtet worden sind.

Der Längsdurchmesser der Magenfistel wird eine verschiedene Richtung haben, je nachdem man die Bauchdecken in der Linea alba oder unter dem linken Rippenrand einspaltet. —

Verlegt man die Wunde an letztere Stelle, so kommt man eher zum Ziele und vermeidet vor Allem fast jede Blutung, wenn man nach ausgeführtem Hautschnitt, der vom äusseren Rande des M. rect. abd. sin. beginnend und etwa 3—4 Cm. unterhalb des Rippenrandes schwach concav gegen den letzteren verläuft, — die Bauchmuskeln nicht in derselben Richtung, ohne Rücksicht auf deren Faserverlauf einschneidet, sondern einen jeden Bauchmuskel, seinem Faserverlauf entsprechend, im Bereiche des Wundgebietes, mit stumpfen Haken auseinander zerrt. Trotz des verschieden gerichteten Faserverlaufes resultirt schliesslich eine vollkommen gut klaffende Wunde.

In der Magenhöhle befestigt man sofort ein kurzes dickes Drainrohr, durch welches der Magen öfters ausgespült, und durch welches die Speisen eingebracht werden können (Verneuil l. c.). Es empfiehlt sich ein recht weites Rohr zu wählen, um durch dasselbe grosse feste Fleischbissen in den Magen zu bringen, welche die Verdauungskraft des Magens (Menge des in der Zeiteinheit zu liefernden Magensaftes) weniger in Anspruch nehmen, als Nahrungsmittel von grossem Volumen, wie Flüssigkeiten, oder von grosser Oberfläche, wie z. B. geschabtes Fleisch.

Im weiteren Verlaufe der Heilung könnte man das Drainrohr durch verschieden geformte Obturatoren ersetzen, wie solche als kurze Cylinder mit zwei aufgeschraubten Deckplatten (die eine für die Magenwand, die andere für die Bauchwand) zu physiologischen Zwecken Verwendung finden; oder durch Tracheal-Canülen ähnliche, mit einem breiten Schild für den Bauch versehene Röhren. — Der Vortheil solcher Obturatoren tritt nur da hervor, wo die Magenfistel zu nahe der grossen Curvatur angelegt worden ist, und wo in Folge dessen besonders flüssige Speisen innerhalb der Magenhöhle nicht zurückgehalten werden können, sondern bald wieder nach aussen abfliessen. — Da hier trotz angelegter Magenfistel eine Verdauung der eingefüllten Nahrung nicht oder sehr unvollkommen stattfindet, so wird man durch passende Verstopfung eines guten Obturators, wenigstens theilweise, die Uebelstände heben können. Oft aber bedingen die Obturatoren eine unliebsame Vergrösserung der Magenfistel und müssen gänzlich weggelassen werden.

Patienten, bei welchen die Ernährung durch directe Einfuhr in den Magen dauernd etablirt worden ist, erholen sich, falls keine krebsige Stenose des Oesophagus vorliegt, unter rascher Steigerung des Körpergewichts. — Das Hunger- und das Durstgefühl bleiben ihnen erhalten. Letzteren suchen sie durch Aufnahme von Flüssigkeiten in den Mund zu genügen, die bis zur Stenose heruntergeschluckt und dann wieder regurgitirt werden. — Empfindlich ist nur der Ausfall der Geschmacksempfindungen, wie er durch den Genuss der Speisen per os zu Stande kommt. — Um die Speisen in möglichst den natürlichen Verhältnissen entsprechender Weise in den Magen gelangen zu lassen, hat Trendelenburg (l. c.) die Magenfistel-Canüle seines Patienten mit einem bis zum Munde reichenden Gummirohr versehen. So konnte der Patient die Speisen kauen, einspeicheln und, mit dem gereichten Getränk vermischt, durch das Gummirohr wie durch einen artificiellen Oesophagus, in seinen Magen befördern.

Bei inoperablen Magencarcinomen oder nicht dilatirbaren Pylorusstricturen hat man daran gedacht, vom Bauche aus direct das Duodenum zu eröffnen und direct zur Einführung der Nahrungsmittel zu benutzen, unter Ausschaltung und Entlastung des Magens (Schede [14]). Die in dieser Weise operirten Fälle sind bis jetzt ganz vereinzelt, doch ist für die Zukunft der Erfolg eines solchen Eingriffes nicht von der Hand zu weisen. Wissen wir doch nach den Versuchen von Kaiser (l. c.), dass der Organismus nach Ausschaltung des ganzen oder fast des ganzen Magens weiter bestehen kann. —

Auf welchem Wege gelingt es Magenfisteln zum Verschluss zu bringen, mögen sie auf traumatischem Wege oder durch Ulceration entstanden sein? Frischt man die Ränder der Fistel an und pflanzt man in den Defect einen aus der Nachbarschaft abpräparirten Lappen, so kann derselbe gut einheilen. Da aber die Circulation in dem Lappen viel schwächer entwickelt ist als in der übrigen Haut, so unterliegt derselbe sehr bald dem Einflusse des Magensaftes und wird nach und nach verdaut. Man hat auch auf der gesunden Bauchdeckenhaut, wenn der Magensaft über dieselbe hinunter rieseln konnte, Aetzfurchen-ähnliche Stellen beobachtet, deren Entstehen derselben Ursache zuzuschreiben ist (Rose [15]).

Ein dauernder Verschluss einer grösseren Magenbauchwandfistel ist nur dadurch zu erreichen, dass man den Magen aus der Bauchdeckenwunde herauslöst, darauf die Magenwunde für sich vernäht und darüber den Defect der Bauchwand durch die Naht schliesst, oder durch einen transplantirten Hautlappen deckt (Billroth [16]).

An die Erörterung des Verschlusses innerhalb der ersten Wege reihen wir die Behandlung der Abnormitäten, wie sie an der unteren Mündung des Darmcanals die Entleerung des Kothes hindern oder erschweren. Hierher gehören zunächst die abnorme Mündung, der Verschluss, oder selbst der Mangel der Afteröffnung (Anus anomalus, Atresia ani, Defectus ani).

Die abnorme Anusöffnung mündet entweder irgend wo aussen in den Hautdecken in der Nachbarschaft des Beckens (Anus anom. ext.), so in der Regio sacralis, in der Reg. hypogastrica (Littré), in der Reg. umbilicalis (Merie) oder in der Reg. pudendalis, sogar am Penis (Wilkes [17]). — Oder wir haben es zu thun mit der Mündung des Afters in die Blase, in die Scheide oder in die Urethra (A. anom. int.). Von allen diesen Fällen ist die Mündung des Afters in die Scheide der günstigste, weil die Entleerung fester Kothballen auf diesem Wege am leichtesten vor sich geht. Am schwierigsten geschieht die Kothentleerung durch die männliche Harnröhre. — Der vaginale After ist aber auch am leichtesten operativ zu behandeln, d. h. am leichtesten von der Scheide nach der Stelle der normalen Analöffnung zu disloeiren und daselbst zu befestigen.

Der Verschluss der Analöffnung beruht entweder darauf, dass der Mastdarm blindsackförmig oberhalb der Dammgegend endet, oder dass zwar die Anusöffnung an der normalen Stelle trichterförmig eingezogen erscheint, aber über dem Trichter bis zum Colon descendens hinauf das S romanum fehlt, oder endlich, dass der ganze untere Reetumabschnitt oder das Colon, selbst bis zur Fossa iliaca dextra, unentwickelt geblieben ist.

Einem directen operativen Eingriff sind nur die Fälle von Atresia ani zugänglich, wo das Rectum in einiger Entfernung über dem Damme vorhanden ist, und wo wenigstens ein Theil des S romanum noch entwickelt ist. – Die Operation muss in den ersten Tagen nach der Geburt ausgeführt werden, falls nicht das Kind zu Grunde gehen soll.

Man incidirt zunächst in der Dammfurche, den Schnitt dicht vor dem Steissbein beginnend, man drängt die mehr oder minder fetthaltigen Bindegewebsschichten auseinander, bis man mit dem bohrenden Zeigefinger auf den prall gefüllten Enddarm gelangt und denselben eröffnen kann. — Je höher der Darm über der Dammfurche liegt, desto schwieriger sein Auffinden, desto mehr muss derselbe herabgezogen werden, damit man die Hautwunde am Damme mit dem unteren freien Rande der Mastdarmschleimhaut umsäumen könne. Letzteres muss für alle Fälle angestrebt werden, einestheils damit keine Kothinfiltration des periproctitischen Bindegewebes eintrete, dann aber damit die neu gebildete Analmündung sich nicht sehr bald verengere. Solche Stricturen der künstlich gebildeten Analöffnung bedürfen, wie Urethralstricturen, eine andauernde Behandlung mit dilatirenden Instrumenten (Finger, Zinnbolzen).

Fehlt das ganze S romanum, so hat man, um doch noch eine Analöffnung am Damme zu erzielen, den Vorschlag gemacht, das Colon desc. in der linken Bauchseite frei zu legen, zu eröffnen, und in dasselbe eine dicke Bougie einzuführen. Mit letzterer soll dann das blinde Darmende so tief gegen die am Damme angelegte Wunde gedrängt werden, dass man von hier aus auf die Spitze der Bougie einschneiden könne (Martin). — Weniger empfehlenswerth dürfte der Vorschlag Dlauhy's sein, nach Eröffnung des Abdomen in der Linea alba oder in der Regio inguin. sin., von hier aus das Blindsackende mit dem Finger zu suchen (Kotzmann [1]).

Auf eine Umsäumung der Analöffnung wird man in diesen Fällen meist verzichten müssen.

Ist aber der Dickdarm vom Damme aus auf keine Weise zu erreichen, so muss man sich mit der Anlegung eines widernatürlichen Afters in der Bauchwand begnügen. Und zwar wird die Operation links bei Vorhandensein des Colon desc., rechts beim Fehlen desselben anzulegen sein.

Die Eröffnung des Dickdarms vom Bauche aus, die Colotomie,

haben wir ausser beim totalen Fehlen des unteren Dickdarmendes,
auch noch auszuführen bei impermeablen Stricturen oder bei Verwachsungen des Mastdarms, dann aber auch bei nicht operirbarem
Mastdarmkrebs, wenn derselbe das Lumen des Darms beträchtlich
verlegt, nach denselben Grundsätzen, die wir bereits bei den krebsigen Oesophagus- und bei den Pylorusstricturen erörtert haben.
(Curling, Bryant; vgl. Vorl. VIII.)

Für die Colotomie sind bisher zwei Methoden allgemein anerkannt. Die Lumbocolotomie und die Laparocolotomie. —
Beide Methoden sind zu Ende des vorigen Jahrhunderts von Duret
mehrfach ausgeführt worden. Doch hat die Laparocolotomie bereits
im Jahre 1710 Littré vorgeschlagen und Pillore im Jahre 1776
bei Mastdarmkrebs ausgeführt. — Die Lumbocolotomie nehmen die
Engländer für Callisen in Anspruch (1813). Eine erneute Empfehlung hat die Methode durch Amussat in den vierziger Jahren unseres Jahrhunderts erhalten.

Bei der Lumbocolotomie soll das Colon desc. an seiner hinteren vom Peritoneum angeblich nicht überzogenen Fläche eröffnet
werden. — In der Mitte zwischen dem linken Rippenbogen und dem
mittleren Drittel der Crista ilei sin. wurde die Haut in einer zu beiden parallelen Richtungen am lateralen Rande des M. sacrolumbalis
beginnend eingeschnitten; die tieferen Theile bis auf den Darm, der
am besten parallel zu seiner Längsaxe eröffnet wird. Bequemer
dürfte ein an derselben Stelle von vornherein in der Längsrichtung
an der lateralen Seite des M. quadr. lumbor. vom Rippenrand zur
Crista ilei geführter Schnitt sein. König (Lehrbuch, Bd. II. S. 309)
beschreibt eine schief nach vorn zur Spina ant. sup. ilei herabstei-
gende Schnittrichtung. — Aber die Lumbocolotomie erscheint überhaupt verwerflich; erstens weil die Wunde sehr tief ist, zweitens
weil man das Colon nur mit Mühe findet, drittens weil der angeb-
liche Vortheil des extraperitonealen Eingriffes insofern illusorisch ist,
als der Peritonealüberzug des Colon desc. an der Hinterfläche nur
selten fehlt (bei Kindern ist sogar meistens ein Mesocolon desc. vorhanden), und viertens weil die Beschwerden eines lumbalen Afters
nachträglich viel grössere sind, als diejenigen eines inguinalen (van
Erckelens[19]).

Wir werden daher der Anlegung eines suprainguinalen
Afters, der Laparocolotomie, um so mehr den Vorzug geben,
als die Befolgung der antiseptischen Cautelen dem intraperitonealen
Eingriff seine Gefährlichkeit nimmt. Ausserdem ist die Ausführbarkeit dieser Methode eine viel leichtere. — Bei hoch hinaufreichen-

dem Mastdarmkrebs, auch bei fehlendem S romanum werden wir die
Operation links, bei höheren Hindernissen und, wie schon erwähnt,
beim Fehlen des ganzen Colon desc., rechts ausführen. — Wir spalten
über dem Darm die Bauchdecken etwa der Längsaxe des Colon parallel durch einen 2—3 Cm. nach innen und oben von der Spina
ant. sup. oss. ilei beginnenden und medianwärts herabsteigenden, zu
dem Lig. Poupartii aber schwach convex verlaufenden Schnitt und
befolgen bei der Fixation und der Eröffnung des Darmes dieselben
Regeln, wie wir sie für die Gastrotomie ausführlich erörtert haben.

Ganz nach denselben Regeln werden Dünndarmfisteln anzulegen sein, wenn wir bei innerer Einklemmung oder bei Darmin-
vagination die Bauchhöhle eröffnet haben, ohne dass uns das Auffinden des Hindernisses gelungen wäre. Es ist kaum nöthig zu erwähnen, dass die zu wählende Schlinge zu den von ihrem Inhalt
aufgetriebenen, also oberhalb des Hindernisses gelegenen, gehören
muss. — Bei der Colotomie aber, wie bei Herstellung von Dünndarmfisteln, wird man ebenfalls die ganze Operation in einer Sitzung
vollenden und nur in Ausnahmefällen die Eröffnung des Darms 24 bis
48 Stunden nach Anlegen der Darmbauchwandnähte verschieben.

Wir schliessen noch kurz die Behandlung der Fremdkörper
im Enddarm an. Ausser Kothsteinen von oft beträchtlicher Grösse
sind im Mastdarm die verschiedenartigsten von aussen eingeführten
Gegenstände eingezwängt gefunden worden. — Kleine rundliche
Fremdkörper werden mit den Faeces oder nach reichlichen Wasser-
eingiessungen entfernt werden können. — Bei grösseren und kantigen
Fremdkörpern wird man nach Einspritzung von schwach carbolsäure-
haltigem Oel oder dergleichen Vaseline (2—3 Proc.) die Extraction
mit den Fingern oder mit entsprechend geformten fassenden Instrumenten (Zangen) oder durch Heraushebeln mit Steinlöffeln vornehmen.
— Bei sehr grossen und bei zerbrechlichen Gegenständen (Gläsern,
Pommadetöpfen) wird man nicht die Verkleinerung derselben, sondern statt dessen die gewaltsame Dilatation des Mastdarmes mit den
hakenförmig gekrümmten Zeigefingern in Narkose und die Heraus-
hebelung genannter Fremdkörper ausführen. — In letztgenannter
Weise hat man auch bei spitzen und scharfen Gegenständen zu verfahren, besonders, wenn sie sich in die Mastdarmschleimhaut einge-
bohrt haben. Nur wird man hier noch Specula zu Hilfe nehmen,
um innerhalb derselben die spitzen Körper ohne weitere Verletzung
der Mastdarmwand fassen und nach Auslösung aus der Einbohrungs-
stelle nach aussen führen zu können. — (Vergl. oben in Vorl. VIII.

den Fall Marchetti's.) Nach ähnlichen Grundsätzen haben wir bei Fremdkörpern in der Vagina zu verfahren. Nur ist hier die gleichzeitige Exploration des Mastdarmes und der Blase in jedem einzelnen Falle von grosser Wichtigkeit, besonders bei spitzen eingedrungenen Fremdkörpern, da dieselben, sei es das vordere oder das hintere Vaginalseptum perforirt haben können. Mit Widerhaken (Grannen, Borsten) versehene Gegenstände extrahire man stets innerhalb eines Speculum. — Am häufigsten wohl sind aus der Vagina vernachlässigte Mutterkränze, theils incrustirt und theils aus im perivaginalen Gewebe gebildeten Abscesshöhlen extrahirt worden. Diese Gegenstände kann man vor der Extraction zerspalten, um sie bequemer herauszubefördern. — Auch Nadeln kann man, falls sie halb in der Vagina und halb in der Blase oder im Rectum stecken entzwei schneiden und die eine Hälfte aus der Vagina, die andere, sei es aus der Blase oder aus dem Mastdarm hervor holen.

---

¹) Billroth, VI. Congress d. deutschen Gesellschaft f. Chir. 1877. I. S. 105. — ²) Hagen, Die fremden Körper im Menschen. Wien 1844. — ³) Pollock, Holmes' System of surgery. 2do ed. Article „Injuries of the abdomen". — ⁴) Doran, Foreign bodies embedded in the Tissues. St. Bartholomew's Hosp. Reports. 1876. p. 113—124. — ⁵) van der Velden, Ueber Vorkommen und Mangel der freien Salzsäure im Magensaft u. s. f. Deutsches Archiv für klin. Med. Bd. XXIII. — ⁶) Gussenbauer und v. Winiwarter, Die particlle Magenresection. Arch. f. klin. Chir. Bd. XIX. Heft 3. (Schon von Merrem 1810 vorgeschlagen. Sprengel [Geschichte d. Chirurgie] bezeichnete den Vorschlag als „einen Traum von Merrem".) — ⁷) Sédillot, Comptes rendus de l'acad. des sciences. Paris 1849. — ⁸) Fenger (Kopenhagen), Virchow's Archiv. Bd. VI. S. 350. — ⁹) Verneuil, Gaz. méd. de Paris 1876. No. 44. — ¹⁰) Labbé, Note rélative à un fait de gastrotomie pratiquée pour extraire un corps étranger (fourchette) de l'estomac. Comptes rendus de l'acad. de méd. LXXXII. No. 17 und Gaz. des hôpit. 1877. No. 49. — ¹¹) Trendelenburg, Archiv f. klin. Chir. 1877. Bd. XXII. Heft 1. — ¹²) Schönborn, Archiv f. klin. Chir. 1878. Bd. XXII. Heft 2 und Verhandl. des VI. Congr. d. deutschen Gesellschaft f. Chir. vom J. 1877. — ¹³) Kaiser, Beitr. zu den Operationen am Magen. In V. Czerny, Beitr. zur oper. Chir. Stuttgart 1878. — ¹⁴) Schede, Verhandl. d. VI. Congr. d. deutsch. Gesellschaft f. Chir. 1877. I. S. 107. — ¹⁵) Rose, Ueber einen eigenthümlichen Zufall nach Gastrotomie. Corresp.-Blatt f. schweizer Aerzte 1879. — ¹⁶) Billroth, Gastroraphie. Wiener med. Wochenschrift 1877. No. 38. Vergl. Wölfler, Die Magenbauchwandfistel u. s. f. Archiv f. klin. Chir. Bd. XX. Heft 3. — ¹⁷) Wilkes, Med. times and gazette 1875. July 24. p. 93. — ¹⁸) Kotzmann, Wiener medicin. Wochenschrift 1877. No. 23 u. 24. — ¹⁹) van Erckelens, Ueber Colotomie, speciell bei Mastdarmstenose durch Carcinom. Inaug.-Diss. Bonn 1876. Daselbst auch die Zusammenstellung der Statistiken von Hawkins, Mason, Tüngel, Curling, Allingham (St. Thomas' Hosp. Rep. 1870. I. p. 285) und Adelmann (Prager Vierteljahrschrift 1863) und ein grösseres Litteraturverzeichniss.

Zehnte Vorlesung.

Lebensgefährliche Behinderung der Respiration und der Circulation durch Ansammlung oder Retention von Flüssigkeiten innerhalb der einzelnen Körper-
höhlen, innerhalb einzelner Hohlorgane und innerhalb pathologischer cystischer
Räume.
I. Flüssigkeitsansammlungen im Thorax. Geschichtliches. Indicationen
für die Entleerung pleuritischer Exsudate überhaupt. — Resorptionsverhältnisse
der Pleura. Pneumothorax. Chylothorax. Hämatothorax. — Behandlung der
Pleurastiche. — Eröffnungsweisen der Pleura und deren specielle Indicationen.
Punctio thoracis. Thoracotomie. — Orte für die Eröffnung des Thorax. —
Technik des Thoraxstiches. Blutungen aus den Intercostalgefässen. Trocare.
Punctionsvorrichtungen unter Luftabschluss. Nachbehandlung nach der Punction.
— Eröffnung der Pleura durch Schnitt. Partielle subperiosteale Rip-
penexcisionen. Nachbehandlung nach Anlegung einer Thoraxfistel. — Flüssig-
keits- und Luftansammlungen im Pericardium und deren Behandlung. — Herz-
wunden. — Electropunctur und Acupunctur des Herzens.

M. H. Wenn ich bei diesem Abschnitte Ihnen einen kurzen
geschichtlichen Ueberblick der Frage hinzufüge, so thue ich es, weil
Sie gerade auf diesem Gebiete ein allgemein lehrreiches Beispiel für
die geschichtliche Entwickelung der Medicin überhaupt erhalten. —
Sie können sich überzeugen, dass die hier in Betracht kommenden
Anschauungen und heute noch gültigen therapeutischen Grundsätze
schon seit den ältesten Zeiten anerkannt und nur in einer anderen
Form vorhanden waren, und dass der Fortschritt, den wir für die
jetzige Behandlung des Gegenstandes in Anspruch nehmen, sich nur
auf eine Vervollkommnung der Diagnostik und auf eine grössere
Sicherheit in der Berechnung des therapeutischen Erfolges bezieht.
So kannte und diagnosticirte bereits Hippokrates Flüssig-
keitsansammlungen im Thoraxraum (Succussio Hippokratis). — Ansammlungen von Eiter wurden durch Eröffnung der betreffenden
Thoraxhöhle mit Messer oder Glüheisen bewirkt, wobei dem Messer
der Vorzug gegeben wurde. — Die arabische Chirurgie wandte das
Glüheisen bei der Behandlung von Pleuraergüssen ebenfalls an, um
die Brustwand zu verschorfen und durch den Schorf hindurch die
Pleurahöhle zu eröffnen. — Fabricius ab Aquapendente und
Paré empfahlen von Neuem die Eröffnung der Pleurahöhle mit dem

Messer. Und Paré wusste bei mangelhafter Entleerung des Eiters sich dadurch zu helfen, dass er eine Rippe anbohrte, um durch die gewonnene starre Oeffnung im Brustkorb eine dauernde Eiterentleerung herzustellen. Fabricius dagegen befürwortete bereits die Eröffnung des Thorax zwischen der 5. und 6. Rippe. — Um das Jahr 1760 fügte Monro der jüngere zu den Anzeigen der Eröffnung des Pyothorax und des Pyopneumothorax noch diejenige der operativen Behandlung reiner Luftansammlungen innerhalb der Pleurahöhle hinzu, die späterhin Itard[1]) (1803) mit dem Namen des Pneumothorax belegte.

Sehr bald kam man auf den Gedanken, den Pleurainhalt durch Saugapparate zu entleeren, nachdem man zur Eröffnung des Thorax statt des Messers den Trocar anzuwenden gelernt hatte (Heister, Lurde [1765]). Und hieran schloss sich in consequenter Weise der Gedanke der Entleerung pleuritischer Exsudate unter Luftabschluss (Arbeiten von Krause[2]), Schuh[3]), Wintrich[4]), Roser[5]), Kussmaul[6]), Bartels[7]). — In die allerneueste Zeit fällt die Angabe des Apparates von Dieulafoy[8]), durch welchen der Aspiration pleuritischer Exsudate eine grosse Verallgemeinerung zu Theil wurde. Selbst bis zu dem Grade, dass die Indicationen für die Eröffnung der Pleura durch Schnitt und durch Stich sich zu verwischen anfingen.

Ehe wir zur Feststellung dieser Indicationen im Speciellen übergehen, müssen wir uns vor allen Dingen klar machen, welche Pleuraergüsse und wann dieselben zu entleeren sein werden (vergl. auch Krause l. c.).

I. Man muss operiren, wenn der Erguss in die Pleura durch seine grosse Menge oder, was ebenso zu berücksichtigen ist, durch rasche Ansammlung die Functionen lebenswichtiger Organe bedroht.

Ein pleuritischer Erguss, welcher eine Lunge vollständig comprimirt, oder auch das Herz aus seiner Lage verdrängt und selbst den Mediastinalraum nach der anderen Pleurahöhle hineinwölbt, verkleinert einerseits die Respirationsfläche in um so gefährlicherer Weise, wenn der Zustand der in der anderen Pleurahöhle befindlichen Lunge kein normaler ist, oder wenn durch rasche Ansammlung die Verkleinerung der Respirationsfläche sehr rasch vor sich geht. — Doch ist dieses Moment nicht das einzige, welches hier in Frage kommt. — Wir wissen ja, dass man experimentell den Hauptbronchus einer Lunge vollständig durch eine Ligatur verschliessen oder durch einen Pfropf verstopfen kann, ohne dass das Individuum zu Grunde geht (Traube, Lichtheim[9]). — Auch ist es bekannt, mit wie hochgradigen Zerstörungen des Lungenparenchyms Phthisiker zu leben vermögen. — Zur Verkleinerung der Respirationsfläche bei der Compression der Lunge durch ein pleuritisches Exsudat gesellt sich als zweites Moment die Behinderung des Lungenkreislaufes (Traube[10]). — Allein die Untersuchungen von Lichtheim[11]) zeigen uns, dass die Verschliessung der Lungenarterienbahn, selbst bis zu drei Viertel ihrer Grösse, kein Sinken des arteriellen Druckes bedingt. Der Blutzufluss zum linken Herzen ändert sich hierbei aus dem Grunde nicht, weil jetzt durch eine compensatorische Drucksteigerung in den offen gebliebenen Abschnitten der Lungenbahn eine aus der Drucksteigerung resultirende gleichzeitige Strombeschleunigung und Dehnung der Gefässwände der Lungenarterie sich einstellt. — Das Hauptmoment, welches das lebensbedrohliche Sinken des Aortendruckes bei rasch wachsenden Pleuraexsudaten verursacht, ist die directe Compression und Verschiebung des Herzens mit Zerrung und Knickung der grossen Gefässstämme. So hat Bartels (l. c.) bei linksseitigem Exsudat einigemal die Abknickung der V. cava inf. durch Verschiebung des Herzens auf dem Sectionstisch beobachtet. — Die mangelhafte Füllung des Aortensystems bedingt fernerhin und in erster Linie eine mangelhafte Ernährung des Herzfleisches und macht es erklärlich, wie durch weitere plötzliche Nachschübe eines Pleuraexsudates rascher Tod durch Lungenödem in Folge der Erlahmung des linken Ventrikels (Welch[12]) oder durch Herzstillstand und Synkope eintreten kann.

Man muss also operiren, wenn neben hochgradiger Volumenszunahme der betreffenden Thoraxhälfte ihre Respirationsbewegungen aufgehoben, die Intercostalräume stark hervorgewölbt erscheinen, bei hochgradiger Dyspnoe, wenn das Gesicht des Patienten livid und angsterfüllt erscheint. — Man wird aber auch operiren nicht blos in den Fällen von directer imminenter Lebensgefahr, sondern auch in mehr schleichend verlaufenden Fällen, wo zwar momentan der Zustand des Patienten keine Besorgniss zu erregen scheint, wo aber öfters, besonders Nachts, asthmatische Anfälle auftreten, die auf eine schubweise stärkere Vermehrung des Exsudates hindeuten, und wo der Tod öfters ganz plötzlich eintritt (Trousseau[13]), Fräntzel[14]).

II. Man muss operiren, wo es sich um ein circumscriptes, eitriges Exsudat (Empyema necessitatis) handelt, und zwar nach den für die Behandlung von Abscessen gültigen Regeln und Anschauungen. — Abgesehen von der Befolgung streng antiseptischer Cautelen wird

man durch Gegenöffnungen, Drainage u. s. f. eine möglichst prompte
Entleerung des Eiters herzustellen suchen.

III. Wir dürfen operativ eingreifen, selbst bei an sich nicht
direct bedrohlichen Ergüssen, selbst sero-fibrinöser Art, wenn die
Kräfte des Organismus so hochgradig erschöpft sind, dass eine spontane Resorption nicht bald, oder überhaupt nicht zu erwarten ist.

IV. Bei hochgradigen Ansammlungen von Luft in der Pleura
(Pneumothorax). Dieselben können entstanden sein a) auf traumatischem Wege, so nach Bruststichen, Lungenschüssen; bei subcutanen,
aber mit Lungenverletzung complicirten, als auch bei offenen Rippen-
brüchen; nach Zerreissungen des Lungengewebes nach Anstrengun-
gen oder nach heftigen Contusionen des Thorax. Ferner: b) durch
Perforation von entzündlichen oder nekrotischen Lungenherden in
die Pleura, wie von Cavernen bei käsiger Pneumonie, wie von Lun-
genabscessen und noch häufiger bei Lungenbrand, mag es sich um
einen circumscripten, bis auf die Lungenoberfläche fortschreitenden
Process oder um multiple embolische Brandherde bei pyämischen
Processen, bei Caries auris int., bei Endocarditis ulcerosa oder Pyle-
phlebitis handeln. Pneumothorax entsteht auch c) beim Platzen
emphysematöser Lungenalveolen, bei Perforation von spitzen Fremdkörpern oder Geschwüren (besonders krebsigen) vom Oesophagus ins
Mediastinum post., beim Durchbruch vereiterter Bronchialdrüsen durch
das Mediastinum in einen (den linken) Pleuraraum und gleichzeitig
in die Bronchien, oder beim Durchbruch von Echinococcuscysten (aus
Lunge oder Leber) in die Pleura und gleichzeitig in Magen oder
Darm. Endlich können d) bei ähnlich sich verhaltenden Abscessen
in der Bauchhöhle Luftansammlungen in den Pleuraräumen zu Stande
kommen. — Dieselben werden, ganz ebenso wie grössere Flüssigkeitsmengen innerhalb der Pleuren, eine bedrohliche Erschwerung
der Respiration und der Circulation bedingen können. — Geringere
Mengen von Luft gelangen spontan zur Resorption, falls nicht durch
gleichzeitig eingedrungene Entzündungserreger das Auftreten eines
entzündlichen, sero-fibrinösen, eitrigen oder jauchigen Exsudats angebahnt worden ist. — Befinden sich Luftansammlungen im Pleuraraum unter sehr hohem Drucke, so wird ihre Resorption ebenso erschwert, wie diejenige von unter hohem Drucke stehenden flüssigen
Pleuraexsudaten.

Man hat die mangelhafte Resorption auf einen mechanischen Verschluss der Lymphgefässwurzeln durch directen Druck des pleuriti-
schen Exsudates zurückgeführt und sich dabei ohne Weiteres auf die
Versuche von Dybkowsky [15]) bezogen (Fräntzel l. c.). Allein schon

Lichtheim [16]) ist das Paradoxe dieser Annahme aufgefallen, indem er richtig bemerkt, dass ja sonst eine Drucksteigerung benutzt wird, um die Resorption von Flüssigkeiten aus Körperhöhlen (z. B. grossen Gelenken) zu befördern. Seltsamerweise meint Lichtheim, käme der Unterschied in Frage, ob der Druck von aussen oder von innen auf die resorbirende Fläche wirke. Nach den Versuchen von Dybkowsky (l. c. p. 207) scheint es, dass die wesentlichen Ursachen, warum Pleuraexsudate von bestimmter Mächtigkeit nicht mehr resorbirt werden, darin liegen, dass vor Allem die Respirationsbewegung der betreffenden Thoraxhälfte wegfällt, und zweitens vielleicht in der Flächendehnung der Pleuramembran. Die Structur der „Grundhaut" der Pleuramembran, das enge Maschenwerk der vielfach sich kreuzenden Bindegewebsbündel, durch dessen Lücken die senkrecht auf die freie Pleura ausmündenden Lymphgefässcanäle hindurchtreten (l. c. p. 201), macht es begreiflich, wie bei einer Flächendehnung der Membran, besonders wenn dieselbe wie hier, nur in einer Richtung (senkrecht auf die Längsrichtung der Intercostalräume bei Erweiterung des Thoraxraumes) zu Stande kommt, das Maschenwerk verengt, die Lumina der hindurchtretenden Lymphgefässe verschlossen werden müssen. — Hiernach würde hoher Druck nebst hoher Spannung der resorbirenden Membran stets ein Hinderniss, hoher Druck bei verminderter Spannung (Gelenkcompression) ein Beförderungsmittel für die Resorption durch die Lymphgefässe darstellen. — Eine experimentelle Prüfung dieser Fragen ist dringend erforderlich.

Eine sehr hohe Spannung wird ein Pneumothorax erreichen bei subcutanen Thorax- (Rippen-, Lungen-) Verletzungen, während solches bei offener Thoraxwunde nur eintritt, wenn der Parallelismus zwischen Pleura- und Hautwunde aufgehoben wird. — Dann gesellt sich in beiden Fällen zum Pneumothorax ein oft stark gespanntes, immer praller werdendes, subcutanes Emphysem am Thorax und schliesslich am ganzen Körper. — Bei subcutanen Thoraxverletzungen hat man hierbei von tiefen Schnitten durch die Weichtheile, besonders am Thorax und durch nachträgliches Herausstreichen der Luft oft lebensrettende Wirkungen gesehen. [17]) Das Aufsuchen der Pleurawunde ist bei subcutanen Verletzungen nicht statthaft. Bei aufgehobenem Parallelismus zwischen Haut- und Pleurawunde, bei complicirten Thoraxverletzungen könnte man daran denken durch Erweiterung der Hautwunde über der Oeffnung in der Pleura das weitere Fortschreiten des Emphysems zu hindern, indem man die

Communication zwischen Pleuraraum und Atmosphäre wieder herstellt. — Ein Compressivverband und eine nachträgliche Naht der
Hautwunde müssen folgen.

V. Ansammlungen von Blut oder Chylus im Thoraxraum (meist
links) kommen vor, letztere nach Platzen des Ductus thoracicus
(Quincke[18]) als Chylothorax, erstere als Hämothorax nach
Bersten von Aortenaneurysmen, nach Ulceration der Aortenwand,
oder nach Blutungen aus venösen Gefässen (Lungenvenen, Hohlvenen,
varicöse Venen der Pleurawand). Auch kann Blut dadurch in die
Pleurahöhle gelangen, dass die Wand einer Lungenarterie zerreisst,
die durch eine in die Pleura perforirte Lungencaverne verläuft; oder
dadurch, dass bei Rippencaries die eine oder die andere Art. intercostalis arrodirt wird. — Penetrirende Brustwunden mit Contusion
der Lunge werden aber wohl die häufigste Ursache sein von Blutansammlungen im Thoraxraum. — Das rationellste Verfahren besteht
hier offenbar in der Eröffnung der Pleura und Wegschaffen des
Blutes unter antiseptischen Cautelen, womöglich mit directer Blutstillung, was jedoch nur selten ausführbar sein wird. (Umstechung
der Art. intercostalis, Unterbindung der Art. mammar. int.) — Blutergüsse in der Pleura sollen längere Zeit flüssig bleiben (Pentzoldt[19]).
Kleinere Mengen Blut werden von der Pleura nach den Versuchen
von Wintrich (l. c. p. 363) gänzlich resorbirt, selbst bei gleichzeitiger Anwesenheit von Luft im Thorax. — Dies ist für die Behandlung von Pleurastichen von besonderer Wichtigkeit, weil es uns
gestattet, falls die Verletzung unter nicht allzu ungünstigen Umständen geschehen, zunächst conservativ zu verfahren, die Wunde durch
eine Knopfnaht zu verschliessen und die betreffende Thoraxhälfte
ruhig zu stellen. Tritt aber Fieber ein und Zersetzung des in die
Pleura ergossenen Blutes, so darf mit der Ausräumung und Auswaschung der Pleura nicht gezögert werden. — Bei Blutungen aus
grossen Gefässen (Aorta) ist die Therapie machtlos. — Man wird
zur Punction schreiten, falls die Blutung sistirt, ohne dass der Blutverlust den Tod herbeigeführt hätte, und wo nunmehr die Grösse des
Blutergusses resp. des hinzugetretenen Pleuraexsudates das Leben
bedroht. — Beim Chylothorax wird die Punction nur vorübergehend nützen und die Wiederansammlung der Flüssigkeit nicht hindern können.

Als Eröffnungsweisen der Brusthöhle, um Flüssigkeiten zu ent-
leeren, ergeben sich: 1. die Operation durch Stich; 2. durch
Schnitt und 3. die nunmehr obsolete Methode der Anätzung der
Thoraxwand (empyème en plusieurs temps).

Die speciellen Indicationen der verschiedenen Methoden sind folgende:

Die Operation durch Stich, die Punction des Thorax haben wir auszuführen a) bei sero-fibrinösen Exsudaten und b) bei nicht umfangreichen, acut eitrigen Exsudaten.

Bei Flüssigkeitsansammlungen von sero-fibrinöser Beschaffenheit werden wir zu jeder Zeit operativ einzugreifen haben bei drohender Asphyxie. — Zweitens sind wir zur Punction berechtigt, wenn nach Ablauf des entzündlichen Stadium die Masse des Exsudates so gross erscheint, dass an eine Spontanresorption der Flüssigkeit nicht zu denken ist (s. o.). — In beiden Fällen muss die Entleerung langsam event. in verschiedenen Sitzungen und unter streng antiseptischen Cautelen ausgeführt werden. Nur so wird es gelingen, in den meisten Fällen den Eintritt entzündlicher Erscheinungen, die Gefahr eines Pyothorax zu hindern. — Letzterer Vorgang würde sich durch hochgradige Fiebersteigerung, in sehr heftig verlaufenden Fällen durch das Auftreten von Oedem der Weichtheile an der betreffenden Thoraxseite charakterisiren[20]), wie Aehnliches schon Hippokrates für das Auftreten eitriger Meningitiden kannte. Wäre aber durch Unterlassen oder Verfehlen antiseptischer Vorsichtsmaassregeln das Pleuraexsudat dem Eitrigwerden nahe, so würden wir zunächst strenge Antiphlogose (Eisumschläge, Kali nitricum, salinische Abführmittel) anzuwenden haben. — Ist das Exsudat eitrig geworden, so kommt die zweite der angeführten Indicationen für den Thoraxstich in Frage, aber nur probeweise. Einen Erfolg werden wir nur dann erzielen, wenn es gelingt durch einfache Punction oder durch Hinzunahme antiseptischer Ausspülungen den Eiter völlig zu entleeren. Die Spülflüssigkeit muss also schliesslich ganz rein ablaufen. Tritt eine Wiederansammlung ein, so haben wir die Pleurahöhle durch Schnitt zu eröffnen und zu drainiren.

Die Operation durch Schnitt, die Thoracotomie, hat aber im Allgemeinen stattzufinden: a) bei dem zum Durchbruch nach aussen tendirenden, abgekapselten Pleuraabscess (Empyema necessitatis). — Sodann b), wie wir schon gesehen haben, bei Empyemen, wo die probeweise Punction oder Aspiration missglückte. — Dann aber c) durchgehends bei allen Empyemen, wo entweder directe Erstickungsgefahr, oder wo sehr hohes Fieber vorliegt, oder wo nach Ablauf des acuten Stadium ein schleichendes hektisches Fieber (Pyaemia simplex chronica) sich entwickelt. — Wie wir noch weiter erörtern werden, ist neben strenger Antiseptik die ganz freie Ent-

leerung des citrigen Pleurainhalts die nothwendigste
Bedingung für den Erfolg des Thoraxschnittes.

Ehe wir zur näheren Beschreibung der operativen Maassnahmen
übergehen, müssen die Orte, an welchen der Thorax eröffnet werden darf, kurz aufgezählt werden.

Bei abgekapselten intra- oder periplcuritischen [21]) Exsudaten
wird sich der vorgewölbte Intercostalraum von selbst als der Opera-
tionsort ergeben, d. h. man wird die Höhle so zu eröffnen suchen,
dass eine möglichst freie Entleerung stattfinden könne. — Bei aus-
gedehnteren freien Ergüssen in den Pleuraraum müssen wir stets
in der Axillarlinie operiren, mit der Rücksicht, dass bei der
Wahl möglichst tief gelegener Intercosталräume rechts weniger
tief eingegangen werden darf als links, wegen des rechts
durch die Leber bedingten höheren Standes des Zwerchfells.

So operirten Sabatier, Boyer und Pelletan links zwischen
8.—9., rechts zwischen 7.—S. Rippe, während Chopart und Desault
noch tiefer, links zwischen 10.—11., rechts zwischen 9.—10. Rippe
eingehen wollten. — Man liess sich offenbar von dem Gedanken
leiten, dass man auf diese Weise den tiefsten Punkt der Pleurahöhle
treffe. Doch existiren über diese Verhältnisse noch keine genügenden topographischen Untersuchungen, welche zwar durch Einführung
der antiseptischen Wundbehandlung an Dringlichkeit verloren haben,
dennoch für die Fälle, wo man mit der Drainage antiseptische Ausspülungen verbinden muss, von grösster Wichtigkeit werden. Nach
den Empfehlungen von Traube, Kussmaul und Billroth [22])
wählen wir jetzt in der Axillarlinie beiderseits den fünften
Intercostalraum, im Nothfall die Grenzen zwischen der 4. und
6. Rippe festhaltend. — Dies entspricht auch dem gewiss rationellen
Rathe von Bardeleben [23]), vor allen Dingen die Grenze zwischen
Bauch und Thorax zu bestimmen und dann links 5 Cm., rechts 7 Cm.
oberhalb zu operiren.

Die Feststellung der Grenzen zwischen Bauch und Thorax in verschiedenen Körperlagen, die physikalische Untersuchung der Lunge
und des Circulationsapparates und vor allem der Verlauf der Fieber-
curve sind die Hauptmomente, welche Sie für die Würdigung eines
jeden einschlägigen Falles unumgänglich brauchen, um sich über die
Menge, die Beschaffenheit und das Wachsen des Pleuraexsudates ein
richtiges Urtheil zu verschaffen. — Unterlassen Sie niemals die
methodische Berücksichtigung aller genannten Momente, damit Ihr
operatives Vorgehen kein unsicheres oder Gefahr bringendes werde.
So z. B. giebt Ihnen die einfache Feststellung der Grenzen zwischen

Bauch und Brust durchaus keinen Aufschluss über die Menge des Exsudates, da trotz des gleichmässig nach allen Richtungen wirkenden
Flüssigkeitsdruckes die verschiedenen Wände der Thoraxhöhle eine
verschiedene Elasticität besitzen, daher in verschiedenem Grade mit
entsprechender Verdrängung der Nachbarorgane angespannt werden.

Uebergehend zu den Operationsmethoden im Speciellen,
haben wir zu erwähnen, dass für die Operation durch Stich (Punctio s. Paracentesis thoracis) stets das Bestreben vorhanden war unter
Luftabschluss zu operiren. So empfahl Henricus Bassius (s.
Sprengel's Geschichte der Chirurgie) bereits das Verziehen der
Hautwunde. Trousseau (l. c.), der nach dem Rathe Boyer's zwischen
7. und 8. Rippe (rechts) operiren wollte, machte den queren Hautschnitt am unteren Rande der achten Rippe und verzog die Wunde
bis zum oberen Rande derselben Rippe, um hier den Trocar einzu-
stossen. Der Trocarstich muss aber stets am oberen Rande der
Rippen geschehen, weil am unteren Rande der Rippen, d. h.
am oberen Saum eines jeden Intercostalraumes die in-
tercostalen Gefässe verlaufen.

Bei Verletzungen der Art. intercostalis hat man die Anwendung
von Compressorien empfohlen, durch welche das verletzte Arterienrohr an die Rippe angepresst werden sollte. Ein viel einfacheres
und wirklich wirksames Mittel ist aber die Umstechung von Rippe
und Gefässrohr mit einem entsprechend dicken antiseptischen Faden
zu beiden Seiten der Arterienwunde, wodurch das Gefässrohr an
die Rippe gedrückt wird. — Auch bei Blutungen aus verletzten In-
tercostalvenen, welche Blutungen wegen der blutansaugenden Wirkung der Rippenbewegungen (Venenpumpen, Ludwig-Dybkowsky
l. c.) sehr reichlich werden können, ist die zuletzt genannte Rippen-
umstechung das zuverlässigste Mittel.

Zur Punction bedienen wir uns durchgehends der Trocarröh-
ren, welche zum Einstechen, mit einem mehrkantig zugespitzten
Bolzen (Stilet) verstopft werden. Nach dem Einstich wird das Stilet
aus der Röhre herausgezogen und es kann nun die Flüssigkeit frei
nach aussen sich entleeren. — Um während der Entleerung einen
bei den Respirationsbewegungen möglichen Lufteintritt in die Pleurahöhle zu verhindern, was vor der antiseptischen Periode (Anwendung des Spray) von grosser Wichtigkeit war, hatte man verschiedene Vorrichtungen und Manipulationen erdacht.

Zunächst brachte man einen Hahn an der Canüle an. — Noch
einfacher war der Vorschlag, bei jeder forcirten Inspiration den
Finger auf die Oeffnung der Trocarcanüle aufzudrücken. — Schuh

liess einen kleinen Trog anfertigen in dessen einem Winkel am Boden
die Trocarcanüle eingelassen war, so dass deren Niveau stets unter
dem Spiegel der entleerten Flüssigkeit sich befand. — Auf demselben Princip basirt der Vorschlag Biermer's, die Mündung der
Canüle in eine Medicinflasche zu stecken, über deren Rand die
Pleuraflüssigkeit stetig überfliesst. — Nach demselben Princip ist
auch der T förmige Trocar von Thompson und Fräntzel (l. c.)
construirt. Während das Stilet in dem langen Schenkel luftdicht vor-
gestossen und zurückgeschoben werden kann, fliesst, aber erst nach
Zurückschieben des Stilets, der Pleurainhalt aus dem vorderen Theil
des langen Schenkels durch den kurzen Schenkel und einen an ihm
befestigten langen Gummischlauch in ein am Boden stehendes Gefäss,
das von vornherein mit einer gewissen Menge einer (antiseptischen)
Flüssigkeit gefüllt ist. Das freie Ende des Gummischlauches befindet
sich dauernd unter dem Niveau dieser Flüssigkeit. — Noch ist der
Vorschlag Reybard's als allgemein gekannt anzuführen, wo bei
forcirten Respirationen die Canüle nicht mit der Fingerspitze, sondern dadurch verlegt wird, dass man im Voraus über die Canüle
eine Fischblase (Condom) hinüberzieht, wo dann ein Theil der Blase
vorhangartig über die Canülenöffnung sich lagert und bei einer Druck-
verminderung im Thoraxinnern wie ein Segelventil angesogen wird.

Wie schon gesagt, hat die Gefahr des Lufteintritts in die Pleurahöhle bei Punctionen ihre Schrecken verloren, seitdem wir jede solche
Operation mit streng desinficirten Instrumenten und unter Anwendung
des Carbolspray ausführen. Die hierdurch erzielte Einfachheit des
Verfahrens lässt uns demselben entschieden den Vorrang einräumen
vor der Aspiration, selbst mit so vollkommenen Apparaten, wie sie
besonders von Diculafoy (l. c.) construirt worden sind.

Nach ausgeführter Punction müssen wir aber in consequenter
Weise in grosser Ausdehnung über die gut desinficirte Haut um die
Punctionsöffnung einen antiseptischen Compressionsverband anlegen
mit Einschaltung antiseptischer Schwämme, zur Aufnahme des manchmal aus der Punctionsöffnung noch reichlich nachsickernden Secretes.
— Nach der erfolgreichen Punction sero-fibrinöser Exsudate ohne
Wiederansammlung der Flüssigkeit muss die Hauptsorge darin bestehen, dass die Lunge bald wieder in normaler Weise zur Ausdehnung gelange, was neben guter Ernährung, durch eine kräftige Förderung der Respirationsbewegungen erzielt werden kann (gymnastische
Uebungen, Berge besteigen).

Bei den eitrigen Exsudaten, die wir nach dem Gesetze der
Abscesseröffnung zu entleeren und nachzubehandeln haben, kommt

es neben der Antiseptik vorzugsweise darauf an, dass, wie schon mehrfach bemerkt wurde, durch entsprechende Drainirung eine möglichst vollkommene und dauernde Evacuation des Eiters und der Spülflüssigkeiten bewirkt werde. Letzteren Bedingungen nachzukommen ist hauptsächlich schwierig aus zwei Gründen. Einmal weil, wie wir sahen, der tiefste Punkt der Eiterhöhle nur ungenau festzustellen ist. Anderntheils, weil die angelegte Thoraxfistel sehr leicht durch das Zusammenrücken der Rippen sich verengt. Dieses Zusammenrücken der Rippen ist aber bedingt durch das Schrumpfen der Wandungen der intrathoracischen Eiterhöhle.

Schon Hippokrates war dieser für die freie Eiterentleerung ungünstige Vorgang gut bekannt. Er empfahl desshalb das Einlegen von Wicken aus Flachs in die thoracotomische Wunde. Reybard bevorzugte nach Paré's Vorgange das directe Anbohren einer Rippe, um so eine starre, nicht comprimirbare Thoraxfistel zu erhalten.

Für uns sind es drei Maassnahmen, die für die Entleerung intrathoracischer Eiteransammlungen als wirksam in Frage kommen: erstens das Einlegen von genügend langen und genügend weiten Drainröhren in die Pleura, zweitens die Herstellung zweckmässiger Gegenöffnungen, um Durchspülungen machen zu können und drittens particelle subperiostale Resectionen von Stücken aus einer oder aus mehreren Rippen, wodurch in vorzüglichster Weise eine freie Entleerung des Eiters und somit auch eine rasche Verkleinerung der intrathoracischen Abscesshöhle erreicht wird.

Die Ausführung einer partiellen Rippenresection gestaltet sich sehr einfach. Man spaltet die Weichtheile und das Periost auf der Rippe, hebt mit dem Elevatorium ringsum den Periostmantel von der Rippe ab, schiebt das Elevatorium selbst zum Schutz zwischen die Rippe und die Pleurawand und durchkneift mit einer Knochenzange oder durchsägt mit der Stichsäge die Rippe an einer Stelle. Dann hebt man das eine durchsägte Rippenstück aus dem Periostmantel kräftig heraus und excidirt am besten mit der Knochenscheere von der Rippe den gewünschten Theil. Durch die subperiostale Excision vermeidet man die Verletzung der Intercostalgefässe am sichersten. — Dieselben werden sammt dem leeren Periostmantel des excidirten Knochenstücks umstochen und in der Mitte zwischen den beiden Ligaturen sammt den Intercostalmuskeln durchschnitten. So gewinnt man eine beliebig grosse Wunde in der Thoraxwand ohne jede Blutung.

Auch bei Ausführung von Rippenresectionen werden wir gleichzeitig antiseptische Ausspülungen der Pleurahöhle vornehmen können.

Zu diesem Zwecke hatte Pirogoff etwa 1—2 Proc. wässrige Mischungen von Jodtinctur empfohlen. — In neuester Zeit hat man sich vielfach mit Erfolg der verdünnten Carbolsäure bedient (10—20 auf 1000), die aber bei Kindern oder wo Symptome der Carbolsäurevergiftung eintreten, durch Salicylsäure- (1:500) oder Thymollösungen (1:1000) oder Sol. Kali hypermang. (1:500), selbst durch ¹/₂ Proc. Kochsalzlösungen (Fräntzel l. c. S. 149) zu ersetzen sein werden. — Das Hauptgewicht bei den Ausspülungen ist nicht nur auf die Verdrängung des Pleurainhalts, sondern auch auf die möglichst rasche und vollkommene Entleerung auch der Spülflüssigkeit gleich nach der Ausspülung zu legen, besonders bei Carbolsäurelösungen.

Die Nachbehandlung nach Anlegung einer Thoraxfistel hat ebenfalls zunächst auf eine gute Ernährung Rücksicht zu nehmen. Die Entleerung der bis dahin in der Pleurahöhle unter hohem Drucke angesammelt gewesenen Eitermassen sowie die Fürsorge, dass eine Wiederansammlung resp. Retention des Eiters nicht eintreten könne, werden aber dadurch am raschesten zur Hebung der Kräfte des Patienten beitragen, dass nunmehr die Resorption septischer, pyrogoner Stoffe auf ein Minimum beschränkt wird, dass somit das Fieber in Wegfall kommt, welches neben gestörter Nahrungsaufnahme und Nahrungsassimilation einen vermehrten Zerfall des Körpereiweisses unterhielt. — Zur Ausheilung der intrathoracischen Eiterhöhle wird es im Anfang der Ruhe und des Aufenthaltes in milden klimatischen Verhältnissen bedürfen, neben den ausführlich besprochenen Vorkehrungen für die Eiterentleerung. — Je günstiger alle diese Verhältnisse zusammentreffen, desto eher kann es zu einer Ausheilung der Thoraxfistel kommen. Allerdings nimmt dieselbe oft die Geduld des Patienten und des Arztes für lange Zeit in Anspruch. Sie tritt ein, falls die eitrige Pleuritis nicht auf tuberculösem Boden entstanden war, oder falls nicht secundär Tuberculose sich entwickelt hat. — In gewissen Fällen wäre noch der Versuch berechtigt, wenn der Schrumpfungsprocess der intrathoracischen Abscesshöhle einen Stillstand macht, durch Auskratzen der Höhle die Ausheilung anzuregen.

Ist die Thoraxfistel endlich geheilt, hat die Schrumpfung der Granulationen die durch ihre Elasticität collabirt gewesene Lunge an die Thoraxwand wieder herangezogen und so das Lungengewebe wieder entfaltet (Billroth l. c. S. 156), so kann man auch hier daran denken, durch entsprechende Respirationsübungen die Ausdehnung der Lunge zu befördern.

Flüssigkeits- und Luftansammlungen im Herzbeutel
werden viel seltner Veranlassung zu operativem Eingreifen geben, obwohl dieselben bei grosser Spannung die Thätigkeit des Herzens wesentlich stören können. Besonders gilt dies von Blutergüssen ins Pericardium, die bei spontanen Herzrupturen oder häufiger bei Traumen
des Herzens, bei Stich- und Schussverletzungen desselben vorkommen.
— Hydropische Ergüsse im Herzbeutel treten auf bei Nierenaffec-
tionen, aber meist mit Flüssigkeitsansammlungen in den Pleuren. —
Kommt hier der Erguss rasch zu Stande, oder ist ein anderes Mal
die Resorption eines chronisch entzündlichen Exsudates wegen ein-
getretener Veränderungen der Serosa unmöglich, so kann auch hier
die Druckerhöhung im Herzbeutelinhalt Störungen der ·Circulation
und secundär der Respiration bewirken. — Angst und Beklommen-
heit, dumpfer Druck und das Gefühl von Belastung in der Herz-
gegend, sind die Symptome, die sowohl durch Bewegungen, wie
durch horizontale Bettlage gesteigert werden. Die Herzaction ist unregelmässig, arythmisch, bald klein und schwindend, bald stürmisch
und heftig. Bei starker Anfüllung des Herzbeutels soll die Gegend
der dritten bis fünften Rippe hervorgewölbt sein; man fühlt auch
zuweilen eine Art von Fluctuation.

Die Entleerung pericarditischer Ergüsse ist nur statthaft, wenn
die physikalische Diagnose des Ergusses sowie dessen Umfang genau und sicher feststehen. — Dieffenbach (Oper. Chirurgie Bd. II.
S. 397) bevorzugt, allerdings für sehr grosse Ergüsse, das Verfahren
von Karawajew, der mit einem Trocar zwischen der fünften und
sechsten Rippe und zwar drei Finger breit nach links vom linken
Rand des Brustbeins durch den Intercostalraum ins Pericardium ein-
stach. — Roger[24]) befürwortet die Anwendung capillärer kleiner
Trocare und verbindet mit der Punction die Aspiration nach Dieulafoy. — Als Ort der Wahl gilt für Roger der 5. Intercostalraum in
der Parasternallinie oder ausserhalb derselben, je nach der Lage des
Spitzenstosses. — Dabei soll der Trocar nicht senkrecht auf die Herz-
oberfläche, sondern möglichst parallel derselben eingestochen werden,
also nach hinten und medianwärts. — Viel rationeller, weil die Uebersicht der Theile erleichternd, ist die Methode von Skjelderup[25]),
der empfahl, das Sternum zwischen der 5. und der 6. Rippe, an dem
Vereinigungspunkt des Knorpels der 5. Rippe mit dem Brustbein, zu
trepaniren und so den Herzbeutel freizulegen, den man nunmehr mit
voller Sicherheit mit Messer oder Trocar eröffnen kann. Scheinbar nur
ist dieser Eingriff verletzender als die directe Punction des Pericard.
Denn dieser Umstand käme bei der lebensrettenden Wichtigkeit der

Operation weniger in Frage, besonders heute, wo wir derartige Eingriffe niemals ohne antiseptische Maassregeln unternehmen werden. — Einzelne Fälle von Punction pericarditischer Exsudate, die wenigstens vorübergehend lebensrettend gewirkt haben und bei denen grosse Flüssigkeitsmengen entleert wurden, lassen sehr wohl die Deutung zu, dass man Flüssigkeitsergüsse der linken Pleura mit eröffnet und hierdurch eine Erleichterung geschafft habe.

Liegt der Flüssigkeitsansammlung im Herzbeutel Tuberculose zu Grunde oder ist die acute Pericarditis nur eine Begleiterscheinung einer infectiösen Endocarditis oder Myocarditis (bei Typhus, bei acutem Gelenkrheumatismus u. s. f.), oder einer durch Trauma veranlassten Entzündung des Herzfleisches, so werden wir durch die Punction wenig erreichen.

Eitrige Exsudate im Herzbeutel nehmen selten einen grösseren Umfang an und werden bei Sectionen an Sepsis, Puerperalfieber oder infectiöser Osteomyelitis Gestorbener gefunden als Theilerscheinung genannter allgemeiner Processe.

Ansammlungen von Blut finden sich bei Quetschungen des Herzens, am häufigsten bei directen Verletzungen desselben. In letzterem Falle kann auch ein Pneumopericardium entstehen. Doch hat man auch Luftansammlungen im Herzbeutel nach Verwachsung desselben mit dem Zwerchfell und Perforation eines Magengeschwürs durch das Zwerchfell in den Herzbeutel beobachtet (Fall von Rosenstirn [26]).

Nicht alle Verletzungen des Herzens sind tödtlich. Herzstiche hat man öfters heilen sehen und es liegen Beobachtungen vor, wo Kugeln im Herzfleisch eingekapselt sich fanden. Auch können Kugeln lange Zeit frei in einer Herzhöhle verweilen, ohne Störungen zu veranlassen, wie Solches durch Einbringen verschiedenartiger Fremdkörper (Glaskugeln, Glasröhrchen u. s. f.) ins rechte Herz durch die Vena jugul. auch experimentell leicht nachweisbar ist. — Bei Stichen wird die tödtliche Verblutung gehindert, wenn die Stiche schief eindringen, die Wunde durch Muskelwirkung verschlossen oder durch eine Art Klappenmechanismus verlegt wird. — Die Heilung von Herzwunden ist bis jetzt auf dem Wege der Narbenbildung beobachtet worden, wo die Narben mit dem Herzbeutel verwachsen können. — Kleine Ansammlungen von Blut oder Luft im Pericardium gelangen zur Resorption, wie wir es bereits für die Pleura betont haben. — Wir werden frische Herzverletzungen, besonders die Herzstiche, am besten durch die Nath, die ins Herz dringenden Schusswunden durch einen antiseptischen Druckverband schliessen und den weiteren Verlauf abwarten, wobei selbstverständlich absolute Ruhe des Patienten, eventuell ein Aderlass nöthig ist. — Eine Digitaluntersuchung der Wunde wäre nur angezeigt, wenn das stechende Instrument in der Wunde abgebrochen und desswegen von den Zeugen der Verletzung oder von dem Verletzten selbst nicht herausgezogen worden wäre. — Auch müsste der Fremdkörper leicht zu erreichen sein. — Das Suchen nach Projectilen ist nicht statthaft. — Für die Herzverletzungen gilt auch noch heute bei der Unsicherheit ihrer Diagnose Paré's Ausspruch: Je le pansais, Dieu l'a guéri.

Verwerflich erscheinen zwei verwandte Eingriffe oder absichtliche Stichverletzungen des Herzens, die man bei Herzstillstand zur Wiederanregung der Herzthätigkeit empfohlen hat; nämlich die Acupunctur und die Elektropunctur des Herzens.

Die Elektropunctur ist verwerflich, weil schwache Ströme den Herzmuskel nicht erregen, starke denselben definitiv lähmen können. — Die Acupunctur oder die Stichelung des Herzfleisches, um mechanisch Herzschläge auszulösen, ist verwerflich, weil ihr Erfolg unsicher ist und weil durch den Eingriff an sich tödtliche Verletzungen der Coronararterien des Herzens (mündliche Mittheilung eines Sectionsbefundes aus Breslau von Prof. Weigert) geschehen können. — An Stelle der Acupunctur sind die von uns bei der Autotransfusion erwähnten mechanischen Knetungen des Herzens durch die Thoraxwand hindurch, nach Böhm[27]), zu setzen. — Ihnen ist oft der Erfolg der sogenannten künstlichen Respiration nach Marshall Hall einzig zu verdanken, so besonders bei Chloroformasphyxie, abgesehen von der reichlicheren Blutzufuhr zum Herzen, welche gleichzeitig durch die Thoraxbewegungen befördert wird.

[1]) Itard, Sur le pneumothorax ou les congestions, qui se forment dans la poitrine. Thèse de Paris 1803. — [2]) Krause, Das Empyem und seine Heilung. Danzig 1843. — [3]) Schuh-Skoda, Ueber die Entleerung pleuritischer Exsudate. Oesterr. Jahrbücher 1841. 1842. 1843. — [4]) Wintrich, Krankheiten der Respirationsorgane. Erlangen 1854. — [5]) Roser, Zur Operation des Empyems. Archiv f. Heilkunde 1865. — [6]) Kussmaul, Sechszehn Beobachtungen von Thoracocentese bei Pleuritis u. s. f. Archiv f. klin. Med. Bd. IV. — [7]) Bartels, Ueber die operative Behandlung der entzündlichen Exsudate im Pleurasack. Archiv f. klin. Med. Bd. IV. S. 263. — [8]) Dieulafoy, Du diagnostic et du traitement des épanchements aigus et chroniques de la plèvre par aspiration. Bull. génér. de ther. 30. Juin 1872. — [9]) Lichtheim, Versuche über Lungenatelektase. Archiv f. experimentelle Pathologie. Bd. X. — [10]) Traube, Gesamm. Beiträge zur Pathologie und Physiologie. Bd. II und Derselbe, Symptome der Krankheiten des Respirations- und Circulationsapparates. Berlin 1867. S. 94. — [11]) Lichtheim, Die Störungen des Lungenkreislaufes und ihr Einfluss auf den Blutdruck. Habilit.-Schrift. Breslau 1876. — [12]) Welch, Zur Pathologie des Lungenödems. Virchow's Archiv. Bd. 72. Heft 3. — [13]) Trousseau, Bull. de l'academie de méd. 15. Avril 1846. — [14]) Fräntzel,

Krankheiten der Pleura. Ziemssen's Handb. d. sp. Path. u. Ther. Bd. IV. S. 117. —
¹⁵) Dybkowsky, Ueber Aufsaugung und Absonderung der Pleurawand. Aus der
physiol. Anstalt zu Leipzig. Berichte der kgl. sächs. Gesellschaft der Wissensch. zu
Leipzig. Bd. XVIII. 1666. S. 191 ff. — ¹⁶) Lichtheim, Ueber die operative Behandlung pleuritischer Exsudate. Volkmann's klin. Vorträge. No. 43. S. 16. —
¹⁷) Koenig, Lehrbuch. Bd. I. S. 612. — ¹⁸) Quincke, Ueber fetthaltige Exsudate.
Deutsches Archiv f. klin. Med. Bd. XVI. S. 121. Daselbst auch die Litteratur zusammengestellt. — ¹⁹) Pentzoldt, Verhalten von Blutergüssen in serösen Höhlen.
Deutsches Archiv f. klin. Med. Bd. XVIII. S. 542. — ²⁰) Piorry, De la percussion
médiate etc. Paris 1828. p. 55. — ²¹) Wunderlich, Ueber Peripleuritis. Archiv
f. Heilkunde 1861. Ferner: Billroth, v. Langenbeck's Archiv. Bd. II. Ferner:
Bartels, Ueber peripleuritische Abscesse. Deutsches Archiv f. klin. Med. Bd. XIII.
S. 21—43. — ²²) Billroth in Pitha-Billroth's Handbuch d. Chir. Bd. III. 2. Abth.
S. 152 u. ff. — ²³) Bardeleben, Lehrbuch etc. Bd. III. S. 633. — ²⁴) Roger, Bull.
de l'acad. de méd. 1875. No. 42 u. 43. — ²⁵) Skjelderup, Acta nova societatis
med. Hafniensis. T. I. Hafn. 1818. p. 130. — ²⁶) Timmers, Pneumopericardium.
Academisch-Proefschrift. Leiden 1879. — ²⁷) Böhm, Centralbl. f. med. Wissen-
schaften 1874. No. 21.

Elfte Vorlesung.

II. Freie und cystische Flüssigkeitsansammlungen und Retentionsgeschwülste im Bauchraum. — Indicationen für die Punction des Ascites. Orte der Punction. Operatives Verfahren. Differentialdiagnose gegenüber Ovarialtumoren. — Luftansammlungen im Bauchraum und im Darm. — Echinococcuscysten. In der Leber. Verschiedene Behandlungsmethoden. Hydronephrosen. Entstehung und Behandlung. — Ovarialcysten. Punction und deren Erfolge. — Solide Bauchtumoren. Blasenstich. Indicationen. Katheterismus posterior. Fremde Körper in der Urethra, deren Extraction. — Methoden des Blasenstiches. — Blasenverletzungen. Haematometra, Hydrometra.

III. Lebensgefährliche Beengung des Schädelraumes (s. unten).

Innerhalb des Abdomen haben wir Flüssigkeitsansammlungen zu unterscheiden, die entweder frei im Bauchraume vorkommen (Ascites), oder solche, die innerhalb pathologischer cystischer Räume sich finden (Echinococcen, hydronephrotische Säcke, Ovarialcysten), oder endlich solche, die innerhalb von Hohlorganen zur Entstehung von Retentionsgeschwülsten führen.

Flüssigkeitsansammlungen frei im Bauchraume kommen vor:

1. Bei chronischen Entzündungen des Bauchfells (Peritonitis chronica tuberculosa). Ist es hierbei zur Bildung von ausgedehnten Adhäsionen gekommen, so kann die Flüssigkeitsansammlung auch in einem Theile der Bauchhöhle abgesackt auftreten, worauf bei einem eventuellen operativen Eingriff, mit Rücksicht auf die Unterscheidung von cystischen intra-abdominellen Tumoren Bezug zu nehmen sein wird.

2. Bei allgemeiner Hydrämie, wie solche nach langwierigen Eiterungen, bei amyloiden Organveränderungen, in der Syphilis-Kachexie u. s. f. sich einzustellen pflegt.

3. Bei anormaler Harnsecretion im Verlaufe der chronischen Nephritis.

4. Als Folge von Stauung im Pfortadergebiete bei Krankheiten der Leber oder des Herzens.

5. Bei Geschwülsten des Bauchfells (Carcinose) und bei Tumoren, die den Pfortaderstamm comprimiren; ferner als Complication von Ovarialtumoren, sei es, dass der Ascites im Gefolge hinzugetretener entzündlicher Veränderungen des Bauchfells oder im Gefolge einer sich entwickelnden Kachexie auftritt.

Bei einfachen entzündlichen Processen des Bauchfells erscheint der flüssige Inhalt der Abdominalhöhle wasserklar, meist mit einem Stich ins Gelbliche oder Grünliche. Zuweilen finden wir auch schon ausgeschiedene Fibrinflocken, oder dieselben bilden sich beim Stehen der Flüssigkeit. Dieselbe enthält ferner durch Kochen fällbares Ei- weiss, kein Paralbumin. Eine Gerinnung der Flüssigkeit in toto tritt nicht ein, ebenso fehlt Fett (siehe die Ansammlung von Chylus und den sogenannten Hydrops adiposus im Abdomen. Quincke[1]) l. c.). Cylindrisches Epithel und Cholestearin werden im Gegensatze zu Ovarialcysten auch nicht vorgefunden (Waldeyer, Spiegel- berg[2]).

Die Indicationen für die Entleerung der frei im Bauchraume sich ansammelnden Flüssigkeitsmengen werden gegeben:

a) durch Behinderung der Respiration, indem das Zwerchfell stark gegen die Brusthöhle gedrängt wird und hierdurch eine hoch- gradige Dyspnoe sich entwickelt;

b) bei heftigen Schmerzen, wenn solche durch Druck auf den Sacralplexus oder den Solarplexus sich einstellen und

c) wenn die Flüssigkeitsansammlung eine Compression der Vena cava mit Oedem der unteren Extremitäten bedingt.

Die Orte, an welchen die Entleerung der Flüssigkeiten aus dem Bauche auszuführen ist, sind sehr mannigfach. Nach dem Vorgange von Hippokrates und Celsus punctirte man früher durch den Nabel, bis Dieffenbach das Unzweckmässige dieses Punctionsortes nachwies, weil erstens die Stichwunde nur langsam heilt und weil zweitens leicht secundäre Entzündungen von dieser Stelle ausgingen.

Die zweite Punctionsstelle liegt in der Linea alba, in der Mitte zwischen Nabel und Symphyse. Sie wird Paul von Aegina zu- geschrieben und ist eine in England bevorzugte Methode.

3. In dem Halbirungspunkt einer Linie zwischen Nabel und Spina ilei ant. sup., und zwar links bei Vergrösserung der Leber, rechts bei Vergrösserung der Milz (z. B. nach Intermittens). Dieser Methode gab man in Frankreich und Deutschland den Vorzug. Sie ist von Palfyn und Mouro empfohlen worden.

4. In dem Kreuzungspunkt zweier Linien, von denen die eine das Abdomen horizontal vom Nabel bis zur Wirbelsäule umkreist,

die andere senkrecht darauf gerichtet vom freien Rippenrand zur
Spina ilei ant. sup. gezogen wird.

5. Im linken Hypochondrium, nahe unter den letzten Rippen
(Scarpa), so beim Ascites Schwangerer, oder beim Vorhandensein
grosser Tumoren in der Regio hypogastrica. — Bei Schwangeren
folgt öfter Abort auf die Punction.

6. Im Scrotum (Ledran), wenn ein mit der Bauchhöhle com-
municirender Bruchsack vorhanden ist; hier entspricht der Punctions-
ort der tiefsten Stelle der mit Flüssigkeit gefüllten Höhle. — Und

7. durch die Vagina (Henkel) oder durch das Rectum (Mala-
carne). — Die beiden letzten Punctionsorte empfahl man ebenfalls,
von dem Gedanken geleitet, dass sie als die tiefsten, der Flüssigkeit
am vollständigsten den Abfluss gewähren würden. Beide Punctionsorte erscheinen jedoch verwerflich, weil von hier aus leicht jauchige
Processe auf das Peritoneum sich fortsetzen.

Zum Zweck einer Entleerung der frei in der Bauchhöhle vorhandenen Flüssigkeit müssen wir vor allem durch genaue Percussion
des Abdomen in sitzender und liegender Stellung und in Seitenlage
des Kranken, die Lage und das Verhältniss der Därme zur Flüssigkeit feststellen, damit nicht eine unbeabsichtigte Verletzung der
Darmschlingen stattfinde.

Ist der Ort der Punction bestimmt, so bringt man den Patienten
in halb sitzende Stellung, stellt noch einmal durch sorgfältige Percussion die Grenzen zwischen Darm und Flüssigkeit fest, macht an
dem Einstichsort eine kleine der Körperaxe parallele Incision durch
die häufig stark ödematöse Bauchhaut und stösst nun durch die Hautwunde den stets in der vollen Faust zu haltenden Trocar mit kräf-
tigem Ruck, und nicht etwa bohrend oder schraubend, in die Bauchhöhle. Rings um den Leib des Kranken oberhalb und unterhalb der
Punctionsstelle legt man lange Handtücher, deren am Rücken ge-
kreuzte Enden immer fester angezogen werden, um so allmählich
beim Entleeren der Flüssigkeit das Volumen der Bauchhöhle zu verkleinern.

Man thut gut, sowohl bei directem Einstich, als da, wo man
einen Hautschnitt zunächst angelegt hat, einen Parallelismus zwischen
Haut- und Bauchmuskelwunde dadurch zu vermeiden, dass man die
Haut verzieht.

Will man sicher sein vor dem Eintritt entzündlicher Erscheinungen nach der Punction des Ascites, so ist die strenge Durchführung antiseptischer Cautelen unerlässlich. Man wird auch hier die
Entleerung der Flüssigkeit unter der Oberfläche einer antiseptischen

Lösung stattfinden lassen. Dieselbe Idee liegt zu Grunde den Aspi-
ratorinstrumenten, wo die Bauchhöhlenflüssigkeit in einen desinficirten
luftleeren Raum hineingesogen werden soll (Traube, Péan). —
Ferner muss die Flüssigkeitsentleerung langsam unter steigen-
der Compression der Bauchwände vorgenommen werden, damit
nicht bei plötzlicher Druckentlastung Zerreissungen von intra-abdominellen Blutgefässen zu Stande kommen. — Verstopft sich die Canüle
z. B. durch Fibrinflocken, so wird man durch Einführen von entsprechend dicken und gebogenen Bolzen aus Metall den Ausfluss
wieder frei machen können. — Will man die Operation beenden, so
wird die Trocarcanüle rasch herausgezogen und man legt am besten
einen fest anschliessenden Verband an, mit Einschaltung von antiseptischen Schwämmen zur Compression. Die Anwendung des Spray
ist auch hier, wie bei jeder Punction von Körperhöhlen (Thorax,
Abdomen, Gelenke) oder von pathologischen Cystenräumen zu empfehlen. — Nach der Operation ist volle Bettruhe erforderlich. —
Früher empfahl man auch die Injection von Jodlösungen in die Bauchhöhle (Leriche, Oré, Boinet).

Haben wir es mit abgesackten Flüssigkeiten in der Bauchhöhle
zu thun, so ist stets an die Möglichkeit einer Verwechslung mit einem
Ovarialtumor zu denken. Eine genaue Palpation und Percussion des
Abdomen nebst Zuhilfenahme der combinirten Untersuchung per rectum und per vaginam werden zusammen mit der chemischen und mit
der mikroskopischen Untersuchung der durch einen Probestich zu
entleerenden Flüssigkeit (vgl. die Specialwerke von Spencer Wells,
Spiegelberg, Olshausen), die Differentialdiagnose erleichtern. —
Wichtig ist auch die sofortige palpatorische Untersuchung nach Entleerung der Flüssigkeit. — Trotzdem sind bis jetzt Irrthümer in der
Diagnose selbst von den erfahrensten Specialisten begangen worden
und können in Zukunft nur dadurch seltener sich ereignen, weil man
sich unter dem Schutze der Antiseptik öfter zu einem Probeschnitt
des Abdomen an Stelle des einfachen Probestiches entschliessen wird.

Luftansammlungen im Bauchraum (Tympanites peritonealis)
kommen meist vor nach Austritt von Darmgasen, bei Darmperfora-
tion in die Bauchhöhle, seltener nach Durchbruch von Lungenabs-
cessen ins Peritoneum, nach vorgängiger Verlöthung der Lunge mit
dem Zwerchfell. — Die Punction kann in solchen Fällen, wo sich
gewöhnlich eine foudroyante, diffuse, septische Peritonitis bereits entwickelt hat, nur eine Erleichterung der Respiration schaffen; lebensrettend zu wirken wird sie nicht im Stande sein. — König (Handb.
II. Theil. S. 50) regt die Frage an, ob in solchen verzweifelten Fällen

die Eröffnung der Bauchhöhle durch Schnitt, etwa an zwei Stellen, mit nachfolgender desinficirender Irrigation nicht am Platze wäre.

Von der Punction bei Tympanites der Därme (bereits von Mothe empfohlen) ist auch nur eine subjective Erleichterung für den Kranken zu erwarten. Man wird sich ganz feiner Trocare bedienen müssen, damit kein Darminhalt in die Bauchhöhle austrete. Lebensrettend kann auch hier nur ein Eingriff wirken, der direct gegen die primäre Ursache der Gasansammlung, d. h. gegen die Brucheinklemmung, gegen eine intraabdominelle Verlegung des Darmrohres u. s. f. sich wendet. — —

Die Echinococcencysten, besonders der Leber, sind bisher in verschiedenster Weise behandelt worden. Sie geben bei raschem Wachsthum ähnliche Beschwerden wie die freie Ascitesflüssigkeit.

Die älteste Methode und diejenige, welche in Island, einer der Hauptzüchtungsstätten der Echinococcen, fast ausschliesslich geübt wurde, ist die Methode der Aetzung, am häufigsten mit Chlorzinkpaste oder Aetzkali (Récamier, Finsen[3]). — Diese Methode ist sehr schmerzhaft und sehr langwierig, indem der Aetzschorf erst nach Wochen die Parasitenblase zur Eröffnung bringt.

Die zweite Methode ist die der einfachen Punction mit oder ohne Injection von Jodlösungen in die Echinococcusblase. Schon nach einfacher Punction hat man öfters ein Schrumpfen der Blase und ein Absterben des Wurmes beobachtet. — Das Missliche der einfachen Punction liegt aber darin, dass hier zuweilen Flüssigkeit aus dem angestochenen-Echinococcussack frei in die Bauchhöhle gelangt. Im besten Falle, wenn die Echinococcusflüssigkeit klar und unzersetzt ist, kommt es, wie beim spontanen Bersten von Echinococcussäcken, zur Aussaat von Entozoënkeimen in die Bauchhöhle. War der Flüssigkeit Eiter beigemengt, so wird eine diffuse septische Peritonitis entstehen.

Aus diesem Grunde gebührt, will man die Entleerung des Cysteninhalts durch Stich vornehmen, der Methode der Doppelpunction nach Simon[4]) der Vorzug. Hier sollen durch mechanischen Reiz, wie sonst durch das Aetzmittel, zunächst Adhäsionen zwischen Cystenwand, resp. Oberfläche der Leber, und Bauchwand hergestellt werden, ehe man zur Eröffnung des Cystenbalges schreitet. — Zu dem Zwecke werden zwei lange und dünne (Probe-) Trocare in den Cystenbalg gestossen, die Stilette entfernt und nach Entleerung einer gewissen Quantität der Flüssigkeit die Oeffnungen der Trocarcanülen mit Carbolwachs verstopft. Die Canülen bleiben, von einem antiseptischen Verbande bedeckt, bis zu acht Tagen liegen, wodurch die

Bildung von Adhäsionen um die Stichöffnungen herum beabsichtigt
wird. Glaubt man, dass letztere fest und genug ausgebreitet sind,
so incidirt man die Bauchdecken vorsichtig zwischen den einzelnen
Canülen bis auf den Cystenbalg und eröffnet letzteren ebenfalls mit
einem breiten Schnitt.

Die Bildung von Adhäsionen hat unter dem Schutze strenger
Antiseptik Volkmann[5]) nach dem Beispiel der Methode von Bégin
für Eröffnung von Leberabscessen und derjenigen von Costallat
für die Colotomie, resp. für die Enterotomie, in der Weise erzielt,
dass er die Bauchdecken direct bis auf die Oberfläche der Leber,
resp. bis auf den Echinococcussack spaltete und zunächst nach Aus-
füllung des Schlitzes in der Bauchwand mit zusammengedrückter
Lister'scher Gaze (Krüllgaze), einen antiseptischen Compressionsverband anlegte. Der eingepresste antiseptische Verbandstoff wirkt
reizend in ähnlicher Weise, wie die Trocarcanülen bei der Methode
Simon's. — Sind auch hier die Adhäsionen resistent genug, so wird
zur Incision des Cystenbalges, zur Ausspülung der Höhle mit antiseptischen Lösungen und zum Einlegen eines dicken Drainrohres
geschritten, durch welches eventuell selbst grössere Tochterblasen
passiren können.

König (l. c. S. 59) hält es für sicherer, zunächst das Peritoneum
nicht mit zu eröffnen, sondern die Bauchdecken blos bis auf dasselbe
zu spalten und erst nach Bildung von Adhäsionen in der zweiten
Sitzung mit den oberflächlichen Leberschichten, resp. dem Cystenbalg, die Serosa parietalis mit zu durchschneiden.

Die Hydronephrosen sind in das Gebiet der operativen Chirurgie eigentlich erst seit der antiseptischen Wundbehandlung ein-
gerückt. — Ihr Entstehen verdanken sie der Harnstauung, wie solche
bei Steinbildung im Nierenbecken vorkommt. — Eine weitere Ursache dieser Stauung ist in Klappen am Ostium pelvicum der Ure-
teren angenommen worden, welche Klappen entweder angeboren
(Wölfler[6]), Englisch) oder secundär gebildet vorkommen sollen
(Baum, Simon).

Ehe man zur operativen Behandlung schreitet, ist es wichtig,
von der Functionsfähigkeit der anderen Niere durch Bestimmung der
festen Harnbestandtheile sich zu überzeugen. — Ist der Inhalt des
hydronephrotischen Sackes klar und unzersetzt, die Geschwulst nicht
allzugross, so punctire man und spritze Jodlösungen ein. — Bei Pyo-
nephrosen hat man die Ausführung der Doppelpunction vorgeschlagen,
wie bei Leberechinococcen. —

In einzelnen Fällen eröffnete man sogleich die Bauchhöhle und versuchte nach vorheriger Punction den Cystensack zu exstirpiren; oder, falls solches unausführbar, wenigstens zu obliteriren durch Spalten des Sackes, durch Einnähen der Cystenwand in die Bauchwunde und Drainage. —
Echinococcen der Nieren (auch solche der Milz, des Netzes, des Cavum Douglasii u. s. f.) sind nach den bei den Leberechinococcen besprochenen Grundsätzen zu behandeln.

In Bezug auf die Ovarialcysten, deren specielle Behandlung an diesem Orte nicht ausführlich besprochen werden kann, haben wir hier nur anzuführen, dass die Punction derselben blos bei directer Lebensgefahr (hochgradige Athemnoth, Compression der Vena cava mit Oedemen der unteren Extremitäten, Anurie, Incarcerationserscheinungen, Ileus, Gefahr der Ruptur der Cyste, bei gleichzeitiger Schwangerschaft) ausgeführt werden soll. Nach Beseitigung der Lebensgefahr schreite man dann baldmöglichst zur Ovariotomie. Eine Radicalheilung durch die Punction ist nur bei uniloculären Cysten (Hydrops der Ovarialfollikel und Parovarialcysten) in einzelnen Fällen erzielt worden (Schatz [1]). — Bei multiloculären Ovarialtumoren überhaupt ist, mit Ausnahme der directen Lebensgefahr, die Punction der Geschwulst nur auszuführen zu diagnostischen Zwecken vor der Operation (s. o. Ascites); oder während derselben, zur Verkleinerung des Tumors. — Schwangere vertragen palliative Punctionen von Ovarialcysten meistens ohne weitere Störungen.
Wie zur Behandlung von Ovarialtumoren, so ist auch bei anderen rasch wachsenden soliden Tumoren in der Bauchhöhle (Tumoren des Uterus, des Netzes, der Milz u. dergl.), ebenso bei Uterusrupturen mit Austritt des Kindes in die Bauchhöhle, die Eröffnung des Abdomen (die Laparotomie) auszuführen, sei es zu blos diagnostischen Zwecken (Probeincision), oder zur totalen Entfernung der fremden Theile (Geschwülste, Foetus mit Placenta u. s. f.) aus dem Bauchraum. — Verursacht das Volumen der Geschwülste durch rasche Vergrösserung die bei den Ovarialtumoren angeführten bedrohlichen Functionsstörungen, so wird die Entfernung der Tumoren mit zu den direct lebensrettenden Eingriffen gerechnet werden müssen.

Der Blasenstich, Punctio vesicae, dient zur Entleerung des Urins aus der Blase, falls der natürliche Weg für die Harnentleerung in irgend einer Weise verlegt ist. — In früherer Zeit hat man häufiger

den Blasenstich ausgeführt, so bei jeder Harnröhrenverengerung, sobald die Einführung eines Katheters nicht sofort gelang. Heute, bei
Vervollkommnung der Technik des Katheterismus, als auch nach
weiteren Fortschritten in der Behandlung der Harnröhrenstricturen,
sind für den Blasenstich folgende Indicationen übrig geblieben:

1. Bei plötzlicher Harnverhaltung mit Gefahr der Blasenruptur,
bei entzündlichen Schwellungen der Prostata, wenn z. B. beim Katheterismus falsche Wege in die Drüse oder in deren Umgebung gestossen worden sind. — Bei der acuten Harnverhaltung nach Zerquetschungen der Harnröhre werden wir nur dann zur Hebung der
Beschwerden der Harnretention durch den Blasenstich schreiten,
wenn nach sofortiger Freilegung und Spaltung des verletzten Harn-
röhrenabschnittes vom Damme aus, das Einlegen eines Verweil-Kathe-
ters in die Blase sich nicht ausführen lässt. — Für diese Fälle, wo
also das centrale Harnröhrenstück nicht ausfindig zu machen ist,
nahm R. Volkmann[*), nach dem Vorgange von Hunter, Verguin
und Brainard, den nach Letzterem benannten Katheterismus
posterior zu Hilfe. Es wird hierbei in die etwas hoch über der
Symphyse in der Linea alba anzulegende Punctionsöffnung in der
Blase, durch die eingestossene Trocarcanüle ein dünner, elastischer,
mit einem gekrümmten Mandrin versehener Katheter von dem Orificium vesicale urethrae in die Pars membranacea vorgeschoben bis
zur Spaltungswunde der zerquetschten oder der stricturirten Partie.
— Man befestigt nunmehr ein Fadenende an die vorgestossene Spitze
des Katheters in der Wunde, fixirt am anderen Fadenende den
Schnabel eines Nélaton'schen Katheters und zieht den Schnabel
in das Blasenlumen nach. — Durch einen zweiten in das Orificium
cutaneum urethrae bis zur Wunde eingeschobenen Katheter kann
jetzt das Griffende des Katheter à la Nélaton durch die Pars pen-
dula urethrae und den Harnröhrenspalt nach vorne herausgezogen
werden. Ist durch Abfliessen des Harns durch die Wunde die Blase
entleert, so kann man genöthigt sein, an Stelle der einfachen Punction
den Blasenschnitt im Hypogastrium (Sectio alta) zu machen, um den
Katheterismus posterior zu ermöglichen. — Nach Einbringen des
Katheters von der Bauchwunde aus in die Blasenöffnung der Urethra,
kann die in die Blase vom Bauch aus eingelegte Trocarcanüle gänzlich entfernt werden, was um so ungefährlicher erscheint, wenn es
vorher möglich war, durch mehr- (6—10-) tägiges Einliegen der Canüle die Bildung einer Blasenbauchwandfistel abzuwarten. — Auch
für die Schussverletzungen der Urethra in der Kriegspraxis wird der
Katheterismus posterior empfohlen. —

Auch Fremdkörper können das Lumen der Urethra vollständig verlegen, so dass eine vollständige Harnverhaltung eintritt. —
Solche Fremdkörper gelangen entweder von der Blase herab in
die Harnröhre und klemmen sich hier ein (Nierensteine, kleine Blasen-
steine, Steinfragmente nach Lithotripsie) oder sie sind von aussen
bei Masturbation eingeführt (Kieselsteine, Nadeln, Holzstifte, Blei-
stifte, Strohhalme, Kornähren, Fruchtkerne) oder sie stellen bei
chirurgischen Eingriffen eingeführte und in der Urethra abgebrochene
Instrumententheile vor (Katheter, Bougies u. s. f.). — Die Entfernung
der Fremdkörper ist indicirt einmal wegen der sofortigen Harnverhaltung; dann aber weil die Einklemmung des Fremdkörpers eine
Entzündung und Schwellung der Harnröhrenwand zur Folge haben
kann mit secundärer Harnverhaltung, und weil fernerhin nur durch
Eiterung, Ulceration und Perforation der Umgebung, die Entfernung
des Fremdkörpers sich vollzieht. — Fremdkörper, die dicht hinter
dem cutanen Harnröhrenspalt sitzen, etwa in der Fossa navicularis,
lassen sich, wenn sie nicht durch einfachen Druck nach aussen zu
befördern sind, mit Kornzangen und Pincetten fassen oder mit löffel-
artigen Hebeln herauswerfen. Im Nothfall könnte man den cutanen
Harnröhrenspalt durch einen Einschnitt, nach oben oder nach unten,
etwas erweitern. Tiefer hineingeschlüpfte Fremdkörper lassen sich,
wenn sie rundliche Form haben, mit der Curette articulée nach
Leroy d'Etiolles herausbefördern, indem man mit dem aufklapp-
baren Ende des Instrumentes zunächst hinter den Körper d. h. nach
der Blase zu an demselben vorbeizukommen sucht, dann dieses voran-
gehende Ende durch eine am Griff angebrachte Schraubenvorrichtung
in einem rechten Winkel zur Längsaxe des Instrumentes aufhebt und
so den jetzt vor dem hinaufgeklappten Theil liegenden Fremdkörper
nach aussen herausschiebt. — Für längliche Körper (Stifte, Katheter-
stücke u. s. f.) sind lange feine Zangen (nach Colin z. B.) und den
früher als Steinzertrümmerer benutzten Bilaben und Trilaben nach-
gebildete Fassinstrumente angegeben, bei welchen die gekrümmten
Fassarme in ein Rohr hinein und aus demselben geschoben werden
können. (Zange nach Hales und Hunter.) — Beim Fassen der
Fremdkörper muss die linke Hand von der Peniswurzel her dieselben dem Instrumente entgegendrängen. — Eine Nadel, die mit
dem Knopf nach der Blase, mit der Spitze nach vorne lag, extra-
hirte Dieffenbach dadurch, dass er vom Mastdarm aus einen Druck
auf den Nadelkopf ausübend, die Spitze am Perineum von innen
nach aussen durchstiess und dort die Nadel mit einer Zange extrahiren konnte. ")

10*

Zweitens ist der Blasenstich indicirt bei chronischen Prostata-
schwellungen, wo durch eine neue entzündliche Volumenzunahme
der Drüse eine absolute Impermeabilität der Harnröhre zu Stande
kommt. Da durch die rapide Vermehrung des Blaseninhaltes eine
Stauung im Plexus venosus pudendus erzeugt wird, so bewirkt die
Entleerung der Blase durch den Blasenstich eine rasche und oft
längere Zeit andauernde Abschwellung der Drüse durch Abnahme
ihres Blutgehaltes.

In ähnlicher Weise wirkt der Blasenstich drittens bei Becken-
geschwülsten, welche die Pars prostatica urethrae comprimiren. —
Auch hier kann dadurch, dass der Blaseninhalt entleert wird, die
Blutstauung gehoben und die venöse Blutfülle der Geschwülste herab-
gemindert werden, so dass der Harnstrahl durch die Urethra sich
wieder herstellt.

Von den Methoden für den Blasenstich dürfen wir nur eine,
die Punctio hypogastrica befürworten. Wir erwähnen die anderen Methoden im Voraus, nur um sie nicht ungenannt zu lassen.

So zuerst die Punctio perinealis, wo man auf demselben Wege,
wie beim Seitensteinschnitt, mit oder ohne vorherige Spaltung der
Haut den Trocar in die Blase stossen wollte. Der Eingriff ist, weil
eine beträchtliche Verletzung setzend, nicht zu empfehlen.

Der Blasenstich vom Mastdarm aus ist ebenso verwerflich, einmal weil das Einlegen einer Canüle in Permanenz unmöglich erscheint, zweitens aber, weil die Ausführung der Operation bei starken
Schwellungen der Prostata mit übergrossen Schwierigkeiten verbunden erscheint und die Möglichkeit einer Mitverletzung des Bauchfells nicht ausschliesst. — Bei Weibern hatte man ferner die Punction der Blase durch die vordere Vaginalwand vorgeschlagen; doch
liegt das Bedenken vor, dass eine Blasenscheidenfistel zurückbleiben
könnte, die erst auf operativem Wege zum Verschluss zu bringen
wäre. — Endlich haben wir die von Voillemier empfohlene Punctio
subpubica zu erwähnen. Hierbei soll der Penis stark nach abwärts
gezogen und der Trocar seitlich in das Lig. sup. penis eingestochen
und scharf um die Symphyse herum in die Blase geführt werden.

Die sicherste und bequemste Methode bleibt der Blasenstich
oberhalb der Symphyse. Eine Verletzung des Bauchfells wird
hier darum nur selten vorkommen, weil, sei es durch die geschwollene
Prostata oder durch Geschwülste im Becken, welche den Blasenhals
comprimiren, die Blase empor und gegen die Regio suprapubica gedrängt und damit das Peritoneum emporgehoben wird. — Diese Verhältnisse ergeben sich am klarsten aus den experimentellen Unter-

suchungen von Braune und Garson[16]) über die Dislocation der Harnblase und des Peritoneum bei Ausdehnung des Rectum. — Wir können jedesmal die angeführte Empordrängung der Harnblase und das Zurückschieben des Peritoneum bewirken, wenn wir durch eine dem Kolpeurynter ähnliche Vorrichtung, die wir mit Luft oder Wasser füllen, das Rectum hochgradig ausdehnen.

Am besten führt man die Operation so aus, dass zunächst eine kleine Incision über der Symphyse in der Linea alba durch die gut rasirte Haut und sodann zwischen die Muskeln geführt wird. — Hierauf stösst man einen halbkreisförmig gekrümmten Trocar (Mery, Frère-Cosme) durch die Wunde, und zwar ein bis zwei Centimeter oberhalb der Symphyse in die Harnblase.

Nach Ausziehen des Stilets wird die Canüle während 6 bis 10 Tagen dauernd liegen gelassen, wobei sich rasch eine Blasenbauchwandfistel bildet. Das Herausnehmen der Canüle aus der Fistel ist erst dann gestattet, wenn der Strahl durch die Urethra ganz wieder hergestellt ist. — Die Blasenbauchwandfistel heilt nach Herausnahme der Canüle sehr rasch, in ähnlicher Weise, wie wir solches bei den tracheotomischen Wunden kennen gelernt haben. — Damit der in der Blase liegende Rand der Canüle die Blasenwand nicht reize, hat Bell ein katheterförmig abgerundetes Röhrchen angegeben, welches in die Canüle geschoben werden soll, um deren Blasenende zu decken. — Um eine eventuelle zeitweise Herausnahme der Canüle aus der Blase zu ermöglichen, muss man zunächst einen entsprechend gekrümmten Leitungsstab (Zang's Docke) durch die Canüle in die Blase schieben, über welchen die Canüle heraus und wieder hinein geschoben werden kann. — Die Fixation der Canüle des Blasentrocars in der Bauchwunde geschieht so, dass man an ihr Schild Fäden anknüpft und diese Fäden entweder durch Heftpflaster am Bauche befestigt oder durch Ligaturen mit Büscheln von Schamhaaren zusammenbindet, wie in ganz derselben Weise auch die Fixation eines Verweilkatheters geschehen kann (Thompson).

Das Anlegen eines antiseptischen Verbandes wird man selbstverständlich unterlassen; doch empfiehlt es sich, zwischen Bauchhaut und Schild der Blasencanüle ein Stück mit 2—3 Proc. Carbolvaseline bestrichenen Verbandstoffes (Lint) mehrmals am Tage zu schieben. Auch verstopft man die Mündung der Canüle mit einem kleinen Pfropf aus Carbolwachs, so dass die Harnentleerung nur in gewissen Zwischenräumen vorgenommen werden kann; oder man lässt den Urin durch ein angesetztes langes Gummirohr dauernd in ein Gefäss mit Carbolsäurelösung, das am Boden steht, abfliessen. —

Selbstverständlich hat der Patient bis zur Herausnahme der Canüle aus der Bauchwand das Bett zu hüten. — Verletzungen der Harnblase kommen durch stumpfe Körper zu Stande, auf welche Patienten, sei es vom Mastdarm oder vom Perineum aus, sich aufspiessen, dann bei Zertrümmerungen der Beckenknochen und am häufigsten durch Schusswaffen, seltener durch Lanzenstiche und abgeschossene Pfeile. Die Verletzungen sind intraperitoneal in etwa ein Viertel der Fälle, viel häufiger extraperitoneal. Sehr oft combiniren sich mit Traumen der Harnblase, wie erwähnt, Beckenverletzungen und solche des Mastdarms. Bartels[11]) fand unter 504 Fällen 74 gleichzeitige Läsionen des Mastdarmes und 196 Fälle von gleichzeitiger Verletzung der Beckenknochen. — Die Schussverletzungen sind gewöhnlich durchgehende, indem die Kugel die Blasenwand an zwei Stellen durchbohrt. Selten bleibt die Kugel, so bei extraperitonealen Verletzungen, gleich in der vorderen Wand der Blase stecken, noch seltener hat man sie die vordere Wand durchbohren gesehen und in der hinteren Wand eingebettet gefunden.[12]) Hier kann sie Jahre lang unbemerkt sitzen bleiben, bis man durch sich einstellende Steinbeschwerden auf den Fremdkörper aufmerksam wird. Dasselbe gilt von eingedrungenen Holzstiften, Pfeilspitzen, abgesprengten Stücken der Beckenknochen u. s. f.

Intraperitoneale Blasenverletzungen sind bisher meist tödtlich verlaufen. Nicht dass der Erguss von Urin ins Abdomen das direct tödtliche Moment abgegeben hätte. Unzersetzter Urin wird in gewissen Mengen von der Peritonealhöhle aus ohne Schaden resorbirt.*) Aber die Complicirtheit der Blasenverletzung bringt meist eine Zersetzung des Urins mit sich und somit die Ursache für das Auftreten einer tödtlichen diffusen septischen Peritonitis, mag die Blasenwand direct verletzt sein oder mag deren peritonealer Ueberzug nur gestreift worden sein. Sobald die gequetschte Serosafläche nekrotisirt, dringen, wenn auch später wie im ersteren Falle, die Infectionsträger ohne Hinderniss in die Bauchhöhle. —

Von den von Bartels (l. c.) zusammengestellten intraperito-

---

*) Auch unzersetzte Galle wirkt selbst in grösseren Mengen nicht störend innerhalb der Peritonealhöhle. Vergl. die Verhandl. d. deutschen Gesellschaft f. Chirurgie. VIII. Congress. 4. Sitzung am 19. April 1879. S. 120. — Bostroem unterband einem Hunde den Ductus choledochus unter antiseptischen Cautelen. Nach voller Heilung wurde die Bauchhöhle in Reg. hypochondr. dextra eröffnet und ein Theil der Wand der Gallenblase excidirt, wobei sich die Bauchhöhle mit der in der Gallenblase angestaut gewesenen Galle vollständig füllte. Naht der Bauchwand. Das Thier überlebte den Eingriff ohne Reaction. Tödtung nach acht Tagen. Weder Galle noch Gallenfarbstoff in der Bauchhöhle.

nealen Harnblasenverletzungen (131 Fälle von 501 Fällen der Ge-
sammtstatistik) sind alle tödtlich verlaufen mit Ausnahme eines einzigen, wo durch Laparotomie und Ausspülung der Bauchhöhle Heilung erzielt wurde. — Dies giebt uns den Fingerzeig, dass, sobald
bei einem sicher constatirten Blasenschuss (blutiger Urin, Ausfluss von
Urin aus der Wunde) die Erscheinungen einer Peritonitis auftreten,
wir zur Laparotomie, zur Desinfection der Bauchhöhle und womöglich
zur Vernähung der Blasenwunde nebst Einlegen eines Verweilkatheters durch die Harnröhre in die Blase zu schreiten haben. Bei der
Blasennaht ist nach den Versuchen von Maximow [13] sowohl, als
auch nach den so häufig unglücklich verlaufenen Fällen, wo man
die Nähte durch die ganze Dicke der Blasenwand gelegt hatte, an-
zurathen, die Nähte ohne Mitfassen der Schleimhaut durch-
zuführen. Die Nähte müssen sehr dicht gelegt werden.

Hat keine Eröffnung der Bauchhöhle stattgefunden, so kommt
es bei den sonstigen Blasenverletzungen darauf an, die Stagnation
und die Zersetzung des Urins in der Blase und in den mit ihr com-
municirenden Wunden zu verhindern. Maas [14] empfiehlt das Darreichen von grossen Dosen von Salicylsäure (10 bis 12 Grm. pro die).
Die Stagnation des Urins wird durch das Einlegen eines Verweilkatheters durch die Urethra nicht ganz umgangen. Man muss hierzu
enge Wundcanäle spalten oder durch einen ergiebigen Perineal-
schnitt dem Urin ganz ungehinderten Abfluss verschaffen. — Bei
Schussverletzungen der Blase, die in den Mastdarm perforiren und
wo der Urin in dem Mastdarm sich anstauen könnte, würde man
im obigen Sinne, nach dem Vorgange Simon's, den Sphincter ani
durchschneiden. — Der Fall von Simon aus dem Jahre 1870 gelangte auf diese Weise zu relativ rascher Heilung (Maas l. c.).

Ansammlungen von Flüssigkeiten innerhalb der Gebärmutter kommen vor bei congenitaler Atresie des Muttermundes,
oder wenn letzterer durch Verwachsungen verschlossen wird, in Folge
von entzündlichen Processen (auch nach unvorsichtigen Aetzungen),
und wo die Stenose in verschieden hohem Grade, bald am inneren und
noch häufiger am äusseren Muttermunde sich vorfindet. — Handelt
es sich nicht blos um eine Verengerung des Cervix uteri, sondern
um eine ausgedehnte feste Obliteration, so wird das Menstrualblut
innerhalb der Uterushöhle sich ansammeln, eindicken, bei einer jeden
neuen Blutung aber die Gebärmutter und die Tuben immer mehr
ausdehnen, selbst mit Gefahr des Platzens und der Entleerung des
Inhaltes in die Bauchhöhle. Die so entstandene Hämatometra

bereitet auch sonst den Patienten unsägliche und periodisch sich steigernde, wehenartige Schmerzen und anderweitige Beschwerden. Auch kommt es zu peritonitischen Entzündungen in der Umgebung der Gebärmutter, welche einzelne Theile derselben oder der Tuben fixiren. Dies ist besonders wichtig. —

Die Behandlung der Hämatometra besteht in der Punction der Gebärmutter von der Scheide aus, mit einem gekrümmten Trocar, am besten durch den obliterirten Muttermund hindurch, falls derselbe zu erreichen ist. — Dies wird namentlich zu berücksichtigen sein bei sog. einseitiger Hämatometra, d. h. bei Retention von Menstrualblut in einem Uterushorn bei Duplicität der Gebärmutter. — Der Verschluss des Uterushornes kann als Folge auftreten 1. der Atresia hymenalis der zugehörigen Scheide, 2. der Atresie des Uterushornes selbst und 3. beim Fehlen der betreffenden einen Scheide ganz oder theilweise, so dass dieselbe über dem Introitus vaginae oder noch höher hinauf blind endigt.

Die Punction hat langsam zu geschehen, am besten in mehreren Sitzungen, damit nicht bei plötzlicher Entleerung des retinirten Menstrualblutes beim Zusammenfallen der Gebärmutterhöhle, wegen der erwähnten peritonealen Adhäsionen, in die Bauchhöhle perforirende Einreissungen des Corpus uteri und besonders der Tuben stattfinden. Eine tödtliche Perforationsperitonitis durch Platzen der Tuben ist häufig die Folge zu brüsker Punctionen einer Hämatometra gewesen.

Zweitens muss die Entleerung des retinirten Menstrualblutes unter strengsten antiseptischen Cautelen geschehen, wobei durch permanentes Einlegen von Canülen oder durch Excision von Stücken aus der in der Vagina sich präsentirenden Wand der Hämatometra für ausgiebigen Abfluss des Uterusinhaltes gesorgt sein muss.

Entstehen die Verwachsungen oder hochgradigen Verengerungen des Muttermundes nach Aufhören der Menstruation bei älteren Frauen, so bildet sich durch Anstauung des Uterinsecretes die sog. Hydrometra, welche ähnliche Beschwerden und Gefahren bringen kann, wie die Hämatometra und auch eine analoge Behandlung verlangt. — Die einschlägigen Einzelnheiten, sowie besonders die Differentialdiagnose der Hydrometra gegenüber der Hydronephrose, der Schwangerschaft und vor allem gegenüber Ovarialtumoren müssen in gynäkologischen Specialwerken nachgesehen werden. Vgl. auch die hierhergehörigen Aufsätze von Kussmaul[15]), Fürst[16]), Heppner[17]), Rose[18]), Schroeder[19]). —

[1] Quincke, Ueber fetthaltige Transsudate. Deutsch. Arch. f. klin. Medicin. Bd. 16. S. 128. (Hydrops chylosus beim Platzen von Chylusgefässen und Hydrops adiposus bei Zumischung verfetteter Endothelien der Serosa oder verfetteter Geschwulstzellen, so bei Carcinosis peritonei, zur Ascitesflüssigkeit.) — [2] Spiegelberg, Volkmann's klin. Vorträge. No. 55. — [3] Finsen, Bidrag til Kundsgab om de i Island endemiske Echinokokker. Ugeskrift for Laeger. Raikke 3. Bd. III. No. 5—8. — [4] Simou, Deutsche Klinik. 1866. S. 388. 404. 416. Ferner: Robert Busch, Einige Fälle von Echinococcus hepatis. Inaug.-Diss. Rostock 1864. — Ferner: Uterhart, Berliner klinische Wochenschrift. 1868. No. 14, 16 und 17. — [5] Ranke, Verh. des VI. Congr. d. deutschen Ges. f. Chir. Grössere Vorträge. S. 51. — [6] Wölfler, Neue Beiträge zur chirurg. Pathol. d. Nieren. von Langenbeck's Archiv. 1877. Bd. XXI. Heft 4. — [7] Schatz, Archiv f. Gynäkologie. Bd. IX. S. 128. — [8] Ranke, Beitrag zum Catheterismus posterior. Deutsche medicin. Wochenschrift. 1876. No. 6 u. 29. — [9] Dieffenbach, Operat. Chirurgie. Bd. I. S. 44. — [10] Garson, Ueber die Dislocation der Harnblase und des Peritoneum bei Ausdehnung des Rectum. Arch. f. Anatom. u. Physiol. 1878. Anat. Abth. — [11] Bartels, Die Traumen der Harnblase. Archiv f. klin. Chirurgie. Bd. XXII. Heft 3 u. Heft 4. — [12] Wilms und Bartels, VIII. Congr. d. deutschen Ges. f. Chir., Verhandl. S. 74—76 der kleineren Mittheil. — [13] Maximow, Versuche über die Anwendung des Catgut zur Blasennaht bei der Epicystotomie. Inaug.-Diss. St. Petersburg 1876. — [14] Maas, in König's Handb. d. Chir. Bd. II. S. 360. — [15] Kussmaul, Von dem Mangel, der Verkümmerung und Verdoppelung der Gebärmutter etc. Würzburg 1859. — [16] Fürst, Ueber Bildungshemmungen des Uterovaginal-Canals. Leipzig 1868. — [17] Heppner, Ueber einige klinisch wichtige Hemmungsbildungen der weiblichen Genitalien. St. Petersburger med. Zeitung. N. F. Bd. I. Heft 3. — [18] Rose, Ueber die Operation der Hämatometra. Monatsschrift für Geburtskunde. XXIX. 1867. — [19] Schroeder, Kritische Untersuchungen über Diagnose der Haematocele retro-uterina. Bonn 1866. —

III. Lebensgefährliche Beengung des Schädelraumes. Normale Druckverhältnisse in der Schädelhöhle. — Die Steigerung des intracraniellen Druckes und die Verschiebbarkeit des Liquor cerebrospinalis. Seine Beziehungen zum Lymphstrom. — Gehirnhyperämie und deren Folgen.
Hirndruck, Compressio cerebri. Dessen Ursachen. — — Blutungen in die Schädelhöhle. — Verletzungen der venösen Sinus und deren Behandlung. — Blutungen aus der Arteria meningea media. Deren Symptome. — Methode für die Unterbindung der Arteria meningea media. Blutungen aus der Carotis cerebralis. — — Blutungen zwischen Dura und Pia. — — Raumbeengung durch Schädelfracturen und Fremdkörper. — Complicirte Schädelverletzungen und deren Prognose, deren Ausgänge. — Symptome einer Gehirnquetschung. — Antiseptik bei Kopfverletzungen. Erreichbare Erfolge. — Behandlung inficirter Kopfverletzungen. Wirkung antiseptischer Berieselungen, des Eises, der Aderlässe, der Abführmittel, der Einreibungen von Ung. einer. — Operative Eingriffe im entzündlichen Wundstadium. — — Der Hirnabscess. Diagnostische Schwierigkeiten für Bestimmung des Fundortes. — Behandlung offener und verdeckter Hirnabscesse. — Hirnbewegungen. Ursachen. Fehlen der Hirnbewegungen. — Behandlung des Prolapsus cerebri.
Die Hirnerschütterung, Commotio cerebri. Symptome. Reine und complicirte Krankheitsbilder. — Theorien. — Leichte und schwere Fälle. Verlauf und Ausgänge. — Behandlung der Hirnerschütterung und späterer Folgezustände.
Trepanation. Indicationen. Instrumentarium. Technik. Heilungsvorgänge an Trepanationswunden.

Die Störungen, welche durch Raumbeengung innerhalb der Schädelhöhle zu Stande kommen, nehmen unser Interesse ganz besonders

in Anspruch, einmal wegen der diagnostischen Schwierigkeiten, die
sie bieten, anderntheils wegen ihrer eminent lebensgefährlichen Bedeutung. — Daher haben wir die einschlägigen Betrachtungen bis
zuletzt gelassen. — Gerade hier ist die Aufstellung praeciser und
klarer Gesichtspunkte für die Behandlung der eingetretenen Störungen
von grösster Bedeutung. — Und vielleicht auf keinem Gebiete haben
die Ergebnisse von Thierversuchen in so hervorragender Weise zur
Klärung der Symptomatologie und zur Gewinnung fester Normen für
die lebensrettenden Maassnahmen beigetragen, als gerade hier.

Endlich ist auch kein besserer Maassstab für den Werth der
antiseptischen Wundbehandlung zu gewinnen, als wenn man die Erfolge überblickt, welche mit diesem Verfahren bei noch so schweren
Verletzungen des Schädels und des Gehirns erzielt werden können.

Selbst ein so mustergültiges Werk, wie die einschlägige Ab-
handlung von Bergmann[1]), hat, da sie kurz vor der antiseptischen
Periode erschien, den neu und unerwartet sich ergebenden therapeutischen Perspectiven nur zum Theil gerecht werden können. —
Trotzdem muss Ihnen das Studium dieses Werkes warm empfohlen
werden, wie wir demselben auch im Wesentlichen in unserer Darstellung folgen werden.

Um das Zustandekommen einer Raumbeengung innerhalb der
Schädelhöhle verstehen zu lernen, müssen wir uns vergegenwärtigen,
dass der Schädelraum im kindlichen Alter von zusammendrückbaren
und stark elastischen, später aber von ganz starren und wenig elastischen Knochenwänden begrenzt wird. — Innerhalb des Schädelraumes finden wir theils feste Massen, wie das Gehirn, theils flüssige,
wie das Blut, wie die Lymphe und die Cerebrospinalflüssigkeit. Die
festen Theile sowohl als die flüssigen sind bei den gewöhnlichen,
innerhalb der Schädelhöhle vorhandenen Druckverhältnissen als in-
compressibel anzusehen. — Tritt eine Beengung des Schädelinhaltes
ein durch fremde Körper (Geschosse, Messerklingen u. s. f.) oder
pathologische Producte (Blutergüsse, Eiter u. s. f.), so kann dies nur
dadurch geschehen, dass die flüssigen Theile verdrängt werden. —
Die feste Masse dagegen, das Gehirn, kann nur durch theilweise
Zerstörung und Entfernung aus der Schädelhöhle oder, bei langsamer
Compression, durch Atrophie eine Verkleinerung erfahren.

Von den innerhalb der Schädelhöhle vorhandenen Flüssigkeiten
ist der Liquor cerebrospinalis am leichtesten verschiebbar. Das Ausweichen desselben innerhalb ziemlich weiter Grenzen wird dadurch
ermöglicht, dass die subarachnoidalen Räume des Gehirns in freier
Communication sich befinden mit dem Arachnoidalraum des Rücken-

marks. Letzterer, der spinale Durasack, ist aber einer grösseren
Ausweitung fähig. Erstens durch die Compressibilität der um den
spinalen Durasack in dem Wirbelcanal liegenden venösen Plexus.
Zweitens durch die Elasticität der zwischen den einzelnen Wirbel-
bögen ausgespannten Ligg. flava, durch diejenige der Membrana obturatoria atlantis anter. et post., als auch durch diejenige der Scheiden der Durchgangsgebilde innerhalb der Intervertebrallöcher.

Von Wichtigkeit ist ferner, dass alle Blutgefässe des Gehirns,
Arterien sowohl wie Venen, von perivasculären Lymphcanälen (His [2])
eingehüllt werden, deren Inhalt in epicerebrale Lacunen sich ergiesst.
Letztere stehen durch die Lymphgefässe der Pia (Golgi, Key und
Retzius [3]) sowohl mit dem Arachnoidalsack zwischen Pia und Dura
als auch mit den Subarachnoidalräumen in Communication. Die Be-
deutung dieser Räume als Lymphräume hat Schwalbe [4]) erwiesen.
Die Lymphe aus ihnen ergiesst sich zum grossen Theil in die zum
Plexus jugularis int. sich sammelnden Stämme und gelangt so in die
Lymphgefässe am Halse (Arnold).

Allein der Lymphstrom ist nur im Stande, für gewisse allmähliche Veränderungen im Volumen des Schädelinhaltes als Regulator
zu dienen. Für den durch die Systole und durch die Exspiration
bedingten Wechsel des Blutgehaltes im Hirn, noch mehr aber für
alle grösseren und plötzlichen Volumensänderungen innerhalb der
Schädelhöhle, kommen nur die Modificationen in Frage, welche die
Spannung des Liquor cerebrospinalis erfährt.

Solche Spannungsänderungen im Schädelraum entstehen zunächst
durch Blutüberfüllung des Gehirns, sei es, dass eine fluxio-
näre arterielle Hyperämie oder dass venöse Blutanstauungen vorliegen. — In beiden Fällen steigt schliesslich die Spannung der
Cerebrospinalflüssigkeit so hoch, dass eine Compression einzelner
Capillarbezirke der cerebralen Blutbahn zu Stande kommt. Die hierdurch bewirkte Vermehrung der Widerstände für die Blutbewegung
hat eine Verlangsamung des arteriellen Blutstromes im Gehirne zur
Folge. Durch diese Verlangsamung leidet die Ernährung
der Hirncentren in ähnlicher Weise, wie durch eine Verminderung der durch das Hirn strömenden Blutmenge,
also wie durch cerebrale Anämie (Althann [5]). — Besonders
deutlich treten obige Erscheinungen auf bei jener Blutüberfüllung des
Gehirns, die nicht auf Steigerung der Herzthätigkeit, sondern auf
einer Lähmung der vasomotorischen Nerven mit Relaxation der Gefässwand beruhen. — Dies ist, wie wir sehen werden, von Belang
für die Folgezustände der Commotio cerebri.

Alle Schädlichkeiten, welche den Rauminhalt der Schädelhöhle beschränken, wirken wie die Hirnhyperämieen. Sie steigern den intracraniellen Druck, indem sie die Spannung des Liquor cerebrospinalis erhöhen, und behindern durch Capillarcompression den Kreislauf. — Die hierauf folgende Ernährungsstörung äussert sich in Veränderung der Gehirnfunctionen, wie wir solches bei dem Symptomencomplex des Hirndrucks und demjenigen der Hirnerschütterung näher zu betrachten haben. —

Der Hirndruck, die Compressio cerebri, kommt zu Stande, wenn der Raum im Schädelinnern in acuter Weise beschränkt wird. — Bei chronischer Raumbeschränkung, wie wir sie bei Osteosclerosis cranii die Schädelhöhle allseitig beengen sehen, oder bei Exostosen oder Geschwülsten, die von der Schädelkapsel gegen das Hirn wachsen und local beengend wirken, tritt kein Hirndruck ein. Die Menge der Cerebrospinalflüssigkeit accommodirt sich in diesen Fällen; oder das sonst incompressible Gehirn wird durch Atrophie verkleinert. — Die Symptome des Hirndrucks beobachten wir aber sofort bei einer plötzlichen allseitigen Compression des Schädels, wie es z. B. Schwartz[6]) bei ganz jungen Thieren auch experimentell nachweisen konnte. — Dieselben Symptome zeigen sich ferner, wenn ein Trauma an irgend einer Stelle die knöcherne Schädelwand in toto nach innen zu eindrückt.

Die Erscheinungen des Hirndrucks werden daher am häufigsten beobachtet bei directen, den Schädel treffenden Gewalten, also bei Kopfverletzungen. — Als deren Folge sehen wir Blutextravasate innerhalb der Schädelhöhle, oder Schädelbrüche mit Impression oder eingedrungene fremde Körper, oder endlich Ansammlungen von entzündlichen Exsudaten die ursächlichen Momente für den Hirndruck abgeben.

Bei Blutextravasaten, Knochensplittern und Fremdkörpern werden die Erscheinungen des Hirndrucks unmittelbar oder sehr bald auf die Verletzung folgen; wir bezeichnen sie daher als primäre. Bei Ansammlung von Entzündungsproducten innerhalb der Schädelhöhle folgen die Hirndrucksymptome erst längere Zeit auf die Verletzung und tragen daher in diesem Falle den Namen der secundären Symptome. —

Blutextravasate sind die häufigste Ursache primären Hirndrucks. Sie können aus allen Gefässen des Schädelinnern stammen. Die Erscheinungen des Hirndrucks kommen hier etwas später zu Stande, als bei Knocheneindrücken. Denn die ergossene Blutmenge muss erst eine bestimmte Grösse erlangen, ehe die gefährliche Steigerung der intracraniellen Spannung sich einstellt. Daher können kleinere Blutergüsse ohne weitere Symptome verlaufen, die erst dann auftreten, wenn zu dem Bluterguss etwa eine arterielle Hyperämie oder entzündliche Processe sich hinzugesellen.

Blutungen am Schädel geschehen entweder nach aussen oder in das Cavum cranii hinein oder gleichzeitig nach beiden Richtungen. — Blutungen nach aussen stammen aus den Blutleitern der Dura, aus den Arteriae meningeae und in selteneren Fällen aus der Carotis int. — Werden diese Gefässe bei geschlossenem Schädel verletzt, so ergiesst sich für gewöhnlich das Blut zwischen Dura und Schädelknochen.

Verletzungen der Sinuswände geschehen durch von aussen in die Schädelhöhle eingedrungene Instrumente, oder durch losgesprungene Splitter der knöchernen Schädelwandung, sei es, dass der Schädelbruch mit einer Verletzung der Schädelweichtheile complicirt ist oder nicht, und schliesslich bei Dehnung oder Zerrung der Sinus, wenn die Schädelkapsel eine Zusammenpressung erfährt. — Solche Rupturen der Sinuswände ereignen sich bei Geburten, wenn der Kindskopf durch ein enges Becken passirt. Zweitens treten sie auf in Begleitung von Knochenbrüchen, besonders an der Basis cranii. — So sind im Ganzen die wahren Rupturen häufiger an den Sinus transversi, als am Sinus longitudinalis. Letzterer dagegen wird häufiger der Verletzung durch Fremdkörper ausgesetzt, die das Schädeldach treffen. Auch der Sinus cavernosus wird getroffen, wenn stechende Instrumente in die innere Orbitalwand dringen. — Die Verletzung des Sinus confluens ist eine seltene Erscheinung.

Communiciren Sinuswunden mit einer complicirten Schädelknochenverletzung und geschieht die Blutung nur nach aussen, so ist die Blutstillung meist durch directe Compression der Wunde zu erzielen. — Wenn sich dagegen das Blut zwischen Schädelknochen und Dura ansammelt, indem es letztere in immer grösserer Ausdehnung ablöst, so treten schliesslich Erscheinungen von Hirndruck auf. Allein dieselben erfolgen langsamer, als wenn das Blutextravasat aus der Art. meningea stammt. — Doch kommen Fälle vor, wo wegen eigenthümlicher Lage der Wunde im Blutleiter, das Blut nicht zwischen Dura und Knochen sich ansammeln kann; dann fehlen selbstverständlich auch Hirndruckerscheinungen.

Nach Versuchen von S c h e l l m a n n [)] können Sinuswunden ohne Obliteration des Blutleiters heilen. Aber auch der Verschluss eines grösseren Blutleiters durch einen Thrombus bringt keine Störung im Schädelkreislaufe hervor, vorausgesetzt, dass es sich nicht um fortgesetzte Thrombosen oder um Zerbröckelung inficirter Thromben handelt mit nachfolgender metastatischer Pyämie.

Die Verletzungen der Blutleiter der Dura, wenn sie auch keine gefährlichen, oft selbst leicht stillbare Blutungen liefern, können durch Lufteintritt tödtlich werden (Volkmann, Genzmer ʼ).

Die Blutungen aus der Art. meningea kommen gewöhnlich bei Fracturen zu Stande. Entweder ein losgesprengtes Knochenstück spiesst das Gefäss an, oder das Gefäss wird durchrissen, wenn es in seiner Längsaxe von der Bruchlinie im Knochen gekreuzt wird. Aber auch bei einer blossen Einbiegung des Knochens, auch ohne Continuitätstrennung desselben, kommen Zerreissungen der Art. meningea vor, weil dieselbe in einer tiefen Furche im Knochen eingebettet und durch in denselben dringende Rami perforantes mit dem Knochen verbunden ist. — Hiernach wird erklärlich, dass Zerreissungen der Art. meningea vorkommen können, ohne dass die Gewalt direct über der Arterie den Schädel getroffen hätte. Ja es kann beim Schlag auf die linke Schläfe die rechte Art. meningea sich zerrissen zeigen.

Die gefährlichsten, oft tödtlichen Blutungen stammen aus der Art. meningea media und liefern oft sehr massige Blutanhäufungen innerhalb der Schädelhöhle. — Liegt eine complicirte Verletzung vor mit Blutung nach aussen, so könnte eine Verwechselung mit einer Blutung aus der Art. temporalis prof. stattfinden. Die Verhältnisse werden hier rasch geklärt durch Dilatation der Wunde und Aufsuchen resp. Unterbinden des verletzten Gefässes.

Die Blutung aus der Arteria meningea media in die Schädelhöhle bedingt rasch nach der Verletzung sich einstellende Symptome des Hirndrucks mit steter Zunahme der Druckerscheinungen. Nur selten ist das Auftreten der Drucksymptome erst nach einiger Zeit beobachtet worden. Auch sieht man selten einen Nachlass der Symptome. Meist gestalten sich dieselben schwerer und schwerer.

Auf den anfänglichen Kopfschmerz folgen Erbrechen, Benommenheit, Müdigkeit, Schlaf, schnarchende Respiration und deutliche Pulsverlangsamung, immer schwerere und mühsame Athemzüge, Röcheln und in tiefem Coma der Tod. — Diese Symptomenreihe zeigt sich öfters modificirt und mit anderen Hirnerscheinungen, z. B. Lähmungen, combinirt, falls neben der Gefässverletzung directe Läsionen des Hirns, meistens wohl Quetschungen vorliegen. Bei letzteren werden die Hirnerscheinungen um so rascher nach der Verletzung sich einstellen. — Drucksymptome, die etwa erst nach acht Tagen auf die Verletzung folgen, können nicht direct auf eine Blutung aus der Art. meningea bezogen werden.

Wo eine Verletzung in der Temporo-parietal-Gegend vorliegt, mit Blutung nach aussen und rasch zunehmenden Symptomen des Hirndrucks, event. mit Lähmung der entgegengesetzten Seite, da müssen wir die Wunde erweitern, vorhandene Splitter eleviren oder entfernen und zur Bloslegung der verletzten Arterie schreiten, sei es durch Ansetzen eines Trepans oder dadurch, dass wir mit Hilfe von Meissel und Hammer die Knochenlücke vergrössern, um bequem zur Arterie gelangen und dieselbe unterbinden oder umstechen zu können. — Die zur Blutstillung aus der Art. meningea früher empfohlenen Compressorien (von Gräfe) haben sich nicht als brauchbar erwiesen.

Das Aufsuchen der Art. meningea ist aber auch indicirt bei einer jeden complicirten Fractur der Temporo-parietal-Gegend, auch wenn keine Blutung nach aussen stattfindet, sobald in prägnanter Weise kurze Zeit nach der Verletzung Hirndrucksymptome auftreten (Keate, Tatum[9]). — Allein wenn selbst die Hautdecken über dem Schädelbruch unverletzt sein sollten, werden wir bei zunehmender Schwellung der Temporalgegend und deutlichen Hirndrucksymptomen zur Bloslegung der Art. meningea nach dem Vorgange Hueter's[10] berechtigt sein, um so mehr, als die bisherigen ungünstigen Ausgänge dieses Eingriffs zum grossen Theil der Nichtbefolgung antiseptischer Cautelen zuzuschreiben sind. Zum Beweise hierfür dient ein kürzlich von Hueter[11] mitgetheilter Fall von Heilung nach Unterbindung genannter Arterie.

Die lebensrettende Bedeutung obigen chirurgischen Eingriffes bei sonst fast ausnahmslos tödtlichen intracraniellen Blutungen lässt es wünschenswerth erscheinen, dass man die Unterbindung der Art. meningea media als typische Operation im Voraus einübe. Das Verfahren ist von Vogt[12] genauer beschrieben.

Nach Spaltung der Weichtheile durch einen der Körperaxe parallelen, in einer Länge von etwa 4 Cm. von der Mitte des Jochbogens aufsteigenden Schnitt, der aber auch durch einen Kreuzschnitt oder durch einen mit der Basis am oberen Rande des Jochbogens anzulegenden zungenförmigen und nach abwärts herabzuklappenden Temporallappen event. ersetzt werden kann, wird die seitliche Schädelwand freigelegt, um nach Spaltung und Abhebelung des Periostes die Trepankrone in einem Winkel aufzusetzen, dessen Spitze gebildet wird durch den Kreuzungspunkt zweier Linien, von denen die eine circa 3 Cm. oberhalb des Jochbogens und demselben parallel, die andere Linie senkrecht auf die erstere und etwa 2 Cm. nach hinten

vom Processus spheno-frontalis des Os zygomaticum verläuft. — Nach
Entfernung der Knochenscheibe soll die Arterie zu beiden Seiten der
Verletzungsstelle umstochen werden. — Nach Ausräumung des an-
gehäuften Blutes muss man zuweilen die Dura selbst, oberhalb des
Umstechungsbezirkes, incidiren, um etwa zwischen Dura und Arach-
noidea ergossenem Blute den Ausweg zu verschaffen. — Gründliche
Auswaschung der Wunde mit 3 Proc. Carbolsäurelösung, ausgiebige
Drainage, Naht der Wunde (bei glatten Wundrändern oder nach ab-
sichtlicher Spaltung der Hautdecken), sowie ein umfangreicher, gut
anschliessender antiseptischer Verband müssen folgen.

Blutungen aus der Carotis cerebralis sind nicht oft beobachtet worden. Da die Arterie im Canalis caroticus des Felsen-
beins nur lose, innerhalb einer Ausbuchtung des Zellblutleiters gelegen ist, so wird sie bei Fracturen des Felsenbeines nicht häufig
zerrissen. — Beck[13]) beschreibt die Anbohrung der Carotis interna
durch einen aus dem Keilbein ausgesprengten Knochensplitter. Aehnliches können ins Felsenbein eingedrungene und daselbst fixirte Kugeln
bewirken (Longmore[14]), indem nach einiger Zeit durch Arrosion
die Arterienwand zerstört wird. — Eine Seltenheit stellt der vielfach
citirte Fall von Nélaton[15]) dar, wo nach einem Stoss gegen das
linke Auge, mit einem Stocke, ein Knochensplitter durch den Sinus
cavernosus in die Carotis int. gedrungen war. In der Folge entstand
ein arteriell-venöses Aneurysma. Der Patient ging an Blutungen aus
der Nase nach vier Monaten zu Grunde.

Blutungen zwischen die harte und die weiche Hirn-
haut, in den sogenannten Sack der Arachnoidea, kommen am häufigsten vor durch Zerreissung von Venen, welche von der Oberfläche
des Gehirns und von der Pia aus zum Sinus longitudinalis ziehen.
Doch kann das Blut auch aus letzterem direct stammen. Gleichzeitig
liegen meist Gehirnläsionen vor und Hämorrhagien in das Gewebe
der Pia und in die subarachnoidalen Räume.

Die Ursache für obige Blutansammlungen werden meist schwere
Kopfverletzungen oder hochgradige Verschiebungen der Schädel-
knochen während der Geburt abgeben. — Die hierbei auftretenden
Symptome beziehen sich entweder unmittelbar auf die Hirnquetschung,
oder, falls grössere Venen zerrissen waren, kommt es auch hier zur
Entwickelung von Hirndruck, wenn auch in langsamer Weise.

Die Fracturen der knöchernen Schädelwand, die ent-
weder beide Tafeln gleichmässig oder, wie häufiger, die innere Tafel
in grösserem Umfange wie die äussere und nur selten die innere
Tafel allein betreffen, können auf verschiedene Weise eine Raumbe-

engung innerhalb der Schädelhöhle zu Wege bringen. — Schon der
Abfluss der Cerebrospinalflüssigkeit bedingt eine stärkere venöse Blutfülle des Gehirns mit Verlangsamung der Circulation. — Deprimirte
Knochenfragmente werden aber direct durch mechanische Beengung
die Symptome des Hirndrucks hervorbringen können, noch mehr
aber Knochensplitter oder ganze nach innen gedrückte Splitterkegel,
welche die Dura perforiren und das Gehirn anspiessen. Analog diesen
Splittern verhalten sich Fremdkörper (Kugeln, Messerklingen u. s. f.),
welche sich ins Gehirn einbohren. Die hierbei auftretenden Erscheinungen richten sich im Grossen und Ganzen nach den stattgefundenen
Verletzungen des Gehirns und der intracraniellen Gefässe. — Blutergüsse und Hirnquetschungen resp. -Zerquetschungen sind fast regel-
mässige Befunde bei Traumen, die an irgend einer Stelle die Schädelkapsel perforiren. — So kann eine Knochendepression durch das
gleichzeitig gesetzte Blutextravasat Hirndruckerscheinungen machen,
was um so sicherer angenommen werden kann, wenn genannte Erscheinungen trotz Elevirung der Knochenfragmente fortdauern.

Wie aber eine Schädelverletzung durch die gleichzeitige Verletzung des Hirns und deren Ausgänge bestimmt wird, so richtet
sich umgekehrt der Verlauf einer Gehirnläsion nach dem Zustande
der äusseren Wunde, nach dem Schutze, den letztere gegen Infection
von aussen gefunden oder nicht gefunden hat.

Vor Einführung der antiseptischen Wundbehandlung waren die
gewöhnlichen Ausgänge complicirter Hirnverletzungen entzündliches
Oedem des Hirns mit diffus verbreiteten capillaren Hämorrhagien,
oder eine diffuse septische Meningitis, acute progrediente Encephalitis
mit eitriger Infiltration des Gehirns oder ein Hirnabscess. — Wohl
hat man versucht, den rein mechanischen Einfluss von Knochensplittern oder ins Gehirn gedrungenen Fremdkörpern auf das Entstehen
obiger Processe sogar experimentell klar zu legen (Fischer's[16]) Experimente mit Einschlagen von Nägeln neben Trepanlöchern durch
das Schädeldach u. s. f.). — Zweifellos ist auch das Verhalten der
Patienten: völlige physische und psychische Ruhe, Vermeidung jedes
Transportes, permanente Anwendung von Kälte, Fernhalten blutdruck-
steigernder Getränke, knappe Diät — von Belang für den Verlauf
einer Kopfverletzung. — Aber wir können schon heute mit voller
Sicherheit annehmen, dass alle die oben genannten üblen Ausgänge
in der Hauptsache dominirt werden durch die Frage von der Wund-
infection. Einschlägige klinische Erfahrungen zeigen uns hier eben
so deutlich, wie bei anderen chirurgischen Eingriffen, dass die üblen
Ausgänge von dem Wundverlauf und nicht von dem trau-

matischen Eingriffe als solchem abhängig sind. — Man
hat zwar Fälle beschrieben von tödtlichen traumatischen Meningitiden, die sich scheinbar in einer durch unversehrte weiche und
knöcherne Hüllen von der Luft abgeschlossenen Schädelhöhle entwickelt hatten. Solche Schilderungen sind im Ganzen mit Vorsicht
aufzunehmen, da selbst unbedeutende und leicht zu übersehende Fissuren, besonders der Schädelbasis, als Eintrittsstelle für Zersetzungs-
erreger dienen können. So wissen wir, dass z. B. nach Weigert's [17]
Anschauungen selbst die intacte Gegend der Siebbeinzellen eine Ein-
bruchspforte für Infectionsstoffe darstellen kann.

In der That pflegen Schädelverletzungen, bei denen, wenn auch
geringfügige, aber schwer zugängliche Fissuren z. B. an der Schädelbasis die Gehirnverletzung compliciren, viel heimtückischer zu verlaufen als Gehirnwunden, zu denen eine, wenn auch beträchtliche
aber gut zu übersehende Verletzung des Schädeldaches führt.

Ferner werden jene Läsionen des Schädels und des Gehirns um
so ernster sich gestalten, bei denen grössere intracranielle Blutextravasate vorliegen. Denn die Anwesenheit letzterer bedingt schon
primär eine stärkere Ausprägung der Hirndrucksymptome. Durch
die gestörte Blutcirculation leidet aber die Ernährung des Gehirns,
wie wir gesehen haben, in beträchtlicher Weise, so dass in diesen
Fällen jeder entzündliche Reiz, schon jede Hyperämie, noch mehr
jedes entzündliche Hirnödem, jede Entzündung der Meningen oder
der Hirnsubstanz um so eher lebensbedrohliche Zustände hervorrufen kann. — Andererseits werden auch hier, wie überall sonst,
die septischen Schädlichkeiten um so intensiver wirken, je mehr
Blut in Form von umfangreichen Gerinnseln der Zersetzung anheim
gefallen ist.

Man hat sich früher bemüht, in kunstvoller Weise ein specifisches
Gesammtbild der Symptome, wie sie der Hirnquetschung, der Con-
tusio cerebri, eigen sein sollten, aufzustellen. — Eine grössere
Zahl der herbeigezogenen Erscheinungen kommt aber der Sepsis als
solcher zu, nur dass diese Erscheinungen durch das Organ, an welchem sie sich abspielen und welches gegen Ernährungsstörungen in
so empfindlicher Weise reagirt, ein besonderes Gepräge erhalten. —
Die Functionsstörungen, welche eine Hirnquetschung im centralen
Nervensystem hervorbringen, sind nach Ausschluss jener allgemeinen
der Sepsis zukommenden Erscheinungen, gebunden an die Verletzung
bestimmter Gehirnbezirke.

Durch die Arbeiten von Broca [18] (Sprachcentrum), durch die
grundlegenden Experimente von Fritsch und Hitzig [19] über die

motorischen Centren der Hirnrinde u. s. f. werden wir darauf hingewiesen, dass die Diagnose einer Hirnquetschung nur da mit Sicherheit zu stellen ist, wo sich Functionsstörungen bestimmter Gehirn-
abschnitte nachweisen lassen.

Praktisch liegen jedoch in erster Linie noch bedeutsamere Aufgaben für uns vor, nämlich zu verhindern, dass zu jenen Läsionen
des Schädels und des Gehirns Infectionsstoffe Zutritt erhalten. Solches
ist aber nur zu erreichen durch eine strenge Durchführung
der antiseptischen Wundbehandlung bei allen Kopfverletzungen. — Unsere Therapie vermag, sobald einmal progrediente
entzündliche Processe sich eingefunden haben, nur wenig oder gar
nichts. — Gegen eine diffuse Meningitis oder Encephalitis oder gegen
eine puriforme Schmelzung der Gehirnsubstanz in der Umgebung einer
Quetschwunde, eines nekrotischen Herdes oder eines Hirnabscesses,
sind wir machtlos. Nur bei Localisation und Abkapselung entzündlicher Processe, also bei einem scharf gegen die Umgebung abgegrenzten Gehirnabscess können wir durch dessen Entleerung lebensrettend wirken.

Leider ist bisher die Diagnose des Ortes an welchem der Hirnabscess sich entwickelt hat, immer noch so schwierig und von Zu-
fälligkeiten abhängig, dass zahlreiche Fälle einen letalen Ausgang
nehmen, während bei genauerer Kenntniss der Lage des Abscesses
die Hirndrucksymptome sich hätten beseitigen lassen mit Erhaltung
des Lebens.

Bekommen wir eine Kopfverletzung in Behandlung, so müssen
wir stets so verfahren, als wenn dieselbe mit Eröffnung der Schädelhöhle complicirt wäre. Wir sind um so mehr hierzu veranlasst,
wenn trotz mangelnden Befundes einer perforirenden Schädelfractur,
Hirnerscheinungen, vor allem Hirndrucksymptome vorliegen. — Noch
peinlicher muss unser Vorgehen sein, sobald wir direct auf einen
Schädelbruch gelangen, oder wenn etwa durch den Knochendefect
nicht nur Cerebrospinalflüssigkeit, sondern selbst Hirnmasse sich her-
vordrängt (traumatische Encephalocele), oder in zerbröckeltem Zustande hervorquillt.

Zunächst wird die Gegend der Verletzung in grosser Ausdehnung glatt rasirt und die Haut durch Seifen- und Aetherwaschung,
mit Zuhilfenahme einer Bürste, gründlich gesäubert. — Hierauf
schreitet man zur ausgiebigen Dilatation der Weichtheilswunde, um
in deren Grunde etwaige lose oder ins Schädelinnere eindringende
Knochenstücke heraus zu heben und heraus zu ziehen. Man glättet
mit schneidenden Zangen die Ränder des Knochendefectes und sucht

11*

demselben eine solche Form zu geben, dass der Zustand der Dura und des Gehirnes, mögen beide zusammen oder nur eines der Gebilde verletzt sein, bequem übersehen werden können. — Wesentlich kommt es jetzt darauf an, alle zwischen Dura und Knochen angesammelten Blutgerinnsel, sowie eingedrungene Fremdkörper oder hinein gelangten Schmutz (Erde, Sand, Pulver u. s. f.) gründlich zu entfernen und die vorhandenen Buchten der Wunde sorgfältig mit einer antiseptischen Flüssigkeit (3 Proc. Carbolsäurelösung) auszuwaschen.

Die Beschaffenheit der Dura erfordert eine besondere Aufmerksamkeit. — Einfache Risse und Schlitze müssen genügend erweitert werden, damit Blut, Wundsecret und Eiter, die zwischen der Dura und der Arachnoidea angesammelt sind, frei sich entleeren. — Zermalmte, blutig suffundirte und in einen lockeren Brei verwandelte Hirnmasse kann ebenfalls herausgespült werden. Haben bereits Zersetzungsvorgänge in der Quetschwunde des Hirnes begonnen, so brauchen wir nicht mit einer gründlichen Auspinselung der Hirnwunde zu zögern, wozu wir nach den sehr ermunternden Erfahrungen Socin's[20]) eine auch sonst gebräuchliche 8 Proc. Chlorzinklösung verwenden werden. Eine solche Auspinselung kann auch event. nach Ausleerung von Hirnabscessen am Platz sein. — Ebenso brauchen wir uns nicht zu scheuen, in die Schädelhöhle und selbst in einen Hirndefect ein desinficirtes Drainrohr zur Ableitung der Wundsecrete einzulegen. *)

Waren die Weichtheile in Lappenform abgehoben, so kann man die Wunde durch Nähte bis auf das Drainrohr verschliessen, wenn die Weichtheile nicht stark gequetscht oder mortificirt erscheinen. Etwaige subcutane Recessus wären event. zu drainiren. Falls man dieselben hat ganz aseptisch machen können, wird aber auch die primäre Verklebung der Hautlappen mit den tieferen Weichtheilen unter einem antiseptischen Druckverbande zu erzielen sein. — Dieser letztere muss das Wund- resp. Operationsgebiet in grösserem Um-

_____

*) In einer Reihe von Experimenten gelang es mir nicht nur, desinficirte Kork- und Gummipfröpfe in Trepanlöcher einzuheilen, sondern auch Gummiplatten zwischen Dura und circa 50-pfenniggrossen Trepanlöchern zu fixiren, um den Verschluss der letzteren auf diese Weise zu erreichen. Die Platten heilten ein, ohne das Befinden der Kaninchen irgendwie zu stören. — An der Stelle, wo die Platte oder der im Trepanloch befestigte Kork- oder Gummistöpsel dem Gehirn auflag, fand sich meist eine Depression der Gehirnsubstanz. Selten lagen zwischen Platte und Gehirn gelbliche Fibrinflocken. — Die Operationen geschahen streng unter Lister. Die Wunde wurde direct durch tiefe (Matratzennähte) und oberflächliche Nähte verschlossen.

fange decken. Bei Anwendung des Carbolharz-Mull wird man die Wunde zunächst mit reichlichen zusammengedrückten Schichten des Verbandstoffes (Krüllgaze) bedecken und die Ränder des Verbandes mit Salicylwatte auspolstern. Bei Anwendung der Carbolharz-Jute adaptirt sich der Verband von selbst der Kopfoberfläche viel besser.

Das Ideal einer aseptischen Heilung einer complicirten Hirnverletzung ist die Art und Weise, wie, so zu sagen, spontane Gehirnblutungen mit oft hochgradiger Zertrümmerung der Gehirnmasse nach apoplexia cerebri heilen. — Auch bei den Hirnverletzungen ist eine Aufsaugung der gesetzten Blutextravasate, der zerstörten Hirnpartien und der etwa in das Hirn versprengten kleineren Knochentheilchen anzustreben, so dass schliesslich an der verletzten Stelle eine möglichst wenig umfangreiche, bindegewebige Narbe zurückbleibt. — Es ist erfreulich, dass wir diese ideale Forderung, deren Erfüllung selbst noch Bergmann (l. c. p. 287) als „vielleicht für immer unserer Kunst entrückt" bezeichnet, mit Sicherheit unter Durchführung der Antisepsis zu realisiren vermögen. Freilich nur in ganz frischen Fällen.

Haben sich bereits Zersetzungsvorgänge in der Wunde entwickelt, so werden wir zunächst versuchen, durch gründliche Desinfection vielleicht noch einen aseptischen Verlauf zu erzielen. Besonders dürften hier, wie schon erwähnt, wiederholte Auspinselungen mit Chlorzinklösungen (Socin l. c.) am Platze sein. — Misslingt der Versuch, so muss auf die Erreichung einer aseptischen Heilung verzichtet werden. Und wir müssen uns bemühen, die Zersetzungsvorgänge in der Wunde und ihre weitere Ausbreitung nach Möglichkeit zu beschränken. Hier werden antiseptische (tropfenweise) Berieselungen mit Lösungen von Salicylsäure, von essigsaurer Thonerde, von Essigsäure, von Chlorzink und anderen Metallsalzen anzuordnen sein, in Combination mit ausgiebiger Anwendung der Kälte. Entweder so, dass man die antiseptischen Flüssigkeiten durch hineingestellte, mit Eis oder einer Kältemischung gefüllte Gefässe abkühlen lässt, oder dass man während der tropfenweisen Berieselung gleichzeitig den glattrasirten Kopf in Eisblasen einhüllt. Die Eisblasen kommen dann auf die den Kopf bedeckenden und von der Berieselungsflüssigkeit feucht gehaltenen Compressen zu liegen.

Das Eis hat aber auch weiterhin zu wirken, indem es bei Eintritt neuroparalytischer Gehirnhyperämien durch Erzeugung einer reflectorischen Gefässcontraction, die Erscheinungen des Hirndrucks, so besonders die Benommenheit des Sensorium, selbst den Sopor zu mindern oder zu heben vermag. — Drittens wird das Eis bei vorhandenem septischem Fieber Temperatur erniedrigend und zwar, was besonders wichtig, local Temperatur erniedrigend wirken. — Pirogoff[21]) hat im Kaukasus bei Schussverletzungen des Kopfes mit grosser Vorliebe Eisapplication mit intercurrenten kalten Begiessungen des Kopfes angewandt. — Auch Stromeyer[22]) befürwortet deren Anwendung, und weist mit Recht darauf hin, dass sie fast durchgehends die Blutentziehungen bei Kopfverletzten überflüssig machen werden.

Doch giebt es Fälle, wo eine Venaesection unumgänglich nothwendig ist. — Haben wir es mit robusten oder plethorischen Kopfverletzten, wie z. B. mit kräftigen Soldaten zu thun, und wird bei denselben neben hoher Fiebertemperatur der Puls auffallend langsam und hart, die Respiration dagegen oberflächlich, beschwerlich oder selbst unregelmässig, so schreite man nach dem Rathe Pirogoff's zu einer Venaesection. Dieselbe kann selbst öfters wiederholt werden, falls die Erscheinungen wiederkehren. — Bei Kindern und bei schwächlichen Personen muss man die Aderlässe durch locale Blutentziehungen ersetzen.

Der Einfluss eines Aderlasses ist leicht verständlich. Liegen Erscheinungen von Hirndruck vor, in Folge einer entzündlichen Hyperämie oder selbst eines entzündlichen Oedems, mit Behinderung, wie wir gesehen haben, vor allem der arteriellen Blutzufuhr, so wird ein Aderlass zunächst durch Erleichterung des venösen Abflusses auf Verminderung der dem arteriellen Strome, in den comprimirten Capillarbezirken entgegenstehenden Widerstände hinwirken. — Für die Fälle, wo die Hirnhyperämie auf Parese der arteriellen Gefässwände beruht, schafft der Aderlass durch Verkleinerung der gesammten Blutmenge und durch Verminderung der Herzfüllung, eine Volumabnahme auch der erschlafften Gefässbezirke. Hierdurch vermindert sich der intracranielle Druck und der arterielle Blutstrom im Gehirn wird durch Entlastung der comprimirt gewesenen Bahnen zweckentsprechend beschleunigt.

In ähnlicher Weise müssen wir uns die schon lange erprobte und gerühmte Wirkung des Aderlasses bei apoplexia (sanguinea) cerebri robuster Individuen erklären.

Contraindicirt ist der Aderlass bei schwächlichen, zarten, blassen Patienten oder solchen, welche Blutverluste erlitten haben, ebenso bei bereits vorhandener Herzschwäche.

Eine dritte wichtige Hilfe, welche sowohl bei Hirndruckerscheinungen, als bei schon vorhandener allgemeiner Sepsis angewandt werden muss, sind die Abführmittel, seltener in Form der Drastica

(Calomel mit Jalappe), wenn man sehr rasch wirken will, und mehr empfehlenswerth in Form der salinischen Abführmittel. Man reicht den Verletzten 1—2stündlich 1—2 Esslöffel Glaubersalz (Natr. sulfuricum) oder sal. therm. Carolinens. fact. (Karlsbader Salz) in lauwarmem Wasser aufgelöst, giesst es bei Besinnungslosen event. direct durch eine Schlundsonde in den Magen.

Die Wirkung der Abführmittel haben wir uns so zu erklären, dass durch die Anregung einer profusen Darmsecretion einmal die Ausscheidung septischer Stoffe beschleunigt, anderntheils der Lymphstrom und mit ihm die Aufsaugung der Cerebrospinalflüssigkeit befördert wird.

Noch eines Mittels müssen wir Erwähnung thun, das in oft verzweifelten Fällen von diffusen septischen Processen, besonders der serösen Höhlen, des Peritoneum, der Pleura, des Pericard und so auch bei diffusen Meningitiden sich Hilfe bringend erwiesen hat. Es ist dies das Quecksilber, das wir am besten in Form von Einreibungen mit Ung. cinereum (1—2stündlich 1—2 Gramm an verschiedenen Körperstellen nach einander einzureiben), bis zum Auftreten eines acuten Mercurialismus fortsetzen können. — Stromeyer (l. c.) sah das Auftreten von Speichelfluss als ein häufiges Rettungszeichen an. — Können wir auch nur vermuthen, wie und in welcher Form die Aufnahme des Quecksilbers in den Organismus stattfindet (Lassar[23]), so dürfen Sie bei septischen Processen nach den vorliegenden praktischen Erfahrungen (Guthrie, Malgaigne, Traube) in schweren Fällen mit vollem Vertrauen zu diesem Mittel greifen und werden zuweilen, wenn auch selten, einen lebensrettenden Erfolg erzielen.

Dass bei alledem neben antiseptischen Berieselungen und Eisapplication, neben Abführmitteln und Einreibungen von ung. ein. vor allen Dingen für einen freien Abfluss der Wundsecrete gesorgt sein muss, ist selbstverständlich. Oft werden hierzu Dilatationen der Wunde, Entfernung von Knochensplittern, Vergrösserung des Knochendefectes mit dem Trepan oder dem Meissel, wie bei frischen Verletzungen, nöthig sein. Nur dass man sich bei vorhandenem Fieber und bei Schwellung der Wunde vor bedeutenderen Eingriffen hüten muss, weil jeder stärkere mechanische Reiz den Zustand der Wunde verschlimmert und die Verbreitung der septischen Stoffe befördern kann.

Trotz alledem werden wir, sobald septische Processe bei einer complicirten Schädelverletzung Platz gegriffen haben, mit all unserer Fürsorge durchschnittlich nur wenige gute Erfolge verzeichnen. Die Unzulänglichkeit unserer therapeutischen Maassnahmen, seit Alters

her, beweist am besten die Vielgeschäftigkeit, mit der man sonst
Kopfverletzte zu umgeben und zu quälen pflegte. Wo wir aber solcher
Vielgeschäftigkeit in der Medicin begegnen, da ist sie ein Zeichen
mangelhaften Wissens und Könnens. — Die Vereinfachung in der
Behandlung obiger hoffnungsloser Zustände verdanken wir vorzüglich der experimentellen Forschung, die uns die ersten klaren Auf-
schlüsse geliefert hat über das Wesen der Vorgänge, die sich bei
Störungen innerhalb eines so complicirten Apparates, wie das Gehirn entwickeln.

Glücklichere Resultate sind bei circumscripten Eiteransammlungen
innerhalb des Hirnes zu erreichen, bei dem umschriebenen Hirnabscess. Aber auch nur unter bestimmten glücklichen Bedingungen. —
Zunächst darf es sich nicht um eine gleichzeitige diffus eitrige Phlegmone der Arachnoidea und Subarachnoidea handeln. — Auch darf der
Hirnabscess nicht durch die Pia durchgebrochen sein ins Schädelinnere, mit nachträglicher diffuser Meningitis. — Zweitens werden
sich bei oberflächlicher Lage des Abscesses für dessen Eröffnung
bessere Chancen bieten als beim Sitz in grösserer Tiefe. — Drittens
muss die Diagnose des Ortes, an welchem der Abscess sich gebildet
hat, sicher fest stehen. Auch noch heute bietet dieser Punkt die
grössten Schwierigkeiten.

Wo sich bei einer Kopfverletzung hohes Fieber mit Frösten, wo
sich Kopfschmerzen, Benommenheit des Sensorium u. s. f. einstellen
und wo zwischen den Knochenfragmenten Eiter nach aussen hervorquillt, da wird man nicht anstehen, durch Entfernung oder Erhebung
von den Knochendefect verlegenden Knochenstücken, dem Eiter freien
Abfluss zu verschaffen. Derselbe findet sich nur selten zwischen
Dura und Knochen angesammelt, wie es Pott als die Regel annahm.
Wir begegnen diesem Befunde nur dort, wo ein zerfallendes Blutextravasat zwischen Dura und Knochen vorliegt. — Für gewöhnlich
stammt der Eiter oder die puriform zerfallene Masse aus der Hirnsubstanz selbst. Die Dura wird zuweilen kegelförmig in die Knochenlücke emporgedrängt, und erscheint dann über dem Abscess entweder
normal, oder gequetscht und blutig suffundirt, oder missfarbig und
mortificirt. Oder der Eiter dringt bereits durch Schlitze oder Löcher
aus der Dura hervor. — In beiden Fällen müssen wir die Dura frei
einspalten, den Abscess entleeren, mit antiseptischen Lösungen ausspülen und eventuell drainiren, ganz nach den allgemeinen Regeln
der Onkotomie.

Viel schwieriger ist die Feststellung eines Abscesses, falls sich
derselbe hinter intacten Schädelknochen entwickelt. Eine Eröffnung

des Abscesses ist hier nur möglich nach Anbohrung des Schädels mit dem Trepan an der Stelle, wo man den Sitz des Abscesses vermuthet. In einigen Fällen ist dieser Versuch von Erfolg gekrönt gewesen (Litteratur bei Bergmann l. c. S. 294 und 295).

Nach Ausführung der Trepanation bei vorhandenem Hirnabscess fehlen oft, nach Bloslegung der Dura, die sonst am normalen Hirn wahrnehmbaren und von der stärkeren temporären Blutfüllung des Gehirns abhängigen Bewegungen.

Die Hirnbewegungen fallen zum Theil mit dem Pulse und zum Theil mit der Respiration zusammen. Die pulsatorischen Hirnbewegungen sind isochron mit der Systole des Herzens, und beruhen auf einem systolischen Zuwachs an Blut in den Gehirnarterien und den Capillaren. — Die respiratorischen Gehirnbewegungen, die viel deutlicher ausgesprochen sind, kommen zu Stande während der Exspiration.

Im geschlossenen Schädel weicht das während der Systole und der Exspiration blutreichere Gehirn von dem starren Schädeldach in der Richtung nach der Schädelbasis aus, weil aus den grossen, hier vorhandenen subarachnoidealen Räumen am leichtesten eine Verdrängung der Cerebrospinalflüssigkeit stattfinden kann. — Bohrt man an einer Stelle das Schädeldach an, so werden die sonst nur an der Schädelbasis stattfindenden Excursionen des Gehirns in der Trepanöffnung, als dem Orte des nunmehr geringsten Widerstandes, in Form von Gehirnbewegungen sichtbar. — Ganz ebenso nehmen wir sie an den Fontanellen kleiner Kinder und in Knochendefecten nach Schädelverletzungen wahr. — Verschliesst man eine Trepanöffnung durch eine fest eingesetzte durchsichtige Glasplatte, so sind keine Hirnbewegungen mehr sichtbar (Donders). Man schloss daraus irrthümlicher Weise, dass normal überhaupt keine Hirnbewegungen stattfinden.

Die Hirnbewegungen fehlen öfters bei Anwesenheit eines Hirnabscesses. — Roser[24] führt dies neuerdings nicht auf eine Anämie des unter dem Trepanloch liegenden und durch ein Exsudat oder ein Blutextravasat comprimirten Hirntheiles zurück, sondern auf eine festere Verlöthung des Gehirns mit der Dura, über dem Eiterherd im ersteren.

Nach Entleerung eines Hirnabscesses entsteht öfters ein Prolapsus cerebri, der wenn sich ein entzündliches Oedem oder eine Encephalitis hinzugesellen, grössere Dimensionen annehmen kann. — Alle Eingriffe um den Prolaps zu reponiren, zu verkleinern oder abzutragen sind zu widerrathen. — Am rationellsten ist es, den Prolaps einfach durch einen antiseptischen Deckverband zu schützen, oder im Falle, dass derselbe durch Einklemmung mortificirt und der Zersetzung anheim gefallen sein sollte, letztere durch Aufstreuen eines antiseptischen Pulvers (Kohlenpulver mit Salicylsäure zu gleichen Theilen), durch Bepinselungen mit Chlorzinklösungen, durch antiseptische Berieselungen u. s. f. hintanzuhalten.

Noch auf eine allgemeine Störung der Hirnfunctionen, die einen dem Hirndruck ähnlichen Symptomencomplex ergiebt, ohne dass dabei eine directe Beengung der Schädelhöhle oder schwere Hirnverletzungen vorkämen, mache ich Sie aufmerksam. Es ist dies die Hirnerschütterung, die Commotio cerebri.

Hippokrates, Gallen, Celsus und späterhin Ambroise Paré haben an diesem Begriffe festgehalten zur Bezeichnung von Störungen der Hirnfunctionen, die nach groben auf den Schädel einwirkenden Gewalten (heftige Schläge, Fall aus grosser Höhe auf den Kopf u. s. f.) sich einstellen, und wesentlich in Aufhebung des Bewusstseins oder wenigstens Abstumpfung des Sensorium, in allgemeiner Muskelschwäche und in Herabsetzung der Empfindlichkeit sich äussern. Dazu gesellen sich, wie beim Hirndruck, Erscheinungen von Erbrechen, von Verlangsamung des Pulses und von Abschwächung der Respiration. In den schweren Fällen treten weiterhin Sopor, Coma und der Tod ein. Oder der Tod erfolgt fast unmittelbar, nach Einwirkung der genannten Traumen.

Vor allen Dingen müssen von dem Gesammtbilde der Hirnerschütterung alle Zustände abgesondert werden, welche bei complicirten Kopfverletzungen eintreten. Aber auch alle schweren Quetschungen des Gehirns mit Blutaustritten innerhalb der Schädelhöhle oder in das Gehirn selbst, auch wenn eine Verletzung der knöchernen Schädelkapsel nicht nachweisbar wäre, gehören nicht hierher. — Endlich müssen wir auch diejenigen Befunde ausscheiden, wo bei heftigen Gewalteinwirkungen auf den Schädel gleichzeitig lebensbedrohliche Verletzungen an anderen Organen sich finden (so besonders beim Fall aus grosser Höhe). — Bei sorgfältigen Sectionen sind solche Verletzungen vielfach gefunden worden in Fällen, die man klinisch als durch eine Gehirnerschütterung rasch tödtlich verlaufen angenommen hatte: so hochgradige Verletzungen und Blutaustritte in und um das Rückenmark (Deville), oder eine Ruptur des Herzens (Prescott Hewett), oder Einreissungen in den Nieren (Bergmann l. c.); oder eine diffuse Fettembolie der Lungen, der Nieren u. s. f., wie solche nach multiplen schweren Knochenverletzungen in letzterer Zeit mehrfach beschrieben worden sind und zur Erklärung mancher bisher

räthselhafter Befunde von rasch tödtlichen Ausgängen nach Knochen-
traumen dienen[25]); wie man aber auch experimentell ähnliche Befunde erzielen kann schon durch mässige Injectionen von flüssigen
Fetten nicht nur direct in die Venen und in das Herz, sondern selbst
nach Einspritzung des Fettes in periphere Lymphgefässe einer Extremität.

Nur diejenigen Fälle dürfen dem reinen Bilde der Commotio
cerebri zugezählt werden, wo eine sorgfältige Section der ganzen
Leiche, weder im Hirn noch in anderen Organen schwere Veränderungen ergiebt. — Geringere Hirnquetschungen finden sich öfters bei
Commotio cerebri. Da man jedoch ähnliche und selbst mehr aus-
gebreitete Gehirnverletzungen antrifft, ohne dass dabei Symptome
der Gehirnerschütterung beobachtet worden wären, so können auch
jene leichteren Läsionen nicht als die Grundursache der Hirncommo-
tion angesprochen werden.

Fälle von reiner Gehirnerschütterung ohne palpable d. h. bisher
nachweisbare Veränderungen der Hirnsubstanz kommen, obwohl man
sie öfters angezweifelt hat, sicherlich vor. Dafür ergeben sich aus
den einschlägigen experimentellen Arbeiten bestimmte Anhaltspunkte.

Die seit Littre[26]) festgehaltene Ansicht von einer Durchbebung
oder Durchrüttelung der Hirnsubstanz bei der Commotion, indem sich
die durch ein Trauma an den Schädelknochen erzeugten Schwingungen
der Hirnsubstanz mittheilen sollten, ist durch die Versuche von
Gama, die von Nélaton, Alquié[27]) und Fischer[28]) vielfach
modificirt worden waren, vollständig widerlegt.

Dagegen macht schon Beck (l. c.) darauf aufmerksam, dass die
hervorstechendsten Störungen bei der Commotio cerebri auf bestimmte
Hirnprovinzen und deren Affection hinweisen, so besonders auf die
Medulla oblongata. Er fand bei experimentell erzeugter Hirnerschütterung Blutextravasate im vierten Ventrikel, während Westphal[29])
bei Klopfversuchen am Schädel über zahlreiche kleine, im Marke
versprengte Hämorrhagien berichtet.*) — Klinisch sind ebenfalls über
das ganze Hirn zerstreute capilläre Blutaustritte beobachtet worden.
Doch fehlten dieselben zuweilen ganz.

Wenn man das Gesammtbild der Commotio cerebri in eine Affec-

---

*) Vergl. auch Duret, Notes sur la physiologie pathologique des trauma-
tismes cerebraux. Gaz. méd. de Paris 1877. No. 49. 50 und 61. — D. fand bei
forcirter Steigerung des intracraniellen Druckes ebenfalls Hämorrhagien in der
Wand der verschiedenen Ventrikel, besonders im vierten Ventrikel, im Aquae-
ductus Sylvii u. s. f. und bringt dieselben in Zusammenhang mit den bei der
Commotion beobachteten Störungen der verschiedenen Gehirnfunctionen.

tion der einzelnen Centren im Gehirne zerlegt, so liegt die Wahr-
scheinlichkeit vor, dass durch die einwirkende Gewalt gewisse Centren zunächst betroffen werden, so z. B. diejenigen für die Gefäss-
nerven, für das Herz und die Athmung, und dass vor allen Dingen
die primäre Behinderung der Circulation eine Ernährungsstörung der
andern Centren setzt, sei es durch die arterielle Anämie oder durch
venöse Hyperämie oder durch beide in ihrer Aufeinanderfolge. —
Hierfür sind verschiedene Gründe anzuführen.

Vor allem spricht die Rückkehr zur raschen Genesung nach gewissen Fällen von Commotion dafür, dass es sich kaum um palpable
Veränderungen innerhalb der Hirnmasse, sondern höchstens um eine
vorübergehende Nutritionsstörung gehandelt haben kann. — Beck (l. c.)
fand nach Entfernung des Schädeldaches bei Thieren mit deutlichen
Symptomen der Hirnerschütterung, dass das Hirn sehr blass und alle
Gefässe stark verengt erschienen. — Aehnliches konnte Bergmann
(l. c. S. 213) im Augenhintergrunde von Kaninchen mit tiefer Commotio cerebri nachweisen. — Ferner bekunden fast alle Sections-
protocolle an, Gehirnerschütterung Gestorbener eine starke Füllung
der Venen im Gehirn und seinen Hüllen.

Fischer (l. c.) verglich die Wirkung des Trauma bei einer
Gehirnerschütterung mit dem Effect des Goltz'schen Klopfversuches
beim Frosche. — Auf einen raschen Krampf des Gefässsystems soll,
nach primärer Reizung des Gefässnervencentrum, eine Erlahmung
desselben, mit allgemeiner Gefässlähmung folgen. — Der Unterschied
zwischen dem Klopfversuch und der einmaligen Einwirkung einer
grossen Gewalt auf den Schädel wäre in der Weise aufzulösen, dass
bei dem Kopftrauma die plötzliche Verdrängung der Cerebrospinalflüssigkeit und des Gehirns im Ganzen, als ein directer mechanischer
Reiz genügt, um nach rascher Erregung eine dauernde Erlahmung
der Hirncentren herbeizuführen, während wie bei dem Klopfversuch
am Bauch ein oft wiederholter (reflectorischer?) Reiz hierzu erforderlich wäre.

Auf die primäre arterielle Hirnanämie folgt eine mit der Gefässlähmung in Zusammenhang befindliche Hyperämie, die aber, wie es
beim Hirndruck erläutert worden ist, durch Einschaltung grösserer
Widerstände in die Capillarbahnen wiederum secundär den arteriellen
Strom verlangsamt. — Ferner aber bewirkt die Lähmung der Gefässnervencentren eine Erweiterung der Gefässbahnen in allen Kör-
pergebieten mit Anstauung von Blut in denselben, wodurch der arterielle Blutdruck tief sinken muss. Für das Gehirn, in dem der
arterielle Strom verlangsamt ist, bedeutet dies fernerhin, dass das

arterielle Blut seine verschiedenen Bezirke nicht nur langsamer, sondern auch in geringerer Menge durchfliesst.

Koch und Filehne[30]) suchen die Symptome der Gehirnerschütterung von einer directen mechanischen Affection aller Hirncentren in gleicher Weise abzuleiten. — Jedenfalls spielt gerade die Affection des vasomotorischen Centrum die Hauptrolle. Auch sehen wir bei der Commotio cerebri die Störungen derjenigen Centren, welche gegen Ernährungsanomalien am empfindlichsten sind, d. h. die Störungen der verschiedenen in der Grosshirnrinde gelegenen Centren am stärksten ausgesprochen.

Dass bei der Commotio cerebri solche Ernährungsstörungen der Hirncentren wirklich vorliegen, zeigen uns wiederum recht deutlich die in Genesung endenden Fälle, wo die einzelnen Hirnfunctionen gerade so langsam sich wieder herstellen, wie nach schweren Chloroformnarkosen, bei denen zeitweilig eine lebensgefährliche Asphyxie bestanden hatte. — Ich mache Sie besonders auf die von Böhm[31]) beschriebenen Erscheinungen aufmerksam, die er an tief-, fast zu Tode chloroformirt gewesenen Versuchsthieren beobachtet hat und die er als „Erscheinungen nach gehobenem Scheintod" schildert. — Diese Analogie ist desswegen besonders bemerkenswerth, weil Ihnen bekannt ist, wie tief bei bedrohlichen Chloroformnarkosen der Blutdruck für längere Zeit sinken kann.

Wir unterscheiden bei nicht tödtlich verlaufender Gehirnerschütterung leichte Fälle und schwerere Fälle. — Bei beiden ist das Hauptsymptom eine kürzere oder längere Zeit andauernde Besinnungslosigkeit.

In leichteren Fällen bricht der Patient mit einem Gefühl von Schwindel, Flimmern vor den Augen und Sausen in den Ohren zusammen. Sein Gesicht erblasst, der Blick wird starr und theilnahmslos. Die Respiration erscheint flach, der Puls fadenförmig, kaum fühlbar. — Doch bald erholt sich der Getroffene wieder und klagt nur über Kopfschmerz, allgemeine Mattigkeit und Klingen in den Ohren. — Manchmal stellen sich nachträglich verschiedenartige Störungen in der motorischen Sphäre ein, so in den Bewegungen des Auges, auch Stottern oder wenigstens erschwertes Articuliren. — Besonders bemerkenswerth ist eine dauernde Störung in verschiedenen coordinirten Bewegungen, so beim Greifen, beim Stützen u. s. f. — Auch Diabetes mellitus und insipidus und Albuminurie hat man nach Gehirnerschütterungen beobachtet.

Complicirter gestaltet sich das Symptomenbild in schwereren Fällen von Commotio cerebri. — Die Bewusstlosigkeit ist hier eine vollkommene; der Verletzte reagirt auch gegen ganz starke Reize nicht mehr. Die Pupille zieht sich nur schwach beim Lichtreiz zusammen, dagegen sieht man öfters beim Eingiessen von Flüssigkeiten, dass noch Schlingbewegungen stattfinden. — Die Gesichtszüge sind todtenbleich, collabirt. Der Körper kühlt sich rasch ab. Der Puls ist aussetzend, klein, öfters verlangsamt. Harn und Koth werden zurückgehalten oder gehen unwillkürlich ab. Späterhin folgt öfters Erbrechen. — Nach Stunden oder erst nach Tagen tritt eine Wendung zur Besserung ein. Die Athmung wird tiefer, Herz- und Pulsschlag voller und kräftiger, die Körperwärme nimmt zu, die Bewegungen kehren wieder, zuletzt das Bewusstsein.

Meist folgt jetzt auf die allgemeine Depression ein Stadium der Erregung. — Die Hauttemperatur steigt, der Puls wird hart und frequent, das Gesicht zeigt sich geröthet, die Pupillen sind eng, die Augen glänzen.

Entwickeln sich weiterhin wirkliche meningitische Erscheinungen, so hat keine reine Hirnerschütterung, sondern eine Complication mit palpablen Hirn- oder Schädelverletzungen vorgelegen. — Dasselbe müssen wir vermuthen, wenn der comatöse Zustand sehr lange anhält oder wenn die Tiefe des Sopor zunimmt, ebenso wenn Krämpfe oder Lähmungen in bestimmten Bezirken sich einstellen. — Besonders ist dieser Ausgang bei Hirnerschütterungen mit gleichzeitiger Fractur der Basis cranii beobachtet worden.

Wenn auch der Patient nach einer Gehirnerschütterung sich rasch erholt, so ist er aus der ärztlichen Beobachtung durchaus nicht zu entlassen. Manchmal treten noch nachträglich ernste Erscheinungen auf. — Es können plötzlich Hirndrucksymptome sich einstellen, wenn im Schädel gesetzte Blutextravasate sich vergrössern, oder wenn eine nicht diagnosticirbare Hirnquetschung zum Auftreten allgemeiner, entzündlicher Processe im Gehirn und in dessen Hüllen führt.

Die Behandlung der Commotio cerebri ist eine rein symptomatische. Das Darniederliegen des Blutdruckes erfordert die Anwendung den Blutdruck steigernder Mittel, wobei Hautreize bisher eine grosse Rolle gespielt haben. — Vielleicht wird sich auch hier die Autotransfusion mit Tieflagerung des Kopfes als durchaus wirksam erweisen. — Auch öfters wiederholte subcutane Aetherinjectionen (eine Pravaz'sche Spritze voll, etwa ein Gramm auf einmal) sind empfohlen worden. — Ebenso sollten grössere Moschusgaben innerlich gereicht werden, besonders wenn die Patienten schlucken konnten. Hauptsächlich wird man gegen die Abkühlung des Körpers durch Einwickelung in warme Tücher und Anlegen von Wärmflaschen

an den Körper des Patienten, auch durch warme Vollbäder von
längerer Dauer wirken müssen.

Vor Allem ist der Kopf zu scheeren resp. zu rasiren und sorgfältig auf etwaige Verletzungen zu untersuchen. — Sollten sich später
entzündliche Erscheinungen einstellen, so ist gegen dieselben in oben
ausführlich besprochener Weise vorzugehen. — —

Aus der Besprechung der therapeutischen Maassnahmen, die bei
lebensgefährlicher Beengung des Schädelraumes und im Speciellen
bei Kopfverletzungen sich als nothwendig erweisen, sehen wir, dass
für die Anbohrung des Schädels, die Trepanatio cranii, einzelne
Indicationen geblieben sind, die uns veranlassen, diesem operativen
Eingriffe einige Bemerkungen zu widmen.

Seit Jahrhunderten hat über die Zulässigkeit oder Nichtzulässig-
keit dieser den ältesten Völkern bekannten und schon frühzeitig ver-
vollkommneten Operation ein lebhafter Widerstreit der Meinungen
stattgefunden. Wir begegnen hier den extremsten Anschauungen, von
der consequenten Anwendung der Trepanation bei allen complicirten
Kopfverletzungen (prophylaktische Trepanation — Pott), bis zur
völligen Austilgung derselben aus der chirurgischen Praxis (Textor,
Dieffenbach, Malgaigne, Stromeyer).

Im Allgemeinen findet man, dass je vollkommener in einer
chirurgischen Schule die Wundbehandlung war, desto seltener zum
Trepan gegriffen wurde. — Aber auch Diejenigen, welche ihre Kopfverletzten trotz der Trepanation, öfters auch in Folge derselben,
sterben sahen, entfremdeten sich immer mehr dem genannten Eingriffe.

Jedenfalls können wir die prophylaktische Trepanation bei
frischen Kopfverletzungen als definitiv beseitigt ansehen. Wir werden sie durch kunstgerecht durchgeführte antiseptische Reinigung
der Wunden und den nachfolgenden antiseptischen Occlusivverband
zu ersetzen haben; gerade so, wie wir bei frischen Gelenkverletzun-
gen nicht mehr primäre Gelenkresectionen ausführen, blos zu dem
Zwecke, um im Voraus günstige Bedingungen für die innerhalb der
Synovialhöhle stattfindende Eiterung zu schaffen, welcher Process
allerdings, ohne antiseptische Schutzmittel, sich meistens einzustellen
pflegt.

Auch die explorative Trepanation, um zu extrahirende Fremdkörper oder innerhalb des Gehirns gebildete Abscesse zu finden und
zu entleeren, ist in neuester Zeit wesentlich eingeschränkt worden.
— Bei Fremdkörpern werden wir nur dann trepaniren, wenn dieselben in der Schädelwand eingekeilt sich finden und ohne Ent-

fernung der umgebenden Knochensubstanz sich nicht herausbefördern
lassen (im Schädel stecken gebliebene Messerklingen, Ladestöcke
u. s. f.). — Das Suchen nach nicht sichtbaren Fremdkörpern im
Schädelraume, vor Allem nach Kugeln, ist verwerflich, so lange
nicht Hirnerscheinungen vorliegen, welche auf die Anwesenheit selbst
oder auf durch den Fremdkörper verursachte Entzündungen oder
Eiterungen hinweisen. — Das Fehlen einer Ausschussöffnung bei
Kopfschüssen berechtigt nicht zur Annahme, dass die Kugel im
Schädelraume sich findet. Trotz oft sehr bestimmter Angaben des
Patienten oder anderer Zeugen kann die Kraft der Kugel nach dem
Anprall und der Hervorbringung des Knocheneindrucks ermattet und
die Kugel einfach zu Boden gefallen sein. — Ueber den Werth der
explorativen Trepanation bei Hirnabscessen haben wir uns wiederholt ausgesprochen. Eine genauere Kenntniss der Localisation der
einzelnen Gehirnfunctionen muss uns für die Zukunft sichere Anhaltspunkte anbahnen.

So werden wir heute zur Trepanation, d. h. zur Entfernung eines
nicht gelockerten Knochenstückes aus der Continuität des Schädeldaches schreiten: erstens, zu dem Zwecke, um durch Erweiterung
einer vorhandenen Knochenlücke die Entfernung schwer beweglicher
und schwer fassbarer Knochensplitter oder Fremdkörper zu bewirken;
zweitens, um die verletzte Arteria meningea media zu unterbinden
oder zu umstechen, falls die Unterbindung in der Wunde ohne Weiteres nicht möglich wäre; drittens um Blut aus dem Schädel oder
in der Hirnsubstanz angesammelte Eitermassen wegzuschaffen.

Am Schädel ohne Knochenfractur trepaniren wir nur, einmal
um mit dem betreffenden Knochenstück den in ihm festgekeilten
Fremdkörper zu entfernen; ferner zum Zwecke der Unterbindung
der Arteria meningea media, falls trotz mangelnder Knochenver-
letzung deutliche Symptome für die Blutung aus dieser Arterie vorliegen; endlich um den in einer bestimmten Hirnprovinz diagnosti-
cirten Abscess zu entleeren.

Beginnen wir mit der Schilderung des typischen Verfahrens der
Trepanation, mit der Ausbohrung einer Knochenscheibe aus
dem intacten Schädelgewölbe. — Wir haben derselben bereits
gedacht bei Besprechung der Methode zur Unterbindung der Arteria
meningea media.

Durch Spaltung der Haut, der Weichtheile und des Periostes,
dringen wir sofort bis auf den Knochen vor und legen uns denselben,
durch Abhebelung des Periostes, in entsprechender Ausdehnung frei.
— Die Ausbohrung der Knochenscheibe geschieht mit Hilfe der Tre-

pankrone, eines Metallcylinders, dessen unterer Rand mit Säge-
zähnen versehen ist und dessen oberes verschlossenes Ende sich in
eine Hohlaxe fortsetzt, in welcher ein drehbarer Bogen oder eine
quere Handhabe befestigt ist, wodurch die Trepankrone in eine um
ihre Axe rotirende Bewegung versetzt werden kann. — Die erste
Zusammenstellung nennt man den Bogentrepan; die Trepankrone
mit dem Quergriff stellt die Trephine oder den Handtrepan
vor. — Die cylindrische Säge würde aber auf der gewölbten Fläche
des Schädeldaches beim Anbohren des Knochens leicht ausgleiten.
Deswegen befindet sich im Innern des Cylinders ein in seiner Axe
hinauf und hinab zu verschiebender Stachel, die Pyramide. Diese
lässt man zunächst über den freien gezähnten Rand der Trepankrone
hervorstehen und setzt ihn, ehe die Zähne der Krone in den Knochen
eindringen, in ein Loch, das man vorher in die Mitte der auszutre-
panirenden Knochenscheibe mit dem sogenannten Perforativtrepan,
einem Handbohrer mit herzförmiger Spitze, oder mit einem Drill-
bohrer vorgebohrt hat. — Steckt der Stachel tief genug in dem vor-
gebohrten Loche, so greifen nach und nach die Zähne der Trepankrone in den Knochen ein, wodurch eine immer tiefere Sägefurche
um die auszubohrende Knochenscheibe· entsteht. Jetzt zieht man
den Pyramidenstachel innerhalb des Trepancylinders in die Höhe,
um bequemer das weitere Aussägen fortsetzen zu können. Ehe die
Knochenscheibe ganz beweglich geworden, muss in das centrale Loch
derselben eine Schraube geschraubt werden, damit man an dieser
Schraube das herenstrepanirte Knochenstück emporheben könne. Bei-
des vollbringt man durch Einsetzen eines Winkelhakens mit Holz-
stiel in eine entsprechend viereckige Oeffnung am oberen Ende der
Schraube. Der Haken oder Hebel sammt Schraube trägt den Namen
des Tirfonds. Statt seiner kann man sich im Nothfall eines
spitzen Elevatorium oder eines Meissels zum Herausheben, oder der
Bruns'schen Sequesterzange bedienen. — Wo ein Vorbohren
des Loches in der Mitte der Knochenscheibe unmöglich ist, wenn
z. B. die Mitte der Scheibe in ein bewegliches Knochenfragment,
innerhalb einer Knochendepression zu liegen kommt, so muss man
das Abgleiten der Trepankrone beim Aussägen dadurch hindern,
dass man auf den Knochen platte, mit seitlichen Handgriffen versehene Metallringe (Kronenhalter) aufdrückt und innerhalb derselben die Trepankrone in Bewegung versetzt. Man hat auch ge-
lochte Papp-, Leder- oder Holzscheiben dazu benutzt.

Während des Sägens soll man von Zeit zu Zeit mit einer Sonde
innerhalb der Sägefurche ringsum fühlen, ob die Furche überall

gleiche Tiefe hat. Wenn es nicht der Fall wäre, so wird man weiterhin den sägenden Rand der Trepankrone auf der einen Seite mehr
senken als auf der andern. Schon aus diesem Grunde ist die Anwendung des Handtrepans derjenigen des Bogentrepans
im Allgemeinen vorzuziehen, weil man mit dem ersteren fein-
fühliger in die Tiefe vordringen kann. — Hat man die Knochenscheibe
herausgehoben und der Rand der Trepanöffnung zeigt, besonders
nach der Schädelhöhle zu, Rauhigkeiten oder hervorstehende Knochen-
spitzen, so glättet man dieselben mit dem Linsenmesser, einem
Meissel dessen Seitenränder geschärft, dessen Schneide dagegen durch
einen queraufsitzenden platten, linsenförmigen Knopf abgestumpft ist.
Der Knopf kommt zwischen Knochen und Dura zu liegen, während
das Messer um seine Axe gedreht und mit seinen scharfen Seiten-
rändern an den unebenen Knochenrand gedrückt wird, um letzteren
glatt zu schneiden oder zu schaben. — Sehr handlich ist auch die
Luer'sche Hohlmeiselzange zum Abkneifen vorstehender Knochen-
spitzen oder zum Abrunden von Zacken im Rande einer Knochenlücke. Man thut gut von dieser Zange einige Exemplare von verschiedener Grösse zur Verfügung zu haben. — Zum Herausziehen
von Splittern der inneren (Glas-)Tafel, die sich unter dem Rand der
Trepanöffnung, zwischen Dura und Knochen verschoben haben, sind
die langen Bruns'schen Pincetten mit zweimal gekreuzten
Blättern und löffelförmigen Enden zum Fassen sehr brauchbar. Die
Pincetten sind entweder gerade gestreckt oder im Winkel auf der
Fläche gebogen.

Wo es sich nicht um Anlegen einer Oeffnung im intacten Schädeldach handelt, sondern um Erweiterung und Abrundung von traumatischen Knochendefecten, die bei Splitterbrüchen u. s. f. zurückbleiben,
da dürfte die Anwendung von Meissel und Hammer als einfach
und handlicher den Vorzug vor allen Trepanationsinstrumenten verdienen (Roser[32]). — Ebenso empfiehlt es sich, in den Schädelknochen eingekeilte Fremdkörper (Projectile, Messerklingen u. s. f.)
mit dem Meissel herauszuarbeiten, was sicherer und weniger ver-
letzend ist, als das Ausbohren einer Knochenscheibe. — Die Furcht,
dass bei Anwendung des Meissels leicht Fissuren im Knochen entstehen, hat sich ebensowenig bestätigt, als dass bei Anwendung des
Meissels häufige Nekrosen der Defectränder entstehen. — Man bedient sich am besten einseitig zugeschärfter Meissel, wie sie die
Bildhauer benutzen, statt der sonst gebräuchlichen mit keilförmig
verjüngter Schneide. — Die Erfahrungen an anderen Skelettknochen,
die wegen der jetzt häufiger ausgeführten Osteotomien und dergl.,

reichlicher vorliegen, haben ebenfalls obengenannte Einwände gegen die Anwendung des Meissels beseitigt und ihm vor den Sägen den unbedingten Vorzug eingeräumt. — Die reguläre Trepanation am Schädel hat man auch auf die grösseren Röhrenknochen zweckdienlich übertragen, wenn man zur Anbohrung der Diaphysen bei infectiöser Osteomyelitis schreitet, um das verjauchende Knochenmark durch die Trepanöffnung ausspülen, desinficiren, und die Knochenhöhle drainiren zu können.

Die Heilungsvorgänge an einer Trepanationsöffnung vollziehen sich sehr langsam, wie bei allen Fracturen und Fissuren des Schädeldaches. — Nach den Experimenten Kosmowski's [33]) soll die Hauptwucherung von den eröffneten Markräumen der Diploë ausgehen. Das neu gebildete (osteoide) Bindegewebe liefert dann direct Knochensubstanz, die sich von der Peripherie des Trepanloches strahlenförmig in das die Oeffnung verschliessende faserige Bindegewebe vorschiebt. Doch geschieht dies nur in sehr mangelhafter Weise.

In der ersten Zeit drängt das Gehirn die Dura stark in die Oeffnung hinein und zeigt deutliche Pulsationen. Doch allmählich wird die bindegewebige Narbe im Trepanloch, obwohl die Knochenbildung in ihr nur unvollkommen, nur in Form von Knocheninseln vorkommt, so fest und schwielig derb, dass die Hirnpulsationen schwinden.

Bei grösseren Defecten im Schädel, besonders nach Knochennekrosen (z. B. bei Syphilis) gestaltet sich die Narbe viel nachgiebiger, so dass die Hirnpulsationen noch nach Jahren persistiren. — Wegen der Gefahr, der solche Patienten, beim Einwirken erneuter Traumen auf den Kopf ausgesetzt sind, hat man bisher über der Trepanationslücke oder dem Knochendefect eine Schutzvorrichtung mit eingelegten, entsprechend gebogenen und gepolsterten Metall- oder Lederplatten tragen lassen.

Das Einheilen austrepanirter und wieder eingesetzter Knochenscheiben soll in einzelnen Fällen gelungen sein. — Nach den Experimenten von J. Wolff [34]) trägt es zu dem Gelingen der Einheilung bei, wenn man blos einen Knochenlappen deckelartig emporhebt, der an seiner Basis durch das Periost mit dem Schädeldach in Zusammenhang bleibt und sich nachträglich in die Oeffnung wieder reponiren lässt. — Praktisch hat dieses Verfahren bisher noch keine Anwendung gefunden.

[1] Bergmann, Die Lehre von den Kopfverletzungen. Pitha und Billroth's Sammelwerk. III. Bd. 1. Abth. 1873. — [2] Hls. Ueber ein perivasculäres Canalsystem in den Centralorganen und dessen Beziehungen zum Lymphsystem. Zeitschrift f. wiss. Zoologie 1865. Bd. XV. S. 127. — [3] Key und Retzius, Injectionen in die Lymphräume der Schädelhöhle. Nordisk medic. Arkiv. Centralbl. f. die med. Wissensch. 1871. p. 514. — [4] Schwalbe, Der Arachnoidealraum ein Lymphraum. Centralbl. f. die med. Wissensch. 1869. No. 30. — [5] Althann, Der Kreislauf in der Schädelrückgratshöhle. Dorpat 1871. — [6] Schwartz, Archiv f. Gynäkologie 1870. Bd. I. S. 364. — [7] Schellmann, Ueber die Verletzungen der Hirnsinus. Inaug.-Diss. Giessen. — [8] Genzmer, Exstirpation eines faustgrossen Fungus durae matris, tödtlich verlaufen durch Lufteintritt in den geöffneten Sinus longitudinalis. Verhandl. d. deutschen Gesellsch. f. Chirurgie. VI. Congr. 1877. Grössere Vorträge. S. 3. — [9] Prescott Hewett, Holmes' System of Surg. Vol. II. p. 108. — [10] Hueter, Virchow-Hirsch's Jahresbericht 1870. Bd. II. S. 352. — [11] Hueter, Ein Fall von Heilung einer schweren Schädelverletzung mit Umstechung der Art. meningea media. Centralbl. f. Chir. 1879. No. 34. S. 553. — [12] Vogt, Deutsche Zeitschr. f. Chir. 1872. Bd. II. Heft 2. S. 165. — [13] Beck, Die Schädelverletzungen. Freiburg 1875. S. 39. — [14] Holmes' System of Surg. Vol. II. p. 87. — [15] Démarquay, Traité des tumeurs de l'orbite. Paris 1860. — [16] Fischer, Archiv f. klin. Chir. 1865. Bd. VI. S. 595. — [17] Cohnheim, Die Tuberculose vom Standpunkte der Infectionslehre. Univ.-Programm. Leipzig 1879. S. 19. — [18] Broca, Sur le siège du langnage articulé. Bull. de la soc. anatomique de Paris 1861. Bd. IV. — [19] Fritsch und Hitzig, Ueber die elektrische Erregbarkeit des Grosshirns. du Bois' und Reichert's Archiv f. Physiol. 1870. — [20] Socin, Zur Behandlung der Kopfverletzungen. Correspondenzblatt f. Schweizer Aerzte 1876. No. 24. — [21] Pirogoff, Grundzüge der allgem. Kriegschirurgie. Leipzig 1864. — [22] Stromeyer, Maximen der Kriegsheilkunst. Hannover 1861. S. 405. — [23] Lassar, Ueber den Zusammenhang der Hautresorption und Albuminurie. Virchow's Archiv. Bd. 77. — [24] Roser, Was bedeutet das Fehlen der Hirnbewegung bei blossliegender Dura. Centralbl. f. Chir. 1875. No. 11. S. 161. — [25] Vergl. in Bezug auf die Litteratur: Flournoy, Contribution à l'étude de l'embolie graisseuse. Inaug.-Diss. Strassburg 1878. — Wiener, Wesen und Schicksal der Fettembolie. Habilit.-Schrift. Breslau 1879. Und: Scriba, Untersuchungen über Fettembolie. Deutsche Zeitschrift f. Chir. XII. Heft 1 u. 2. — [26] Littre, Histoire de l'acad. royale des Sciences 1705. p. 54. — [27] Alquié, Étude clinique et expérimentale de la commotion traumatique etc. Gaz. méd. de Paris 1865. No. 15. — [28] Fischer, Ueber die Commotio cerebri. Samml. klin. Vorträge von R. Volkmann. 1871. No. 27. — [29] Westphal, Berl. klin. Wochenschr. 1871. S. 461. — [30] Koch und Filehne, Ueber Commotio cerebri. Verhandl. d. deutschen Gesellsch. f. Chir. 1874. III. Congr. Grössere Vorträge. S. 10. — [31] Böhm, Ueber Wiederbelebung nach Vergiftung und Asphyxie. Archiv f. experim. Pathol. und Pharmakol. Bd. VIII. S. 68—101. — [32] Roser, Archiv f. Heilkunde 1867. S. 553. — [33] Kosmowski, Heilung von Trepanationswunden. St. Petersburg 1871 (russisch). — [34] J. Wolff, v. Langenbeck's Archiv. Bd. IV. S. 250 u. ff.

Zwölfte Vorlesung.

Hilfsleistungen bei Massenunglück. — Aerztliche Hilfe im Kriege. Allgemeine Erwägungen. Zielpunkte der Kriegschirurgie. Aufgaben des einzelnen Arztes. Erforderliche Kenntnisse. — Leitende Grundsätze in der Kriegspraxis. — Das Schlachtfeld. Marschfähige, nicht marschfähige Verwundete. — Nothverbandplätze. Auswahl des Ortes. Labung der Verwundeten. Sortiren der Verletzungen. Provisorische Stillung lebensgefährlicher Blutungen. — Wie soll der erste Verband beschaffen sein? — Antiseptische Ballen. Binden, Tücher, Mitellen. Schienen, deren Improvisation. — Tragbahren. Transportmittel vom Schlachtfelde. — Aerztliches Personal. Krankenträger. — Der Verbandplatz. Nur marschunfähige Verwundete. — Aerztliches Personal und dessen Beschaffung. — Organisation der Sanitäts-Detachements. — Consultirende Chirurgen. — Sortiren der Verwundeten. Karten. Die früheren Diagnosentäfelchen. — — Verbände für sofortige Evacuation. Hierher gehörige Verletzungen. — Art des Verbandes. Drainage. Verlauf und Inhalt der Schusscanäle. Schienen, fertige und improvisirte. — Transportmittel vom Verbandplatz nach dem Feldlazareth, der Etappe, dem Sanitätszug. Improvisation derselben. — — Verletzungen, wo operative Eingriffe erforderlich sind. — Keine Resectionen auf dem Verbandplatze. — — Nicht transportable Verletzungen.

M. H. Sie werden begreifen, dass, wenn wir genöthigt sind, das für Ihre kriegschirurgische Thätigkeit Wissenswerthe in den Rahmen einer einzigen Vorlesung zusammen zu drängen, Ihnen nicht eine erschöpfende Darstellung des Gegenstandes, sondern nur in allgemeinen Zügen die leitenden Grundgedanken vorgeführt werden können. Es ist aber auch nicht unsere Aufgabe, zu den zahlreichen Werken über Kriegschirurgie, welche die beiden letzten schlachtenreichen Jahrzehnte gezeitigt haben, ein neues hinzuzufügen. — Sie sollen nur an der Thätigkeit des Arztes im Kriege ein Beispiel erhalten, wie und wann Sie die zur Lebensrettung des einzelnen Individuum erlernten Hilfsleistungen zu verwerthen resp. zu modificiren haben, falls es sich um lebensgefährliche Zustände grösserer Menschenmassen handelt.

Ein Blick in die Geschichte der Kriegschirurgie zeigt uns, dass für die Pflege der Verwundeten erst von dem Zeitpunkt an bei den verschiedenen Völkern eine grössere Fürsorge getroffen worden ist, als die betreffenden Völker auf einer bestimmten höheren Stufe der Civilisation angelangt waren.[1])

In Bezug auf die hier zu stellenden Anforderungen ist man in

dem letzten deutsch-französischen Kriege (1870/71) denselben noch
am allernächsten gekommen. Und es haben sich schliesslich als die
Endresultate aller einschlägigen Bemühungen zwei Punkte ergeben,
deren Lösung im weiteren geschichtlichen Verlauf mit allen Mitteln
angestrebt werden muss, falls wir auf dem kriegschirurgischen Gebiete einen wahren Fortschritt erreichen wollen.

Der erste Punkt betrifft die Aufgabe, dass man mit den
hochherzigen Einrichtungen für die Verpflegung und
Behandlung der Verwundeten im Kriege in Einklang zu
bringen habe die bisher vernachlässigte Hygiene des
Soldaten im Frieden.

Nur Sachsen ist mit Errichtung der Albertopolis bei Dresden
bisher anderen Völkern auf dem bezeichneten Wege mit glänzendem
Beispiel vorangegangen. — Die Verwendung und der weitere Ausbau
der hier erzielten Ergebnisse müssen den Militärärzten von Fach
und den Heerführern überlassen werden.

Für Sie, m. H., die Sie als praktische Aerzte in das alltägliche
Leben innerhalb der grösseren und kleineren Volksgemeinden zu
treten berufen sind, hat der zweite Punkt eine bei Weitem grössere
Wichtigkeit. Denn dieser zweite Punkt beruht in der Aufgabe, die
freiwillige Verwundetenpflege in zweckmässiger Weise
zu organisiren und in möglichst grossem Umfange nutz-
bar zu machen. — Hier ist das Feld, auf dem Sie als wissenschaftlicher Sachverständiger und Berather der opferwilligen Volks-
menge die richtige Vertheilung und Verwendung der vorhandenen
Mittel und Kräfte anzubahnen haben.

Um diesen an Sie gestellten Forderungen in ganzem Umfange gerecht zu werden, sind gewisse Vorbedingungen erforderlich, und zwar:

I. Die Kenntniss der Organisation des Militärsanitätswesens in
Kriegszeiten. Auf diese kann hier selbstverständlich nicht eingegangen werden.

II. Die Kenntniss der ärztlichen Thätigkeit im Kriege, und zwar:

    a) auf dem Schlachtfelde,

    b) auf dem Verbandplatze,

    c) im Feldlazareth,

    d) in den Etappen und in den Heimathslazarethen.

III. Die Kenntniss der Transportmittel vom Schlachtfelde zum
Verbandplatz und zum Feldlazareth, von diesen zur Etappe, von der
Etappe in die Heimath (Land-, Wasser-, Eisenbahntransport).

Von obigen Kategorien können an diesem Orte nur einzelne den
Gegenstand näherer Erörterungen bilden.

Vorerst erscheint es von Wichtigkeit, die allgemeinen Gesichtspunkte festzustellen, welche uns bei unserer ärztlichen Thätigkeit im Kriege zu leiten haben. Kurz zusammengefasst kommt
es hier auf Folgendes an:

1. Richtige Arbeitstheilung unter den helfenden Kräften.

2. Sofortige Sortirung der Verwundeten nach der Schwere der
Verletzung.

3. Rationelle Sorge für die erste Unterkunft und Verpflegung
der Verwundeten (Unterbringung in Gebäuden, Scheunen, Zelten. —
Nahrungszufuhr).

4. Erster Verband mit Rücksicht auf die antiseptische Nachbehandlung und den Transport.

5. Zweckmässige Verwendung vorhandenen Materials (Soldaten-
kleider, Waffen, Mobiliar in Wohnungen, Fuhrwerke in Städten und
auf dem Lande u. s. f.) zu improvisirten Verbands-, Lagerungs- und
Transportmitteln.

Nach Obigem wird es Ihnen klar sein, dass gerade die Thätigkeit auf dem Schlachtfelde und auf dem Verbandplatz als die wichtigste und mühevollste erscheint. Sie
erheischt aber auch eine ganz besondere Berücksichtigung, weil
sie von der wundärztlichen Praxis im Frieden sich in
vieler Hinsicht unterscheidet. — —

Das Schlachtfeld.

Die Aufgabe für den Sanitätsdienst besteht hier in dem Rücktransport aller noch lebenden Verwundeten nach dem Verbandplatz oder nach dem Feldlazareth. Und zwar werden die Verwundeten einfach in die beiden Hauptkategorien zu sondern sein.

a) Marschfähig: Rücktransport ins Feldlazareth.

b) Nichtmarschfähig: Rücktransport auf den Verbandplatz.

Um dieses Sortiren im Grossen vornehmen zu können,
müssen auf dem Schlachtfelde selbst, womöglich ausserhalb der
Tragweite des Kleingewehrfeuers, bestimmte, durch die Genfer Con-
ventionsfahne (rothes Kreuz im weissen Felde) markirte Sammel-
plätze für die Verwundeten (Nothverbandplätze) angelegt werden.
Womöglich wird man zu diesem Zweck ein Terrain mit einer schat-
tigen Baumgruppe, vielleicht mit einem Brunnen oder einer Scheune,
oder wenigstens einen Ort wählen, wo man für die schwer Verletzten ein Zelt aufspannen kann.

Die erste Thätigkeit auf diesem Nothverbandplatze

muss bestehen in der Labung und Erfrischung der Verwundeten. Die Hauptsorge werden wir sodann neben dem Sortiren der Verletzungen auf das Anlegen der Nothverbände zu
richten haben. Von operativen Eingriffen kommt nur die provisorische Blutstillung bei lebensgefährlichen Blutungen
in Frage.

Wie soll der erste Verband auf dem Schlachtfelde beschaffen sein?

Bei der modernen Kriegführung überwiegen die Schussverletzungen alle andern Verwundungen. So betrugen im Feldzuge
1866 die Verwundungen im preussischen Heere[2]) bei 13202 Fällen:
durch Gewehrschüsse 79 Proc., durch Granaten etwa 16 Proc., während die Verletzungen durch Säbel und Lanze nur circa 5 Proc. und
durch Bajonett etwa 0,4 Proc. erwiesen. — Noch evidenter stellen sich
die Verhältnisse in der Statistik des Krieges 1870 71 [3]). Hier betrug der Gesammtverlust des preussischen Heeres 65160 Mann, wovon 86 Proc. auf Schussverletzungen und 7,8 Proc. auf Verletzungen
durch Granat- und Bombensplitter kommen. Ziehen wir fernere
4 Proc. ab für Verletzungen, bei denen eine nähere Bezeichnung der
Waffe fehlt, so bleibt der Rest für Wunden, die durch Säbelhiebe
und Kolbenschläge, durch Bajonett- und Lanzenstiche, duren Sprengstücke von Gestein und Erde und durch Minenexplosionen entstanden waren, ebenso für Brandwunden.

Da wir es also vorzugsweise mit Schussverletzungen zu
thun haben, entstanden durch die Wirkung von Klein-
gewehrprojectilen, so muss unsere Sorge bei dem Anlegen von
Nothverbänden vorzugsweise und mit Rücksicht auf die Erzielung
eines aseptischen Wundverlaufes darauf gerichtet sein, dass der Zutritt aller unreinen Stoffe, welche eine Zersetzung innerhalb
der Wunde anregen könnten, verhindert werde.

Als erstes Schutzmittel im negativen Sinne ist die möglichste
Einschränkung aller Untersuchung der Wunden mit den
Fingern anzusehen, falls man die Finger nicht hat streng desin-
ficiren können, wozu selbst unter günstigen Umständen auf dem
Schlachtfelde nur selten die Möglichkeit vorliegen wird. — Gegen-
über der Forderung, die noch zu Anfang des deutsch-französischen
Krieges an die Chirurgen gestellt wurde, möglichst zeitig durch das
Einführen des Fingers in die frische Wunde über die Art der Ver-
letzung sich zu orientiren, müssen wir die Nothwendigkeit betonen,
die primäre Untersuchung der Wunden, falls nicht eine bedrohliche
Blutung vorliegt, ganz zu unterlassen und zu Gunsten des antisepti-

schen Wundverlaufes auf eine genaue Diagnose zu verzichten. [1] —
Wir werden in dieser unserer Handlungsweise bestärkt durch die
sich mehrenden Beobachtungen von prima intentio, sei es unter
dem Schorf oder unter antiseptischen Cautelen geheilter Schussverletzungen (Stromeyer, Pirogoff, von Langenbeck, Volkmann, Fischer, Socin[5]), Klebs[6])).

Zu letzterem Zwecke werden wir die Ein- und Ausschussöff-
nungen durch Substanzen zu verlegen haben, die einestheils die
directe Verunreinigung der Wunden unmöglich machen, anderntheils,
falls die Beschmutzung der Verbandstoffe unvermeidlich wäre, so
viel antiseptisches Material enthalten, dass eine Zersetzung der in
die Verbandstoffe eingedrungenen Verunreinigungen nicht eintreten
kann. — Die Bedeutung des in dem Verbandmaterial angehäuften
Antisepticum für das Wundsecret, kommt erst in zweiter Linie in Betracht, da höchstens auf den Wunden, welche erst im Feldlazareth
zur Weiterbehandlung gelangen, der Nothverband eine längere Zeit
liegen bleibt. — Bei den anderen Wunden, die auf den Verbandplatz
kommen, hat derselbe nur die Bedeutung eines vorübergehenden
Schutzmittels.

So wird es Ihnen begreiflich, dass wir uns mit relativ kleinen
Mengen eines Verbandstoffes behelfen können, wobei es nur darauf
ankommt, dass die den Verbandstoff imprägnirende antiseptische
Substanz in demselben wirklich gleichmässig und in unveränderter
Menge vertheilt bleibe. — Darin gerade liegt eine Schwierigkeit, die
bis auf den heutigen Tag als nicht gelöst angesehen werden muss.
So hat man vorgeschlagen, Tampons aus Jute (Juteballen in Gaze-
stücke eingebunden), die, sei es mit Carbolharz, sei es mit Salicylsäure oder Chlorzink imprägnirt worden war, zu solchen Nothverbänden zu benutzen, indem die Tampons auf die Wunden aufgedrückt und mit Binden oder Tüchern befestigt werden sollten. — Die
Tampons nebst Binde oder dreieckigem Tuch in ein Stück wasserdichtes Papier eingewickelt (Esmarch l. c.), sollen einem jeden Soldaten entweder in dem Tournister mitgegeben oder an einem bestimmten Ort der Uniform eingenäht werden, so dass jeder Soldat im
Nothfall sich selbst oder einem Kameraden einen Nothverband anlegen könne.

Wichtiger und zweckmässiger wird es sein, nur eine gewisse
Zahl von Soldaten und vor allen Dingen die zum Krankendienst von
vornherein bestimmten Lazarethgehilfen mit einer grösseren Menge,
besonders verpackter Tampons der oben beschriebenen Art zu versehen. Und zwar aus dem Grunde, weil die Tampons, die jeder

Soldat im Tournister oder Waffenrock mit sich herumträgt und die alle Strapazen, besonders der Uniform mit zu machen haben, nur sehr schwer die von ihnen geforderten Eigenschaften der Reinheit und der Antiseptik bewahren.

Vor allen Dingen wird die Carbolsäure als flüchtiges Antisepticum trotz der Verpackung sehr rasch sich verflüchtigen, wie wir solches aus den Untersuchungen über den Gehalt der nach Lister, Münnich und P. Bruns präparirten carbolhaltigen Verbandstoffe wissen.[7] — Die von Esmarch vorgeschlagenen Tampons aus Salicylsäurejute, wobei das relative Nichtflüchtigsein der Salicylsäure in Betracht gezogen wurde, haben sich bei dem vom preussischen Kriegsministerium angestellten Versuchen ebenfalls nicht als ausreichend erwiesen.[8] Da es nicht gelingt, die Salicylsäure innig mit der Jute zu verbinden, so fällt dieselbe in Krystallen aus, und dieselben finden wir in der Emballage neben dem salicylfreien nicht antiseptischen Juteballen, wenn der Rock des Soldaten auch nur ein paar mal ausgeklopft worden ist. Auch der Chlorzink stäubt etwas aus.

Indem wir also bei dem Princip der antiseptischen Ballen beharren, müssen wir abwarten, ob es gelingt, dieselben mit einem Antisepticum zu tränken, welches für lange Zeit die antiseptischen Eigenschaften der Ballen gewährleistet.

Bei den marschfähigen Verwundeten, die wohl meist am Kopf und an den oberen Extremitäten leichter verwundet sein werden, hat die Befestigung der Ballen durch Binden oder Tücher zu geschehen. — Zur Unterstützung der Arme durch Hängeverbände benützen wir ebenfalls grosse dreieckige Tücher (Mitellen). Im Nothfall lassen sich die Mitellen aus Rockärmeln und aus Rockschössen improvisiren.[9]

Wenn möglich, ist den verbundenen Kriegern die Feldflasche mit stärkendem Getränk gefüllt auf den Marsch mitzugeben. —

Bei den nichtmarschfähigen Verwundeten, bei denen wohl meistens Verletzungen der Knochen in der Continuität vorliegen, werden wir für den Transport nach dem Verbandplatze allerdings dieselben antiseptischen Ballen in Verwendung ziehen; es müssen aber für den nothwendigen Transport noch Schienen hinzugefügt werden, welche die Lage der fracturirten Knochenenden sichern.

Solche Schienen lassen sich aus Gewehren, aus Bajonetten, aus Säbelscheiden, aber auch aus Zweigen, aus Stroh, aus Strohmatten, Decken (Pferdedecken), Mänteln u. s. f. improvisiren. — Beim Transport, der wohl meist durch Krankenträger auf Feldtragen oder Bahren geschieht, wird man den Tornister als Kissen benutzen. —

(Die Einzelheiten finden sich in dem mustergiltigen, schon citirten Handbuch der kriegschirurgischen Technik von Esmarch, das einem jeden jungen Chirurgen aufs Dringendste zum Studium empfohlen werden muss.)

Die Bahren selbst sind mit Drilltuch oder Segeltuch überzogen. Seltener wird man in grösserem Maassstabe den Transport in Krankenwagen, noch seltener in Tragvorrichtungen bewerkstelligen können, die am Sattel von Pferden oder Mauleseln (Cacolets) aufgehängt sind.[10] — Auch die Tragbahren lassen sich aus Stangen oder Baumstämmchen (Smith[11]) mit Querhölzern improvisiren, die man mit Strohmatten deckt. Auch kurze Leitern, mit Mänteln überspannte Gewehre u. s. f. sind verwendbar.

Wie schon erwähnt, ist von chirurgischen Operationen auf dem Schlachtfelde nur die provisorische Blutstillung mit Tourniquet oder noch besser die elastische Einwickelung (nach Esmarch und Bardeleben) anzuwenden.

In Bezug auf das zur Fortschaffung der Verwundeten vom Schlachtfelde erforderliche Personal ist zu bemerken, dass wir auf den Nothverbandplätzen nur wenige Aerzte brauchen, deren Hauptaufgabe in dem Sortiren der Verwundeten besteht. — Zum Anlegen der ersten Verbände genügt dagegen eine grössere Zahl von Lazarethgehilfen. Noch viel zahlreicher müssen die Krankenträger vorhanden sein, denen unter militärischer Leitung die Fortschaffung der nicht marschfähigen Verwundeten obliegt. — Bei einer grossen Zahl von leichter zu transportirenden Verwundeten könnte auch die Hilfe freiwilliger Krankenträger in Frage kommen, doch nur in der Weise, dass letztere ebenfalls der sachverständigen militärischen Leitung unterstellt werden.

Der Verbandplatz.

Derselbe bildet die erste Etappe hinter dem Schlachtfelde zur Aufnahme der nichtmarschfähigen oder auf dem Transport vom Schlachtfelde nach dem Feldlazareth marschunfähig gewordenen Verwundeten. — Die Lage des Verbandplatzes muss eine möglichst gesicherte und doch vom Schlachtfelde aus leicht auffindbare und erreichbare sein.

Zur Aufnahme auf dem Verbandplatz sollen also nur marschunfähige Verwundete kommen, die zunächst je nach der Schwere der Verletzung nach folgenden Kategorien sortirt werden sollten:

1. Sofort rückwärts zu transportiren, nach Anlegung eines Transportverbandes;

2. Rücktransport nach mehrstündiger Ruhe resp. nach Ausführung erforderlicher Operationen;

3. Nicht zum Transport geeignet.

Das Sortiren der Verwundeten auf dem Verbandplatz ist die schwierigste und für den Verwundeten bedeutungsvollste ärztliche Thätigkeit. Sie entscheidet zum grossen Theil über das weitere Schicksal des verletzten Kriegers. Es muss daher diese Thätigkeit in erfahrene, kriegschirurgisch wohlgeschulte Hände gelegt werden. — Nicht auf dem Schlachtfelde sollen, wie so oft bisher, die ärztlichen Kräfte angehäuft werden, ohne daselbst eine erspriessliche Thätigkeit entwickeln zu können. Auf dem Verbandplatze kommt es darauf an, ein reichliches ärztliches Personal zur Hand zu haben, welches in Sectionen getheilt, die vielgestaltige und umfangreiche Arbeit zu bewältigen haben wird.*)

---

*) Es ist hier nicht der Ort, genauer zu erörtern, wie das für die Action nothwendige ärztliche Personal für die Sanitätsdetachements, denen die Arbeit auf den Verbandplätzen zufällt, zu beschaffen wäre. — Die Erfahrungen des deutsch-französischen Krieges haben ungefähr folgende Gesichtspunkte ergeben: 1. Verdoppelung der Sanitätsdetachements für jedes Armeecorps, so dass jedenfalls jeder Brigade ein Sanitäts-Detachement zukommt. — 2. Verminderung des ständigen ärztlichen Personales der San.-Det. von 7—8 Aerzten auf höchstens 3 Aerzte. — 3. Trennung der Krankenträgercompagnieen von den San.-Det., so dass jede Halbcompagnie unter Führung eines Lieutenants und unter ärztlichem Commando eines Assistenzarztes direct der Brigade unterstellt wird. — 4. Die Führung und das Commando des San.-Det. fällt dem Chefarzt zu. — 5. Für die Mannschaften des San.-Det. (Lazarethgehilfen, Krankenwärter) müssen zum Transport Omnibuswagen vorhanden sein, die während der Etablirung des San.-Det., auch zum Transport von Verwundeten auf den Verbandplatz benutzt werden sollen. Hierdurch wird die Beweglichkeit der San.-Det. im Ganzen und die Leistungsfähigkeit der Mannschaften während der Etablirung vergrössert. — 6. Die Krankentransportwagen sind den Krankenträger-Compagnieen resp. -Halbcompagnieen anzuschliessen. — 7. Ausser 2 Packwagen (1 für die Aerzte, 1 für die Mannschaften) hat das San.-Det. mitzuführen: a) einen Operationswagen enthaltend: Operationszelt, Operationstisch, Instrumente, antiseptischer Apparat und die Apotheke (bestehend aus grossem Vorrath von Carbolsäure, aus kleineren Mengen von Chloroform, Chlorzink, zweiprocentige Carbolvaseline, Morphium (zu subcutanen Injectionen), Ricinusöl; aus noch kleineren Mengen von Opiumprä-paraten (zum innerlichen Gebrauch), von Natron sulphuricum; und aus geringen Mengen von Liq. ferri sesquichl., Arg. nitr., Tinct. sem. Strychni, Tannin, Ol. croto-nis, Natr. bicarb., Tinct. Chinae comp. u. dergl.,— b) einen Verbandwagen mit allen antiseptischen Verbandmitteln: Carbolharzjute, Salicylwatte, Mull- und Gaze-binden und mit Chlorzink imprägnirte Flanell- und Leinwandbinden, Schienen und Schienenmaterial (s. u.), wasserdichtes Zeug (gewalzter Gummi, Firnisspapier), Heft-pflaster, Kautschukringe zur Extension, Eisblasen. Endlich c) einen Proviant-wagen, enthaltend: Erbswurst, Fleischconserven, Reis, Schnaps, Wein, Kaffee

Auf dem Verbandplatz ist aber auch der Ort, auf welchem die am meisten erfahrenen Chirurgen, wenn auch nur zeitweise, an die Spitze des übrigen ärztlichen Personals zu treten haben. — Hier werden sie ihr ganzes Wissen und Können in vollem Umfange zur Geltung bringen können. Hier, wo das Loos von Hunderten und Hunderten entschieden wird, kann ihr Rath und ihr Urtheil ganz besonders nützen; vielleicht mehr, als in den Feld- und Etappenlazarethen, wo die consultirenden Chirurgen meist nur in die Nachbehandlung eingreifen, und zwar manchmal zur Verstimmung derjenigen, die bis dahin in sorgsamster Weise die ärztliche Pflege der ihnen seit Wochen und Monaten anvertrauten Patienten durchgeführt haben. —

Die erste Aufgabe des leitenden Chirurgen auf dem Verbandplatze besteht in der Trennung des ärztlichen Personals in vier Sectionen, je nach den individuellen Fähigkeiten der einzelnen Aerzte. Einer jeden dieser Sectionen kommt, wie wir sehen werden, eine besondere Thätigkeit zu.

An die Spitze der ersten Section stellt sich der Chirurg selbst und übernimmt in Gemeinschaft mit derselben das Sortiren der auf den Verbandplatz nach und nach hertransportirten Verwundeten.

Nach den oben aufgestellten Kategorien werden nunmehr den einzelnen Verwundeten, am besten verschiedenfarbige Karten auf der Brust befestigt. Diese Karten sollen auf beiden Seiten ein bestimmtes Wort gedruckt enthalten, zur Andeutung der verschiedenen Kategorien. So könnte z. B. auf gelben Karten das Wort „Sofort", auf blauen Karten das Wort „Warten", auf rothen das Wort „Bleiben" gedruckt sich finden.

Bisher hatte man an Stelle der hier vorgeschlagenen Karten die sogenannten „Diagnosentäfelchen" eingeführt und in grösserer Zahl an die Aerzte vertheilt. Auf diesen Täfelchen sollten die Aerzte die Ergebnisse ihrer primären Untersuchung möglichst genau verzeichnen. — Diese Täfelchen stammen aus der Zeit, wo die primäre Untersuchung der Wunden mit dem Finger dringend empfohlen wurde.

---

und Zucker. — 8. Im Falle der Action werden vom Divisionsarzt resp. Corpsarzt je nach Bedürfniss und Abkömmlichkeit Truppenärzte und Aerzte nicht activer Feldlazarethe für die Zeit der Etablirung des San.-Det. zu demselben commandirt. — 9. Während der Etablirung des San.-Det. übernimmt dessen Commando der der Brigade resp. der Division zugetheilte consultirende Chirurg, in Vertretung der Chefarzt des San.-Det. (Vgl. auch: von Scheven, Deutsche militärärztl. Zeitschr. 1877. Heft 6. S. 265.)

Diesen Täfelchen und dem Wunsche zu Liebe möglichst genaue und gute Diagnosen aufzuschreiben, ist der Finger in so manche Wunde gesteckt worden, die ohne den Eingriff anstandslos geheilt wäre. — Blut, Regen oder Staub hatten bald die oft nur flüchtig und kaum leserlich hingeworfenen Schriftzüge unkenntlich gemacht. Das Diagnosentäfelchen war umsonst geschrieben, das Leben des Verwundeten umsonst geopfert worden.

Die hier vorgeschlagenen verschiedenfarbigen Karten haben den Zweck, nur auf dem Verbandplatze den Ueberblick beim Sortiren und Gruppiren der Verletzten zu erleichtern. — —

Mit der Kategorie derjenigen Verletzten, welche nach Anlegung eines Transportverbandes **sofort rückwärts evacuirt werden können**, hat sich die selbstständige zweite ärztliche Section zu beschäftigen. — Zu dieser Kategorie gehören alle Verletzungen (marschunfähiger Krieger), **die keinen directen operativen Eingriff verlangen** und zwar: alle Weichtheilschüsse, alle Gelenkschüsse und alle Prellschüsse, ohne Continuitätstrennung der Knochen. Ebenso Lungenschüsse ohne Bluthusten, Bauchschüsse ohne Vorfall von Eingeweiden.

In allen diesen Fällen ist die Gegend der Verletzung sorgfältig zu reinigen, und ein Lister'scher Verband möglichst unter Anwendung des Carbolspray anzulegen, wozu wir platte Lagen oder in Säcken von antiseptischer Gaze gestopfte Kissen (Neuber[13]) von Carbolharzjute (Münnich[14]) oder von trockener Chlorzinkjute (Bardeleben[15]) anwenden werden. Auch die nach P. Bruns[16] auf kaltem Wege präparirte Carbolharzgaze käme hier in Frage. — Die Befestigung der antiseptischen Verbandstoffe wird an den Extremitäten mit einfachen, gestärkten und mit einer 3—5procentigen Carbolsäurelösung anzufeuchtenden Gazebinden, an Brust und Bauch, an Schulter und Hüfte mit Zuhilfenahme von wenig gestärkten Gaze-(Mull-) Binden oder von Flanell- resp. Leinwandbinden zu geschehen haben, die man vorher mit einer 10proc. Chlorzinklösung imprägnirt hat (Bardeleben l. c.).

Eine **Drainagirung** der Wunden wird hier nur ausnahmsweise auszuführen sein, um eine mögliche prima intentio nicht zu stören. — Für den Verlauf der Wundcanäle erscheint es von Wichtigkeit, **die Stellung zu eruiren, in welcher die Verletzung erfolgt war**, um durch Nachahmung dieser Stellung die Bahn des Projectils leichter wieder zu finden. — Zweitens muss ein besonderes Augenmerk auf die **Beschaffenheit der Kleidungs-(Bewaffnungs-) Stücke am Orte der Einschussöffnung** gerichtet werden, um im Voraus beurtheilen zu können, ob, wieviel und welche Partikel der Kleidungsgegenstände in den Schusscanal mit hineingerissen worden sind.

Zur Schienung der Extremitäten, wenn auch keine Knochenbrüche vorliegen, werden wir auch bei den Verletzungen dieser Kategorie meistentheils schreiten, weil es theils auf feste und sichere Compression der Theile, theils auf die Immobilisation der Gelenke ankommt.

Wir können theils fertige Schienungsapparate z. B. Blechschienen (Volkmann), Drahthosen (Mayor, Bonnet, Roser) u. s. f. benutzen. Zum grösseren Theil werden wir wohl aus entsprechendem Material Schienen improvisiren können, z. B. aus Drahtsiebgeflecht, aus Holzstoff (Gooch, Schuyder, Esmarch) oder aus Zinkblech (Guillery, Schoen[17]) u. s. f. Ueber die aus Zweigen, Strohbündeln, Bajonetten, Degenscheiden, Gewehren zu improvisirenden Schienen vgl. Esmarch[18]).

Als Transportmittel vom Verbandplatz nach dem Feldlazareth oder, falls in nicht zu weiter Entfernung Etappen für den Eisenbahntransport in die Heimath (Sanitätszüge) sich finden, werden uns dieselben Vorrichtungen dienen müssen, die wir bereits für den Transport vom Schlachtfelde nach dem Verbandplatz kennen gelernt haben. Nur dass jetzt, gegenüber dem Transport auf Tragbahren durch Krankenträger, der Transport auf Wagen oder wagenähnlichen Vorrichtungen in den Vordergrund tritt. — Auf der internationalen Ausstellung für Hygiene und Rettungswesen in Brüssel im Jahre 1876 hat der Transportwagen von E. Meyer in Hannover die allgemeinste Anerkennung gefunden.[19])

Meistentheils wird aber während grosser Schlachten an Wagen, die, sei es von der Militärbehörde, sei es von der freiwilligen Krankenpflege aus, für den Verwundetentransport vorbereitet worden sind, sehr bald ein Mangel eintreten. — Daher wird es unsere Aufgabe sein, bereits in Friedenszeiten uns mit der Anpassung der alltäglichen, in jedem Lande eigenthümlichen Transportmittel zu dem speciellen Zwecke der Beförderung von Verwundeten zu beschäftigen. — Jeder auf diesem Gebiete neu angegebene Gedanke, mag er von einer Seite stammen von welcher er wolle, wird um so mehr dankbar anzuerkennen sein, als seine Durchführung weder dem Staate noch der freiwilligen Krankenpflege in Friedenszeiten besondere Geldopfer auferlegt, wie solches bisher sehr häufig der Fall war, wo man es sich angelegen sein liess, möglichst bequeme und für eine möglichst grosse Zahl von Verwundeten eigenst construirte und sehr kostspielige Wagen im Voraus herzustellen. — Dass solche nur auf günstigem Terrain brauchbar sind, haben die Erfahrungen des deutsch-französischen Krieges und diejenigen des letzten russischen Feldzuges zur Genüge bewiesen. — Beim Mangel guter Wege, in sumpfigen Gegenden oder in gebirgigen Ländern erweisen sie sich als unbrauchbar.

Hier werden wir die localen Beförderungsmittel (zweirädrige Karren, Kibitken, Leiterwagen u. s. f.) für eine bequeme Lagerung der Verwundeten, und zwar am besten auf den Tragbahren selbst, einzurichten suchen. Wie solches zu geschehen habe, dafür liefern uns die besten Beispiele die Modelle der norwegischen Bauernwagen (Smith l. c.) auf der Brüsseler Ausstellung von 1876. Ferner die Vorrichtung für den Transport auf zweirädrigen Karren aus der Pariser Ausstellung vom Jahre 1878, welche wir auf S. 41 des Berichtes von Riaut[20] abgebildet finden. Und sodann die bemerkenswerthe Zusammenstellung über den Transport von Verwundeten mit Hilfe von Lastthieren in Circular 9 des Nordamerikanischen Kriegsdepartements vom 1. März 1877.[21] — —

Eine weitere Kategorie, in welche alle Verletzungen einzureihen sind, die einen unmittelbaren operativen Eingriff verlangen, und die wir mit der blauen Karte („Warten") versehen hatten, soll der dritten Section des ärztlichen Personals anvertraut werden. Da es sich hier um Ausführung grösserer chirurgischer Operationen handelt, so müssen in dieser Section die besten operativen ärztlichen Kräfte vereinigt werden.

In die eben genannte Kategorie gehören 1. alle blutenden Wunden. — Hier sind die verschiedenen Mittel der directen Blutstillung, vor allen Dingen das Aufsuchen des blutenden Gefässes in Anwendung zu bringen, wobei öfters eine ausgedehnte Spaltung der Schusscanäle nothwendig werden kann.

2. Alle Verletzungen von Gefässen, auch wenn keine unmittelbare Blutung vorliegt. — In allen solchen Fällen wird die Ligatur central und peripher, mit oder ohne Excision des zerschossenen oder angeschossenen Gefässstücks vorzunehmen sein.

3. und 4. Knochenschüsse und Gelenkschüsse mit Splitterung. — Diese Verletzungen werden nach den für die antiseptische Behandlung complicirter Fracturen geltenden Regeln in Angriff zu nehmen sein, sei es dass man mit Volkmann[22] die ausgiebige Einspaltung der Schusscanäle mit Bloslegung der Bruchstellen, Entfernung aller losen Splitter, gründlichster Desinfection der Wunde u. s. f. für das richtige Verfahren hält, oder dass man den Erfah-

rungen Reyher's[23]) und Bergmann's[24]) aus dem russisch-tür-
kischen Kriege entsprechend, die Heilung anzustreben wagt, unter
einem streng antiseptischen Occlusionsverband, ohne den Splitter-
bruch selbst cher anzugreifen, als bis der spätere Verlauf des Falles
die Unmöglichkeit einer aseptischen Heilung erweist.

5. Alle Verletzungen der Schädelknochen; besonders
solche, die bis auf das Gehirn dringen. — Hier werden wir ganz
nach den sub 3 u. 4 angegebenen Regeln zu verfahren haben. Nur
dass hier das active Vorgehen (Bloslegen der Fracturstellen, Extraction loser Splitter, Chlorzinkauspinselung, Drainage, Listerverband)
noch viel mehr am Platze sein wird, wegen der Reizung, welche das
Gehirn durch eindringende Knochensplitter erleidet. Auch hat Socin[25])
durch das oben charakterisirte Vorgehen recht bemerkenswerthe Erfolge bei den verwandten Verletzungen der Friedenspraxis erzielt
(siehe Vorlesung XI).

6. Kehlkopfschüsse. — Für dieselben haben wir bereits
die Ausführung der Tracheotomie als einen für alle Fälle nothwendigen prophylaktischen Act hervorgehoben.

7. Lungenschüsse mit Bluthusten. — Neben der subcutanen Einspritzung grösserer Morphiumdosen, muss es der Beurtheilung eines jeden einzelnen Falles überlassen bleiben, ob hier
noch eine Aderlässe hinzuzufügen sein wird oder nicht (siehe Vorlesung VI. S. 43).

8. Bauchschüsse mit Darmvorfall. — Nach Reinigung
und event. Darmnaht, wird letzterer zu reponiren und eine Bauch-
wandnaht anzulegen sein.

9. Blasenschüsse. — Gelingt es bei letzteren den Katheter
einzuführen, so soll man denselben dauernd in der Blase zum continuirlichen Entleeren des Harnes liegen lassen. Wäre die Urethra
verletzt und im Augenblicke nicht passirbar, so müsste sofort der
Blasenstich ausgeführt und an denselben die Urethrotomia ext. mit
Einlegen des Katheters in Permanenz angeschlossen werden (siehe
die Behandlung der Blasenschüsse S. 150 und auch den Catheterismus post. S. 146).

10. Hodenschüsse. — Dieselben gehören zu den schmerz-
haftesten Schussverletzungen. Neben Morphium würden dieselben
durch antiseptische Compression und Suspension zu behandeln sein.

11. Zertrümmerung ganzer Extremitäten, wie solche
am häufigsten durch Granatsplitter zu Stande kommen. — Hier treten
die Amputationen in ihr Recht.

Die Ausführung von Resectionen auf dem Verband-

platze wird möglichst zu beschränken und bis zum Feldlazareth zu verschieben sein. Bei strenger Durchführung der Antisepsis kann man auch meist die Resectionen als secundäre Operationen ausführen.

Wir wenden uns schliesslich zur letzten Kategorie von Verletzungen (rothe Karte mit „Bleiben‘), welche als nichttransport-
fähig zunächst auf dem Verbandplatze zurückbleiben
müssen. Falls die Verletzten dieser Kategorie die erlittenen Traumen überleben, würde ihr Transport erst dann anzuordnen sein, wenn
alle übrigen Verwundeten vom Verbandplatze entfernt worden sind.
Es gehören hierher:

1. Alle hochgradig Anämischen.

2. Alle Bewusstlosen.

3. Alle Kopfverletzungen mit beträchtlichem Hirn-
vorfall oder umfangreicher Gehirnverletzung.

4. Verletzungen der Wirbelsäule und solche des
Beckens, namentlich wenn letztere mit Splitterung oder ausgedehnten Continuitätstrennungen verbunden sind.

5. Multiple schwere Verletzungen.

Die hier in Frage kommenden Patienten, welche der Section 4
des ärztlichen Personals zu übergeben sind, bedürfen einer besonders sorgsamen Pflege und einer dauernden sachverständigen Ueber-
wachung, um zu retten, was sich noch retten lässt. — Besonders
dürfte für die Kopfverletzungen der hier fraglichen Art die Antisepsis erfreulichere Erfahrungen liefern, als wir sie mit ihrem un-
beschreiblichen Elend auf den Verbandplätzen des deutsch-französischen Krieges kennen zu lernen die traurige Gelegenheit hatten. —

Für diese Patienten kommt es vor allen Dingen darauf an, eine
möglichst gute und gesicherte Lagerung zu schaffen, da wir, wie
schon gesagt, mit der Evacuation bis ganz zu Ende unserer Thätigkeit
auf dem Verbandplatze warten müssen. — Und nur für die Fälle,
wo unsere Thätigkeit nicht der siegreichen, sondern der besiegten
und zurückweichenden Armee gilt, wird der Rücktransport auch der
schwersten Verwundeten nach Kräften zu beschleunigen sein.

So sehen Sie, dass die vielseitige und oft überwältigende Thätigkeit auf dem Verbandplatz dennoch in wirksamster Weise sich
durchführen lässt, wenn wir dem bei jedem Massenunglück wichtigsten Grundsatze folgen: Theilung der Arbeit und harmonisches Zu-
sammenwirken der arbeitenden Kräfte.

[1] Knorr, Ueber Entwickelung und Gestaltung des Heeres-Sanitätswesens d. europäischen Staaten. Hannover 1878 u. 1879. 6 Hefte. — [2] Militär-Wochenblatt. 1867. S. 244. — [3] G. Fischer, Statistik der in dem Kriege 1870 71 im preussischen Heere vorgekommenen Verwundungen und Tödtungen. Berlin 1876. S. 6. — [4] Esmarch, Die antiseptische Wundbehandlung in der Kriegschirurgie. Verhandl. des V. Congresses d. deutsch. Gesellsch. f. Chir. I. S. 13—17 (Discussion) und II. S. 104. — [5] Socin, Kriegschirurgische Erfahrungen. Leipzig 1873. [6] Klebs, Beiträge zur pathologischen Anatomie der Schusswunden. Leipzig 1872. S. 50 u. ff. — [7] Kaufmann, Centralbl. f. Chir. 1879. Nr. 50. — Ferner: Münnich, Deutsche militärärztliche Zeitschrift. 1880. Heft 2. S. 47—81. — [8] Verhandl. des VIII. Congresses d. deutschen Gesellschaft f. Chir. 2. Sitzung vom 17. April 1879. S. 47 u. ff. — [9] Esmarch, Handb. der kriegschirurg. Technik. 1877. p. 58. — [10] H. Fischer, Allgemeine Kriegschirurgie. S. 301. Handb. v. Pitha u. Billroth. — [11] Smith (Norwegen), Nogle nye Transport midler for Saarede. Kristiania 1876. Vgl. auch Mühlwenzel, Internat. Ausstell. f. Gesundheitspflege u. s. f. zu Brüssel. 1876. Feldarzt. 1876. No. 22. 23 u. 24. — [12] In Form und Grösse etwa entsprechend den Identificirungsmarken, wie sie im amerikanischen Kriege eingeführt waren und sich bei Gurlt. Abbildungen zur Krankenpflege im Felde nach besten Modellen der pariser Ausstellung vom J. 1867 auf Taf. XVI. Fig. 10 abgebildet finden. — [13] Neuber, Ein antiseptischer Dauerverband. Archiv f. klin. Chir. 1879. Bd. XXIV. Heft 2 und Derselbe: Ueber den antiseptischen Polsterverband. Verhandl. des IX. Congr. d. deutschen Gesellsch. f. Chir. — [14] Münnich, Ueber die Verwendbarkeit u. s. f. Deutsche militärärztl. Zeitschrift. 1877. VI. Jahrgang. Heft 10. — [15] Köhler, Ber. über die Klinik von Bardeleben pro 1878. Charité-Annalen. 5. Jahrg. 1880. S. 563. — [16] Paul Bruns, Zur Antiseptik im Kriege. Arch. f. klin. Chirurgie. 1879. Bd. XXIV. Heft 2. Ferner: Deutsche militärärztl. Ztschr. 1879. Heft 12. S. 609—617 und daselbst 1880. Heft I. S. 42. — [17] Weisbach, Deutsche militärärztl. Zeitschrift. 1877. Heft 11. — [18] Esmarch, Handb. d. kriegschir. Technik. S. 31. — [19] Catalogue de l'expos. internat. etc. à Bruxelles 1876. p. 104 und die Specialschrift nebst Abbildungen des Vereins zur Pflege der verwundeten und kranken Krieger. Hannover. — Ferner: Peltzer, Das Militärsanitätswesen u. s. f. Berlin 1877. — [20] Riaut, Le materiel de secours de la société française, à l'exposition de 1878. — [21] Otis, A report to the surgeon general on the transport of sick and wounded by pack animals. Circular No. 9. — [22] R. Volkmann, Die Behandlung der complicirten Fracturen. Samml. klin. Vortr. 1877. No. 117—118. — [23] Reyher. Die antiseptische Wundbehandlung in d. Kriegschirurgie. Samml. klin. Vorträge. No. 142—143. — [24] Bergmann, Die Behandlung der Schusswunden des Kniegelenks im Kriege. Stuttgart 1878. — [25] Socin, Zur Behandlung der Kopfverletzungen. Correspondenzblatt f. schweizer Aerzte. 1876. No. 24.